一流规划教材

研究生系列教材
信息类

多路径传输协议原理与优化

PRINCIPLE AND OPTIMIZATION OF MULTIPATH TRANSMISSION CONTROL PROTOCOL

薛开平　洪佩琳　编著

U0190170

中国科学技术大学出版社

内 容 简 介

本书详细阐述了 MPTCP 协议及其相关技术的研究现状,包括标准化进程、拥塞控制、数据调度与乱序控制、仿真实现与实际部署、安全等相关方面的国内外研究。作者所带领的团队在 Internet 传输优化领域开展了十余年深入而系统的研究工作,结合所承担的科研项目,团队近年来在 MPTCP 耦合拥塞控制、数据调度、代理机制、实际部署和性能评估等方面一系列科研成果的相关内容也都呈现在本书中。本书既有理论分析与综合,又有实际系统的设计与应用,图文结合,系统性强,通俗易懂,紧跟前沿。

本书适合我国计算机网络和通信领域的教学、科研和工程应用参考,既可以供计算机、通信、电子信息等相关专业的本科高年级学生和研究生作为教材或者教学参考书使用,也可以供计算机网络相关的研究人员、开发人员、网络工程技术人员和管理人员作为了解多路径传输技术原理、标准化以及工程实现的参考书。

图书在版编目(CIP)数据

多路径传输协议原理与优化/薛开平,洪佩琳编著. —合肥:中国科学技术大学出版社,2022.1

ISBN 978-7-312-04647-6

Ⅰ. 多… Ⅱ. ①薛… ②洪… Ⅲ. 传输协议—研究 Ⅳ. TN915.04

中国版本图书馆 CIP 数据核字(2020)第 265053 号

多路径传输协议原理与优化
DUO LUJING CHUANSHU XIEYI YUANLI YU YOUHUA

出版	中国科学技术大学出版社
	安徽省合肥市金寨路 96 号,230026
	http://press.ustc.edu.cn
	https://zgkxjsdxcbs.tmall.com
印刷	合肥市宏基印刷有限公司
发行	中国科学技术大学出版社
经销	全国新华书店
开本	787 mm×1092 mm 1/16
印张	25
字数	500 千
版次	2022 年 1 月第 1 版
印次	2022 年 1 月第 1 次印刷
定价	59.00 元

前　　言

随着互联网和移动通信技术的不断发展、电子设备成本的不断降低，现有通信终端一般都具有多个网络接口（例如 Wi-Fi、4G/5G、蓝牙等），两个互相通信的主机之间就可能存在着多条传输路径，多路径融合传输可以为各种多媒体应用提供高带宽、高可靠的传输服务。MPTCP(Multipath TCP)协议是 IETF MPTCP 工作组提出的新型传输层多路径协议，它在兼容 TCP 协议的基础上，同时利用多条路径的传输能力来进行数据传输，提高带宽利用率，增强连接的恢复能力，并且能够自适应地将数据从拥塞路径转移到非拥塞路径。近年来国内外机构先后进行了大量的深入研究，逐步使得 MPTCP 协议由概念走向实用。

本书详细阐述了 MPTCP 协议及其相关技术的研究现状，包括标准化进程、拥塞控制、数据调度与乱序控制、仿真实现与实际部署、安全等相关方面的国内外研究成果。作者所带领的团队在互联网传输优化领域开展了十余年深入而系统的研究工作，结合所承担的科研项目，团队近年来在 MPTCP 耦合拥塞控制、数据调度、代理机制、实际部署和性能评估等方面一系列科研成果的相关内容也都会呈现在本书中。

全书共分为 7 章。第 1 章简要介绍多路径传输的研究现状，主要包括 MPTCP 协议简要概况、研究热点和面临的挑战。第 2 章介绍 TCP 协议和拥塞控制算法，以及相关改进。第 3 章系统介绍 IETF 标准化的 MPTCP 基本协议及功能性的实验测试。第 4 章和第 5 章分别系统介绍 MPTCP 协议中的拥塞控制算法和数据调度算法，包括国内外权威的代表性方案，以及本书作者团队近年来针对不同设计需求所提出的相关方案。第 6 章面向实际部署需求介绍 MPTCP 协议代理和锚定点的相关工作，主要包括设计需求、标准化进展以及作者团队在双代理方面的两项工作。第 7 章介绍和讨论 MPTCP 协议相关安全问题，主要介绍几种针对 MPTCP 协议新出现的典型攻击方法。

本书主要由薛开平和洪佩琳撰写完成。在撰写过程中参考了科研团队近年来的研究成果和相关博士/硕士论文。特别感谢为撰写本书作出贡献的魏文佳、幸一滔、韩江萍、杨佳宇、庄瑞、王焱森、陈珂、倪丹、张泓、陈白杨、郭璟、张原等博士和硕士研究生，以及湖南师范大学董苹苹老师。同时感谢华为技术有限公司、中国互联网络信息中心、中国电子科技集团有限公司等企业和单位对本书相关研究内容的支持。相关科研成果及本书出版还得到国家重点研发计划项目、国家自然科学基金面上项目以及中国科学院青年创新促进会人才基金项目等提供的资助。

　　由于作者水平有限，书中难免存在不妥甚至错误之处，敬请读者不吝指正。

薛开平　洪佩琳

2020 年 12 月于安徽合肥

目　录

第1章

多路径传输现状

1.1 异构网络环境及多接口终端

随着通信技术的不断发展,各种有线/无线接入技术层出不穷。而除了有线的接入方式以外,蜂窝移动接入也是一类常见接入方式。自 1992 年提出 GSM(Global System for Mobile Communications)以来,蜂窝移动通信系统呈现迅猛发展的趋势——从 GPRS(General Packet Radio Service)到 3G(Third-Generation Mobile Technology)再到 4G(Forth-Generation Mobile Technology)技术的演进过程仅用了 15 年时间,却为用户体验带来了显著的提升。然而,爆炸式增长的接入需求使得蜂窝网络的宏基站不堪重负,即使各运营商都在紧锣密鼓地部署宏基站以服务更多的用户,但在指数增长的用户数量和日益增长的用户性能需求面前,宏基站的处理能力远远不足。因此,学术界和产业界将研究视线从宏小区(macro-cell)转入小小区(small-cell),以实现一定程度上的负载迁移(offload)。除了蜂窝移动技术之外,WLAN(Wireless Local Area Network)等接入技术也在改善着用户体验,在为室内用户提供高速带宽服务的同时减轻了基站的压力。另外,随着 5G 标准化的逐步完成,商业化部署也处于快速发展阶段。相比于之前的技术,5G 能实现带宽的重大突破,以超高速、低时延和海量接入的特性打开更为广泛的应用领域。融合各种网络接入技术的新型互联网力求为用户提供一种广覆盖、高带宽、包含各种多媒体业务的网络。现在为适应多种接入技术,用户终端通常具备多个接口(也被称为多宿,Multi-Homing),例如,笔记本终端既有以太网有线接口又有 WLAN 接口,甚至还可以支持 3G/4G;一般智能手机终端同时支持 3G/4G 和 WLAN。但是,传统的 TCP/IP 协议只允许终端一次通过一个接口获取服务,只有当接入方式失效或者表现不佳时,才可以自动或者手动切换到另外一种接入方式。然而,在多种接入方式可用时只选择一种接入会对网络资源造成一定的浪费,并且用户手动调整接入方式还会不可避免地造成移动过程中的服务中断。为了解决这些问题,多路径传输技术的相关研究便应运而生,并且近年来在该方向上的研究愈来愈热,一些著名的终端设备提供商,如苹果、三星和华为等,所研发的新产品也开始支持多路径传输技术。

1.2　多路径传输技术

多路径传输技术旨在研究多宿终端之间如何同时使用多条路径进行数据传输,从而实现带宽聚合、负载均衡、动态切换,以及自动将业务从最拥塞、最易中断的路径上转移到性能较好的路径上。

多路径传输将应用层的业务数据流分发到多条路径并行传输,而多路径的传输控制功能可以在终端协议栈的任意层次进行实现,目前已有的工作在例如数据链路层、网络层、传输层和应用层实现了多路径传输功能。同时使用多个接口确实为很多现有传输问题提供了新的解决思路,并为性能提升带来了更多的可能性。简单概括一下,多路径传输主要带来了以下几个方面的益处:

(1) 聚合带宽(Bandwidth Aggregation):不同接口所提供的带宽可以被聚集起来,服务于那些有高带宽需求的应用程序,即同一个应用程序的数据包被分配到不同的网络接口进行传输,从而可以综合利用多条路径的传输能力,为上层应用提供更为高效的服务。

(2) 支持移动性(Mobility Support):无线网络往往通过在边缘进行重叠覆盖的方式来提高网络对用户移动性的支持。用户位于重叠覆盖区域时,可以同时存在多条连接,从而能够做到传输层的先连(新连接)后断(旧连接),实现无缝切换。而通过多路径传输的标志管理,能够进一步做到在移动切换所导致的 IP 地址发生改变时,传输层连接保持不中断。当一个备用通信路径始终处于活跃状态时,移动所带来的切换时延可以被多路径传输技术大大降低。

(3) 提升可靠性(Reliability Improvement):对于那些具有极高可靠性要求的应用程序而言,多路径传输技术可以具有更多样的接入选择。终端能够根据需要选择合适的若干网络接口组合按照多路径融合的方式同时进行传输,也可以仅仅选择其中一个接口在单个路径上进行数据传输,而其他路径仅作为备份,以适应接口特性的动态变化。

(4) 资源共享(Resource Sharing):能够更加高效地分配资源。从全网的角度来看,终端同时使用多个接口能够将之前可能毫不相关的多个网络联系在一起,形成统一的网络资源池。然后,在终端侧通过耦合拥塞控制、数据包调度等方式进行协同资源分配,从而更加均匀、合理地将网络负载分配在多种接入网络中。

(5) 数据层与控制层的分离(Data-Control Plane Separation):建立在多个路径之上的控制层可以协调各路径工作,而各路径只需保证数据的正确传输,从而在一定程度上可以实现数据面与控制面的分离。

数据链路层方案（Kim et al.，2008）引入通用链路层（Generic Link Layer，GLL）来支持多信道的协作，为数据流挑选合适的接入技术来传输数据。另一种数据链路层方案（Koudouridis et al.，2005）则提出一种通过在 MAC 子层进行性能测量而合理分发数据包的方法，各条路径上所传输的数据量正比于该路径所评估出的传输容量。

在网络层，Shim6（Site Multi-homing by IPv6 Intermediation）协议（García-Martínez et al.，2010）是基于 IPv6 的多径协议，在 IP 层之上引入 Shim 层和映射机制，多宿终端可以灵活地使用多个地址进行多径传输。Shim6 协议分离了 IP 的主机标志与位置标志的双重语义，将协议栈 IPv6 层划分为 IP 身份子层和 IP 路由器子层：在 IP 身份子层，该协议使用新定义的 ULID（the Upper-Layer Identifier）作为主机标志；在 IP 路由器子层，该协议建立 IPv6 资源池，连接多个 ISP 网络。Shim6 协议的设计初衷是用于提高网络传输的失败恢复能力，虽然已有一些工作组对 Shim6 进行了实现，但由于仅支持 IPv6，且引入了新的全局标志，可部署性极低，现阶段仅停留在理论研究和实验测试层面，并没有在实际网络中大规模应用。另外一个代表性的网络层方案 EDPF（The Earliest Delivery Path First）协议（Chebrolu，Rao，2002）则是一种优化的网络层分发数据包方案，当前数据包的传输可以自动选择通过能够最早到达接收端的路径进行发送。

然而，在数据链路层和网络层这些相对低层的多径传输方案中，多接口对传输层透明，传输层如果使用 TCP 协议进行数据传输，将无法区分不同路径差异带来的接收端乱序问题，单个路径上的不确定的丢包事件会进一步恶化这种问题，最终造成传输能力不能被充分利用，以及引起不必要的数据重传等。

应用层多路径方案在传输层可以使用 TCP 或者 UDP 协议，这里对其中的代表性协议进行简要介绍。PSockets（Parallel Sockets）方案（Sivakumar et al.，2000）在不同的接口上分别建立 TCP Socket 连接，从而为应用程序提供服务带宽聚合的服务。然而，现有的应用程序如果希望享受 PSockets 带来的服务，则必须对自身程序进行修改，使用 PSockets 提供的接口才可使用该功能。而且，在此方案中，当某条路径失效时，应用程序需要很长时间才能做出路径切换的操作，服务性能恢复很慢。HTTP 管道方案（Kaspar et al.，2010）是针对使用 HTTP 协议的应用，在建立连接时会发出一组 HTTP 请求，每个请求将建立一条单独的 TCP 连接。MuniSocket（Multiple-Network-Interface Socket）方案（Mohamed et al.，2002）在传输层采用基于 UDP 的多径套接字实现多径传输。QUIC（Quick UDP Internet Connection）是谷歌公司提出的一种基于 UDP 的低时延的应用层传输协议。进一步地，基于 QUIC 的多径传输拓展 MPQUIC（Multipath Quic UDP Internet Connection）被提出。利用 MPQUIC，用户能够无缝地从一个网络接口切换到另一个网络接口，或者同时使用多个接口来聚合多路径的传输能力，实现对网络资源的充分利用。此外，一些对网络带宽要求较高的应用，如下载软件、视频播放软件等，基于

P2P(Peer-to-Peer)技术可以实现应用层多径,在终端的一个或多个接口上建立通往不同P2P终端的若干连接(TCP或者UDP连接),以达到为应用程序提供尽可能高的带宽速率的目的。然而,一方面,这种多径策略一味地追求带宽最大化,存在侵略性占用带宽的自私行为,不利于维护网络公平性。另一方面,由于缺乏有效的拥塞控制策略,一旦路径遭遇拥塞或者路径失效,应用程序需要很长一段时间才能做出反应,网络带宽损耗也会很大。同时,应用层方案往往需要在应用层进行一定的改进,故而只能针对特定的应用。由于现有的应用程序种类繁多、复杂,应用层多路径方案往往无法得到快速广泛的部署。

　　传输层是端到端语义的最低层级,在传输层实现多路径传输,可以复用上层所提供的接口以做到对应用层透明,并且,由于传输层可以收集各个路径传输的时延、丢包等信息,能够更为迅速地对网络状态变化做出反馈,故而传输层多路径方案一直是多路径传输技术研究中的重点。传输层多路径传输的典型场景,如图1.1所示,从分层设计的角度,希望只需要对传输层协议进行修改。

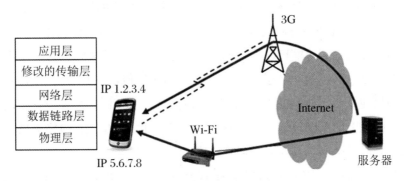

图 1.1　传输层多路径方案

　　Internet工程任务组(Internet Engineering Task Force,IETF)于2000年提出一种传输层多路径协议SCTP(Stream Control Transmission Protocol)。该协议是独立于TCP协议和UDP协议的一种全新的传输层协议。标准化的SCTP协议(RFC 2960)中定义,一个SCTP连接可以使用多个接口和多个IP地址,但是只有主路径用于数据传输,其他路径只作为冗余备份而不用于负载均衡,在主路径失效时备份路径才启用。即在正常情况下,每个多宿终端节点使用一个首选的目的IP地址发送所有数据,如果一系列数据无法正确送达,则认为该IP地址失效,数据将尝试向另外一个IP地址进行发送。如果成功发送,则该新的目的IP地址成为首选地址,再进行后续的数据发送。上层除了需要指定多个IP地址之外,不需要知道SCTP操作的具体细节。SCTP协议中还定义了失效检测和恢复机制,从而使得SCTP可以动态地选择可用链路。每个SCTP数据包都需要以收到ACK进行确认,如果数据进行了重传,那么正在使用的首选地址的错误计数器将进行加"1"操作。同时,每隔一段时间,SCTP会向各个目的地址发送心跳消息

(Heartbeat Chunk)用以检测那些未被使用的备用地址的可达性。当错误计数器达到一定阈值(默认为 6)时,相应地,地址将被标记为不可达,并且不再用来发送数据。此时,依然周期性地向该地址发送心跳消息,直到收到针对心跳消息的确认,计算器将清零,该地址重新变为可达。随后的研究学者又提出了 LS-SCTP(Load Sharing for SCTP)协议(Amer,2013)和 CMT-SCTP(Concurrent Multipath Transmission for SCTP)协议(Iyengar et al.,2006)等,分别对标准化的原始 SCTP 协议进行扩展以更好地支持多径并行传输,实现带宽聚合和负载均衡功能。然而,SCTP 协议以及后续的诸多改进协议至今也没有大规模部署,其主要原因是该协议与现有的应用程序不兼容,通信双方的应用都必须调用 SCTP 接口才能使用 SCTP 协议进行数据传输。

鉴于当前互联网中大部分重要的应用程序都是基于 TCP 协议的,Huitema 早在 1995 年就提出了基于 TCP 的多路径传输控制思想(Huitema,1995),进一步地,IETF 在 2009 年专门成立了 MPTCP(Multipath TCP)工作组,旨在研究如何在现有 TCP 会话基础上增加多路径传输的功能,包括相应的体系结构、拥塞控制、路由、API、安全等。要求所提出的 MPTCP 协议能够与现有的网络架构和协议兼容,对应用层提供的仍然是传统 TCP 套接字,应用程序在不做任何更改的情况下也能使用,从而保证对应用层的透明性,并且在终端不支持 MPTCP 时可以回退到传统 TCP。2011 年,IETF MPTCP 工作组正式提出 MPTCP 协议(RFC 6824),实现了协议的标准化。MPTCP 协议从根本上改变了数据的调度和传输方式,通过同时建立多条传输路径,将数据的传输方式由传统的单径变成了多径,有效地提升了网络的传输能力和稳定性,具有非常重要的意义。

1.3　MPTCP 协议简介

MPTCP 协议是由 IETF 于 2009 年成立的多径 TCP 工作组所提出的标准化传输层传输协议,是对 MPTCP 概念的实例化。该协议可以通过提供多路径支持来增强连接的恢复力,以及提高资源利用率,从而提升网络的容量,是目前发展较为成熟的多径 TCP 协议。当前 IETF MPTCP 工作组已制定的标准(Request for Comments,RFC)一览如表 1.1 所示,工作组主要讨论的内容包括 MPTCP 的协议细节、耦合拥塞控制、安全问题、应用层接口和 MPTCP 代理等。

1.3.1　MPTCP 术语介绍

该小节介绍一些与 MPTCP 相关的术语:

表 1.1　IETF MPTCP 工作组标准化文档一览

标准编号	标准化文档	时间
RFC 6824	TCP Extensions for Multipath Operation with Multiple Addresses	2011 年 3 月
RFC 6182	Architectural Guidelines for Multipath TCP Development	2011 年 3 月
RFC 6356	Coupled Congestion Control for Multipath Transport Protocols	2011 年 10 月
RFC 6181	Threat Analysis for TCP Extensions for Multipath Operation with Multiple Addresses	2013 年 1 月
RFC 6897	Multipath TCP（MPTCP）Application Interface Considerations	2013 年 3 月
RFC 7430	Analysis of Residual Threats and Possible Fixes for Multipath TCP（MPTCP）	2015 年 7 月
RFC 8041	Use Cases and Operational Experience with Multipath TCP	2017 年 1 月

- 路径（Path）：发送端和接收端的一系列连接，本书中由源和目的端地址/端口的四元组定义。
- 子流（Subflow）：在单条路径上操作的 TCP 流，它构成更大的 MPTCP 连接的一部分，子流的启动和终止方式与常规 TCP 连接类似。
- MPTCP 连接（MPTCP Connection）：一个或多个子流的集合，在该集合上应用程序可以在两台主机之间通信，连接和应用程序套接字之间有一对一的映射。
- 数据级别：数据载荷虽然名义上是在 MPTCP 连接上传输，但实际实现时，它们被分配到不同的子流上进行传输。因此，数据级别指的是单个子流的属性。
- 令牌（Token）：给定多路径连接的本地唯一标识符，也可以称为"连接 id"。
- 主机（Host）：运行 MPTCP，启动或接受 MPTCP 连接的终端主机。

1.3.2　MPTCP 协议栈位置

MPTCP 协议工作在传输层，其目标是能够对较高层和较低层都透明。它是标准 TCP 之上的一组附加特性。如图 1.2 所示，MPTCP 被设计为可供传统的在 TCP 基础上的应用程序使用，而无须做任何更改。传输层的 TCP 划分为两部分：MPTCP 层（也被称为连接层）和 TCP 层（也被称为子流层）。MPTCP 层对于应用层是透明的，应用层看见的仍然是传统 TCP。MPTCP 层实现路径管理、数据包调度、拥塞控制等功能，并与子流层有接口，而 TCP 层依然使用标准 TCP 协议。

图 1.3 给出了 MPTCP 的一个典型应用场景。如图 1.3 所示，主机 A 和主机 B 是两个相互通信的主机。它们都是具有多接口和多 IP 地址的，两个主机上的 IP 地址分别设

定在接口 A1/A2 和 B1/B2 之上。这些 IP 地址组合产生经过 Internet 的多条端到端路径。可以简单知道,两个主机之间有四条不同的路径组合:A1-B1、A1-B2、A2-B1 和 A2-B2。MPTCP 拥塞控制器需要处理由共享瓶颈带来的潜在的公平性问题。经过 Internet 的路径并不都提供纯粹的端到端服务,因为有可能受到中间网络设备和功能的影响,比如 NAT(Network Address Translation)和防火墙。

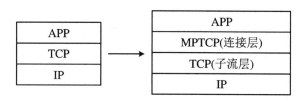

图 1.2　MPTCP 协议栈

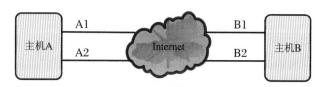

图 1.3　典型的 MPTCP 应用场景

1.3.3　MPTCP 设计原则

MPTCP 协议的设计目标主要包括两个方面:第一是功能性目标,即聚合带宽和更高的连接恢复,实现在通信双方至少有一个是多宿主机情况下,可以利用多条可选路径中的任意一条发起连接,并在单条路径中断之后继续保持其他连接,从而可以提高传输效率,能够做到在网络不稳定环境中也可以保证用户体验;第二是兼容性目标,包括应用程序兼容和网络兼容,规避了以 SCTP 为例的这一类协议无法兼容基于 TCP 的应用的缺点,实现了使现有 TCP 支持多径传输的拓展功能,MPTCP 协议可以做到与现有的网络兼容,它对应用层提供与传统 TCP 相同的套接字,做到传输过程对应用程序和用户是完全透明的。

首先,我们介绍一下 MPTCP 设计的功能性目标:

1. 提升吞吐量(Improve Throughput)

MPTCP 必须支持同时使用多条路径。为了达到不弱于单路径传输的传输表现,一个 MPTCP 连接的吞吐量应该不小于一个单独的 TCP 连接在最好的路径上能够达到的吞吐量。这在有些文献中也被归纳为聚合带宽(Bandwidth Aggregation)的功能目标。

2. 提升恢复力(Increase Resilience)

MPTCP 必须通过允许数据在任意可用的路径上被发送和重传,支持多路径的同时使用或交替使用。在最坏的情况下,MPTCP 的恢复能力必须不低于常规的单路径 TCP。

为了达到以上目的,在实际网络中使用 MPTCP 时,需要将数据流从拥塞路径转移到存在更多可用带宽的空闲路径上,从而来提升整个网络的利用率以及提升用户体验。

针对兼容性,MPTCP 设计具有两个方面的目标:

1. 应用程序兼容性(Application Compatibility)

应用程序兼容性是指为应用程序提供不必更改便可以使用的 API 和与原本预期相同的服务。MPTCP 必须遵循与 TCP 相同的服务模型,即提供有序、可靠的服务,并且数据以字节流形式发送。另外,MPTCP 连接需要提供的应用在吞吐量和恢复力上不能比单独的 TCP 连接在一条单独的路径上差。常规的 TCP 会话可以通过在超时发生之前保持端主机的状态,在连接发生短暂的断开后依然保持连接。在 MPTCP 中也应该支持类似的连接性,但情况会变得有所不同:在常规 TCP 中,IP 地址在断开的时间里是保持不变的,但在 MPTCP 中,可能会出现一个拥有不同 IP 地址的接口。因此支持这种会话连续性虽然能带来好处,但是也将对安全机制带来一些挑战。

2. 网络兼容性(Network Compatibility)

网络兼容性是要求对 MPTCP 保持与传统 TCP 一样的对现存互联网兼容,包括能够合理地穿过常见的中间体,例如防火墙、NAT、性能增强型代理等。这个要求是因为防火墙、NAT 等这些中间体被认为是部署除了 TCP 或者 UDP 以外的其他传输协议的阻碍之一,因为这些中间体可能对除了 TCP 或 UDP 以外的数据流进行阻碍甚至进行修改。这要求 MPTCP 在使用中要看起来跟 TCP 一样。同时,为了保证传输的端到端特性,MPTCP 必须保持与传统 TCP 共存的特性,不能对中间体的行为做任何额外假设。

1.4   MPTCP 协议研究热点

近年来,MPTCP 由于性能优势,以及对网络的高兼容性、对应用程序透明的特点,越来越多的研究小组加入 MPTCP 的优化阵营中来,除了 1.3 节中提到的对 MPTCP 主要功能的研究外,研究内容还包括仿真实现和部署、拥塞控制、路径选择、能耗和 QoS(Quality of Service)、安全性等更具现实意义的方面。本节将简要介绍上述研究热点。

1.4.1   仿真实现和实际部署

UCL(University College London)网络研究组开发了最早用于 MPTCP 方案验证和性能评估的仿真器 htsim(http://nrg.cs.ucl.ac.uk/mptcp/implementation.html)。Google 公司负责开发和维护了目前最有影响力和知名度的 NS3(Network Simulator Version 3)仿

真环境下的 MPTCP 模块（MPTCP-NS3 Project，http：//code. google. com/p/mptcp-ns3/）。该模块基本实现了在一个 MPTCP 连接下多 TCP 子流并行传输的功能。虽然代码并没有严格按照 MPTCP 标准化协议所规定的内容进行设计，但不影响将其作为仿真工具进行方案的性能评估。另一个基于 NS3 的 MPTCP 模块由 Sussex 大学（University of Sussex）Kheirkhah 等人提供（参见 Kheirkhah 个人主页 https：//github. com/mkheirkhah/），模块架构如图 1.4 所示。该模块与已有的 TCP 实现完美兼容，现已成为众多 MPTCP 研究小组的重要实验工具。即便如此，仿真平台始终是对实际网络环境的简化，难以准确反映出协议在实际网络中的表现，因此越来越多的针对 MPTCP 的研究倾向于搭建实验室环境或者在实际互联网中进行。

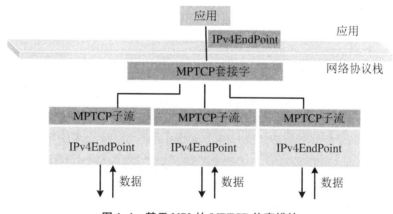

图 1.4　基于 NS3 的 MPTCP 仿真模块

　　UCL 网络研究组和来自比利时 UCLouvain（Université Catholique de Louvain）的 IP 网络实验室分别提供了 MPTCP 的 Linux 内核开源代码（Multipath TCP implementations by UCL：http：//nrg. cs. ucl. ac. uk/mptcp/implementation. html 和 Linux kernel multipath TCP project by UCLouvain：http：//multipath-tcp. org/pmwiki. php/Main/HomePage），并在内核代码的基础上进行了 MPTCP 性能的详尽测试（Barré et al.，2011；Raiciu et al.，2012；Paasch，2014），从拥塞窗口调整、数据中心支持、移动性支持、能耗考虑等多个方面对基本的 MPTCP 协议提出一系列机制改进。另外一个重要的开源实现以补丁的形式存在，是由 Apple 公司的研究组提供的（MPTCP patch for Apple IOS and MacOS：http：//www. opensource. apple. com/source/xnu/xnu-2782. 1. 97/bsd/netinet/），并用于 IOS 和 MacOS 当中。上述这三个研究组以及前面提及的来自 Google 公司的研究组都是 IETF MPTCP 工作组的主要参与者。

　　图 1.5 是 UCLouvain 所开源的内核代码框架示意图。从图中可以看到，应用层所调用的是传统 TCP 套接字（Socket），而在建立了 MPTCP 连接后调用多径控制模块

(Multipath Control Block),该模块也就是所说的 MPTCP 层。初始的 TCP 套接字为主 TCP 套接字(Master TCP Socket),之后新建立的 TCP 套接字为从 TCP 套接字(Slaver TCP Socket)。前者是应用层唯一可见的 TCP,后者是 MPTCP 额外建立的子流,两者都由位于应用层与 TCP 层之间的 MPTCP 控制层进行管理。无论主 TCP 套接字上的子流关闭与否,主 TCP 套接字一直存在,用于向上层应用隐藏 MPTCP 的存在,从而实现对应用的透明化。

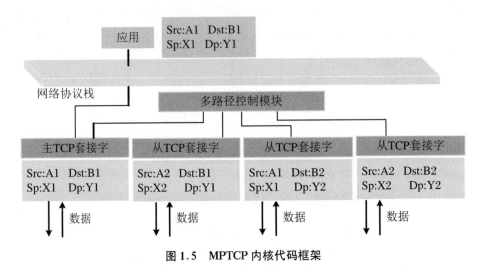

图 1.5　MPTCP 内核代码框架

在 UCLouvain 和 Apple 公司的具体实现上,如图 1.6 所示,首先每个子流的处理都通过一个 tcp_sock 来加以实现,除此之外,该 tcp_sock 还包含一个指向 mptcp_tcp_sock 的指针,用以维护 TCP 之外与 MPTCP 有关的信息,以及处理 MPTCP 层的相关功能。MPTCP 连接所产生的第 1 个子流的 tcp_sock 记为 meta_sock,为标准的 TCP socket api,供应用层进行调用。作为 meta_sock 的 tcp_sock 除了包含指向 mptcp_tcp_sock 的指针之外,还将通过指针连接到一个新添加的 mptcp_cb,该结构体作为 MPTCP 的控制缓存,其中维护了到各个 TCP 子流的 tcp_sock 的指针,以及地址列表信息等。各个子流的 mptcp_tcp_sock 也需要将相关标志信息存储在 mptcp_cb 中。

Google 公司所提供的 NS3 MPTCP 项目的 MPTCP 模块中类的实现主要包含以下 4 个部分:

(1) MpTcpSocketlmph:类 TcpSocketlmph 的子类。它给应用层提供 MPTCP API (connect,bind 等)处理多路连接和包重排序。

(2) MpTcpL4Protocol:类 TcpL4Protocol 的子类。是多路传输层和网络层之间的接口。

(3) MpTcpSubflow:提供 MPTCP 连接的子路径。

(4) MpTcpHeader:类 TcpHeader 的子类。提供 MPTCP 的头选项等。

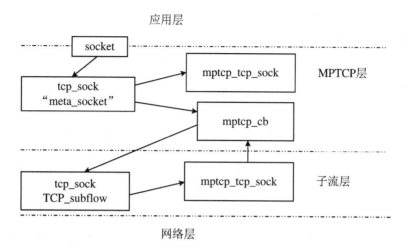

图 1.6　Linux 内核实现中结构体相互关系及功能

目前,除了 Linux 系统内核支持的开发之外,研究者和开发者还在 Android 系统进行了大量的尝试,可以用于 Google Nexus、Samsung Galaxy、Huawei 系列等移动终端产品。Apple IOS、MacOS 以及数据中心 Amazon EC2(Raiciu et al.,2010;Raiciu,Barré et al.,2011)也应用了 MPTCP。除此之外,斯威本科技大学(Swinburne University of Technology,SWIN)先进互联网架构中心(Centre for Advanced Internet Architectures)开发了用于 FreeBSD10. x 的 MPTCP 代码(http://caia. swin. edu. au/urp/newtcp/mptcp/)。陈勇志教授带领的 Umass Amherst 大学(University of Massachusetts at Amherst)的研究小组也开发了自己的 MPTCP 内核版本(Chen,Lim et al.,2013)。为了更好地支持 MPTCP 的完善与发展,避免中间路由器对 MPTCP 造成不必要的过滤,Cisco 还专门针对 MPTCP 开发了相应的网络中间体以及相关防火墙。目前 IOS 7.0 版本及其后续系统版本的 Siri、数据中心 Amazon EC2 等均实际应用了 MPTCP 协议。

目前的趋势是,随着 MPTCP 逐渐受到学术界和业界的重视,越来越多的研究者和开发者投入 MPTCP 相关功能的实现当中,日趋呈现百家争鸣之势。最新消息是,在 Linux 内核 5.6 版本中也加入了对 MPTCP 的支持。

1.4.2　耦合拥塞控制

MPTCP 的每条 TCP 子流可以使用标准的 TCP 拥塞控制算法,也可以使用耦合拥塞控制算法——这也是 MPTCP 研究的一大热点。耦合拥塞控制算法为 MPTCP 带来了更好的公平以及拥塞转移功能。耦合拥塞控制算法的设计沿袭了单路径 TCP 拥塞控制的思想,其拥塞控制机制可以分为两类:一类是以丢包作为拥塞发生的标志;另一类是以时延变化评估当前是否发生拥塞。

1.4.2.1 基于丢包判据的拥塞控制算法

在 MPTCP 提出之前,一些多路径传输方案普遍采用的方法是一个连接的多个子流共享同一个拥塞窗口,代表性的方案如 E-TCP(Eggert et al.,2000)、CM(Balakrishnan et al.,1999)和 MPAT(Singh et al.,2004)。在这些方案中,窗口调整都采用了基本的 AIMD(Additive Increase/Multiplicative Decrease)方式(RFC 2861):如果在一个 RTT(Round-Trip Time)中没有发生丢包,拥塞窗口就增加 1;如果共享此拥塞窗口的任一子流发生了丢包,拥塞窗口就减半。研究普遍认为这类方法在减小窗口的算法上过于激进,会给没有发生丢包的子流带来过多的性能限制,因此在公平性上存在很大缺陷。在为 MPTCP 协议所提供的拥塞控制机制最初就设计为每个子流提供各自的拥塞窗口,在 AIMD 基础上,不同子流之间采用耦合拥塞控制的方法(Coupled Congestion Control),代表性方案包括 EWTCP(Honda et al.,2009)、COUPLED(Han et al.,2004;Kelly,Voice,2005)、SEMI-COUPLED(Wischik et al.,2011)、LIA(Raiciu,Handley et al.,2011)、RTT-Compensator(Raiciu et al.,2009)、OLIA(Khalili et al.,2012)等。表 1.2 给出了这几种方案的窗口调整方式。

表 1.2　MPTCP 各种拥塞控制机制窗口调整方式

拥塞控制算法名称	窗口尺寸增加	窗口尺寸降低
EWTCP	$\Delta w_r = a/w_r, a = 1/\sqrt{n}$	$w_r/2$
COUPLED	$\Delta w_r = 1/w_{total}$	$w_{total}/2$
SEMI-COUPLED	$\Delta w_r = a/w_{total}$	$w_r/2$
LIA	$\Delta w_r = a/w_{total}, a = \hat{w}_{total}\dfrac{\max_r \hat{w}_r/rtt_r^2}{\left(\sum_r \hat{w}_r/rtt_r\right)^2}$	$w_r/2$
RTT-Compensator	$\Delta w_r = \min(a/w_{total}, 1/w_r), a = \hat{w}_{total}\dfrac{\max_r \hat{w}_r/rtt_r^2}{\left(\sum_r \hat{w}_r/rtt_r\right)^2}$	$w_r/2$
OLIA	$\Delta w_r = \dfrac{w_r/rtt_r^2}{\left(\sum_r \hat{w}_r/rtt_r\right)^2} + \dfrac{a}{w_r},$ $a = \begin{cases} \dfrac{1/n}{\lvert B\backslash M\rvert}, & \text{若 } r \in B\backslash M \\ -\dfrac{1/n}{\lvert M\rvert}, & \text{若 } r \in M, B\backslash M \neq \varnothing \\ 0, & \text{其他} \end{cases}$	$w_r/2$

EWTCP(Equally-Weighted TCP)方案中,通过"平均加权"限制 MPTCP 在瓶颈链路上的吞吐量,MPTCP 子流以高耦合方式增大拥塞窗口,以独立的方式减少拥塞窗口。参数 a 表示 MPTCP 流与单路径 TCP 流吞吐量的关系,当 $a=1$ 时,可以满足多路径 TCP 流与单路径 TCP 流吞吐量相当。EWTCP 的不足之处在于,未考虑子流 RTT 的不同,相同的权重难以适用于不同的子流,导致子流的使用不合理。

COUPLED 算法可以保证将数据流迁移至最不拥塞的路径上,其不足之处在于:一方面,COUPLED 仅考虑不同路径 RTT 相同的假设条件;另一方面,COUPLED 算法在流量迁移过程中会切断最拥塞的路径,当该条路径恢复非拥塞后,也无法再被继续使用。

SEMI-COUPLED 算法对 COUPLED 算法的改进在于,SEMI-COUPLED 偏向于使用拥塞程度轻的路径,但不会完全封闭拥塞最为严重的路径,而是在拥塞的路径中留一部分少量的数据以监测拥塞路径,当发送端判断该路径拥塞状态减轻至低于其他路径的程度时,能够将负载回迁至该路径上,从而减轻其他更为拥塞的路径的压力。SEMI-COUPLED 依旧采用不同路径 RTT 相同的假设。

LIA 算法是从瓶颈公平性(Bottleneck Fairness)角度出发进行的设计,其最大的改进之处在于该机制考虑到各路径 RTT 的不同,设计出 a 的参考值,用来控制窗口变化的加速度。a 的值与各条子流的 RTT 有密切的关联。

RTT-Compensator 算法是在 LIA 算法之上进行改进的,提出每收到一个 ACK,窗口的增大幅度上限设定为 $1/w_r$,其目的是保证若一条或者多条 MPTCP 子流经过一个瓶颈链路,在相同的拥塞丢包率下,以同一瓶颈中 TCP 流窗口增大值作为上限。RTT-Compensator 兼顾了不同路径 RTT 的区别,是最为常用的 MPTCP 拥塞控制机制。

OLIA 算法沿用了 LIA 算法中控制窗口变化加速度的思想,从公平性以及最优资源池化角度对 LIA 进行了改进。划分路径优劣集合,为不具有最大拥塞窗口的较好路径提供更大的窗口变化加速度,并减小较差路径的窗口变化加速度,从而使得资源利用最大化,并使得拥塞链路中的大部分发送数据可以被转移。目前 OLIA 已经在 Linux-MPTCP 内核代码中实现。

1.4.2.2 基于时延判据的拥塞控制算法

在单路径 TCP 拥塞控制中,TCP Vegas(Brakmo et al.,1994)是一种典型的基于时延的拥塞控制算法,其主要思想是基于时延的变化估计网络中缓存的数据包数量,将其固定在一定的数量范围,并以此为目的来调整拥塞窗口的大小。由于时延对拥塞表现得更为敏感,因此可以在数据流未拥塞至丢包的状态时便触发拥塞控制,调整速率,从而减少分组的丢失。在此基础之上,将基于时延的思想引入 MPTCP 中,便提出了基于时延的 MPTCP 拥塞控制机制,加权 Vegas 算法——wVegas(Weighted Vegas)算法(Cao et al. ,2012)。wVegas 算法遵循拥塞均衡准则,即认为网络资源效用最大化出现在网络中每一条路径上的拥塞程度相同的情况,实现拥塞程度相同的方法是实现动态流量迁移。wVegas 机制中,欠拥塞的路径可以获得更大的权重,该路径可以以更为激进的方式竞争网络带宽,这使得这条路径倾向于更为拥塞,反之,过拥塞的路径获得的权重较小,通过反复变化,最终实现各条路径上负载均衡。

$$diff = \left(\frac{cwnd}{basertt} - \frac{cwnd}{rtt} \right) \cdot basertt \tag{1.1}$$

$$q_r = rtt - basertt \tag{1.2}$$

$$x_{s,r} = \frac{a_{s,r}}{q_r}, \quad r \in R_s \tag{1.3}$$

$$x_{s,r}(t+1) = \frac{x_{s,r}(t)}{y_s} \cdot \frac{a_s}{q_r} \tag{1.4}$$

$$k_{s,r}(t) = \frac{x_{s,r}(t)}{y_s} \tag{1.5}$$

在 wVegas 算法中,式(1.1)表示因拥塞所导致的在路径中缓存的分组的数量,在式(1.2)中,参数 q_r 表示该条路径的拥塞状况,这里采用基于时延的拥塞控制方式,所以自然地也就有了使用时延的增加作为拥塞程度的度量。参数 $a_{s,r}$ 代替 $diff$ 表示 MPTCP 流 s 在路径 r 上因拥塞缓存的分组量,且吞吐量可以表示为 $x_{s,r} = cwnd_{s,r}/rtt_{s,r}$,最终可以用式(1.3)表示路径上的吞吐量。经过推导,在 wVegas 中,速率变化可以用式(1.4)表示,参数 a_s 表示 MPTCP 连接在所有子流路径上缓存的分组数量,参数 y_s 表示 MPTCP 各个子流合并之后总的吞吐量,$basertt$ 为子流 r 上测得的最小 RTT,rtt 为当前测得的 RTT。MPTCP 每个 TCP 子流中发送速率的增加与该路径当前数据流的吞吐量占总吞吐量的比值、MPTCP 缓存的分组总量以及当前路径的拥塞状态 q_r 有关。其中,权重表示为式(1.5)。

1.4.2.3　动态窗口耦合机制

动态窗口耦合(Dynamic Windows Coupling,DWC)(Hassayoun et al. ,2011)机制强调了瓶颈的检测。DWC 的核心思想在于,将经过同一个瓶颈的所有子流汇聚成为一条流,同时确保这一逻辑汇聚流与同一瓶颈上的 TCP 流之间的公平性,DWC 同时兼顾丢包率与时延去检测瓶颈链路。DWC 机制保证在某一共享的瓶颈链路上子流集合可以与 TCP 流保证公平性,在不同瓶颈上的子流集合可以独立地竞争带宽,最大化其传输效率,DWC 同时需要对瓶颈的迁移做出及时的响应,经过同一个瓶颈的所有子流被认为是一个子流集合(Subflow Set)。

DWC 机制主要包括两个过程:瓶颈检测和拥塞窗口调整。初始状态下,所有子流处于慢启动状态,每一条子流都是一个独立的子流集合。瓶颈检测过程实际上是子流集合调整的过程。瓶颈检测的触发点是某一条子流出现第一个拥塞丢包,继而其他子流出现时延增加、丢包的现象,则将这些子流分配至一个子流集合内,即该集合内的所有子流目前经过的路径都包含了某一或者某些瓶颈链路。其具体执行过程如下:假定子流 f 检测到一个拥塞丢包,则将子流 f 从其原子流集合中取出放入新的活跃集(Active Set)中,同时观察所有其他的子流行为,统计其在该时间点前后的时延情况,将时延明显增加的子流加入活跃集中。在任意时刻,或者没有活跃集或者有且仅有一个活跃集,活跃集中的子流可以被认为通过了相同的瓶颈。DWC 以丢包为触发不断更新活跃集,并对活跃集中的子流进行拥塞控制。DWC 的不足之处在于,先后出现丢包或者时延增大的子流不一定经过同一个瓶颈,而有可能分别经过多个不同的瓶颈,只是恰好表现为同时出现丢包和时延增加的现象而已。

1.4.2.4　小结

耦合拥塞控制算法致力于达到最佳公平性,不过公平性的定义很多,包括网络公平性(Network Fairness)、瓶颈公平性(Bottleneck Fairness)、子流公平性(Subflow Fairness)等。子流公平性是指瓶颈处每条子流都是独立的,各自表现为与其他 TCP 流一样,公平地分享瓶颈的一部分;相对比,瓶颈公平性是指 MPTCP 连接中共享同一瓶颈的所有子流在瓶颈处耦合为一个整体,与其他独立的 TCP 子流公平分享瓶颈带宽,同一MPTCP 连接的所有子流可以被划分为多个瓶颈集合,每个集合中包含一到多条子流;网络公平性是指 MPTCP 的所有子流耦合在一起,总吞吐量不应该好于最好路径上单 TCP吞吐量。侧重点不同时设计的耦合拥塞控制算法就不同(Hassayoun et al. ,2011)。

从更广泛的角度来说,耦合拥塞控制算法还需要考虑在友好性(Friendliness)、响应性(Responsiveness)和窗口振荡(Window Oscillation)三个矛盾因素之间取得折中(Peng et al. ,2013),友好性是指对单 TCP 的公平性,快速性是指对于网络的拥塞能够做出快速的反应,窗口振荡是指子流上窗口大小的反复振动。比如快速性和窗口振荡之间的矛盾,如果 MPTCP 能对路径拥塞做出快速反应,那么必然意味着某条子流在检测到拥塞后将快速减小窗口而在发现路径质量良好时将及时增大窗口,从而可能造成窗口大小的反复振动。

1.4.3　乱序控制

MPTCP 协议与任何传统多径传输协议一样面临数据包乱序问题的重大挑战。大多数多径传输协议的初衷都是为了聚合各路径带宽,提升数据传输吞吐量。然而多条路径将引入更为复杂的参数维度,亦对发送端的多径控制能力提出更高的要求。

以往的研究(Raiciu et al. ,2012;Chen,Lim,2013)表明 MPTCP 吞吐量极大地受到

通信双方间各条端到端路径的时延、丢包率、带宽等参数差异以及共享接收缓存大小的限制。各路径差异越大,共享接收缓存越小,MPTCP 吞吐量性能急剧恶化,有时甚至比不上在最好路径上使用传统 TCP 协议进行单径传输的吞吐量。导致这一现象的主要原因是路径差异导致调度在不同路径上的数据包无法确保按序到达,从而形成接收端数据包乱序问题,而在接收缓存过小无法容纳大量乱序包时性能将会进一步恶化。接收端乱序会造成以下两个方面的影响:

(1) MPTCP 多路径共享一个接收缓存,接收端乱序会导致接收缓存阻塞;

(2) 限制路径拥塞窗口滑动和增长,路径传输速率偏低。

这两个方面引起 MPTCP 各路径拥塞控制窗口增长相互制约,严重影响吞吐量提升。在接收端缓存大量的乱序包现象被称为头阻塞问题(Head-Of-Line Blocking,HOL Blocking),尤其是在不对称网络下头阻塞问题影响十分严重,甚至导致 MPTCP 的性能还不如运行传统的单路径 TCP。MPTCP 不同子流性能各异,全连接模式下,MPTCP 将数据分配到这些子流中,从而分别发送到通信对端。在接收端缓存有限的情况下,传输速率较大的子流数据迅速抵达接收端,由于连接级别数据包必须按序提交给 MPTCP 控制层,而慢子流始终未将数据送达,快子流传输的数据只能滞留在缓冲区而无法有序向上层递交,当缓冲区被填满后,快子流则无法继续发送数据,直至慢子流数据抵达接收端。因此,在 MPTCP 各子流性能差异较大的情况下,其总的发送速率将受限于慢子流的发送速率,此类问题被称为不对称网络下的头阻塞问题。为了尽可能保证数据按序到达,现有方案主要采用发送端调度策略。这里介绍几种代表性的方案:

(1) 标准 MPTCP 主要采用轮询算法(Round-Robin,RR)(Barré,2011),这是一种最简单的调度算法。MPTCP 连接的各个子流没有优先级,发送端轮询各个子流,发送缓存中的数据按照轮询的顺序填满各子流的发送窗口进行发送。此时,只是在多子流间简单地调配数据包,不同路径所调度数据在接收端的按序接收将无法得到保证。作为改进,经常采用的是最小 RTT 优先轮询算法(Lowest RTT First RR)(Paasch,2014),它在轮询算法的基础上进行了一定的优化。该算法中,MPTCP 连接的各个子流按照 RTT 优先级进行排序,RTT 越小优先级越高。发送端按照优先级高低轮询各个子流,依次取发送缓存的数据包填满各个子流的发送窗口。该算法让路径质量好的子流承载更多的数据包,具有一定的负载均衡效果。然而,无论是轮询算法还是最小 RTT 优先轮询算法都没有考虑不对称路径数据包的按序性到达,没有从数据包序列号角度出发进行特别的设计,采用的都是对数据包进行连续调度。

(2) Linux-MPTCP 调度算法(Barré,2011)是 Linux-MPTCP 内核代码支持的一种基于简单预测的粗粒度调度算法。我们以图 1.7 为例说明该算法的基本思想。图示为 1 个 MPTCP 连接上的数据需要调度到 2 个 TCP 子流(subflow$_i$ 和 subflow$_j$)上进行发送。

假设在调度时刻两条子流的拥塞窗口均为 2,同时假设这两条子流的 RTT 值存在 $rtt_j = 5rtt_i$ 的关系,也就是说,subflow$_i$ 上发送 5 轮数据包所需的时间与 subflow$_j$ 上发送 1 轮数据包所需时间相同。发送 1 轮是指拥塞窗口(Congestion Window,CWND)内的第 1 个数据包从发送开始直至接收到该数据包的 ACK,发送 1 轮的时间相当于 1 个 RTT。如果使用前面提及的 RR 算法,subflow$_i$ 取第 1 号和第 2 号数据包,subflow$_j$ 则取第 3 号和第 4 号数据包,那么,subflow$_i$ 上第 1 号和第 2 号数据包的 ACK 回来后,接着取第 5 号和第 6 号数据包,第 5 号和第 6 号将早于第 3 号和第 4 号到达接收端,乱序的数据包将需要被缓存在接收缓存中,且 subflow$_i$ 后续几轮的数据包仍将早于第 3 号和第 4 号到达接收端。Linux-MPTCP 调度算法在调度时刻 subflow$_j$ 不取第 3 号和第 4 号数据包而是取第 11 号和第 12 号数据包。在 subflow$_i$ 上将连续发送 5 轮数据包,进行预先调度时可以简单地采用不变的窗口值,这里取大小为 2,所以一共可以发送 10 个包。子流 subflow$_i$ 则将发送缓存中的前 10 个包都预留给 subflow$_i$,而发送后续的第 11 号和第 12 号数据包。这样一来,第 1~12 号数据包将能基本按序依次到达接收端。不过该算法过于简单和粗粒度,没有考虑拥塞窗口在这 5 轮发送过程中会按照拥塞控制算法所进行的变化。

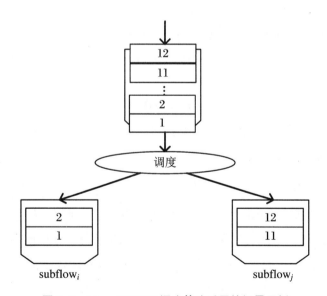

图 1.7 Linux-MPTCP 调度算法适用的场景示例

(3) FPS(Forward Prediction Scheduling)(Mirani et al.,2010)是 Linux-MPTCP 调度算法的改进版本,想法来源于 Westwood SCTP 算法(Casetti,Gaiotto,2004)。相比较于前一种方案,该方案更精细地考虑了一种对序列号进行分配的预测调度算法。假设一共有 I 条子流,对于 path$_i$ 而言,其往返时延为 rtt_i,数据包从离开发送端至到达接收端的时延简单计为 $FT_i(\approx rtt_i/2)$,拥塞窗口大小为 s_i。为了简化处理,数据包大小都设为

TCP 最大分段长度 MSS(Maximum Segment Size),故而 subflow$_i$ 上每个数据包的发送时延 ε_i 是确定的,即

$$\varepsilon_i = \frac{packetsize}{throughput} = \frac{mss}{throughput} \tag{1.6}$$

其中,$througput$ 为统计时间内的平均带宽。在时刻 t,subflow$_i$ 发送 s_i 个数据包,那么这些数据包到达接收端的时刻分别为

$$t + FT_i + \varepsilon_i, \quad t + FT_i + 2\varepsilon_i, \quad \cdots, \quad t + FT_i + s_i\varepsilon_i \tag{1.7}$$

而发送端接收到这些数据包的 ACK 的时刻分别为

$$t + rtt_i + \varepsilon_i, \quad t + rtt_i + 2\varepsilon_i, \quad \cdots, \quad t + rtt_i + s_i\varepsilon_i \tag{1.8}$$

发送端接收到数据包成功接收的确认消息后拥塞窗口大小 s_i 会按照拥塞控制算法增加,新一轮数据在时刻 $t + rtt_i + s_i\varepsilon_i$ 开始进行发送。

　　进一步以图 1.8 为例说明 FPS 算法。假设 MPTCP 连接的数据通过 path$_i$ 和 path$_j$ 这两条路径进行传输。假设两条路径往返时延满足 $rtt_j > rtt_i$。在时刻 t,路径 path$_j$ 上发送窗口产生滑动,从而准备发送新数据。由于 path$_i$ 传输数据快于 path$_j$,path$_j$ 上发送的数据包需要经过特别的调度。发送端首先估计 path$_j$ 上数据包到达接收端的时刻为 t',然后计算在 t' 之前 path$_i$ 上可以发送的数据包总数。假设 n_l 是从 $t_l(t_l < t')$ 开始的一轮数据传输中在 t' 之前可以到达接收端的数据包数目,数据包到达接收端的时刻则为

$$t_l + FT_i + \varepsilon_i, \quad t_l + FT_i + 2\varepsilon_i, \quad \cdots, \quad t_l + FT_i + n_l\varepsilon_i \tag{1.9}$$

其中,n_l 必须满足

$$n_l \leqslant s_i, \quad t_l + FT_i + n_l\varepsilon_i < t' \tag{1.10}$$

如果 $t_l + FT_i + \varepsilon_i > t'$,则该轮传输的所有数据包均在 t' 之后到达,此时 $n_l = 0$,最后计算 t' 之前可以传输的数据包总数为

$$N = \sum_{t_l < t'} n_l \tag{1.11}$$

其中,N 就是于 t' 之前在 path$_i$ 上成功发送的数据包总数。那么,发送端调度发送缓存的前 N 个包给 path$_i$,path$_j$ 跳过发送缓存前 N 个数据包从第 $N+1$ 个开始取来填满自己的发送窗口。路径 path$_i$ 上每接收到一个数据包成功接收的确认消息,rtt_i 平滑更新:

$$rtt_i \leftarrow \alpha rtt_i + (1 - \alpha)newrtt_i \tag{1.12}$$

其中,$newrtt_i$ 是新测量得到的往返时延,α 是 0~1 之间的值,指明历史 rtt_i 和新测量 rtt_i 的权重关系。单程时延 FT_i 可以按下式进行简单估计:

$$FT_i = rtt_i/2 \tag{1.13}$$

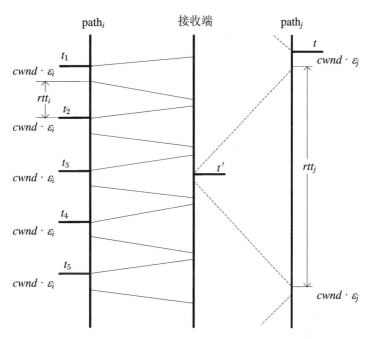

图 1.8　FPS 算法中两条子流数据包传输时序图

1.4.4　路径选择

　　MPTCP 的通信双方之间可能有多条可供选择的路径,选择最优的路径子集来传输数据有时候会优于使用所有路径,特别是在路径不对称,即时延、丢包、带宽和能耗等差异较大时。路径选择的因素有很多,例如综合考虑路径时延、丢包率、可用带宽、路径能耗等,不同的方案提出了各自路径选择的标准。

　　Lim 等人所提出的方案(Lim et al.,2014a)使用 MAC 层测量所得的路径信号强度来估计路径质量,作为移动设备路径选择的基本依据。当子路径信号强度衰减导致物理层数据传输速率低于某一阈值时,终端正离开这一网络,终端会提前关闭或将路径设为备用模式,拷贝路径发送窗口中的数据到其他路径,通过 MP_SST 选项通知对端该路径已关闭或者成为备用路径。当路径信号强度上升超过某一门限时,会立即启用某条路径。该方法比基于时延或丢包率的方法反应更加灵敏准确。但缺陷在于作者认为信号强度是决定路径质量的唯一因素,不考虑时延、丢包率、路径拥塞情况。

　　Paasch 等人提出的方案(Paasch et al.,2014)同时考虑了链路丢包和路径时延,找出综合的最优路径进行数据传输。博弈路径选择算法(Nguyen et al.,2012)利用博弈的思想在各种开销之间取平衡,比如接口开启连接开销和路径时延开销。另外,还有一些基于具体实现考虑的路径选择策略,如 MAPS 方案(Chen et al.,2011)提出在未用于发送数据的路径上发送少量探测包探知吞吐量,一旦该路径吞吐量增大到一定阈值则替换已选用集合中吞吐量最小的路径。

此外,与能耗相关的工作很多也涉及路径管理方面的研究,并且该方向日趋成为热点。

1.4.5　能耗

MPTCP 需要开启多个接口进行数据传输,对于终端而言会增加能量消耗,而有时候开启多个接口带来能量消耗甚至造成得不偿失的后果。随着对能耗要求的重视,结合底层技术的研究进展,在 MPTCP 使用中考虑能耗的相关研究将会进一步成为热点。目前主要工作包括两个方面:其中一个是基于 MPTCP 传输过程中的能耗进行量化测量;另外一个是将能耗作为因素之一,用于性能优化。以下分别针对这两方面对已有的工作进行简要介绍。

1.4.5.1　MPTCP 能耗测量

基于对 MPTCP 能耗问题的关注,一些 MPTCP 研究小组采取了多种测量方法对 MPTCP 传输过程中的能耗进行了量化测量,测量结果的获得对于 MPTCP 设计的改进,进而使得 MPTCP 在保证 QoS 的同时减少能耗将具有指导性的意义。

Nicutar 等人(Nicutar et al.,2014)提出了通过邻居节点共享 Wi-Fi、Bluetooth 等接入从而在现存的 3G/4G 连接之外具有多余的连接,并通过 MPTCP 组合使用这些不同的接入方式形成的多路径,通过在 Galaxy Nexus phone 上的实际测试,采用 MPTCP 能够在提升性能的同时,有效节省能耗。RFC 6824 中也提到了合理使用 MPTCP 可以有效地降低数据的单位传输所使用的能耗。

大量的测试均表明 3G/4G 和 Wi-Fi 拥有不同的能耗模型。Raiciu 等人指出,当 MPTCP 同时使用 Wi-Fi 和 3G 这两种接口时,Wi-Fi 需要耗费更多的电能以维护连接,但当终端非常靠近 AP 时,Wi-Fi 连接可以提供高速率、低能耗的服务(Raiciu et al.,2011)。另一方面,3G/4G 连接相比于 Wi-Fi 更易于维护,但会在数据传输完毕后仍保持一段时间的高能耗状态,即尾电消耗(Tail-Energy),这对于小文件传输是非常不利的。基于 MPTCP 的 Linux 内核实现,Paasch 等人(Paasch et al.,2012)在实际 3G/Wi-Fi 环境下使用智能手机对 MPTCP 进行能耗测量,分别模仿了大文件下载和浏览网页的典型业务场景。测量结果表明,Wi-Fi 可以在文件传输完成后更快地转入节能状态,而 3G 网络有尾电消耗过程。由于 MPTCP 同时使用上述两种接口传输,故而传送每比特数据所消耗的电能也位于当单独使用这两种接口分别进行传输所消耗的能耗值之间。由于 3G 连接的高能耗特性,采用全连接的方式进行数据传输并不是节约电能的首选模式。在上述结论的基础上,Deng 等人(Deng,Netravali et al.,2014)进一步细分了 MPTCP 能耗测量,分别探究了全连接模式(Full-MPTCP Mode)和备用模式(Backup Mode)下的 MPTCP 能耗情况。在备用模式中,MPTCP 使用 SYN、FIN 信令开启及关闭备用路径,当使用 LTE 接口传输信令时,由于尾电消耗的作用,LTE 连接将会保持一定时间额外的高能耗状态。这对于小文件传输,将基本无法降低能耗。

Nika 等人(Nika et al.,2015)提出 MPTCP 能耗应主要分为 CPU 能耗和连接能耗两个部分进行考虑,认为目前针对 MPTCP 能耗方面的测量和方案设计主要还是考虑连接能耗。该文献通过实验得出结论,目前的 MPTCP 还远没有得到其应该具备的性能,除了连接能耗之外,多核 CPU 的计算能耗也应该将能耗和传输能力的折中式方案考虑进设计当中。

此外,通过在 MPTCP 当中引入编码(如文献(Cui et al.,2015;Sharma et al.,2008;Zhang et al.,2014))、高效的调度机制(如文献(Barré,2011))等也可以有效地降低单位能耗。但从测量的角度看,目前还没有发现太多这方面的实用化工作。

1.4.5.2 MPTCP 能耗优化方案

能耗大小是路径选择和数据调度方案优劣的评价标准之一,然而,能耗较低的路径可能拥塞程度较高,如何平衡两者之间的选择成为 MPTCP 相关研究中的一个难点。Minear 和 Zhang(Minear,Zhang,2014)证明了该优化问题是一个 NP 难问题,虽然并未提出有效的近似算法,但从理论上论证了 MPTCP 实现吞吐量与能耗双优的可能性是存在的。

基于内核实现的减小能耗方案(Lim et al.,2014b)是针对 3G/Wi-Fi 场景进行特别设计的。由于开启 3G 接口的能耗远大于 Wi-Fi 接口,故而方案中延迟 3G 的开启时间。对于小文件的传输,可以在 3G 开启前就利用 Wi-Fi 单接口传输完毕。而对于大文件的传输,在一定时延后同时启用 3G 和 Wi-Fi 接口,从而提升吞吐量,实现健壮性,以及补偿能耗的损失。

后续不少研究方案也大多默认,当前使用的 Wi-Fi 接口信号强度很高,故而 Wi-Fi 接口的能耗远低于 LTE 接口。Chen 等人(Chen et al.,2013b)基于移动设备使用 Wi-Fi 传输数据能耗低于 LTE 传输数据能耗的原理,提出了 MPTCP 能耗优化方案 eMTCP。该方案建立子流接口状态监测器,实时监测 Wi-Fi/LTE 的信道状态,若 LTE 需要传输数据且 Wi-Fi 信道正空闲,则将数据转移到 Wi-Fi 接口上进行传输,从而最大限度地利用低能耗接口,达到减少能耗的目的。在此基础上,Chen 等人还进一步考虑了突发流量的情况下的能耗优化。

Le 等人和 Peng 等人(Le et al.,2011;Peng et al.,2014)分别同时对能耗和路径选

择、拥塞控制等因素进行了考虑。其中，Le 等人所提出的 ecMTCP(Le et al.,2011)在耦合拥塞控制算法 LIA 的基础上加入能耗因子，设计出一种新型的拥塞控制算法。Peng 等人(Peng et al.,2014)考虑以往的路径选择更多关注的是如何节能，这样的做法往往忽视了传输性能的提升，因此提出基于业务的建模分析。作者分别分析了实时业务和文件传输业务的能量消耗的不同，在考虑能耗的同时，提高实际的传输性能，根据两种业务的差异分别建模分析最优的传输效果。在每个业务中，使用了最优化理论，通过两个步骤进行路径选择和拥塞控制，实现最优传输。最终得出的结论是，对于文件业务最佳的传输方式是 4G，而对于实时业务最佳的传输方式是 Wi-Fi。

然而，实际上，不同接入技术在不同网络场景下可能具有不同的能耗表现。Singh 等人(Singh,Ahsan et al.,2013)认为，将 Wi-Fi 能耗优于 3G 能耗作为固有知识是不科学的行为，故而提出在 MPTCP 中使用实时探测的方式来决定能耗较优路径。Pluntke 等人(Pluntke et al.,2011)通过综合不同无线接口的能耗模型以及不同应用的业务模型，进一步建立相应的预测模型，从而决定所应该选择的低能耗路径。此外，由于其中的调度策略的高计算代价，该方案选择使用云服务器完成调度策略的计算，用户设备仅需将相关测量参数上传至云服务器即可获得选择结果。

1.4.5.3　小结

MPTCP 协同使用多个网络接口提升了网络传输的性能，但相较于单接口协议也带来更多的能耗。如何平衡能耗与性能的关系成为 MPTCP 能耗优化方案所考虑的一个关键问题。根据不同接入技术的传输效率以及能耗模型的不同，能耗优化方案大多依据上层应用的不同特性以及不同接入技术的能耗模型动态选择 MPTCP 所用接口，如优先使用 Wi-Fi 网络。但由于不同接入技术(如 Wi-Fi 和 3G)覆盖范围有所不同，MPTCP 能耗优化方案也应将由于地域限制导致的频繁接口切换所带来的能耗纳入考虑范围内，以更好地适应实际网络环境。已有的研究表明，MPTCP 路径的选择和数据分配需要考虑不同接入网络的能耗。能耗的研究往往是结合其他方面的机制进行综合考虑的。同时，在某些特定条件下，在 TCP 能满足传输要求时，MPTCP 并不一定具有优势，完全可以基于综合评价得出具有优势的接口，仅采用 TCP 作为传输层协议即可。

1.4.6　移动性与 QoS

除了前面的能耗研究之外，由于 MPTCP 可协同使用多个路径，增加或者删除若干路径而不影响上层应用的连通性，并且能够将数据从拥塞路径转移到其他路径上进行传输。上述特征使得 MPTCP 天然集成了移动特性。

Paasch 等人(Paasch et al.,2012)首次使用具有 Linux-MPTCP 内核版本的移动设

备在实际网络环境中进行移动性测试,同时使用移动终端的 Wi-Fi 接口和 3G 接口进行数据传输,当 Wi-Fi 信号被终止后,MPTCP 仍可以使用 3G 接口继续进行数据传输,上层业务并没有发生中断,从而完成了不同接口间数据传输的无缝切换,验证了 MPTCP 的移动切换特性。

Raiciu 等人(Raiciu,Niculescu et al.,2011)提出更完善的 MPTCP 移动切换架构,即对于非 MPTCP 终端,可以使用 MPTCP 代理作为锚点,与 MPTCP 终端建立连接,该场景同样支持移动性。MPTCP 与 QoS 结合方案(Singh,Ahsan et al.,2013;Diop et al.,2012;Diop et al.,2011)主要针对视频业务而提出。根据视频业务对时延敏感但是对丢包不敏感的特性,在 MPTCP 中增加了部分可靠性策略。基本思路是在接收端设置时延阈值(400 ms),超过该阈值则接收端直接舍弃未接收到的数据包,这样可以在可容忍的丢包率范围内保证小时延。另外,方案中还将视频业务的 I、P、B 帧按照优先级进行排序。对于优先级高的 I 帧在吞吐量较高的路径上发送,而 P 帧在次优的路径上发送。

Paasch 等人方案(Paasch et al.,2012)中提出的 MPTCP 子路径的使用的三种模式,分别是:① The Full-MPTCP mode,这种模式下,MPTCP 终端会使用该终端能使用的所有子流,为当前传输服务;② The Backup mode,此模式下会优先使用一些子流,并创建备选子流,备选子流只有在前面使用的子流出现问题时才会使用;③ The Single-Path mode,此模式与 The Backup mode 相同,在一个时间段内,只能使用一条流为当前传输服务,当该流出现问题时,从备选流中选择一条继续传输。进一步地,Frömmgen 等人(Frömmgen et al.,2015)在保证 MPTCP 性能的同时兼顾能耗。以往考虑能耗的方案都会在能耗和吞吐量之间做一些复杂的权衡,这篇文章认为复杂的权衡没有必要,因此提出了一个很简单且有效的切换方案。所提出方案的场景是 MPTCP 终端同时使用 Wi-Fi 和 LTE 两个端口,考虑 The Full-MPTCP mode 和 The Single-Path mode 这两种模式下的切换。当用户终端能同时使用两个端口时,会根据 Wi-Fi 信号的测度,优先使用 The Single-Path mode,即仅使用 Wi-Fi 端口进行数据传输。考虑到 Wi-Fi 的信号范围,当用户移动而出现 Wi-Fi 信号强度下降,低于某个阈值时,会做出选择使用 The Full-MPTCP mode,即使用 LTE 和 Wi-Fi 两个端口进行数据传输。作者的目的是实现平滑的切换,不希望出现吞吐量的巨大变化。这样做,当 Wi-Fi 连接断掉之后,因为已经切换到 The Full-MPTCP mode,设备终端依然能有效地进行数据传输。此方案可以认为是利用了 MPTCP 对移动性的支持,依靠信号强度的测量,在 The Single-Path mode 和 The Full-MPTCP mode 之间切换,实现稳定的数据传输。

1.4.7　数据中心中的 MPTCP

随着数据中心内部数据传输量的迅速增大,其传统的分层集中式拓扑将造成核心交换机的数据传输压力剧增,近年来的研究提出了 VL2(Greenberg et al.,2009)以及 FatTree(Al-Fares et al.,2008)等新型拓扑结构来解决这一问题。这些拓扑在数据中心内部任意 2 台主机间都有多个核心交换机以提供全带宽连接,这也使得两个主机间存在多路径的情况在数据中心中非常常见,为在数据中心中使用 MPTCP 提供了基础。

Raiciu 等人(Raiciu et al.,2010;Raiciu,Barré et al.,2011)提出在上述密集并行网络拓扑结构中使用 MPTCP 替代 TCP 作为数据中心内部的传输协议。利用 MPTCP 进行多径并行传输,不仅提升了连接的吞吐量,且由于对上层应用可以屏蔽部分路径的失效,也提升了连接的健壮性。另一方面,路径选择和拥塞控制功能允许 MPTCP 将流量转移到可用空间较大的路径上,平衡了数据中心核心交换机上的流量,相较于 TCP 具有更好的公平性和负载均衡特性。

然而,MPTCP 在数据中心也存在 TCP Incast 的问题,即当同一路径上的多个子流都遭遇拥塞时,均同步减小窗口,使得有效数据量急剧减少。这种情况在一个终端向多个服务器同时请求数据时较为常见。Li 等人(Li et al.,2014a)所提出的 EW-MPTCP(Equally-Weighted MPTCP)在每条 MPTCP 连接执行自身拥塞控制机制的基础上,对同一终端的不同 MPTCP 连接建立耦合拥塞控制机制,为各个连接"加权",使得这些不同 MPTCP 连接以高耦合的方式增大拥塞窗口,单条 MPTCP 连接吞吐量之和相当于单条 TCP 连接,从而能够在瓶颈路径上与单条 TCP 流公平竞争链路带宽,而不至于引起路径拥塞,进而避免 TCP Incast 问题出现。

1.5   MPTCP 协议面临的挑战

从传输协议的角度来看,多宿主(Multi-Homing,即多个接口)和多路径并不是新的功能,例如在 SCTP 协议中就提及了这两个概念。虽然 SCTP 已经广为人知,但在实际网络中使用率很低,可见一个新的传输协议想做到大范围部署是不易的。MPTCP 在设计之初,就充分考虑应用程序兼容性和网络兼容性,探求在不破坏与 TCP 友好性的基础上提升吞吐量,同时完善数据传输的可靠性,让 MPTCP 表现得更健壮。然而在这些问题中,MPTCP 还面临着一系列挑战。针对这些挑战性问题的解决思路也在不断提出和发展之中。

1.5.1   推进初期部署

由于 MPTCP 是一种新型协议,网络中原本的基于传统 TCP/IP 协议体系的终端或服务器很少具备此功能。为了推进其部署,必须提供可靠有效的机制,让不支持 MPTCP

的端主机也能够使用多路径连接。不论是通信两端都不支持 MPTCP 功能,还是只有一端不支持 MPTCP 功能,都需要给出相应的解决方案。

MPTCP 工作组已经有相关草案研究了这些问题,通常采用支持 MPTCP 代理的方式。但是这些研究仅停留在草案阶段,没有形成成熟的解决方案。因此,需要根据合适的场景,在 MPTCP 架构下,设计出提供多路径连接服务的兼容性方案,给出简单可行的连接建立、子流管理和数据传输过程,且能够不影响 MPTCP 性能提升能力发挥作用。

1.5.2　拥塞控制算法的公平性设计

一个新的传输协议想要在实际网络中工作,首先要保证与 TCP 流的公平性,即这些数据流不能侵占过多带宽,从而导致常规 TCP 连接无法公平地在网络中获取有效流量传输。因为 MPTCP 的设计出发点是引入资源池化的概念,所以这里的公平性又涉及瓶颈公平性、网络公平性等问题,这里不再详细展开。

传输公平性主要依靠拥塞控制算法来实现。MPTCP 为每条子流设计一个拥塞窗口,有利于每条子流根据自己的路径状况独立地调整发送窗口。为了满足资源池化和网络公平性要求,MPTCP 工作组给出的拥塞控制算法将各条子流的拥塞窗口半耦合或者全耦合起来,即每条子流拥塞窗口的增大或减小与所有子流拥塞窗口的总大小有关(增大与减小两个操作中只有一个耦合,称为半耦合;两个操作都耦合,称为全耦合)。但是此算法没有更进一步地考虑瓶颈公平性的问题,基于不同公平性的拥塞控制算法也是 MPTCP 耦合拥塞控制的研究点之一。

网络公平性和瓶颈公平性有一定的冲突。需要权衡这种冲突,并在保留对子流拥塞窗口进行半耦合控制的前提下,设计一种有效的拥塞控制算法。

1.5.3　乱序数据的可靠接收

MPTCP 与以往协议最大的不同之处在于,MPTCP 使用多条路径进行并行传输,而在使用多条具有不同时延和带宽路径的情况下,数据的可靠接收变得比单路径的传输协议更加困难,这是需要谨慎思考的。

MPTCP 为了保证数据可靠接收,规定在连接级别和子流级别上都进行确认。当多条路径时延不同时,很容易出现连接级别的乱序问题。乱序数据存放在接收缓冲区中,等待延迟数据到来,这可能导致受限的缓冲区空间被乱序数据过度占用。如何保证接收缓冲区不阻塞或者少阻塞,同时保证各条子流还能充分利用自己的数据传输能力,这是 MPTCP 面临的很实际的问题。

当前 MPTCP 通过限制总拥塞窗口不超出接收窗口来确保接收缓冲区不发生阻塞,但是这也会导致各子流无法充分利用自己的传输能力。因此,实用的接收缓冲区使用方法或者数据调度算法的设计就很有必要，以合理高效地利用有限的缓存区等网络资源，同时提高子流的吞吐量。

1.6 本章小结

当今网络环境中，设备间存在多条网络路径的情况是很常见的，而充分有效地利用这些路径能够大大地提升传输效率。为了充分地利用好这些网络路径，许多研究者尝试设计了多种多径传输协议，例如 PSockets、MPQUIC、CMT-SCTP 以及 MPTCP 等。

在本章中，我们着重介绍了其中最成熟、最有前景的多径传输协议——MPTCP。MPTCP 作为工作在传输层的 TCP 的拓展，对应用层和网络层保持透明。在保证对现有应用和网络兼容性的同时，利用多条网络路径的同时工作以聚合带宽、提升连接健壮性以及实现拥塞转移等功能。

虽然 MPTCP 已经被 IETF 进行了标准化，并也已经成为多个主流移动设备供应商的通信方案之一，但其在实际使用中仍存在不少问题，面临的挑战是不可忽视的。在本章的后半部分，我们重点介绍了 MPTCP 的研究热点和实际使用中面临的挑战。例如，如何推进 MPTCP 在网络设备中的部署是一个现实问题，虽然存在一些方案使用 MPTCP 代理以帮助更新迭代缓慢的服务器等网络设备享受 MPTCP 的好处，但方案整体而言并不完备，缺少实际的可执行性。此外，MPTCP 如何在使用多条网络路径的情况下保证对传统 TCP 的公平性，不过分占用网络资源导致其他单路径流被"饿死"也是一个值得研究的问题。而同时使用异质的多条子流带来的乱序数据包问题容易产生队头阻塞，这在实际使用中极大地影响了 MPTCP 的传输性能，如何设计数据调度等算法来改善这一问题也是一个巨大的挑战。如何处理这些实际问题也成了研究者们对 MPTCP 研究的热点问题。

第 2 章

针对 TCP 协议的改进

2.1 TCP 协议概述

传输控制协议(Transmission Control Protocol,TCP)是一个可靠的、面向连接的传输层通信协议,它可以将一个节点的数据以字节流的形式可靠地传送到互联网的任何一台机器上。TCP 是传输层中使用最为广泛的协议之一(另一个是 UDP),它可以在不可靠的互联网中向上层提供可靠的、端到端的、面向连接的字节流通信服务,以确保网络上所发送的数据包被完整接收。在这方面,TCP 的作用是提供可靠通信的有效报文协议,一旦数据发生损坏或者丢失,通常由 TCP 触发发送端进行重新传输,而不是应用程序或IP 协议。

TCP 是 TCP/IP 体系中非常复杂却很重要的协议之一,因此,本节我们将首先对TCP 协议进行介绍,然后再逐步深入讨论 TCP 的可靠传输、拥塞控制等方面的问题。列举 TCP 的主要特点如下:

(1) TCP 是面向连接的传输层协议。一端的进程在向另一端的进程使用 TCP 进行数据传输之前,必须先要通过握手建立 TCP 连接,即要互相发送报文,以确认信息传输的参数。并且连接时双方都要初始化为具有相互一致性的一些参数和状态变量。在数据传输完毕后,需要释放已经建立的 TCP 连接。

(2) TCP 面向字节流。TCP 中的"流"(Stream)指的是流入进程或者从进程流出的字节序列。虽然应用程序和 TCP 之间每次交互一个大小不等的数据块,但 TCP 只把要传输的数据看成一连串的无结构字节流,并不关注所传送的字节流的含义。TCP 不保证接收方应用程序所收到的数据块和发送方应用程序所发送的数据块具有对应的大小关系,但接收方应用程序收到的字节流必须与发送方所发出字节流完全一样。因此接收方应用程序必须拥有识别接收到的字节流的能力,并把它还原成有意义的应用层数据。

(3) TCP 提供全双工通信。TCP 允许通信双方的应用进程在任何时候都能发送数据。为了临时存放双向通信的数据,TCP 连接的两端都设有发送缓存和接收缓存。发送方应用程序将数据交给 TCP 发送缓存后,就可以去做自己的事情了,而 TCP 在合适的时间将数据从发送缓存取出并发送出去;在接收端,TCP会将接收到的数据放进接收缓存中,由上层应用进程在合适的时间读取接收缓存中的数据。

(4) 端到端的服务。端到端是逻辑链路,这条路可能经过了很复杂的物理路线,但两端主机不需要掌握这些信息,只需要认为是有两端的连接即可。而且一旦通信完成,这个连接就释放了,物理线路可能又被别的应用用来建立连接了。TCP就是用来建立这种端到端连接的一个具体协议。中间路由器对于TCP可以做到视而不见。

(5) TCP提供可靠交付的服务。通过TCP连接传送的数据无差错、不丢失、不重复,并且按序到达。TCP通过确认和重传机制来确保传输数据安全完整且可靠到达,通过校验和来确保传输数据的可靠性,通过窗口和序列号来保证传输数据按序到达。

TCP和UDP在发送报文时所采用的方式完全不同。TCP并不关心应用进程一次把多长的报文传送到TCP的缓冲区中,而是根据接收方给出的窗口值和当前网络拥塞的程度来决定发送的数据量。如果应用进程传送给TCP缓冲的数据块太大,TCP就会将大块数据划分得短一些再传送;如果应用进程一次只传送过来很少字节的数据,那么TCP可以等待累积了足够多的字节后再发送。

2.1.1　TCP报文段的首部格式

TCP虽然是面向字节流的,但发送方和接收方TCP实体以报文段的形式交换数据。TCP报文段分为首部和数据两部分。下面给出了TCP首部的格式。

如图2.1所示,TCP报文段首部的前20个字节是固定的,后面有$4n$(n是整数)个字节是根据需要而增加的选项。因此TCP首部的最小长度是20字节,最大长度是60个字节。

报头各字段的意义如下:

(1) 源端口(Source Port)和目的端口(Destination Port):各为16位长,分别写入源端口号和目的端口号。

(2) 序列号(Sequence Number):32位长,指的是本报文段所发送数据的第一个字节的序列号。

(3) 确认号(Acknowledgement Number):32位长,指的是期望收到对方下一个报文段的第一个数据字节的序列号。

(4) 数据偏移(Data Offset):4位长,指出了TCP报文段的数据部分起始处距离TCP报文段的起始处有多远,实际上也表示为TCP首部的长度,标志该TCP首部有多少个32 bit(即以4字节为单位)。因为4位最大能标志15,所以TCP首部最长是60字节。

(5) 保留(Reserved):6位长,目前保留未用,留待以后使用。但更新的版本中将最右的两位修改为 CWR 和 ECE,与 IP 报头原有 ToS 域的最右边两位(定义为 ECN)配合使用,用以实现 ECN(Explicit Congestion Notification)功能。

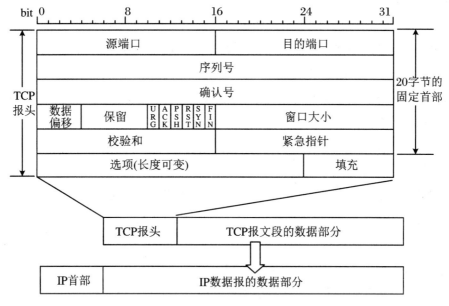

图 2.1　TCP 数据报头结构

(6) 控制位(Control Flags):接下来的 6 位,用于控制信息,具体每位含义如下:

· URG:当 URG＝1 时紧急指针字段有效,表示此报文段中有紧急数据,应尽快传送而不需要按原来的排队顺序来传送。

· ACK:当 ACK＝1 时确认号字段有效,TCP 规定,在连接建立后所有传送的报文段都必须把 ACK 置 1。

· PSH:发送方把 PSH 置 1,接收方在收到此类报文段后就尽快交付给应用进程,而不必等到缓冲区装满后才传送。

· RST:用于复位由主机崩溃或其他原因而出现错误的连接,还可以用于拒绝非法的数据报或拒绝连接请求。

· SYN:用于建立连接时的序列号同步。当 SYN＝1 时就表示这是一个连接请求或者连接接受报文。

· FIN:用于释放连接。当 FIN＝1 时表示此报文段的发送方已将数据全部发送,并要求释放连接。

(7) 窗口大小(Window Size):16 位长,它指出了从本报文段首部中的确认号算起,接收方目前允许对方发送的数据量。是接收方指示发送方设置其发送窗口的依据,窗口值经常在动态变化。不过,如果窗口为 0,则表示可以发送窗口探测,以了解最新的窗口大小。

（8）校验和（Check Sum）：16 位长，校验和字段是为了确保高可靠性而设置的，它校验首部、数据与伪 TCP 首部之和。

（9）紧急指针（Urgent Pointer）：16 位长，紧急指针只在 URG = 1 时才有意义，它指出本报文段中紧急数据的字节数（紧急数据结束后就是普通数据）。需要注意的是，即使窗口为 0 时也可以发送紧急数据。

（10）选项（Options）：长度可变，0 或多个 32 位字，包括最大 TCP 载荷、窗口比例、选择重发数据报等选项。

2.1.2　TCP 的连接管理和传输策略

TCP 连接的建立和释放是每一次面向连接的通信中必不可少的过程。连接有三个阶段：连接建立、数据传送、连接释放。而连接管理的目标就是使连接的建立和释放都能正常进行。

在建立连接的过程中要解决下面三个问题：

（1）使得一方能够知晓另一方的存在；

（2）要允许双方协商一些参数，如最大报文段长度、窗口大小和服务质量需求等；

（3）要允许对实体资源进行分配，如缓存大小和连接表中的信息等。

连接的三个阶段的具体过程如图 2.2 所示（简单化处理，图中示例假设只发送了 1 字节数据）。其中 TCP 建立连接采用三次握手的方法，当 SYN＝1 的请求连接数据报到达目的端后，如果某个进程正在对该端口进行侦听，便将该数据报交给该进程，而 TCP 实体可以接受或拒绝建立连接。如果接受，便返回一个包含 ACK＝1 的确认数据报。连接的建立过程是双向的，服务器的确认和连接建立可以在同一个报文中，而客户端的连接确认可以承载在客户端数据传输的一个数据报文中捎带传输。当数据传送完毕后，为了释放连接，双方均可发送一个 FIN＝1 的 TCP 数据报，当 FIN 数据报被确认后，那个方向的连接就被关闭，两个方向的连接均被关闭后，连接就被完全释放了。因此，两端的连接释放是相互独立的。一般情况下，释放 TCP 连接需要进行四次握手。

为了准确无误地将数据送达目标处，TCP 协议采用了三次握手策略。通过 TCP 协议把数据包发送出去后，TCP 不会对传送后的情况置之不理，它一定会向对方确认是否成功送达。握手过程中使用了 TCP 的标志位：SYN 和 ACK。发送方首先发送一个带 SYN 标志的数据包给对方，接收方在收到后，回传一个带有 SYN/ACK 标志的数据包以传达确认信息，最后发送方再回传一个带 ACK 标志的数据包，代表"握手"结束。若在握手过程中的某个阶段发生了中断，TCP 协议会再次以相同的顺序发送相同的数据包。

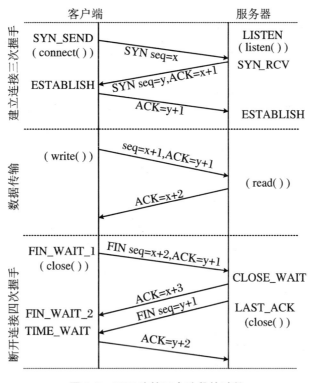

图 2.2　TCP 连接三个阶段的过程

　　而断开连接则需要进行四次握手。第一次握手,主动关闭方发送一个 FIN 来告诉被动方自己已经没有数据要发送了(但对于在 FIN 包之前发送出去的数据,如果没有接收到对应的 ACK 确认报文,主动关闭方依然会重发这些数据),此时主动关闭方还可以接收数据。第二次握手,被动关闭方在收到 FIN 包后,发送一个 ACK 给对方,确认序列号为收到序列号＋1。第三次握手,被动关闭发送一个 FIN,用来关闭被动关闭方到主动关闭方的数据传送,也就是告诉主动关闭方自己的数据也已经全部发送完了。第四次握手,主动关闭方收到 FIN 后,发送一个 ACK 给被动关闭方,确认序列号为收到序列号＋1,至此四次握手完成。

　　TCP 采用滑动窗口来进行传输控制,滑动窗口的大小决定了接收方还有多大的缓冲区用于接收数据。TCP 的滑动窗口是以字节为单位的。TCP 是全双工的,即两个方向均可以发送数据。为了便于介绍 TCP 的传输原理,接下来仅讨论一个方向上进行的数据传输。

　　对于发送方,在没有收到确认的情况下,可以连续把发送窗口内的数据都发送出去,已经发送过但还未收到确认的数据都需要暂时保留,以便重传时使用。发送窗口里面的序列号表示允许发送的序列号,窗口越大,发送方在收到对方确认前就可以连续发送越多的数据,从而获得更高的传输效率。但是数据的发送也要考虑接收方的接收能力,比如接收方能否及时处理这些接收到的数据。

发送窗口有前沿和后沿,位于后沿后面的部分表示已发送且已经收到确认的数据的字节序列号,位于前沿前面的部分是不允许发送的,因为接收方没有为这部分数据留出缓存空间,而允许发送的序列号位于窗口前沿和后沿之间。发送窗口后沿有两种可能的变化:没有收到新的确认,后沿不动;收到了新的确认,后沿前移。发送窗口前沿通常是不断向前移动的,但也有不动的情况:在没有收到新的确认,且接收方通知的窗口大小也没有变化时,前沿不动;收到了新的确认,同时接收方通知的窗口变小了,缩小量和确认的量正好相抵,发送窗口的前沿也不动。发送窗口前沿也可能向后收缩,但标准化的TCP并不建议这么做,因为发送方在收到缩窗通知前很可能已经发送了窗口中的许多数据,这种情况下收缩窗口就会发生错误。

图 2.3 描述了 TCP 窗口和缓存的关系。如图所示,可以用三个指针描述发送窗口的状态:P_1,P_2,P_3。指针指向字节的序列号,则有:

$P_3 - P_1 = S$ 的发送窗口;

$P_2 - P_1 =$ 已发送但未被确认的字节数;

$P_3 - P_2 =$ 允许发送但尚未发送的字节数。

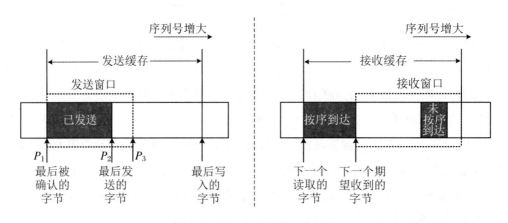

图 2.3　TCP 窗口和缓存的关系

发送缓存用于暂时存放应用程序传送给发送方 TCP 准备发送的数据,以及 TCP 已经发送出去但尚未被确认的数据。由于已经确认的数据会从发送缓存中删除,因此发送缓存和发送窗口的后沿是重合的。发送应用程序必须控制写入缓存的速度,如果太快缓存就会没有存放数据的空间。相应地,接收缓存用于存放按序到达但尚未被应用程序读取的数据,以及没有按序到达的数据。如果接收应用程序接收数据的速度不及数据到达缓存的速度,那接收缓存最终就会被填满,此时发送窗口会减小到 0。如果应用程序能够及时读取接收缓存中的数据,接收窗口就可以增大。当滑动窗口为 0 时,发送方一般不能再发送数据,但有两种情况除外:一种情况是发送紧急数据,比如允许用户终止在远端机上的运行进程;另一种情况是发送方可以发送一个 1 字节的数据报来通知接收方,重新声明它希望接收的下一字节及发送方的滑动窗口大小,以防接收方实际已经发送了调整发送窗口的通知报文,但由于丢失,两端都处于等待状态从而影响网络性能。

2.1.3 TCP 的拥塞控制

计算机网络中的链路容量、交换节点中的缓存和处理机等都是网络的资源。如果某段时间内,对网络某一资源的需求超过了该资源的供给能力,网络性能就会不升反降。这种情况就被叫做拥塞。如果网络中有许多资源同时呈现供给不足,网络性能将会显著变坏,并且随着输入负荷的增大拥塞状况也会加剧,吞吐量会急剧下降。

网络拥塞往往是由许多因素导致的。例如,某个节点缓存容量太小,到达该节点的分组因缓存空间不足而被丢弃;或者处理机的处理速度太慢。此时简单地提升处理机的性能可能会略微缓解这一状况,但往往会将瓶颈转移到其他地方,因为整个系统的各部分仍是不匹配的。而拥塞事件常常会进一步趋于恶化。比如当一些分组被丢弃后,发送这些分组的源就会重传这些分组,有时候甚至要重传多次,这就导致了更多的分组流入网络中,从而进一步导致更严重的分组丢弃。

总之,网络传输的性能显然受硬件技术(对于互联网来说,就是主干网的带宽以及核心交换机)发展的影响。但是,仅有硬件的发展对于提升网络性能来说还是不够的,限制网络传输性能的另一个因素便是不加限制的数据传输导致网络拥塞乃至崩溃,早先的TCP 协议甚至不包括拥塞控制(Congestion Control)的内容。

1986 年 10 月,从美国劳伦斯伯克利国家实验室(Lawrence Berkeley National Laboratory,LBNL)到加州大学伯克利分校(University of California,Berkeley)的数据吞吐量从 32 Kbps 下降到了 40 bps,这是第一次被明确记载并研究的网络拥塞崩溃事件。从这以后,TCP 的研究课题就开始多了一个方向,即拥塞控制。这个事件也使得研究人员开始重新认识 TCP 传输的性能瓶颈。

相应地,目前对网络性能提升的研究主要也就涉及两大方面:一方面从网络本身出发,努力提高网络的带宽,以及如何利用日益增长的计算和存储能力来弥补带宽提升的不足。另一方面集中在各种传输控制理论的研究以及相应算法和协议的设计,尽量合理利用可用带宽。随着研究的深入,研究人员发现单纯提高网络的传输带宽并不能提高网络的传输性能。尤其是近几年,光通信的发展大大提升了互联网的速度,但互联网的部分子网带宽还非常有限,中继路由器的缓存容量也十分有限。TCP 拥塞控制机制的研究逐渐成为学术界和产业界研究的热点之一。

1986 年,Jacobson 最早提出了拥塞避免机制,并在论文(Jacobson,1988)中进行了详细讨论。他提出的 TCP 拥塞控制由"慢启动(Slow Start)"和"拥塞避免(Congestion Avoidance)"组成。后来 TCP Reno 在其基础上又针对性地加入了"快速重传(Fast Retransmit)"和"快速恢复(Fast Recovery)"功能。之后提出的 TCP NewReno 又进一步地对"快速恢复"的算法进行了改进,加入了选择性应答(Selective Acknowledgements,SACK)机制。1994 年,Brakmo 和 Peterson 提出了一种新的拥塞控制机制 TCP Vegas(Brakmo,Peterson,1995),该方法基于时延进行拥塞控制,即采用数据包在网络瓶颈节点缓冲区的排队时延作为网络拥塞的判断依据,而不像传统方法一样根据丢包来调整窗口。但是,TCP Vegas 与已经广泛使用的拥塞控制机制之间出现了竞争问题,相较于 Vegas,已有的基于丢包的方案在带宽利用上具有极强的侵占性。因此该协议并没有得到广泛应用。后来,TCP 的拥塞控制进入了百花齐放的发展阶段,研究热点主要集中在:"慢启动"过程的改进、基于速率调整和时延变化的拥塞控制、显式拥塞通知(Explicit Congestion Notification,ECN)、针对特殊网络的拥塞控制等。

TCP 通过维护一个拥塞窗口(Congestion Window,CWND)来进行拥塞控制。在发展的过程中,TCP 拥塞控制算法主要出现了以下几种不同的思路:

(1) 基于丢包的拥塞控制:将丢包视为发生拥塞的标志。采取缓慢探测的方式,逐渐增加拥塞窗口,当出现丢包时,将拥塞窗口减小。如 TCP Reno、TCP Cubic 等;

(2) 基于时延的拥塞控制:根据时延来判断拥塞的发生,如 TCP Vegas、FAST TCP(Wei et al.,2006)等;

(3) 基于链路容量的拥塞控制:实时测量网络带宽和时延,认为网络中传输的数据量超过带宽时延积(Bandwidth-Delay Product,BDP)时便出现拥塞,如 TCP BBR(Cardwell et al.,2017);

(4) 基于学习的拥塞控制:没有特定的拥塞信号,而是通过训练数据,使用机器学习的方法形成一个有效的控制策略,如 Remy(Winstein,Balakrishnan,2013)。

TCP 拥塞控制在其他方面还有各种大大小小的改进,但其算法的核心都是选择一个有效的拥塞窗口调整策略或者合适的流速控制策略。经过许多年的改进后,TCP 协议有了许多不同的版本。下面将介绍几种影响广泛的代表性改进方案。

2.1.3.1 TCP Tahoe

TCP Tahoe 协议是早期的 TCP 拥塞控制版本,主要包括三个基本的控制拥塞算法:慢启动、拥塞避免和快速重传。它的核心思想是:首先让 *cwnd* 以指数增长方式迅速逼近可用链路容量,然后再慢慢微调到合适值。由于不清楚网络状况如何,TCP Tahoe 要求 TCP 缓慢地探测网络并确定可用带宽,以避免贸然传送大量数据而导致网络拥塞。TCP

Tahoe 还实现了基于往返时延的重传超时估计。该协议的具体操作过程为：

· 慢启动：当连接建立时，初始化 *cwnd* 为一个 MSS 大小，设置 *ssthresh* 阈值的大小为 64 KB。如果没有丢包和拥塞发生，当 *cwnd* 等于 *ssthresh* 时，进入拥塞避免。

· 拥塞避免：使用 AIMD（Additive Increase Multiplicative Decrease，加性增乘性减）机制，只要有一个数据包丢失则认为网络发生了拥塞。此时，将 *ssthresh* 设置为当前 *cwnd* 大小的一半，重新设置 *cwnd* 为一个报文段大小，并重新回到慢启动阶段。

· 快速重传：当收到 3 个重复 ACK 时，不必等待 RTO（Retransmission Timeout，重传超时）就执行快速重传，直接重传丢失的数据包。

由于 TCP Tahoe 算法一旦发生丢包（即收到 3 个重复 ACK 或发生超时）就会一切重来，*cwnd* 也会重置为 1，因此很容易引起网络的激烈振荡，这对于网络数据的稳定传输是十分不利的，网络的利用率也会大大降低。

2.1.3.2　TCP Reno

为了弥补 TCP Tahoe 的不足，TCP Reno 随之被提出。TCP Reno 除了包含 Tahoe 的三个算法（慢启动、拥塞避免和快速重传）外，又另外增加了一个新的算法：快速恢复（Fast Recovery）。TCP Reno 改变了面对重复 ACK 的动作：当收到连续 3 个重复的 ACK 时，不必等到重传定时器超时，就会执行新的快速重传算法，这和 TCP Tahoe 是一致的，然后再执行快速恢复算法，即无须经过慢启动阶段，就直接进入拥塞避免阶段。

快速恢复算法可以概述如下：在收到重传计时超时信号时，处理过程与 TCP Tahoe 还是一致的，改进主要针对收到 3 个重复 ACK 时的处理过程。当收到 3 个重复的 ACK 时，TCP Reno 就会认为发生了丢包，并且认定网络发生了拥塞。TCP Reno 会设置 *ssthresh* 为当前拥塞窗口大小的一半，但并不会回到慢启动阶段，而是将 *cwnd* 的大小设置为调整后的 *ssthresh*，之后 *cwnd* 维持线性增长。这一改进使得 TCP Reno 有效避免了当网络拥塞的情况还不够严重时，因为丢包就重新采用"慢启动"而造成的拥塞窗口大幅度减小，从而解决了在快速重传后通道为空、带宽利用率低的问题。

尽管 TCP Reno 对 TCP Tahoe 算法做出了改进，但 TCP Reno 仍然存在一系列不足，分析如下：

（1）在发送端检测到丢包或拥塞后，需要重新传送自丢包发生至检测到丢包的过程中发送的所有报文段。而这些报文段中有一些可能是已经正确传到接收端的，因此就产生了不必要的重传。

（2）TCP Reno 的快速重传算法针对的是一个包的重传的情况，但在实际网络中，一个重传超时可能导致许多个报文段的重传。而当多个报文段从一个窗口中丢失并且触发了快速重传和快速恢复算法时，就会产生问题。因为确认了新数据的 ACK 会引起

TCP 结束快速恢复而进入拥塞避免阶段,而此时进入快速重传状态之前丢失的多个报文段并没有被全部确认,这种情况就被称为部分确认(Partial ACKs)。此时,其他的丢失报文段还会导致 TCP 反复执行快速重传和快速恢复,因此 $cwnd$ 和 $ssthresh$ 也会被多次减半,导致吞吐量大大降低。

(3) 对测量的往返时延 RTT 的准确性有较高要求。实际网络中 RTT 的估计往往比较复杂,因此准确测量 RTT 也是重要的研究问题之一。

2.1.3.3 TCP NewReno

为了弥补 TCP Reno 的不足,TCP NewReno(Floyd,Henderson,1999)针对一个发送窗口中丢失多个报文段的问题进行了算法改进,在 TCP Reno 的基础上稍加修改,尽力避免了在快速恢复阶段的连续重传超时。Reno 在收到一个新数据的 ACK 时就会退出快速恢复状态,而 NewReno 需要在收到该窗口内所有报文段的确认后才会退出快速恢复状态。

前面我们已经介绍了一个窗口中出现多个报文段同时丢失时存在的"部分确认"问题,Reno 面对"部分确认"时会退出快速恢复状态,而丢失的报文段如果不能使用快速重传和快速恢复来进行重发,就必须等待重传计时器超时或者三次重复 ACK 的到达。在这段时间内,TCP 不能传送新的数据,因而链路的利用率会降得很低。而在超时之后,$cwnd$ 的值又会被重置到 1,因而大大降低了 TCP 的传输效率。对此,NewReno 做出了相应的变化,它去掉了 Reno 的等待重传计时器,丢包的恢复不再需要重传超时,而是保持在快速恢复状态,每个 RTT 时间重传一个报文段,直到在快速恢复阶段初始化的未被成功传送的数据全部被确认。

TCP NewReno 中添加了恢复应答判断功能,以增强 TCP 终端通过 ACK 信息分析报文传输状况的能力。通过引入两个新概念:部分应答(Partial ACK,PACK)和恢复应答(Recovery ACK,RACK),使得 TCP 终端可以区分同一次拥塞造成多个报文段丢失与多次拥塞分别造成丢包的情形,进而在每一次拥塞发生后仅将拥塞窗口减半一次,从而有效提高了 TCP 的健壮性和吞吐量。

关于对 PACK 和 RACK 概念的解释,记 TCP 发送端在恢复阶段中接收到的 ACK 报文(非 Dup ACK)为 ACK_x,记在接收到 ACK_x 时 TCP 终端已发出的序列号(SN)最大的报文段是 PKT_y,如果 ACK_x 不是 PKT_y 的应答报文,则称报文 ACK_x 为部分应答(PACK);若 ACK_x 恰好是 PKT_y 的应答报文,则称报文 ACK_x 为恢复应答(RACK)。举例来说,编号为 5,6,7,8 的报文段均发生了丢失,假如编号为 5 的报文段丢失后,TCP 又发送了编号为 6,7,8 的报文段,直到收到 3 个 Dup ACK 后才进入快速重传状态。TCP 发送端重传编号为 5~8 的报文段,然后进入快速恢复状态,等待编号为 5 的确认报文段。此时,发送端记录编号为 8,也就表示它期望收到序列号为 9 的 ACK(代表接收端期望收到序列号为 9 的数据)。当它收到序列号为 9 的 ACK 后,这个 ACK 就确认了之前重传的所有报文段(即包括 8 号在内的之前的所有数据块都收到了)。但是如果收到的 ACK 中包含的序列号小于 9,那么这个 ACK 只是确认了之前重传的部分报文段,也就是部分应答,说明此时丢失了一个或者多个报文段。如果 TCP 发送端收到了 ACK 中的序列号为 6,那么这个 ACK 就只是确认了部分之前重传的报文段,这个 ACK 就是部分应答,说明编号为 5 的丢失报文段在重传后被成功接收,但编号为 6 的报文段并没有正确收到;如果收到了对 8 号报文段进行确认的 ACK,那么该 ACK 就是恢复应答。在这个情况下,TCP NewReno 收到编号为 6 的部分确认后仍继续进行快速重传,即重传编号为 6 的报文段,然后继续快速恢复,如果还有报文段丢失,那就重复这个过程,直到收到 8 号报文段的确认应答。

TCP NewReno 发送端在收到第一个 PACK 时,并不会立即退出快速恢复状态,而是持续地重传该 PACK 之后的报文段,直到将所有丢失的报文段都被重新发送后才结束快速恢复。NewReno 在收到一个 PACK 后就复位重传计时器,这使得发送端在发生大量报文段丢失时不需等待超时就能重传出错的报文段,从而降低了网络传输性能受到的影响。当 TCP 发送端接收到恢复应答时就表明:经过重传,TCP 发送端传送的所有报文段都已经被接收端成功接收,网络已经从拥塞中恢复。

TCP NewReno 中改进的快速恢复算法的具体步骤如下:

(1) 进入快速恢复阶段后,发送端重传被认定为丢失的报文,设置 $ssthresh$ 和 $cwnd$ 为:$ssthresh = \dfrac{cwnd}{2}$,$cwnd = ssthresh + 3mss$。

(2) 每收到一个 Dup ACK,$cwnd = cwnd + mss$。快速恢复参照了数据包守恒的原则,即同一时刻在网络中传输的数据包数量是恒定的,只有当旧数据包离开网络后,才能发送新数据包到网络。因此一个 Dup ACK 不仅表示有数据包丢失了,还意味着有发送的数据包已经被存储进接收方的缓冲区中而不再占用网络资源,因此可以将拥塞窗口增加一个数据包大小。

(3) 当收到 PACK 时,发送端重传 PACK 所确认报文的下一个报文,如果拥塞窗口允许,继续发送新的数据包。

(4) 当收到 RACK 时,发送端认为拥塞中所有被丢弃的报文都已经被重传,拥塞结束,设置 $cwnd = ssthresh$ 并退出快速恢复状态。

2.1.3.4 TCP SACK

TCP NewReno 为了解决大量数据包遗失的问题已经做出了改进,但是它在每个 RTT 内只能重传一个丢失的数据包。为了更有效地处理大量数据包丢失的问题,TCP

SACK 同时修改了发送端和接收端的传送机制,使得发送端能够知道哪些数据包已经被接收端正确接收。因此,TCP SACK 在检测到拥塞后,不需要重传从数据丢失至检测到丢失这段时间内发送的所有报文段,而是对这些报文段进行有选择的确认和重传,避免了不必要的重传。

SACK 改变了 TCP 的确认机制,最初的 TCP 只确认当前已连续收到的数据,SACK则会把乱序等信息全部告诉对方,从而减小了数据发送方重传的盲目性。以一个简单场景为例,TCP SACK 进行选择确认的过程如图 2.4 所示。假如接收端收到了编号为 2,3,5,7,8 的报文段,那么普通的 ACK 只会确认序列号 4,而 SACK 会把当前已经收到的编号为 5,7,8 的报文段的信息通过 SACK 选项告知发送端,因此能够有效提高性能。当使用 SACK 时,TCP NewReno 算法可以不使用,因为 SACK 本身携带的信息就可以使得发送方拥有足够的信息来知道哪些报文段需要重传,哪些报文段不需要重传。

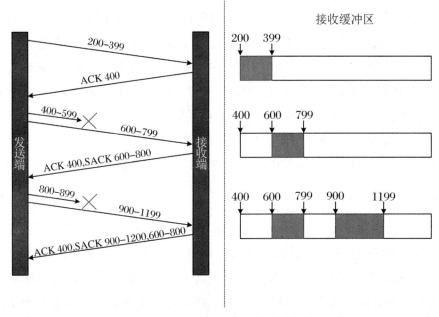

图 2.4　TCP SACK 进行选择确认的过程

TCP SACK 在 TCP Reno 基础上增加了选择确认(Selective Acknowledgement)和选择重传(Selective Retransmission)。TCP SACK 中加入了一个 SACK 选项,在连接建立阶段,发送端和接收端进行协商,确定是否使用 SACK 选项。SACK 选项需要在 TCP 数据报头中设置标志位,标志接收端最近收到的编号连续的三个报文段。在使用 SACK 选项后,如果在数据传输过程中,接收端缓存队列中出现了编号不连续的报文段,那么就向发送端发送标志 SACK 选项的重复 ACK,将已经收到的连续数据范围(也可称为数据区段)返回给发送端,数据区段与数据区段之间的间隔就是接收端没有收到的数据。发送端得知哪些报文段已经被接收,哪些报文段丢失,从而选择性地重传丢失的报文段,并且发送端可以在一个 RTT 时间内重传一个窗口中丢失的多个报文段。

2.1.3.5 TCP Vegas

TCP Vegas 是一种与之前方案截然不同的拥塞控制算法,它采取一种更巧妙的带宽估计策略,根据期望的流量速率与实际速率的差值估计当前网络瓶颈处的可用带宽。TCP Vegas 是第一个基于时延的拥塞控制算法,其窗口变化只和 RTT 有关,而传统的基于丢包的拥塞控制算法的窗口变化和丢包有关。

TCP Vegas 的主要思想是估计一段时间内能够发送的数据量,然后与实际发送的数据量进行比较,希望在丢包发生前就预先对拥塞窗口进行合理的调节。如果预测要发送的数据没有被发送,那么就认为可能出现了拥塞;如果这个状态持续了较长时间,那么就减慢发送速度。该算法不仅作用于拥塞避免阶段,而且还作用于慢启动阶段。

首先,TCP Vegas 对慢启动算法进行了改进。为了减少分组丢失,TCP Vegas 采取了更谨慎的方式来增加窗口。参数 $cwnd$ 每隔一个 RTT 增加一倍(即每两个 RTT 增加一倍),在两个相邻的 RTT 中有一个 RTT 期间 $cwnd$ 不会发生变化,这样发送方计算的实际吞吐量和期望吞吐量的比较就更加准确。比较值与一个阈值作比较,当到达或超过阈值后,就进入拥塞避免阶段。

其次,TCP Vegas 提出了新的拥塞避免算法。TCP Vegas 的发送端计算期望吞吐量(记为 $expected$)和实际吞吐量(记为 $actual$),并通过计算它们的差值来推测网络的拥塞程度。baseRTT(基准 RTT)取计算所得的 RTT 的最小值,一般为这个连接建立后发送第一个报文段的 RTT:

$$expected = \frac{cwnd}{basertt}$$

$$actual = \frac{cwnd}{rtt}$$

TCP Vegas 在传输过程中不断调整 $cwnd$ 的值,并设置阈值 α 和 β 来判断拥塞的程度。合理调整 $cwnd$ 的值以满足:

$$\alpha \leqslant D \leqslant \beta, \quad D = (expected - actual) \times basertt \tag{2.1}$$

当 $D < \alpha$ 时,说明网络状态良好,在下一个 RTT 中将线性增加 $cwnd$ 以更充分地利用可用带宽;当 $D > \beta$ 时,说明网络已经产生了拥塞,这时需要减小 $cwnd$ 以控制向网络中发送数据的数量。

TCP Vegas 也将引发重传的重复 ACK 数量从三个减少到了一个或两个,而不必等待三个重复 ACK 的到达,这使得丢包检测更为及时,因而,TCP 也就能够对丢失的报文段更快速地做出反应。当有重复 ACK 到达时,Vegas 就检查当前时间和所记录的时间标签之差是否超过了超时阈值。如果是,就立刻重发该报文段,而不必等待收到三个 Dup ACK 后再重传。

然而,TCP Vegas 也存在一些缺点,分析如下:

首先,TCP Vegas 是基于 RTT 的拥塞控制算法,导致 Vegas 对于测量的往返时延的准确度就有很高的依赖性,因此也容易受到欺骗。比如在 TCP 中,有可能正向和反向经过了不相同的路径,那么当反向路径上有拥塞时,也就是将 ACK 返回给发送端时是有延迟的,这样就可能导致 Vegas 降低拥塞窗口;或者是数据传输过程中路径发生了变化,如果新路径有一个较长的时延,那 Vegas 就难以判断 RTT 的增加是路径变更造成的还是拥塞造成的。Vegas 会把 RTT 的增加都归因于网络拥塞,因此降低 $cwnd$,进而使得吞吐量退化。这就是会导致基于时延的拥塞算法性能退化的一个陷阱。同时,TCP 报文段的大小对往返时延 RTT 也有一定影响。在实际过程中采取了许多措施来保证 RTT 测量的准确性,如细粒度的时间计算等。

其次,TCP Vegas 的兼容性不佳。当网络中的连接并不是全部使用 Vegas 算法时,TCP Vegas 的公平性就会受到影响。因为经典 TCP 的发送端会尝试填满网络中的队列,而 Vegas 则是倾向于保持队列为空,因此就会出现使用经典 TCP 拥塞控制算法的发送端发送的数据包越来越多的现象,这也会进一步压缩 Vegas 的带宽,因为当检测到瓶颈处的队列堆积时,基于时延的方法会通过降低发送速率来避免网络拥塞,然而由于基于丢包的流可能会观察到较少的丢包,这种行为反而会鼓励它提高发送速率。最终网络资源主要被非 TCP Vegas 的连接占用,而 TCP Vegas 连接的带宽被大量窃取,传输效率越来越低。

最后,TCP Vegas 为了保证发送速率的稳定性牺牲了带宽利用率。Vegas 取 RTT 的最小值作为基准值来计算期望吞吐量,这在很大程度上限制了发送窗口的扩张,因此难以充分利用可用带宽。

2.1.3.6　TCP Veno

TCP Reno 和 TCP Vegas 在有线网络中均有着比较优秀的表现,但由于无线网络和有线网络的链路状况差异较大,这两个算法在无线网络中的表现并不好。为了适应无线网络的特殊性,在 TCP Reno 和 TCP Vegas 的基础上提出了 TCP Veno(Fu, Liew, 2006)。

如何有效区分拥塞丢包和链路误码导致的随机丢包是 TCP 在无线网络中需要解决的问题之一。TCP Veno 改进了拥塞避免、快速重传和快速恢复算法,通过判断无线网络的拥塞情况并采取不同的拥塞控制策略,来有效提升无线网络的性能。如果 TCP Veno 判断丢包的原因是无线网络链路误码,就采用改进的拥塞控制机制。否则,如果判断丢包是网络拥塞所造成的,就采用传统的 TCP 拥塞控制机制。TCP Veno 使用和 TCP Vegas 相似的机制来估计网络中的连接是否处于拥塞状态,并通过计算期望吞吐量与实际吞吐量的差值 $diff$ 来估计网络瓶颈处的可用带宽:

$$diff = expected - actual$$

当 $rtt > basertt$ 时,表明网络瓶颈带宽处有数据包堆积,设堆积的数据包数量为 N,则 N 可表示为

$$N = actual \times (rtt - basertt) = diff \times basertt \qquad (2.2)$$

其中,$rtt = basertt + \dfrac{N}{actual}$。

TCP Veno 设置了一个阈值 α,通过比较计算出来的堆积数据包数量 N 和阈值 α 来进行丢包类型的判断。如果 N 超过了阈值 α,则认定本次丢包是网络拥塞造成的,即拥塞丢包;否则,认定本次丢包是无线链路故障造成的,即随机丢包。经过大量的实验证明,阈值取 $\alpha = 3$ 比较合理。

当 $cwnd > ssthresh$ 时,进入拥塞避免阶段。本阶段在没有检测到丢包时,TCP Veno 会判断网络当前的拥塞程度并采取不同的 $cwnd$ 调整策略。如果认为网络状态良好,此时即使发生丢包也更可能是随机丢包,则 $cwnd$ 依然保持和 TCP Reno 相同的线性增加速率;如果认为网络状态已经处于拥塞状态或即将发生拥塞,此时发生的丢包更有可能是拥塞丢包,则降低 $cwnd$ 的增加速率。TCP Veno 这一机制使连接能够更长时间地处于较大的窗口值,以此获得更高的吞吐量和传输效率。具体策略如下:

(1) 如果 $N < \alpha$,说明此时路由器缓存堆积的数据包还不多。每收到一个新的 ACK 就调整 $cwnd = cwnd + \dfrac{1}{cwnd}$;

(2) 如果 $N \geqslant \alpha$,说明此时路由器缓存堆积的数据包较多,网络可能在不久后就发生拥塞。每收到两个新的 ACK 才调整 $cwnd = cwnd + \dfrac{1}{cwnd}$。

TCP 通过重传计时器超时或收到三个及以上 Dup ACK 来确认发生了报文段丢失,然后进入快速重传和快速恢复阶段。在检查到丢包后,就重传丢失的报文段并调整 $cwnd$ 和 $ssthresh$。如果是随机丢包,则只适度调低 $ssthresh$,这样可以保证连接仍能以一个较大的 $cwnd$ 进入拥塞避免阶段,吞吐量也能维持在较高水平;如果判定为拥塞丢包,为了缓解网络拥塞的程度,则将 $ssthresh$ 减半。具体策略如下:

(1) 如果 $N < \alpha$,则发生了随机丢包。$ssthresh = \dfrac{4 \times cwnd}{5}$,$cwnd = ssthresh + 3$;

(2) 如果 $N \geqslant \alpha$,则发生了拥塞丢包。$ssthresh = \dfrac{cwnd}{2}$,$cwnd = ssthresh + 3$。

TCP Veno 克服了随机丢包对传输性能的影响,因此能高效地适用于有线和无线网络环境,并且 TCP Veno 能有效地利用网络可用带宽,而不会抢占其他连接本应占用的资源。但 TCP Veno 中设定的阈值 α 是一个经验值,并不是在所有场合中都适用。并且 TCP Veno 有时会将随机丢包误判成拥塞丢包,它判断随机丢包的准确率还有待提高。最后,TCP Veno 试图在较长时间内将 $cwnd$ 维持在接近网络容量的地方,这样虽然可以延缓拥塞的发生同时维持较高的吞吐量,但也会导致 TCP Veno 连接的带宽竞争力变弱。

2.1.3.7　TCP BIC

TCP BIC(Xu et al.,2004)希望通过二分查找来找到最适合当前网络的发送窗口的值。BIC 算法的提出者们认为设定合适的发送窗口是一个探索的过程,这个值位于 1 和一个比较大的数值之间,因此可以采用二分查找的方式来探索窗口可能的最大值。BIC 算法基于以下事实对窗口值进行二分查找:如果发生丢包时窗口的大小是 W_1,那么要保持线路满载却不丢包,实际的窗口最大值应该在 W_1 以下;如果检测到发生丢包,在快速恢复结束后,窗口已经乘性减小到了 W_2,那么实际的窗口值应该在 W_2 以上。因此,在 TCP 快速恢复阶段结束之后,便开始在 $W_2 \sim W_1$ 这个区间内进行二分搜索,寻找窗口的实际最大值。定义 W_1 为 W_{max},定义 W_2 为 W_{min}。整个二分过程采用 ACK 驱动,每收到一个 ACK 时,便将窗口设置为 W_{max} 和 W_{min} 的中点,一直持续到逼近 W_{max}。如果在无限接近 W_{max} 的情况下仍然没有丢包,那就说明目前仍有空闲带宽资源,此时的最大带宽已经不止 W_{max} 了。为了达到新的 W_{max},BIC 采取了一种非常简单直接的方法:按照之前逼近 W_{max} 的路径倒回去,即采用与之对称的方案。BIC 算法的缺点也很明显:它的增长函数抢占性强,在探测阶段相当于重新启动了一个慢启动算法,而在 TCP 处于稳定后窗口就一直是线性增长的,因此对于两个 RTT 不同的连接,RTT 较短的连接会抢占空闲的带宽,因为它会抢先一步到达 Max-Probe 阶段。

2.1.3.8　TCP CUBIC

TCP CUBIC(Ha et al.,2008)是 TCP BIC 的改进算法,但 TCP CUBIC 并不是仅仅简单修改了 TCP BIC 存在的问题,而是对整个算法都进行了较大的调整。

首先,TCP CUBIC 在设计上简化了 TCP BIC 的窗口调整算法。TCP CUBIC 的模型使用了一个三次函数,即立方函数。三次函数的曲线形状与 BIC 模型的曲线形状十分相似,都同样存在一个凹和凸的部分。TCP CUBIC 的关键特征是,它的窗口增长函数仅依赖于两次丢包的时间间隔,即两次拥塞事件的时间间隔。因此窗口的增长完全独立于网络的往返时延,具有 RTT 公平性的特征。TCP CUBIC 的 RTT 独立性质使得它在多条共享瓶颈链路的 TCP 连接之间也能保持良好的 RTT 公平性。鉴于 CUBIC 出色的表现，在 Linux 2.6.18 版本后，TCP CUBIC 取代了 TCP BIC 成为默认的 TCP 算法。为了帮助大家理解该算法，结合图 2.5，下面将简单介绍 TCP CUBIC 曲线方程的确认方法。

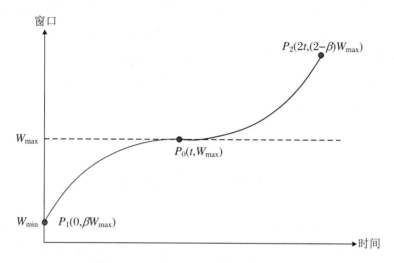

图 2.5　TCP CUBIC 三次方程的曲线形状

已知曲线是一条三次方程曲线，需要确定曲线的参数，最终曲线的方程形式为

$$f(x) = ax^3 + bx^2 + cx + d$$

接下来要做的是构造方程，求出待定系数及其物理意义，如图 2.5 所示。设时间坐标为 t，需要注意的是三次曲线本身是关于 $P_0(t, W_{max})$ 这个点对称的，因此可以确定曲线方程的常数因子就是 W_{max}。可以将曲线方程写成以下的形式：

$$f(x) = h(x) + W_{max}$$

现在的目标就是求 $h(x)$，根据曲线两个端点 $P_1(0, \beta W_{max})$ 和 $P_2(2t, (2-\beta)W_{max})$ 的约束，可得以下等式：

$$f(0) = \beta W_{max}, \quad f(t) = W_{max}, \quad f(2t) = (2-\beta)W_{max}$$

$$h(0) = (\beta - 1)W_{max}, \quad h(t) = 0, \quad h(2t) = 2 \cdot (1-\beta)W_{max}$$

构造函数 $h(x)$ 的合理形式为 $h(x) = a(x-t)^3$，将上面的式子代入可得到 t 的表达式为

$$t = \sqrt[3]{\frac{(1-\beta)W_{max}}{a}}$$

因此，可推导出 TCP CUBIC 曲线方程的最终公式为

$$f(x) = h(x) + W_{max} = C(x - r) + W_{max} = C\left(x - \sqrt[3]{\frac{(1-\beta)W_{max}}{a}}\right)^3 + W_{max}$$

$$(2.3)$$

为了与 TCP CUBIC 的系数形式一致，这里将式中的系数 a 换成 C。对于方程中的系数

C 和 t，可以做出如下解释：在一次从快速恢复结束到发生丢包的拥塞避免过程中，假设发生丢包时的窗口大小为 $W_{\max}$，并且网络中没有别的连接，那么每一轮拥塞探测过程的窗口探测曲线应该都是相同的。因此，可以认为 $W_{\max}$ 是常数。分析曲线方程可以发现，β 决定了整个曲线对称范围区域的高度，而 t 则决定了从起始窗口到达丢包窗口的时间。根据 t 的表达式可以知道 t 与 C 成反比。C 越大，则探测到最大窗口的时间就越短；反之 C 越小，则探测到最大窗口的时间就越长。因此，我们只要控制 β 和 C 两个系数，就能控制 TCP CUBIC 算法的行为了。

2.2　无线蜂窝网络中的 TCP 协议改进

数据显示，在有线网络中，TCP 协议在传输层占有主导地位，承担着网络中 85%～95% 的数据传输任务（Li et al.，2012）。在无线网络应用中，TCP 协议也依旧是占有主导地位的传输层协议。

TCP 是一种可靠的传输协议，可以在由低误比特率的链路组成的传统网络中很好地运行。因为传统的 TCP 协议是为有线网络环境而设计的，适用于由有线链路和固定主机构成的传统网络。因此，它假定网络拥塞是引起报文丢失的唯一原因，并相应地采取拥塞控制机制。然而，具有更高比特错误率的网络，例如具有无线链路和移动主机的网络，就违反了 TCP 所作出的上述假设，从而导致端到端性能降低。无线网络与有线网络存在较为明显的差异，主要体现在无线信道质量多变、拓扑不固定、节点间出现冲突的概率较大、带宽有限和高时延等特征，这些特征使得无线网络传输下发生的丢包不仅可能是由拥塞造成的，还有可能是由无线链路传输错误造成的。

针对有线链路和固定主机组成的传统网络，TCP 拥塞控制已经有了大量的调整和改进，能够很好地适应由拥塞引起的端到端时延和丢包。由于有线网络上相对较低的误码率，所有分组丢失都被正确地假设为拥塞相关。但是无线链路具有高错误率和间歇性连接的特性，当发生丢包时，TCP 会像在有线环境中一样对丢失做出反应：发送端将认定网络中发生拥塞，它在重新传输分组之前降低其传输窗口大小，启动拥塞控制或避免机制并重置其重传计时器，以缓解拥塞。这些措施导致链路的带宽利用率不必要地降低，因此伴随着很低的吞吐量和非常高的交互时延，网络性能显著下降。无线网络的日益普及预示着无线技术将在未来的互联网络中发挥越来越重要的作用，因此 TCP 在无线环境下存在的问题亟须解决。

为了区分两种不同原因导致的丢包，首先分别定义如下：

（1）拥塞丢包：由网络拥塞造成的，即由路由器队列溢出导致的丢包。换句话说，由于网络中正在传输的分组数过多,分组到达某个节点无缓冲区可用,被中间节点丢弃故而产生拥塞丢包。该类型的丢包由网络的拥塞状态决定。一般来说,丢包较为连续,具有突发性。

(2) 随机丢包:无线链路噪声干扰引起的接收误码,由数据链路层校验出错丢弃。链路丢包由无线链路质量决定,丢包率较低而且较为稳定,表现为随机性。

为了提高互联网中传输协议的性能,研究人员在传输控制协议(TCP)流量控制机制和 TCP 拥塞控制机制方面已经做了大量的卓有成效的研究工作。近年来,针对 TCP 传输协议在移动互联网中的性能优化,提出了很多改进方法,无线 TCP 传输机制被不断完善。但这些方案也还存在一些缺陷,有待进一步改进和完善,主要存在以下几个方面的问题:

(1) 错误检测机制:该机制不能区别不同类型的丢包。TCP 有一个基本假设,即一旦发生连续的丢包行为,TCP 就判断网络拥塞。这套机制搬到无线环境中会使 TCP 的性能大大降低,因为丢包现象还可能是无线链路的变化导致的,例如移动切换场景。

(2) 错误恢复机制:该机制不能针对无线环境的具体特点(如移动节点的频繁变动和信道的衰弱)做出相应的行为。

(3) 协议的执行策略:这个策略并不考虑各种性能参数(比如有效的吞吐量和网络开销)之间的折中,而主要考虑一般性协议的执行流程,并且经常把时间浪费在重传机制上。然而无线链路往往无法负担这种传输能力的浪费。

接下来主要介绍几种无线网络中改进 TCP 协议性能的方案,这些方案主要分为以下几大类:基于端到端的解决方案,由发送方执行丢包恢复;提供本地可靠性的基于链路层改进方案;在基站将端到端连接分成两部分的基于分段连接的解决方案;跨层优化方案;Ad Hoc 无线网络中的代表性解决方案。

2.2.1　端到端的解决方案

2.2.1.1　端到端方案简介

端到端协议试图通过使用两种具体的技术来赋予 TCP 发送方处理丢包的能力。首先,使用某种形式的选择确认(Selective Acknowledgment,SACK)来允许发送方从一个窗口的多个数据包丢失中恢复,而不必依仗于基于粗略的超时的丢包判定方法。其次,它们试图让发送方使用一种明确的丢失通知(Explicit Loss Notification,ELN)机制来区分拥塞与其他类型的丢包。

端到端的改进方案,主要对 TCP 协议进行算法级的改进,使其适用于无线传输环境,保证了 TCP 端到端的语义。其核心思想是通过带宽估计或者选项信息判断当前的丢包原因,从而采取相应的措施。然而,由于无线网络链路带宽变化快,带宽估计难以准确判定当前网络的真实状态。目前,存在以下几种典型方案:

(1) TCP SACK 协议。TCP SACK 算法是在 TCP Reno 算法基础上进行扩展得来的,它在确认包的包头中增加了附加域,可以标志没有被正确接收的一个发送窗口内的多个数据包,从而对数据包进行有选择地确认和重传,且 TCP SACK 的发送端在一个 RTT 时间内可以重传多个数据包。TCP SACK 已经被 RFC 1072 添加为 TCP 的一个选项。RFC 1072 建议,每个确认包含关于多达三个已经被接收器成功接收的非连续数据块的信息。每个数据块由其开始和结束序列号来描述。由于块的数量有限,最好将最近收到的块通知给发送方。该 RFC 文档没有指定发送方的行为,只是要求在发生丢包时执行标准的 TCP 拥塞控制操作。

(2) TCP NewReno。TCP NewReno 对 TCP Reno 中的"快速恢复"算法进行了补充。当多个报文在一个窗口中丢失后,TCP 可以保持一个快速恢复模式。如果快速重传后收到的第一个新的确认是"部分的",即小于快速重传结束前传输的最后一个字节的值,则 TCP NewReno 协议通过保持快速恢复模式来提高 TCP Reno 在一个窗口中丢失多个包后的性能。这种部分确认表明在原始数据窗口中有多个包丢失。保持快速恢复模式可以使连接以每个 RTT 一个段的速度从丢包中恢复,而不是像 TCP Reno 那样,一直暂停直到检测到粗略超时。

(3) 智能代理机制 SMART。SMART 机制与上文提到的 SACK 机制基于相同的原理,使用包含累积确认和接收方生成确认的数据包的序列号。发送方使用此信息来创建已成功传送到接收端的数据包的位掩码。当发送方检测到位掩码中有间隙时,它立即假定缺失的数据包已经丢失,而不考虑它们被重新排序的可能性。因此,该方案以重新排序和丢失的确认为代价换取了生成和发送确认的开销的降低。

(4) 显式丢失通告(Explicit Loss Notification,ELN)机制。ELN 协议在 ACK 中增加了一个显式丢失通告选项。它能够通告发送方数据丢失的真正原因,以区别对待与网络拥塞有关及其他与网络拥塞无关的数据丢失。当分组在无线链路上丢失时,标记对应于该丢失数据包的未来累积确认以识别该丢包是否是非拥塞相关的。在接收到具有重复确认的该信息时,发送方可以在不调用相关拥塞控制过程的情况下执行重传。此选项允许我们确定,端到端性能下降与 TCP 对无线跃点上丢失的数据包进行快速重传时错误调用拥塞控制算法有多少百分比的相关性。

(5) Freeze-TCP 协议。Freeze-TCP 的思想是让移动主机监测无线信号的能量,并检测出即将发生的主机切换事件。当切换即将发生时,移动主机向发送者发送一个通告窗口为零的反馈,从而迫使发送者进入 ZWP(Zero Window Probe)模式。在 ZWP 模式中,发送者不会降低它的拥塞窗口和增加超时计时器的时长。一旦切换操作结束,移动主机连接到新的子网,它向发送者发送连接中断前最后接收到数据的三个重复 ACK,以便使发送者能够解除 ZWP 模式并迅速发送数据。使用 Freeze-TCP 后,发送者可以在切换结束后立即使用原来的窗口重新发送数据,而在普通的 TCP 中,发送者在切换结束后只能首先向网络发送一个数据包。Freeze-TCP 提高了 TCP 在切换时的性能。然而,Freeze-TCP 也面临这样的问题,即当主机切换到一个不熟知的环境中时,按照原有的窗口大小发送数据是否合适,特别当主机在异构网络中切换更需要考虑。

总之,对于无线网络场景下端到端传输的解决方案,研究者提出了相当多的改进方案,但是要获得比较好的性能的方法仍然任重而道远。

2.2.1.2　基于丢包区分的拥塞窗口调整方案

传统 TCP 基于丢包的拥塞控制机制主要针对有线网络,对拥塞具有很好的适应性,但在存在随机丢包的无线场景中性能不佳。这是因为在无线网络中,除了拥塞导致的丢包,还可能是由链路错误所造成的比特误码、信道衰落等原因导致的随机丢包。如果无法正确区分这两种类型的丢包,发送端就很可能因为盲目减小拥塞窗口、降低发送速率而影响 TCP 性能;而在 MPTCP 中,对窗口的错误降低还会限制子流的最大可达吞吐量,并且导致子流之间负载不均衡。因此,下面将首先介绍一种端到端的基于丢包区分(Loss Differentiation)的拥塞窗口调整方案,本方案通过判断 TCP 中发生丢包的原因来区分拥塞丢包和随机丢包,并根据丢包类型对拥塞窗口进行不同的处理。通过有效区分不同的丢包类型,TCP 整体吞吐量得到了提升。

需要指出的是,本方案同样适用于 MPTCP 协议。因为本方案在应用于 TCP 协议时,一条 TCP 连接只有一条流,流和连接是等同的,可以直接在连接级别进行操作。在发送端通过接收三个重复 ACK 判断丢包事件的发生,根据丢包间隔判定丢包类型,然后对该 TCP 连接的拥塞窗口进行减半操作或保持不变。而在 MPTCP 中使用时只需要加入子流级别与连接级别的概念即可,发送端收到三个子流级别的重复 ACK 时判断丢包事件的发生,并对相应子流的 CWND 进行调整。

1. Biaz 方案

目前已有不少文献对传统传输协议中的丢包区分问题进行过研究,其中早期的一种方案是 Biaz 方案(Biaz,Vaidya,1999)。Biaz 等人认为,网络在正常状态下传输的数据包到达接收端所用的时间是满足一定限制条件的,因此可以依据数据包到达的时间间隔来区分丢包类型。该方案中区分丢包的具体方法如下:

如图 2.6 所示,假设 T_{min} 是接收端目前为止在拥塞状态接收到连续两个数据包的最小时间间隔,P_i 代表收到的上个顺序包,P_{i+n+1} 代表丢包发生后收到的第一个乱序包,参数 n 代表 P_i 和 P_{i+n+1} 之间丢包的数量。令 T_i 代表包 P_i 和 P_{i+n+1} 之间的时间间隔。若

T_i 满足 $(n+1)T_{\min}<T_i<(n+2)T_{\min}$，则这 n 个丢包判定为链路随机丢包，否则判断为拥塞丢包。

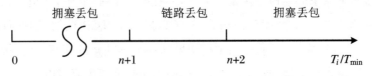

图 2.6　Biaz 方案 $T_i/T_{\min}$ 与丢包类型关系示意图

Biaz 方案的思想是，如果满足 $(n+1)T_{\min}<T_i<(n+2)T_{\min}$，那么说明 P_{i+n+1} 在它应该到达的时间内到达了接收端，所以之前的 n 个包是在网络状态正常的情况下传输的，这时候发生的丢包是由无线链路错误造成的。如果 P_{i+n+1} 早到了，那么包 $(P_{n+1}\cdots P_{i+n})$ 很可能在路由器缓冲区中被丢弃掉了；如果到达的时间比预期晚很多，那么很可能是在缓冲区的排队时间增加了。而无论哪一种情况，都可以认为丢包是由拥塞造成的。

仔细研究 Biaz 方案中使用的阈值设定可以发现，如果无线链路作为最后一跳，带宽最低且不被共享使用，则通常会达到较低的阈值 $(n+1)T_{\min}$。这是因为 $T_{\min}$ 等于通过无线链路传输最小数据包所用的时间，并且当 n 个包因为无线链路故障而丢失时，传输这 n 个包加上下一个正确接收的包至少需要 $(n+1)T_{\min}$ 的时间。当所有 $n+1$ 个数据包都在无线链路上被一个接一个地缓存，并且假设数据包大小相同时，这个时间就等于 $(n+1)T_{\min}$。

而上界 $(n+2)T_{\min}$ 为算法提供了缓冲空间。因为最后的无线链路利用率不可能始终是 100% 的，而当无线链路利用率不是 100% 时，数据包到达的时间将会大于 $T_{\min}$。在发生 n 个链路丢包后，期望到达时间 P_{i+n+1} 将会大于 $(n+1)T_{\min}$。在上界提供的缓冲下，算法仍能正确地区分导致丢包的原因。并且，由于分组到达时间与无线链路的利用率有关，因此，上限值也与之相关：无线链路越接近于被充分利用，上限值应该越低。

Biaz 方案的缺点是准确度并不高，文献（Cen et al.，2003）中通过实验证明该方案会将很大一部分拥塞丢包错误归类为链路丢包，这就导致发送端难以正确地发现网络的拥塞情况，因为将丢包归类为链路丢包是不会降低发送速率的，从而在网络过于拥塞时不能及时降低发送速率，这就会导致更严重的拥塞和不公平性。这篇论文认为在观测到高拥塞丢包时，Biaz 方案中的阈值上界 $(n+2)T_{\min}$ 可能就过高了，因此，随后这篇论文提出的改进方案 mBiaz 对 T_i 的判断区间进行了调整，如图 2.7 所示。参考前面的描述，太高的上限值是不合理的，它会使得算法更倾向于将一个丢包判定为链路丢包。该方案通过实验找出了最佳上界 $(n+1.2)\sim(n+1.3)T_{\min}$，实验分别设无线链路为瓶颈链路且利用率约为 100%，以及无线链路平均利用率为 86% 这两种场景。可以认为当平均利用率介于 86% 与 100% 之间时,在这两种情况下都工作良好的阈值上界应该也工作良好。Biaz 方案对上界敏感,因此改进的 mBiaz 方案最终折中选择 $(n+1.25)T_{min}$ 作为上界,如图 2.7 所示。

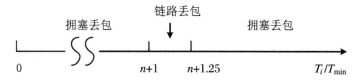

图 2.7　改进的 mBiaz 方案 T_i/T_{min} 与丢包类型关系示意图

上述技术比较依赖于时间间隔的测量,时间间隔测量的准确性会很大程度地影响判断结果的准确性,因此容易造成误判。另外阈值设置的准确性会严重地影响方案的性能,然而阈值的最优值很难通过理论分析找到,因此方案的可靠性较差。特别是在 MPTCP 中,多条子流相互耦合,对丢包类型的误判会对整个连接产生比传统 TCP 更大的影响。现有方案在 TCP 或 MPTCP 中的表现都不够理想。

2. 丢包可区分方案

丢包方案(Xue et al.,2017)既适用于传统 TCP 协议,同时也适用于通信终端具有多个接口、使用 MPTCP 协议的通信系统,通信双方必须同时支持 MPTCP 协议,并且也可以应用于其他类型的端到端传输协议。这里以 TCP 为例来介绍该方案。

如图 2.8 所示,每条 TCP 流的发送端收到三个重复 ACK(DupACK)时指示丢包事件的发生。本方案定义两次丢包事件之间成功传输分组的数量为丢包间隔,即如图中所示相邻两次“3 DupACKs”之间确认的数据包的数量,可从 ACK 中提取得到。从而通过丢包间隔来判定两次丢包之间的连续程度。若丢包只是由无线传输错误造成的,丢包间隔一般较大;若主要由拥塞造成,则丢包间隔较小。根据丢包间隔进行丢包区分的具体流程如下:

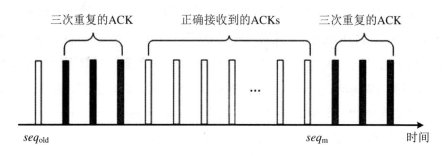

图 2.8　丢包间隔示意图

(1) 对 TCP 的每条流,定义 seq_m 为该流当前已确认连续包的最大序列号,seq_{old} 为上次丢包发生时已确认连续包的最大序列号，gap_{loss} 为该流的丢包间隔，即两次丢包事件之间成功传输分组的数量。发送端发现丢包（即收到三个重复 ACK）时计算 gap_{loss}。

（2）发送端接收到 ACK，从 ACK 中获得确认数据包序列号等信息，计算该条流的丢包间隔 $gap_{loss} = seq_m - seq_{old}$。

（3）定义 pr_i 为流 i（或子流 i）的无线随机丢包率（Loss Rate），由丢包间隔的定义可知非拥塞状态下丢包间隔应约等于 $\dfrac{1}{pr_i}$。然而在发生拥塞时，拥塞丢包的丢包间隔一般远小于 $\dfrac{1}{pr_i}$。为了尽可能保证对网络拥塞状况的及时判断，我们定义平均丢包间隔 gap_{ave}，取 $gap_{ave} = \dfrac{1}{pr_i} - \Delta n$，一般可取 $\Delta n = (0.4 \sim 0.6)\dfrac{1}{pr_i}$。若满足 $gap_{loss} < gap_{ave}$，则判定该次丢包为拥塞丢包，否则判定为链路随机丢包。图 2.9 描述的是当 $\Delta n = \dfrac{1}{2pr_i}$ 时，gap_{loss} 与丢包类型的关系。

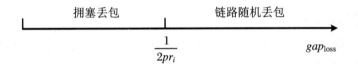

图 2.9　gap_{loss} 值与丢包类型关系示意图

本方案的关键思想在于使用丢包数量而非时间间隔作为判断丢包类型的依据，可以提高判断的准确性，并且可以更好地适应网络状态的变化。由于拥塞丢包与链路随机丢包的丢包间隔一般来说差别较大，因此本方案对阈值设置的准确度要求不高，比使用时间间隔更为方便、迅速且准确，并且易于实现。

根据丢包类型区分的结果，遵循以下规则对拥塞窗口进行调整：

（1）每次发生丢包时，发送端根据对端 ACK 进行丢包间隔的计算。当丢包间隔 gap_{loss} 满足 $gap_{loss} < gap_{ave}$ 时，判断此次丢包为拥塞丢包。假设此时该流的拥塞窗口大小为 w_i，在该条流上重传该丢包，并且同时将它的拥塞窗口减小至 $w_i/2$。则该流的发送窗口 $send\_window_i = \min(w_i/2, rwnd)$，其中 $rwnd$ 为接收端通告的总体接收窗口大小。

（2）若丢包间隔 $gap_{loss} \geqslant gap_{ave}$，则判断此次丢包为链路随机丢包。在该条流上重传丢失的包，但不改变拥塞窗口 w_i，该流的发送窗口 $send\_window_i = \min(w_i, rwnd)$。

相比已有的其他方案，本方案对算法进行了适当的改进，在丢包区分的部分采用了不同的原理，主要依据丢包区间来判断丢包的发生是否连续。发送端保留每条连接上一次发生丢包时确认连续数据包的序列号，当丢包再次发生时，获取当前确认的连续数据包的最大序列号，相减可得到丢包间隔，即两次丢包事件之间成功传输分组的数量。然后将求得的丢包间隔与事先设置的平均丢包间隔进行比较,若计算得到的丢包间隔小于平均丢包间隔,则将丢包判定为拥塞丢包,否则判定为链路随机丢包。对两种类型的丢包分别采取不同的窗口处理措施,一方面尽量保证及时地对网络进行拥塞控制,另一方面希望减少由于随机丢包导致的拥塞窗口的不必要降低,以提升 TCP 整体吞吐量。

2.2.2　分段连接的解决方案

分段连接方法是将端到端的每个 TCP 连接在基站处拆分为两个单独连接:一个是发送方和基站之间的 TCP 连接,另一个是基站和接收方之间的 TCP 连接,即有线部分和无线部分,不同的网络中分别使用不同的传输机制,降低无线随机丢包的干扰。这一类方法的不足之处在于破坏了 TCP 端到端的语义,且需要路径中的节点进行缓存协作,因此这一类方案在实际的开发和部署中存在一定的难度。大体上可以分为以下几类:

(1) 非直接 TCP(Indirect-TCP,I-TCP)。这种方法是最早建议采用分段连接的。在无线链路连接和有线链路连接中均使用标准的 TCP。基站只简单地在两个连接间双向复制报文。发往移动终端的数据首先被基站接收,基站接收到数据便向对端节点发送 ACK,然后将数据发送给移动终端。I-TCP 有助于对固定网络屏蔽无线链路的不确定性。同时,对端节点上 TCP 协议无须做任何改变。然而 I-TCP 改变了 TCP 端到端语义。并且实验表明,在无线链路上选择 TCP 会导致一些性能问题。由于 TCP 没有针对有损链路进行有效的调整,不能有效地处理无线丢包问题,因此无线连接的 TCP 发送方经常超时,导致原始发送方暂停。此外,每一个数据包在基站都有两倍 TCP 协议处理的开销,而非分段连接方法只有零次处理。

(2) M-TCP(TCP for Mobile Cellular Networks)协议。M-TCP 的主要设计目标是处理无线网络移动终端频繁地进行越区切换时碰到的问题,防止发送方进入不必要的慢启动阶段。其体系结构可以认为包含三层。在最底层,移动主机和每个蜂窝的基站进行通信,多个基站由一个监视主机(Supervisor Host,SH)控制,最上层是 SH 与固定主机 FH 进行通信。与 I-TCP 中基站一旦收到 FH 的数据立即发送确认不同,M-TCP 中只有当收到来自 SH 的确认时才发送确认给 FH,从而维持了 TCP 端到端的特性。另外,M-TCP还采用与 Freeze-TCP 类似的零窗口通告机制,因此可以有效处理无线链路上发生的丢包。

(3) 无线 TCP(Wireless TCP,WTCP)。作为应用于有线无线混合网络的传输层协议,在基站处采用两种协议(TCP 和 WTCP),其中 TCP 协议用来控制有线链路部分的数据传输,而 WTCP 协议对无线链路部分的数据传输进行控制。在实现过程中,WTCP 协议只需要对中间基站做出修改,发送方的固定主机和接收方的移动主机均无须做出修改,这样能很好地保持 TCP 协议的端对端语义。WTCP 协议改进的目标就是采取了一种方案来对发送方的固定主机隐藏无线链路传送过程中出现的错误以及恢复的过程。实际实验和仿真实验都显示 WTCP 的性能明显比标准 TCP 好。

2.2.3　链路层解决方案

与传输层的 TCP 不同,链路层协议没有实际上存在的标准,并且传统的链路层协议独立于更高层的协议运行。链路层解决方案是一种试图从底层(数据链路层)来改善 TCP 性能的方法,现有的链路层协议通过 stop-and-wait、go-back-N、选择性重复和前向纠错等技术来提供传输可靠性。对于 TCP 这样的可靠传输协议,问题产生的主要原因是无线媒介的自然属性不同,所以在产生问题的根部解决问题是比较有效的方法。位于物理层上的链路层能够马上得到帧丢失的信息,因此能够比高层协议更快地做出反应。同时,链路层协议能够对物理层进行更有效的控制。还有一个主要优点是它本身非常适应网络协议的分层结构。链路层协议的操作独立于高层协议。这使得它能广泛适应各种情况,因此它不必维持每一种连接的状态。

对于这种方案,主要是使用跨层的方式,提取链路层的信息供传输层实现对网络情况的及时准确判断,协助拥塞重传等情形的判断。在文献(Kliazovich et al.,2012)中提出以跨层的方式使用链路层的信息来减少不必要的重传,从而克服使用 ARQ 策略造成的性能下降。在文献(Chang et al.,2012)中提出一种跨层多跳本地修复方法回复广播 VANETs 的破损连接,并在移动节点的情况下发送跨层信息从而保持现有 $cwnd$ 和 $ssthresh$。链路层解决方案试图通过在无线链路上使用本地重传和可能的前向纠错来向 TCP 发送方隐藏由于链路错误而产生的随机丢包。本地重传使用了针对无线链路特性设计的技术,因此显著提高了性能。

对于可靠的链路层协议,这些协议主要采用的两类技术是:纠错,如使用前向纠错(Forward Error Correction,FEC)等技术,以及响应自动重复请求(Automatic Repeat reQuest,ARQ)消息而重传丢失的包。美国使用的数字蜂窝系统链路层协议 CDMA 和 TDMA 都主要使用 ARQ 技术。虽然 TDMA 协议保证了链路层帧的可靠有序传输,但 CDMA 协议只做了有限的尝试,并仍然将最后的错误恢复工作留给了(可靠的)传输层进行解决。其他协议如 AIRMAIL 协议(Ayanoglu et al.,1995)采用 FEC 和 ARQ 技术的组合来恢复丢失。

通过链路层协议进行丢包恢复的方案的主要优点是它自然地融入了网络协议的分层结构中。链路层协议独立于高层协议运行,并且不需要维护任何连接的状态。链路层解决方案的主要关注点是它会对某些传输层协议(例如 TCP)产生不利影响的可能因素。

2.2.4　跨层优化方案

跨层优化方案是联合网络层和链路层进行协作的功能扩展,从而提出的对传输层的补充。数据链路层通常能比其上各协议层更早地感知传输错误,因为链路层具有差错检验的功能,出错的数据帧将会被直接丢弃。与链路层进行协作,采取一种对传输层透明的方法,在链路层检测和纠正错误,从而避免触发 TCP 丢包恢复机制。与网络层协作的合理性在于,拥塞的实质是传输数据量过大,无法被及时处理,缓存队列因此增长或溢出,网络层可以依据缓存队列的状态准确及时地发现拥塞。路由器可以对分组进行标记,或者构造 ICMP 分组,以通报网络拥塞故障。这一类方法不需要修改传输层协议,但是其缺陷在于需要同时修改多层协议,各层之间的频繁交互使得协议设计的复杂度增加,可扩展性变差。

TCP Snoop 协议(Balakrishnan et al.,1995)就是通过对基站网络层的编码进行一些小改动来实现的,它引入了一种称为 Snoop 代理的模块,代理程序监视在两个方向上通过 TCP 连接的每个数据包,并维护通过链路发送但尚未被接收端确认的 TCP 段的缓存。丢包是通过接收端发来的少量重复确认或本地超时来检测的。如果包已经被缓存,Snoop 代理重新传输丢失的包,并禁止重复的确认。所提出的 TCP Snoop 协议是一种链路层协议,但它利用了更高层传输协议 TCP 的知识。使用 TCP Snoop 协议不需要修改网络中原有的 TCP 协议,也不会违反 TCP 端到端的语义。

这种方法的主要优点是,TCP Snoop 协议抑制了对本地重传和 TCP 丢失段的重复确认,从而避免了发送方不必要的快速重传和拥塞控制调用,它不仅能屏蔽错误,在发生乱序传输时也能避免触发发送端的快速恢复。与其他链路层解决方案一样,TCP Snoop 协议也无法完全对发送方屏蔽无线丢包。

2.2.5　Ad Hoc 无线网络中的解决方案

无线自组织网络(Mobile Ad Hoc Network,MANET)是一种不同于传统无线通信网络的技术。传统的无线蜂窝通信网络需要固定的网络设备(如基站)的支持来进行数据转发和用户控制服务。而 Ad Hoc 网络是一种多跳的、无中心的自组织网络,又被称为多跳网(Multi-hop Network)、无基础设施网(Infrastructureless Network)或自组织网(Self-organizing Network)等。它是由移动节点组成的分布式网络,无须基础设施即可通信,每个网络节点都具有终端和路由器的双重属性,可任意移动并动态自组织。Ad Hoc 网络是一种特殊的无线移动网络,网络中的节点不仅具有普通终端所需的功能,还具有转发报文的能力。相较于普通移动网络和固定网络,它主要有以下特点:

(1) 无中心。Ad Hoc 网络没有严格的控制中心,是一个对等式网络,所有节点的地位相同。节点可以随时加入和离开网络，并且任何节点的故障不会影响整个网络的运行，具有很强的抗毁性。

（2）自组织。网络的布设或展开无须依赖于任何预设的网络设施。节点通过分层协议和分布式算法协调各自的行为，节点开机后就可以快速、自动地组成一个独立的网络。

（3）多跳路由。当节点要与其覆盖范围之外的节点进行通信时，就需要中间节点的多跳转发。与固定网络的多跳不同，Ad Hoc 网络中的多跳路由是由普通的网络节点完成的，而不是由专用的路由设备（如路由器）完成的。

（4）动态拓扑。Ad Hoc 网络是一个动态的网络，网络节点可以移动，也可以随时开机和关机，因此网络的拓扑结构随时发生变化。这些特点使得 Ad Hoc 网络在体系结构、网络组织、协议设计等方面都与普通的蜂窝移动通信网络和固定通信网络有着显著区别。

因此，Ad Hoc 网络架设简单，部署快捷，灵活性高，广泛应用于战场通信、灾害救援等特殊环境中。但 Ad Hoc 网络为 TCP 的传输性能发挥带来了三种不同类型的挑战：

第一个挑战是 Ad Hoc 网络中的节点具有随机移动的特性，这会导致网络拓扑的随机变化，随着拓扑结构的改变，路径被中断，TCP 可能会进入重复的、数量呈指数级增加的超时，从而导致性能严重下降。因此 Ad Hoc 的路由协议需要能适应频繁的路由更新。当路由更新用时大于重传超时时间 RTO 时，TCP 发送端就会将丢包视为网络中发生了拥塞。目前已经提出了一些有效的重传策略来克服这类问题。

第二个挑战是 Ad Hoc 多跳环境中的 TCP 性能严重依赖于正在使用的拥塞窗口。并且，在 Ad Hoc 网络中，通信双方的两个节点之间的不同方向的传输速率可能不同，导致这一现象的原因有发射功率不同、相邻节点的接收灵敏度不同、背景噪音的干扰等，这就会产生非对称链路问题。非对称链路会降低对往返时延 RTT 估计的精确度，极端情况下可能会导致单向链路。

第三个挑战是 TCP 的显著不公平性，已有的模拟和试验测量都发现并报告了这一问题（Tang，Gerla，1999；Xu，Bae et al.，2002；Xu，Saadawi，2001）。这是因为在 Ad Hoc 网络中，各个节点之间的距离和物理环境都可能不同，并且各个节点根据接入算法自主接入网络，信道间的竞争将激烈得多，就很容易出现不公平接入的现象；但在有中心的网络中，基站可以根据策略控制移动终端的接入，能保证较好的公平性。因此，为了解决这一问题，就需要对 Ad Hoc 网络的公平性进行明确的定义，并研究保证公平性的接入算法。

近年来，人们提出了一系列提高 Ad Hoc 网络中 TCP 性能的技术。这些技术主要可以分为两大类：跨层的解决方案和端到端的解决方案，大多关注移动性、链路中断和路由算法故障等对性能的影响。跨层的解决方案依靠中间节点或下层次网络提供信息来区分丢包的原因，其中主要的解决方案包括 TCP-F（Chandran et al.，2001）、TCP-ELFN（TCP with Explicit Link Failure Notification）（Holland，Vaidya，2002）、ATCP（Liu，

Singh,2001)和 TCP-BuS(Kim et al.,2001)等。这些方案的共同特点是需要其他层或其他节点的参与,将这些层或中间节点获得的网络状态报告给 TCP 连接的发送端。因此这类方案能提供更准确的信息,但会使网络的设计更加复杂,增加了 TCP/IP 模型中层与层间的耦合度。此外,这些方案一般还要依靠网络中的其他机制,如路由失效报告、显示拥塞控制机制等,这些机制需要在网络中传递相应的反馈信息,而这些信息会增加网络通信的负担,并且在网络状态不佳的情况下有可能丢失,进而进一步地影响这些方案的实际性能。但端到端的方案就无须中间节点或底层网络的帮助,有较强的健壮性。目前方案主要有 Fixed-RTO(Dyer,Boppana,2001)、TCP-DOOR(Wang,Zhang,2002)以及 ADTCP(Fu et al.,2002)等。

同时,Ad Hoc 网络中 TCP 的公平性也是需要关注的重要问题之一。对于 Ad Hoc 网络中 TCP 性能不佳的原因,总结以往研究可得出以下几点:第一,传统 TCP 网络辨识手段不足,对伪拥塞错误地进行了拥塞控制。可以通过增加网络状态参数或完善信息反馈手段,赋予源端 TCP 明确辨别网络状态并采取合适控制措施的能力以提高 TCP 性能。第二,TCP 的贪婪性导致它在 Ad Hoc 网络中性能恶化。因为 Ad Hoc 网络的资源有限,相比有线网络更容易发生拥塞,而传统 TCP 的 CWND 增长机制对于 Ad Hoc 环境就显得过于贪婪了。可以通过限制源端 TCP 拥塞窗口的过分增长、缓和网络负载、降低 MAC 层冲突概率来提升 TCP 性能。第三,信道质量差、链路带宽不对称、网络拓扑结构频繁变化和隐藏终端/暴露终端等问题都是影响 Ad Hoc 网络中 TCP 性能的因素。

Fixed-RTO(Dyer,Boppana,2001)是一种基于发送端的技术,不依赖于任何网络层的反馈。该方案提出了一种采用启发式的方法来区分路由失败和拥塞。当第一次发生超时丢包时,发送端认为发生了拥塞,进入慢启动状态,对丢失数据包进行重传;但当经过两个超时时间后却仍没有收到对应的 ACK,则发送端认为发生了路由失效,停止 TCP 的指数避退机制,转为以固定的 RTO 值进行报文的重传,直到路由恢复。实验显示,在网络层使用按需路由协议的情况下 Fixed RTO 可以极大地提高网络中传输层的效率。这个方法简单有效但也存在着明显的问题:由于破坏了传统的 TCP 拥塞控制机制,所以该方案只限于在无线网络中使用,而如果与有线网络或互联网相连就不能使用这个方案。并且"两个连续超时是由路由失效引起的"这一假设只是一个经验结论,没有足够的科学依据。

TCP DOOR 协议(Wang,Zhang,2002)将检测到无序分组事件(Out Of Order,OOO 事件)作为无线路由更新的标志,只要检测到 OOO 事件则认为网络中出现了路由更新。因此 TCP DOOR 修改了 TCP 的选项字段,加入了数据包的排序信息。与传统 TCP 首部的序列号不同,TCP DOOR 的发送端不论这个分组是不是重传报文,都会将排序信息加 1;同时,接收端不论发送的 ACK 是不是重传报文的 ACK,都会将排序信息加

1。这样,TCP 的发送端只需检测其收到的 ACK 是否是有序的来判断是否出现 OOO 事件。当检测到 OOO 事件时,TCP DOOR 就认为网络中出现了路由更新,会采取两种策略:临时屏蔽拥塞控制或拥塞避免的立即恢复。在检测到 OOO 事件后,前者认为不必激发拥塞控制机制,并会在一定时间内冻结 TCP 当前的状态变量(如 $cwnd$、$ssthresh$ 等);后者会检测在前一段时间内 TCP 是否进入过拥塞避免阶段,如果有,则 TCP 恢复到拥塞控制之前的状态。经过实验验证,后者的效果好于前者。TCP DOOR 明显提高了 TCP 的性能,但是由于引发 OOO 事件的原因并不唯一(除路由更新外还有其他原因,如多路径路由),因此使用 OOO 事件作为判断路由更新的依据是有待验证的。

ADTCP 协议(Fu et al.,2002)是用来提升 Ad Hoc 网络中 TCP 性能的多种改进方案中的一种较优秀的网络状态辨识类改进方案。ADTCP 是一种基于相对样本密度(Relative Sample Density,RSD)的方法,以四个度量值在样本空间中的位置将网络划分为正常、拥塞(CON)、路由更新(RTCHG)、链路差错(CHERR)和连接中断(DISC)五种状态,接收端不间断地采集和计算分组间时延(Inter packet Delay Difference,IDD)、短期吞吐量(Short Term Throughput,STT)、分组乱序率(Packet Out-of-order Rate,POR)和分组丢失率(Packet Loss Rate,PLR)等样本信息,根据这些样本值判断当前网络状态,并利用 ACK 分组将网络状态传递给源端。样本空间中的值以加入样本的时间作为权重,越新加入的样本值对判别结果的影响越大。每个度量值在样本空间中的位置以 high 或 low 表示,low 表示当前值在样本空间中从高到低的后 30% 内,high 表示当前值在样本空间中从高到低的前 30% 内。ADTCP 协议对网络状态的度量规则如表 2.1 所示,ADTCP 使用 IDD 与 STT 联合检测网络拥塞,POR 检测路由更新,PLR 检测链路差错,STT 单独检测连接中断。每当检测到网络丢包时,ADTCP 会根据网络状态而采取不同的动作。如果网络的状态为 CON,则采用传统的 TCP 拥塞控制机制;如果状态为 CHERR,则重传丢失的数据包;如果状态为 RTCHG,则在重发数据包的同时进入拥塞避免阶段来探测路由是否恢复;如果状态为 DSIC,则保存当前网络的状态参数,并进行周期性地推测以保证协议在链路恢复时能迅速做出反应。

表 2.1　ADTCP 协议对网络状态的度量规则

	IDD&STT	POR	PLR
拥塞	(high,low)	*	*
路由更新	NOT(high,low)	high	*
链路差错	NOT(high,low)	*	high
连接中断	(*,0)	*	*
正常	default		

作为一个典型的端到端协议,ADTCP 具有端到端技术的普遍优势,并且验证发现 ADTCP 确实明显提高了 TCP 协议在 Ad Hoc 网络中的表现,对网络拥塞的识别也较准确。但是 ADTCP 在样本值的判别上,其样本空间中各个样本权重随着其历史的久远而变小,使得当前时间附近的样本对于检测结果影响很大,导致检测灵敏度下降。并且协议的计算量太大,以无序分组作为判断路由更新的条件也存在问题。所以 ADTCP 在判别手段上还有着进一步提升的空间,针对其不足可作出如下改进:

(1) 在判别手段上进一步提高,同时尽量减少计算复杂度。CON 的判别建立在 ADTCP 关于 IDD 检测的成果上,以提高判别的准确性,根据能够反映通路中队列大小的 R 度量的检测来推断 CON 状态。因为 RTT 可以直接从 TCP 中获取,CON 判别相对于 ADTCP 中利用 IDD 和 STT 的联合检测,其计算复杂度稍有减少。

(2) 在不同状态的判别上,需要有所区别。例如最主要状态 CON 的判别,需要进一步完善,因为判别失误产生的影响很大。而对于其他的网络状态如 RTCHG、DISC、CHERR 之间的判别应力求简单。因为这些状态所对应的措施操作差别不大,误判带来的影响较小,也可考虑合并某些状态,提高 CON 的判别准确性。

(3) 从 RTCHG 的响应措施来看,可以结合事后的恢复措施,降低检测手段的时效性要求。对于除了 CON 以外的其他状态的判别,对路由更新(RTCHG)和链路差错(CHERR)进行具体区分,而不像 ADTCP 那样还要区分连接中断(DISC)、路由更新(RTCHG)和链路差错(CHERR)三种状态,因为 DISC 在这里完全可以看成是中断时间较长的 RTCHG 事件。因此,完全可以合并这两个状态,进而有效降低复杂度。

(4) 对传统 TCP 保持向后兼容,并且尽量做到 TCP 友好。根据检测到丢包所用的手段来决定到底采用事前冻结措施还是事后恢复措施。如果丢包由重复 ACK 检测到,则说明后续数据包可以到达目的端,通路已经恢复,则执行恢复措施。否则采取事前冻结措施。

文献(Chang et al.,2012)对 TCP 和 Ad Hoc 网络的寻路算法使用新的协议设计,使低层的 Ad Hoc 网络可以感知各种可能的网络情况。文献(Gajjar,Gupta,2008)基于 ATCP 提出了 Improved-ATCP(I-ATCP)。通过检测初始拥塞(Incipient Congestion),并将 CWL(Congestion Window Limit)减半,从而进一步避免了拥塞事件的发生。

2.3 结合网络编码的 TCP 协议方案

2.3.1 TCP 网络编码技术的背景

近年来,针对 TCP 在无线网络中效率较低的问题,提出了 TCP 网络编码(TCP with Network Coding, TCP/NC)的一系列方案,其思想是将网络编码与 TCP 结合 (Sundararajan et al.,2009;Sundararajan et al.,2011)。这一类机制仅需在发送端和接收端处进行修改,而它改进的地方对于传输网络而言是透明的。由于网络编码可以抑制少量丢包带来的的影响,TCP 网络编码的主要贡献在于:一方面,接收端不再要求分组严格地按序到达,即可以容忍一段时间内的乱序或者丢包,非常适合存在无线随机丢包且时延变化较快的无线网络;另一方面,传输过程中丢失的分组不需要显式的丢包通告便可被恢复,避免了显式重传通告带来的重传时延。通过以上两点,TCP 网络编码能够提升无线环境下的数据流吞吐量,在相同无线链路丢包率情况下,其拥塞窗口变化相比于传统 TCP 而言更加平滑,吞吐量得以提升。得益于 TCP 网络编码的网络传输透明性,其部署不再受网络环境的限制,只要收发信息的两端均支持 TCP 网络编码,即可进行数据传输。

2.3.2 TCP 网络编码的原理

分组级别的网络编码最早被应用于无线网络中,如 Ahlswede 和 Katti 等人的工作 (Ahlswede,Cai,2000;Katti et al.,2006),主要是利用无线信道广播的特点,一个分组可以被多个节点同时接收。针对无线网络中的丢包,网络编码可以提供两个方面的提升:一方面,减少分组发送的次数;另一方面,增加分组发送的可靠性。

在图 2.10 中,图(a)表示无编码的情况下,节点 B 向节点 C 发送分组 P1,节点 C 向节点 B 发送分组 P2,其中均要经过节点 A,总共进行了 4 次分组传输。若使用编码,在图 (b)中,B 与 C 分别向中间 A 节点发送分组 P1 与 P2,中间节点 A 将分组进行编码后向节点 B 与节点 C 进行广播。由此,完成传输总共在节点之间进行了 3 次分组传输,低于无编码情况下的 4 次,因此,提高了传输效率。

如图 2.11(a)所示,节点 A 需要向节点 B 与节点 C 发送分组 P1 与分组 P2,在第一次传送过程中假设,节点 C 接收 P1 失败,在第二次传输过程中假设,节点 B 接收 P2 失败。使用网络编码,不需要显式的重传请求,带有冗余的编码传输机制可以保证所有数据到达接收节点,如图 2.11(c)所示的第三次传输过程。B 和 C 可以电子解码分别得到 P2 和 P1,通过这种方式可以提高数据传输可靠性。

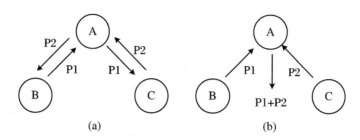

图 2.10　网络编码提高传输效率

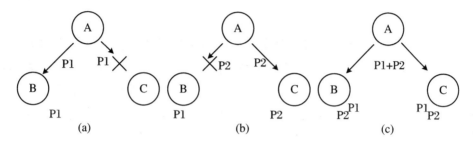

图 2.11　网络编码提高分组传输可靠性

　　向 TCP 协议引入编码,主要使用类似于前向纠错码的方法,即对原始 TCP 数据段进行编码后再添加适当的冗余以恢复无线随机丢包。冗余分组的数量由冗余度 R 决定,$R > 1/(1-p)$,其中 p 是无线链路中的随机丢包率。

　　TCP 网络编码的数学原理可以用下式表示:

$$AP = C, \quad P = A^{-1}C \qquad (2.4)$$

其中,P 表示待发送数据的集合,$P = \{p_1, p_2\}$;A 表示编码系数,$A = \begin{Bmatrix} a_{11} & a_{12} \\ a_{21} & a_{22} \end{Bmatrix}$;$C$ 表

示编码后的分组的线性组合,$C = \begin{Bmatrix} a_{11}p_1 + a_{21}p_2 \\ a_{12}p_1 + a_{22}p_2 \end{Bmatrix}$。发送端发送原始数据段的线性组合

C。接收端收到足够多的编码分组后执行逆过程,解码出所有原始数据段。

　　与 TCP 协议相比,TCP 网络编码的主要特点包括:

　　(1) 若干个独立的 TCP 数据段包含在一个编码分组中传输;

　　(2) 传输过程中增加适量的冗余编码分组以掩藏恢复无线随机丢包;

　　(3) 确认机制并不在解码后执行。

　　在图 2.12 和图 2.13 中,编码分组中包含若干个独立的数据段,C1~C4 是非冗余的编码分组,而 C5 是冗余的编码分组。

　　TCP 网络编码的确认机制很特别,其中一个重要的概念是"看见"(Seen),即接收端根据其收到的线性独立的编码分组数量而非编码分组的序列号发回确认信息,每收到一个单位的新的信息,即解码矩阵的自由度(Degree of Freedom)增加,就向发送端回复一

个非重复的 ACK。通过"看见",即使存在随机丢包或者短暂的乱序,只要接收端最新收到的编码分组满足以下两个条件:编码分组线性独立于其他收到编码分组;最新收到的编码分组中包含有接收端期望的序列号信息,或者可以借助新接收的编码分组从解码缓存中推导出接收端期望的序列号信息,则发送端可以持续接收到不重复的确认信息,从而避免因随机丢包造成的拥塞误判。例如,在图 2.12 和图 2.13 中,每次收到新的编码分组,则认为看到了新的消息。编码分组 C3 丢失后,C4 到达接收端,由于 C4 线性独立于 C1、C2,且 C4 中包含有接收端期望的序列号信息 P3,因此,接收端认为"看到"了 P3,发回相应的确认信息。

TCP 网络编码按照编码方式可以分为块编码(Batch Coding)以及在线编码(On-line Coding)。两者的区别在于,在线编码是指除了冗余的编码分组,其他每次编码均有新的数据段参加,如图 2.12 所示;块编码是将所有的数据段分为若干个集合,每个集合内的数据段进行编码,如图 2.13 所示。为了保留 TCP 序列号的语义,在线编码更加适用于

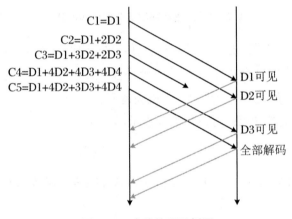

图 2.12　在线编码示例图

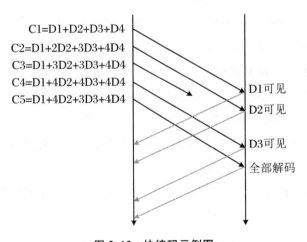

图 2.13　块编码示例图

TCP 协议。目前与 TCP 网络编码相关的研究方向主要包括：网络编码参数的优化问题（Zhang et al.，2013；Van et al.，2013；Chen et al.，2009），TCP 网络编码的通用性提升问题（Chen，Doug et al.，2013），TCP 网络编码的建模问题与稳定性分析（Kim et al.，2011；Ruiz et al.，2015），以及将 TCP 网络编码与多路径 TCP（Multipath TCP，MPTCP）进行结合以减小多路径传输过程中无线链路的影响（Sharma et al.，2008；Li et al.，2012；Cloud et al.，2013；Cui et al.，2015；Li et al.，2014b）。TCP 网络编码的提出具有重要的意义，主要体现在两方面：一方面，通过分组级别的网络编码，在发生随机丢包的情况下，接收端依旧可以发回正常的确认信息，避免随机丢包对拥塞控制造成的影响；另一方面，在传输过程中加入一定的冗余，可以减少特定情况下由于显式重传请求而带来的额外时延。

2.3.2.1　TCP 网络编码的实现

以文献（Sundararajan et al.，2009；Sundararajan et al.，2011）为例介绍 TCP 网络编码的实现。

发送端编码模块的关键技术包括编码缓存管理、编码首部处理以及编码调度。编码缓存中存放已经由上层数据流中取出成段的数据段，当接收端反馈已经成功解码出这个数据段，则可以将该数据段从编码缓存中移除。由于数据成段的过程并不能保证所有数据段的长度相同，因此为了便于编码，将对数据段进行补 0 处理以保证参与编码的数据段具有相同的长度。原始数据段的起始序列号和末端序列号将被保存在首部中。编码首部是位于 TCP 首部之外的一层封装，其主要作用是记录原始数据段的序列号、参与编码的数据段的数量以及编码系数。编码首部如图 2.14 所示，其中"Start_k"与"End_k"表示在编码分组中，第 k 个原始数据段起始与结束的序列号，"Base"表示第一个未被确认的字节的序列号，"n"表示参与编码的数据段数量。编码调度通过滑动窗口机制实现，编码窗口的大小限定了每一次参与编码的数据段的数量，在线编码机制中，编码窗口被设计成为一个滑动窗口，当接收端确认"看见"新消息，则滑动编码窗口向前滑动。

在接收端，接收模块的关键技术包括解码缓存管理以及确认机制。编码后的分组到达接收端之后，首先是从分组中的编码首部中提取编码数据段数量与编码系数，再依据首部中包括的原始数据段的起始和结束序列号恢复原始的数据段。解码缓存中存放已经被接收端接收但是未能被解码出的编码分组。确认机制依据收到的编码分组发出确认信息，确认"看见"的序列号信息，而不是依据解码后的原始数据段发出确认。源端和目的端的数据传输过程如图 2.14 所示。

2.3.2.2　TCP 网络编码参数

与 TCP 网络编码特点密切相关的参数有两个：一是决定冗余分组数量的冗余度参

数;二是决定一次发送过程中参与编码的独立数据段数量的编码窗口大小。

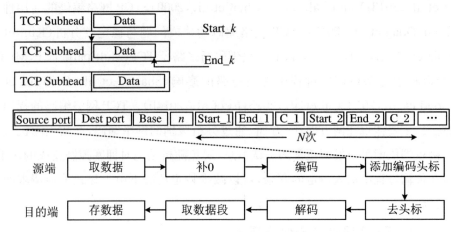

图 2.14 数据编解码处理过程

冗余度对网络传输效率有一定的影响,主要体现在:若数据流的冗余度较大,则链路的有效利用率下降,链路中充斥着大量的冗余分组;若冗余度较小,则难以屏蔽所有的无线随机丢包,影响发送端拥塞控制决策。相关文献(Zhang et al.,2013;Van et al.,2013;Chen et al.,2009)提出根据网络的实时状态动态调整冗余度,其核心思想是以当前网络的丢包信息为依据调整冗余度的大小。总体而言,影响 TCP 网络编码冗余度参数的因素有两个:

(1)无线链路部分的随机丢包率。TCP 网络编码的主要目的是克服无线链路的随机丢包,因此,其在传输过程中附加的冗余分组的数量要足够多以恢复在无线信道中所有随机丢失的分组,保证在接收端可以接收到足够多数量的编码分组,成功解码出原始数据段。

(2)编码窗口的大小。当编码窗口减小时,TCP 网络编码的抗丢包能力削弱,数据流对无线随机丢包的容忍度降低,因此需要适度地增大冗余度以保证无线信道的随机丢包可以被编码掩盖。

另一个重要的编码参数是编码窗口大小,编码窗口的大小对无线链路分组丢失的掩藏能力、编码造成的首部开销以及编解码时延开销有一定的影响。若编码窗口过大,虽然较大的编码窗口可以提高网络对无线随机丢包的容忍程度,但是编解码的复杂程度提高,编解码时延增加,应用层获得的吞吐量下降。

综上所述,冗余度和编码窗口是 TCP 网络编码独有且最为重要的两个参数,其取值直接影响到 TCP 网络编码流的传输效率。

2.3.2.3 结合网络编码的 TCP 协议

单路径 TCP 网络编码主要是为了解决无线链路上随机丢包对 TCP 拥塞控制的干扰

问题,其对原 TCP/IP 协议栈的改进之处在于在传输层与 IP 层之间增加一个新的协议层——网络编码层,该层的主要作用是编解码、缓存、反馈。

以图 2.15 为例进行说明。其中,图 2.15(a)为原始 TCP 协议,当发生随机丢包时,接收端会发回重复确认消息(Dup-ACK)。发送端收到连续三次 Dup-ACK 之后将会进行重传并缩小拥塞窗口。图 2.15(b)为 TCP 网络编码的传输和确认机制示例。如图所示,虽然 C2 丢失了,但是 C3 线性独立于 C1 且 C3 中也包含 D2(接收端期望的序列号)的信息,因此,当 C3 被成功接收后,接收端认为接收到了期望的分组,因而发回非重复的 ACK。此时,由于丢包而无法解码所有的编码分组,编码分组将会被缓存于解码缓存中。当 C5 到达时,这一冗余的分组弥补了丢失的 C2,使得所有接收到的编码分组可以被解码,解出的原始数据段被递交给 TCP 层。由此可见,TCP 网络编码没有造成拥塞误判,所以提升了传输效率。

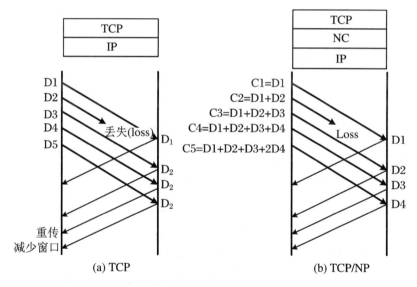

图 2.15　TCP 网络编码与 TCP 的对比

2.3.3　TCP 网络编码的公平性问题

TCP 网络编码使用简单的数学思想提高传输效率,避免因偶然的随机丢包对拥塞控制机制的干扰,提高吞吐量。目前的方案大多数关注 TCP 网络编码参数的调整以及编码方式的改进。鲜有研究关注 TCP 网络编码的公平性问题。公平是指用户具有相同竞争资源的机会,在相同的策略下获得的资源量相当。为了保证网络在无中心控制的情况下可以自动地、公平地进行资源调度,TCP 数据流可以自动进行合理的速率控制,不具备速率自动调整的数据流可以参照 TCP 数据流进行自动速率调整,以此保证非 TCP 数据流能公平地与 TCP 流竞争或者共享链路资源(Handley et al.,2003)。基于 TCP 协议的 TCP 网络编码流也应当具有自动速率调整的能力,虽然 TCP 网络编码继承了 TCP 数据流自动速率控制的特征,但是其编码机制在一定程度上破坏了其拥塞暴露与拥塞控制的准确性,这会带来一些资源分配的公平性问题。

传统的 TCP 拥塞控制算法主要可以分为两类:基于丢包的拥塞控制机制以及基于时延的拥塞控制机制。典型的基于丢包的拥塞控制机制是 TCP Reno,典型的基于时延的拥塞控制机制是 TCP Vegas。TCP 网络编码由 TCP 协议继承而来,其拥塞控制机制也一定程度上沿用了 TCP 的拥塞控制思想。

TCP 网络编码目前主要使用基于时延的拥塞控制算法,利用其在拥塞情况下往返时延 RTT 会发生明显的增加这一特点。其时延增加的主要原因包括两个方面:一方面拥塞状态下,网络中的排队时延会增加,导致数据传输的总时延增加(Bao et al.,2012);另一方面,分组的发送有一定的间隔,虽然采用编码技术,分组丢失后,后续到达的分组依旧可以触发非重复序列号的 ACK,但是由于分组发送间隔的存在,后续分组触发的非重复的 ACK 到达发送端的时间会迟于分组在未丢失情况下触发的 ACK 到达发送端的时间(Sundararajan et al.,2009)。例如在图 2.16 中,丢失两个编码分组,虽然可以发回连续的 ACK,但是收到第二个 ACK 的时延明显增加。文献(Sundararajan et al.,2009)所提出方案的不足之处在于,分组发送间隔较小,RTT 的变化极易被认为是时延抖动(jitter)而被忽略。

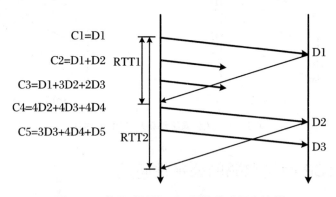

图 2.16　基于时延的 TCP 网络编码拥塞控制

2.3.3.1　TCP VON

TCP VON(Bao et al.,2012)的工作主要包括两个部分:一部分是冗余度动态调整;另一部分是拥塞控制机制的设计。

TCP VON 提出感知(Sensed)的概念,数据段被"感知",即数据段包含在编码分组中。TCP VON 基于在线编码,按照在线编码的原则,在没有丢包的情况下,被感知到的数据段的最大序列号应当等于被看见的数据段的序列号。将 RealGap 定义为未被感知到的序列号的最小值 I_r 与未被看见的序列号 I_q 之间的差值,无丢包的情况下,RealGap = 0。

TCP VON 采用动态冗余度设计,其具体的实现如下:由接收端发回反馈消息,反馈消息中包括序列号信息 I_q 与 I_r,通过 I_r 减去 I_q 计算 RealGap,在发生丢包与未发生丢包情况下的序列号信息如图 2.17 与图 2.18 所示。将 ExpGap 定义为可以允许的最大的丢失的分组数量,每次发送一个冗余编码分组,则 ExpGap 的值加 1,因为冗余分组可以恢复丢失的分组;发送一个非冗余的编码分组,则 ExpGap 的值减 1。若 RealGap > ExpGap,则发送一个冗余的编码分组;否则发送一个非冗余的编码分组。冗余编码分组与非冗余编码分组的区别在于,非冗余编码分组中包含一个单位新的、未参与编码的原始数据段。

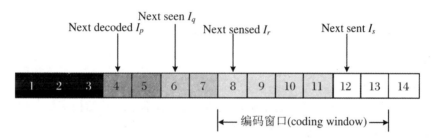

图 2.17　发生丢包的情况下各序列号信息

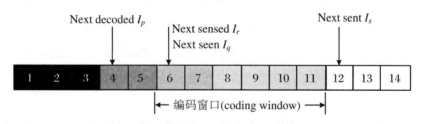

图 2.18　未发生丢包的情况下各序列号信息

TCP VON 的拥塞控制机制完全依赖于 TCP Vegas,每一次收到 ACK,无论 RealGap 的值如何变化,丢失的分组数是否超过了最大允许丢失的数量,是否发生拥塞的判据均为时延,其拥塞窗口的调整方式为

$$diff = \left(\frac{cwnd}{basertt} - \frac{cwnd}{rtt} \right) \cdot basertt \tag{2.5}$$

$$cwnd(t+1) = \begin{cases} cwnd(t) + 1, & diff < \alpha \\ cwnd(t), & \alpha \leqslant diff \leqslant \beta \\ cwnd(t) - 1, & diff > \beta \end{cases} \tag{2.6}$$

其中,$diff$ 表示网络中因排队缓存的数据量,α 表示 Vegas 设定的数据流允许在网络中缓存分组数量的下限,β 表示该值的上限。

TCP VON 基于 TCP Vegas 进行改进,具有较好的兼容性和可部署性,其主要不足之处在于:

(1) 上述方案均假设控制 RTT 在一定范围,避免 RTT 增加到一定程度发生严重拥塞丢包,但是,这种假设并不是在所有的条件下都成立的。虽然基于时延的拥塞控制可以更早地对拥塞做出响应,但是其并不总是有效的。TCP Vegas 的特性与数据流的数量有关,当数据流较多或者网络缓存较小时,可以有 $N \cdot \alpha > B$(其中 N 表示数据流的数量,B 表示网络中的总缓存大小),所有的 TCP Vegas 流将会变成 TCP Reno 流(基于丢包的拥塞控制机制)。这说明,Vegas 的有效性受限于网络中数据流的数量,也受限于 Vegas 参数的设定。在网络初始拥塞阶段,若数据流缓存的分组还未超过设定的下限 α,而网络中缓存分组的总数 $N \cdot \alpha$ 已经超过了允许的总量 B,但 $diff$ 依旧小于 α,未开始进行基于时延的拥塞控制,就发生拥塞丢包。同时,当大速率数据流突发到达造成缓存溢出,TCP Vegas 发送端未对增大的 RTT 做出及时响应,丢包就已经发生。在以上的情况下,拥塞丢包难以避免,仅仅依赖于 RTT 是无法检测出拥塞的,而且仅基于 RTT 变化的线性拥塞窗口调整方案不适用于发生丢包的拥塞场景。因此,基于时延的拥塞控制机制并不总是可以暴露拥塞,以丢包为拥塞的依据很重要。

(2) 从 TCP Vegas 机制本身存在的问题考虑,该机制要求准确测量某条路径的最小 RTT 值,一般以路径初始时的 RTT 值作为最小的 RTT 值,但是在实际网络中很难实现。数据流开始传输时,网络已经出现拥塞,以此时的初始路径 RTT 值作为最小 RTT 值,即使网络后续发生更为严重的拥塞,也很难准确判定发生拥塞。因此,基于时延的拥塞控制算法,一方面的确更快地对拥塞做出反应。但在另一方面,时延受到较多噪声的影响,在某些情况下,时延的变化会导致拥塞误判。

(3) 在 TCP 网络编码中使用 TCP Vegas 作为拥塞控制机制,仅仅使用其基于时延的拥塞避免机制,不考虑发生拥塞丢包或者超时重传的情况。在拥塞的状态下,其他数据流均以乘性减的方式修改自己的拥塞窗口,而 TCP 网络编码流不仅对拥塞不敏感,而且在拥塞丢包发生的情况下也仅仅只是线性地修改拥塞窗口,其调整幅度明显不能满足网络的需求。

2.3.3.2 CTCP

CTCP 协议(Kim et al.,2014)中的拥塞控制机制沿袭了线性增乘性减(Additive Increase Multiplicative Decrease,AIMD)的拥塞控制思想,即以丢包作为速率调整的触发点,拥塞控制的反馈信息同时包括时延和丢包。在无丢包的情况下,速率线性增加。

CTCP 与传统 TCP Reno AIMD 的区别在于：① 发送分组的数量由令牌（Token）数量决定而不是拥塞窗口，采取这种方式的原因在于进一步将编码机制与拥塞控制机制分离，令牌仅仅用来决定发送的数据量，而拥塞窗口变化进一步地与数据的序列号、编码窗口具有一定的关系；② 令牌的增长因子为 α，通常设为 1，与传统 TCP AIMD 方式的拥塞控制机制相同，一旦发生丢包，令牌数量变为原来的 $1/\beta$，$\beta = rtt_{min}/rtt$，其中 rtt_{min} 是数据传输过程中路径最小的往返时延。以这种形式改变 β 的合理性在于，对于任意时刻将要发生拥塞丢包的临界点，一定满足 $\sum_{i=1}^{n} tokens_i/rtt_i = bw$，其中 bw 表示带宽，即存在一定排队时延的情况下，所有数据流的吞吐量之和恰好等于带宽。假定发生拥塞丢包，对令牌数进行调整，继而得到 $\sum_{i=1}^{n} \beta_i tokens_i/rtt_{i,min} = B$。在不拥塞状态，且无排队时延的情况下，所有数据流在临界拥塞时的吞吐量之和也等于带宽。由这两个等式对比即可得出令牌数量调整的等式。

CTCP 充分考虑了时延与路径拥塞的关系，并以此作为调整拥塞窗口的依据，其明显不足之处在于，总是选择最小的时延作为 rtt_{min}，但是在传输过程中，即使不是拥塞丢包，也有可能当前的 rtt 大于 rtt_{min}，造成随机丢包情况下出现可用令牌数减小、限制发送速率的情况。

2.3.3.3　动态网络编码重传机制

动态网络编码重传机制（Dynamic Network Coding Retransmission Scheme）（Chen et al.，2009）是与拥塞控制相关的重传机制。动态网络编码重传机制采用的是具有冗余度的动态调整，使得冗余分组快速覆盖无线链路造成的丢包，减少传输多余的冗余编码分组。DNC 方案的思想与 TCP VON 动态调整冗余度的思想类似。

在文献（Chen et al.，2009）中，作者提出了三种重传状态，即过量重传、适量重传与欠重传，如图 2.19 所示。在过量重传的情况下，将会导致重传的分组浪费，如图 2.19（b）所示；在欠重传的情况下，丢失的分组无法及时被填补，如图 2.19（c）所示，造成吞吐量下降。据此，作者提出了 DNC 机制，其核心思想是，接收端的反馈中增加一项，即 $loss$ 项，$loss = max\_index - max\_seen$，其中 max_index 表示出现在编码分组中最大的序列号，max_seen 表示接收端"看到"的最大的序列号，如图 2.20 所示。若发送端检测出 $loss >$ 0，则发送端首先检测是否有超时发生。若超时，则立刻重传；若未超时，则继续检测 $loss$ 的值与上一次记录相比是否增加。若增加，则表示有一个新的编码分组丢失，立刻重传。例如在图 2.20 中，$loss = 2$ 大于之前的记录 $loss = 0$，因此可以判断有两个分组丢失，则进行重传；$loss = 1$ 小于之前的记录 $loss = 2$，说明当前的重传已经填补了一个丢包，则当前不需要进行重传。

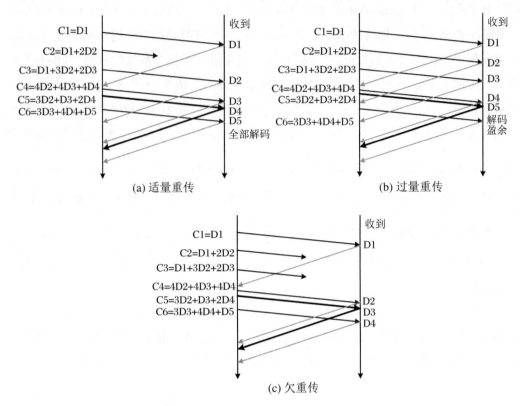

图 2.19 过量重传、适量重传与欠重传

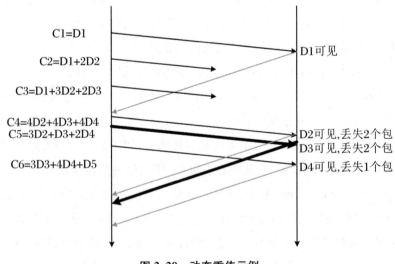

图 2.20 动态重传示例

使用 DNC 机制，当发生较为连续的随机丢包时，DNC 机制可以快速恢复丢包，当较长时间内未发生拥塞丢包时，DNC 机制不会发送多余的冗余分组。然而，其不足之处在于，TCP 网络编码的重传机制过于激进。按照上述部分重传机制，例如 TCP VON，为了

动态调整冗余度,当发送端检测到分组丢失,则立刻发送冗余编码分组,而忽视分组丢失的原因。若是基于时延的拥塞控制机制,在检测到分组丢失后,依旧按照线性的方式调整拥塞窗口,大量重传的编码分组加剧了网络的拥塞,而发送端却没有对拥塞进行及时处理。

此外,过量重传会导致即使出现大量丢包,超时事件在 TCP 网络编码中也会以极低的概率发生。这是因为 TCP 网络编码不需要 Dup-ACK 通报拥塞,因此不存在由于缺少 Dup-ACK 而导致的超时现象,而且在某些 TCP 网络编码下,发送端检测出丢包并且立即重传,即使重传的分组丢失,新的重传分组又会被及时发送出去,因而不存在因重传分组丢失造成的超时事件。在 TCP 网络编码中,由于上述超时原因出现概率极低,因此 TCP 网络编码中往往极少出现超时。

综上所述,TCP 流和 TCP 网络编码流同时经过有线网络部分的瓶颈链路,当拥塞以及拥塞丢包出现时,TCP 流会乘性地减小窗口或者将窗口设为初始值(超时),而 TCP 网络编码流仅线性地减小窗口或保持窗口不变(未检测出拥塞)。当网络状态再次稳定时,TCP 网络编码流将会占用更多的带宽。TCP 网络编码流拥塞敏感度低,相比于 TCP 流具有更多侵占带宽的机会,从而影响公平性。现有 TCP 网络编码存在的不公平性的原因可以概括为:

(1) 发送端难以感知到真实的路径拥塞状态。其原因在于:① 拥塞丢包带来的反馈接收时延往往会被认为是 RTT 的扰动而忽略;② 拥塞会造成 RTT 的增加,但是 RTT 的变化不是拥塞的唯一通报标志,在一些情况下,时延 RTT 未增加至设定阈值时就发生拥塞丢包(Bonald,1998),由于 TCP 网络编码检测拥塞丢包存在一定的时延或者难以发现拥塞丢包,TCP 网络编码往往可能会低估当前网络瓶颈处的拥塞状况;③ 即使出现大量丢包,超时事件在 TCP 网络编码中也会以相对低的概率发生。

(2) 重传机制过于激进。不区分丢包原因的重传机制在发生拥塞后依旧没有及时采取拥塞控制措施,会造成路径更为拥塞,影响竞争流的性能。

2.3.4　结合网络编码的 TCP 公平性增强

无线随机丢包会对 TCP 的传输性能造成一定的影响,主要体现在其对拥塞控制决策有一定的干扰。随机丢包会使得数据流发送端认为当前发生了拥塞并作出拥塞控制的措施:一方面,造成不必要的窗口减小;另一方面,带来很大的重传时延。TCP 网络编码机制缓解了无线随机丢包对 TCP 拥塞控制的影响。作为一种新的传输机制,其采用的拥塞控制的解决方案也应考虑网络编码的特点。目前 TCP 网络编码均采用基于时延的拥塞控制方案,即采用 TCP Vegas。然而直接使用 TCP Vegas 存在一些问题,主要体现在以下几个方面。

　　一方面,虽然基于时延的拥塞控制可以更早地对拥塞做出响应,但是其并不总是有效的。TCP Vegas 的特性与数据流的数量有关,当数据流较多或者网络缓存较小时,所有的 TCP Vegas 流只能基于丢包的方式通报拥塞,所以导致基于 RTT 的拥塞检测失效;或者是当大速率数据流到达造成缓存溢出,TCP Vegas 发送端未对增大的 RTT 做出响应,丢包就已经发生。在以上的情况下,拥塞丢包难以避免。另一方面,基于 RTT 变化的线性拥塞窗口调整方案不适用于发生丢包的拥塞场景。如图 2.21 所示,TCP 流和 TCP 网络编码流同时经过有线网络部分的瓶颈链路,发生拥塞且出现拥塞丢包时,TCP 流会乘性地减小窗口或者将窗口设为初始值(超时),而 TCP 网络编码流仅线性地减小窗口或保持窗口不变(未检测出拥塞)。当网络状态再次稳定时,TCP 网络编码流将会占用更多的带宽。这违背了公平性的定义,经过同一瓶颈的网络编码流和非网络编码流感知到的拥塞状态不同。

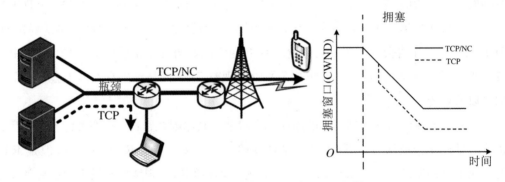

图 2.21　有线无线混合网络中的不公平场景

　　针对上述 TCP 网络编码潜在的公平性问题,我们提出一种对 TCP 友好的 TCP 网络编码拥塞控制方案,即拥塞暴露感知的 TCP 网络编码方案(Congestion Exposure Enabled TCP with Network Coding,CEE-TCP/NC)(Xue et al.,2017;张泓,2015)。该机制保留了 TCP Vegas 中基于时延的拥塞控制部分,并做出改进,包括三个方面,即按需重传、拥塞暴露以及拥塞控制,分别用以克服相关工作中过量重传造成的拥塞加剧问题,拥塞丢包被冗余编码分组掩藏恢复的问题以及难以准确感知拥塞程度并对拥塞做出相应处理的问题。为了解决这三个问题,采用通用的方式(Chen et al.,2009),TCP 网络编码的发送端必须从 ACK 中解析出两类序列号信息。接收端发送反馈信息中包括接收到的编码分组中起始序列号最大的原始数据段的起始序列号 seq_m 以及看到的原始数据段的起始序列号 $Seen_m$。参数 δ 由 seq_m 和 $Seen_m$ 推导得出,表示当前丢失的编码分组的数量。若检测出丢包,则启动拥塞暴露机制分辨当前丢包的原因,即"拥塞暴露"。若当前的丢包是由拥塞引起的,则启动"拥塞控制"机制。在拥塞控制过程中,窗口的调整是依据检测出的拥塞程度进行的。若检测出当前的丢包是由于无线信道传输错误引起的,则触发冗余编码分组恢复丢失的分组,即"按需重传"。

2.3.4.1 改进的重传机制——按需重传

在一些突发情况下会发生较为连续的丢包,造成解码时延增加。这一类突发丢包有极高的概率是拥塞造成的,也存在一些小概率事件是由于噪声引起的。文献(Chen et al.,2009;Bao et al.,2012)所提出的重传机制可以在一定程度上降低解码时延,但是其存在过量重传的危险,例如在 TCP VON(Bao et al.,2012)中,为了动态调整冗余度,若发送端检测到分组丢失,则立刻发送冗余编码分组,而忽视分组丢失的原因。如果当前发生的丢包是拥塞造成的,大量重传的编码分组加剧了网络的拥塞,而发送端却没有对拥塞进行及时处理。因此,我们尝试对相关文献中的重传机制进行改进,使其既可以动态地重传丢失的编码分组,又避免过量重传带来的对其他拥塞敏感流的危害。

在我们所提出的 CEE-TCP/NC 的重传机制中,按需重传机制有以下特征:

(1) 按需重传只针对随机丢失的分组(例如由无线链路造成的),其重传的数量受限于冗余度 R;

(2) 通过定义冗余额度(Quota)对发送冗余分组的时间进行调整。

重传丢失编码分组的时机是动态调度的。其合理性在于,随机错误有可能发生并带来较为连续的随机丢包,导致瞬时的无线随机丢包率上升,无线随机丢包的概率在平均水平上依旧较小且维持在一个相对稳定的范围,因此认为依据平均随机丢包率可以设定固定的冗余度,在冗余度限定的冗余编码分组数量范围内可以恢复所有因随机错误造成的丢包。这一范围的限定一方面是为了避免在动态调度编码分组时,过量的冗余编码分组掩藏恢复因拥塞造成的丢包;另一方面是为无线随机丢包的丢包间隔获取提供一个参考值。

是否发生丢包是通过接收端返回的反馈信息获得的。接收端返回的确认信息中包括两个序列号。两个序列号信息经过处理后获得 δ 的值,其表示至接收到反馈为止丢失的编码分组的数量。重传的时机由冗余度累积变量以及 δ 决定。冗余度累积变量的初始值被设定为 0,每次传输新的编码分组,冗余度累积变量都会增加 $R-1$,每次发送一个冗余编码分组,冗余度累积变量都会减小 1。发送冗余编码分组的时机有两种:① 如果 δ 大于 1 且当前提取的 δ 值大于上一次 ACK 提取的 δ 值(δ_{old}),这意味着更多的编码分组丢失或者发生了连续突发的分组丢失;② 当冗余度累积变量超过 1,冗余编码分组可以被发送出去,用以恢复潜在的随机丢包。每次出现发送冗余编码分组的时机,发送端需要在每次传输新的编码分组的同时调度发送一个冗余的编码分组,该编码分组可以是未被解码的原始数据段中序列号最小的数据段。

如果 δ 值为 1,发送端不会调度发送冗余编码分组直到冗余度累积变量变为 1 或者发生了更多的丢包,其目的在于避免发送不必要的冗余编码分组。在图 2.22(b)中,在冗余度累积变量增长为 1,且冗余编码分组 C5 被发送出去之后,ACK 声明有一个编码分组丢失。如果发送端立刻调度发送一个冗余编码分组,则该编码分组将会被浪费,因为 C5 已经恢复了丢失的分组。与此相反,如果发送端等待一段时间而不是立刻调度发送冗余编码分组,则冗余度分组可以正好恢复丢失的分组。当 δ 与上一记录相比增大且 $\delta>1$ 时进行按需重传,即在每次发送新的编码分组的同时发送最早的若干个未能解码成功的原始数据段,其效果如图 2.22(a)所示。

在大多数场景下,冗余分组可以在显式丢包通告之前恢复丢失的分组。例如在图 2.22中,在显式重传信号达到发送端之前,冗余分组已经恢复丢失分组。在一些极为特殊的情况下,如冗余度很小或者出现多个随机丢包的情况,需要显式重传请求辅助恢复丢失的分组,减少解码时延。因此,按需重传并不会破坏 TCP 网络编码使用前向纠错码思想的初衷,TCP 网络编码在多数情况下可以避免因显式重传请求带来的时延。这里我们只是针对一些特殊的情况,优化解码时延的问题。

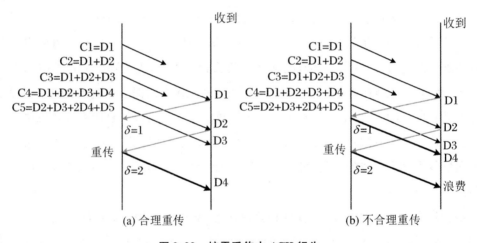

图 2.22 按需重传中 ACK 行为

这里所描述的重传机制主要用于恢复因无线随机错误造成的丢包,如果丢包是由拥塞引起的,那么重传将不会消耗冗余度累积变量的值,与此同时,将会采用相关的拥塞避免措施进行处理。

2.3.4.2 CEE-TCP/NC 的拥塞暴露机制

相关工作的方案均假设当 RTT 增加到一定程度,发生严重拥塞时才会出现丢包,但是,这种假设并不是在所有的条件下均成立的。虽然,基于时延的拥塞控制可以更早地对拥塞做出响应,但是其并不总是有效的。TCP Vegas 的有效性受限于网络中数据流的数量,也受限于 TCP Vegas 参数的设定。在以上的情况下,拥塞丢包难以避免,而且仅基于 RTT 变化的线性拥塞窗口调整方案不适用于发生丢包的拥塞场景。因此,我们关注于拥塞造成的丢包,提出一种拥塞暴露机制。

不同于文献(Bao et al.,2012)中提及的方法,在我们所提出的 CEE-TCP/NC 中,拥塞暴露不依赖于 RTT 的变化与 Dup-ACK 信息,而主要依赖于丢包事件的区分。在 CEE-TCP/NC 的拥塞暴露机制中,若传输过程中发生丢包,则记录该丢包时间并计算丢包间隔大小 $loss\_gap$(及两次丢包事件之间成功传输了多少编码分组),并与平均的间隔 ave_gap 进行对比。图 2.23 中显示了如何从 ACK 中抽取出丢包间隔。其中 seq 与 $Seen$ 分别表示发送的原始数据段中起始序列号的最大值与“看到”的数据段的起始序列号,$lost$ 表示丢失编码分组的数量,若各原始数据段的长度相等,则 $lost$ 可以直接由 $(seq_m - seq_{old}) - (Seen_m - Seen_{old})$ 与原始数据段的比值确定,若非等长,则需要进一步从首部选项中提取原始数据段的起始序列号信息与数据段长度信息。下标 m 与 old 分别表示当前 ACK 到达时刻与上一 ACK 到达时刻,$loss\_gap$ 表示在当前 ACK 到达时刻与上一 ACK 到达时刻之间发送端重传的编码分组的数量。每一次 ACK 到达可能会带来无丢包或者有丢包的信息,若其丢包间隔小于 ave_gap,则认为此 ACK 带来了 $lost$ 次丢包间隔小于平均丢包间隔的信息。例如 $lost = 3$ 且丢包间隔小,则直接可以由当前 ACK 判定出现拥塞。若连续 3 次(在无线网络中)满足 $loss\_gap < ave\_gap$,则判定当前的丢包主要为拥塞丢包并采用合适的措施。其中,$ave\_gap = R/(R-1)$,R 为冗余度参数。

$$lost = f((seq_m - seq_{old}) - (Seen_m - Seen_{old}))$$

if $loss\_gap < ave\_gap$

  $small\_gap + = lost$

else

  $small\_gap = 0$

end

if $small\_gap > 3$

  Congestion is true

end

图 2.23　拥塞暴露机制算法

丢包间隔可以很好地体现当前网络的运行状态(Yajnik et al.,1999),若丢包仅是由于无线传输错误造成的,则丢包间隔比较大;若丢包主要是由于拥塞造成的,则丢包间隔比较小,拥塞丢包之间这种极强的相关性在使用弃尾队列(Droptail Queue)的网络中表现得尤为明显(Mathis et al.,1997)。CEE-TCP/NC 拥塞暴露机制作为 TCP 网络编码机制的一个补充,当拥塞较轻时,可以通过基于时延的方法进行处理;当拥塞较为严重,出现高频拥塞丢包时,CEE-TCP/NC拥塞暴露机制可以使得TCP网络编码机制恢复对拥塞丢包的快速响应。特别是在严重拥塞的情况下,此方案效果更优。

2.3.4.3   CEE-TCP/NC 的拥塞控制机制

在TCP网络编码方案中使用TCP Vegas作为拥塞控制机制,仅仅使用其基于时延的拥塞避免机制,而不考虑发生拥塞丢包或者超时重传的情况。在拥塞的状态下,其他数据流均以乘性减的方式修改自己的拥塞窗口,而TCP网络编码流不仅对拥塞不敏感,而且在拥塞丢包发生的情况下也仅仅只是线性地修改拥塞窗口,其调整幅度明显不能满足网络的需求。

在TCP协议中,拥塞的严重程度可以有多种度量方式,程度较轻的拥塞表现为时延的增加。当拥塞继续加剧,网络内缓存溢出造成分组丢失,所以这时的丢包表示发生了更为严重的拥塞,当拥塞极为严重导致分组大量丢失,可能造成发送端无法接收到足够的Dup-ACK以暴露拥塞或者重传的分组再次丢失,这时将会发生超时事件,所以超时是拥塞最为严重的结果。TCP协议根据网络中是发生少量丢包还是超时(即当前的拥塞程度)将窗口乘性地减小或者变为初始值。因此,为了保证公平性,CEE-TCP/NC的拥塞窗口调整还需要参考当前网络中的拥塞丢包率。瞬时拥塞丢包率和瞬时拥塞丢包间隔成反比,而窗口的缩小程度与丢包率正相关,考虑使用下式对窗口进行调整:

$$cwnd(t + \Delta t) = \min(2, K \cdot loss\_gap(t) \cdot cwnd(t) + b) \tag{2.7}$$

其中,$loss\_gap(t)$是当前的丢包间隔,保证$K \cdot loss\_gap(t) \leqslant 1$,那么当丢包间隔比较大时,拥塞程度较轻,$K \cdot loss\_gap(t)$也就较大,窗口缩小的程度$1 - K \cdot loss\_gap(t)$较小。通过这种方式,实现丢包率与窗口缩小程度正相关。同时,考虑了当TCP数据流与TCP网络编码数据流共存的情况下,TCP数据流在不同的拥塞状态下通报Dup-ACK或者超时的情况。

2.3.5   合理性分析

在相关TCP网络编码拥塞控制机制工作,例如文献(Sundararajan et al.,2009;Bao et al.,2012)中,如果发生分组丢失,发送端通过RTT的长短区分该丢包是拥塞丢包还是无线随机丢包。然而,不可以完全依赖RTT的值判断当前是否发生拥塞以及区分丢包的原因(Bonald,1998;Bonald,1999)。假定RTT用以区分丢包原因的作用失效,即发送端仅仅可以通过丢包判断发生拥塞,所有基于时延的拥塞控制机制,特别是TCP Vegas,将回退为基于丢包的拥塞控制机制。在这种情况下,我们将分析证明先前的TCP/NC拥塞控制机制不能及时暴露拥塞,而我们提出的CEE-TCP/NC在拥塞暴露方面具有更好的性能。这一部分的分析包括两个方面:一是拥塞检测时延的分析;二是超时重传概率的分析。为了便于分析,首先定义需要用到的变量,如表 2.2 所示。

表 2.2 变量说明

符号	含义
w	拥塞窗口大小(以字节为单位)
W	编码窗口大小(以字节为单位)
R	冗余度参数
p_r	无线随机丢包率
p_c	瞬时拥塞丢包率
seq_m	编码分组中最大序列号(以字节为单位)
$Seen_m$	可以看见的最大序列号(以字节为单位)
$round$	拥塞检测时延,在拥塞丢包发生后,发送端传输 $round$ 个分组之后发现拥塞

2.3.5.1 拥塞丢包检测时延分析

假设丢包场景如图 2.24 所示,发送端按照一定方式对原始数据段进行编码并发送,瞬时丢包率(包括拥塞丢包以及随机丢包)为 50%。为了便于分析,将 seq_m 与 $Seen_m$ 的初始值均设定为 0,即在图中当编码数据段 C1 被发送出去时,seq_m 与 $Seen_m$ 均被设定为 0。

在文献(Sundararajan et al.,2009;Bao et al.,2012)中,TCP/NC 的拥塞控制机制多是基于时延的。在 TCP 网络编码方案中,发送端可以通过 Dup-ACK 的方式检测出拥塞,但是具有较长的滞后。在 TCP 中,当接收方收到的数据段的序列号不是其所期望的,则会发出 Dup-ACK,相应地,在 TCP 网络编码方案中,当接收端无法从接收到的编码分组中提取出其所想要的序列号,也会发出 Dup-ACK,如图 2.25 所示。由于 TCP 网络编码方案的分组中,每一个编码分组包含多个数据段的序列号信息,通常情况下,其包含的数据段的数量由编码窗口决定,当收到的编码分组中 seq_m 与 $Seen_m$ 之间的差值超过编码窗口的大小,即该分组中不再包含接收端所期望的序列号信息时,接收方会发回 Dup-ACK,即满足

$$seq_m - Seen_m = W \tag{2.8}$$

接收端可以看到的序列号信息与成功接收的编码分组的数量有关,即满足

$$Seen_m = \lceil seq_m \cdot R \cdot (1 - p_c - p_r) \rceil \tag{2.9}$$

综上,可以获得

$$\lceil seq_m \cdot (1 - R \cdot (1 - p_r - p_c)) \rceil = W \tag{2.10}$$

按照拥塞检测时延的定义,在拥塞丢包发生后,发送端传输 $round$ 个分组之后再次发现

拥塞丢包,即在发生拥塞之后两次拥塞之间传输的总数据量。由于设定了 seq_m 与 $Seen_m$ 的初始值均为 0,可以用下式表示这一段时间内总共发送的数据量:

$$round = f(p_c, p_r, R, W) = \lfloor seq_m \cdot R \rfloor \qquad (2.11)$$

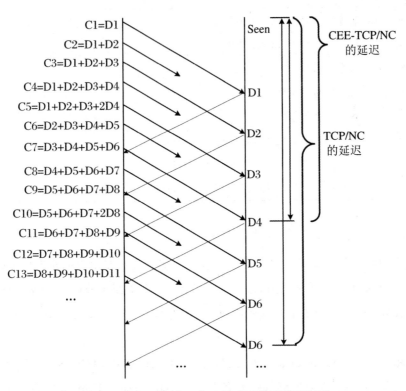

图 2.24 CEE-TCP/NC 与 TCP/NC 拥塞检测时延

按照 CEE-TCP/NC 方案的原则,拥塞检测既不依赖于 Dup-ACK,也不依赖于往返传输时延,其原则是当发送端检测到若干次小间隔丢包,则认为是发生了拥塞。瞬时的丢包间隔可以用 $1/(p_c + p_r)$ 表示,即瞬时总丢包率的倒数,因此,可以表示为

$$round = \frac{n}{p_c + p_r} \qquad (2.12)$$

为了更为清晰地表示传统 TCP 网络编码拥塞控制机制拥塞检测时延与我们所提出的 CEE-TCP/NC 拥塞检测时延的区别,依据上述推导分析的结果,绘制两类方案拥塞检测时延的曲线,如图 2.26 所示。假定两种方案的编码窗口大小均为 4(以数据段为单位),冗余度大小均为 1.05,且无法通过时延准确判断出拥塞。图中横坐标表示瞬时的丢包率,包括拥塞丢包以及随机丢包,纵坐标表示拥塞检测时延,即从拥塞发生至检测到拥塞期间总共发送了多少个编码分组。从图中可以明显看出,若采用传统 TCP 网络编码的基于时延的拥塞控制机制,其拥塞检测时延远远高于 CEE-TCP/NC 拥塞控制机制,即使在瞬时丢包率较大的情况下,传统 TCP 网络编码机制依旧需要较长的一段时间才可

以检测出拥塞,在瞬时丢包率极低的情况下,传统 TCP 网络编码方案可能需要很长的检测时延。甚至在拥塞程度较轻,瞬时拥塞丢包率很低的情况下,传统 TCP 网络编码机制无法判断出是否发生了拥塞。

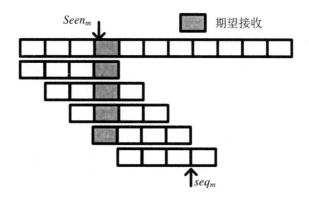

图 2.25　Dup-ACK 出现的原因

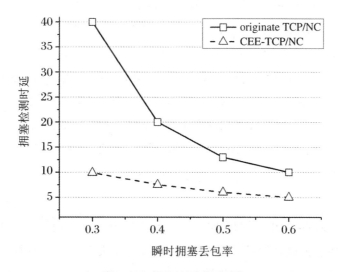

图 2.26　拥塞检测时延对比

　　网络配置不能保证基于时延的拥塞控制机制可以永远准确地通过时延判断当前发生丢包的原因。因此,通过丢包判定拥塞依旧是非常有必要的。上述分析是基于这一假设进行的,通过上述分析,我们可以看出,CEE-TCP/NC 可以较为及时地暴露拥塞,而传统 TCP 网络编码的拥塞控制机制具有一定的局限性,当且仅当瞬时拥塞丢包率较大,即拥塞非常严重的情况下才可以及时暴露拥塞,因此,采用 CEE-TCP/NC 机制是非常有必要的。

2.3.5.2　TCP 超时概率分析

超时重传概率与瞬时的拥塞丢包率有关，造成超时重传的原因有两种。一种原因是丢包数量过多，缺少足够多的分组去触发 Dup-ACK。已知在传统 TCP 拥塞控制机制中，当接收端收到非期望的数据段会发回 Dup-ACK，当发送端收到 3 次 Dup-ACK 则会进行重传。Dup-ACK 的数量与上一轮（"一轮"表示从拥塞窗口内序列号最小的数据段发送开始，至收到该数据段的确认）中成功接收的数据段的数量有关。收到 3 次 Dup-ACK 并重传的前提条件是，接收端收到足够多的数据段保证发回至少 3 次 Dup-ACK。在一些拥塞较为严重的情况下，丢失的数据段较多，必然造成无法触发 3 次 Dup-ACK，发送端无法收到 3 次 Dup-ACK，在这种情况下，发送端不会认定 Dup-ACK 是拥塞的标志，仅将其认定为乱序的情况。此时数据段确实丢失但始终未被重传，直到发送端的定时器超时，对丢失的数据段进行超时重传。另一种原因是确实对分组进行了重传，但是重传的分组再次丢失，此后发送端不会再次对分组进行重传直到定时器超时。

这里我们将对 TCP Vegas 与 TCP Reno 的超时重传概率与拥塞丢包率的关系进行分析。已知 TCP 机制在超时的情况下会采取更为严厉的拥塞控制方式，通过证明，TCP 网络编码方案也应当按照当前的拥塞程度采取不同的拥塞控制措施。定义 P_{TO1} 表示由于缺少 Dup-ACK 造成的超时重传概率，P_{TO2} 表示由于重传分组丢失造成的超时重传概率。文献（Padhye et al.，2000）对两类超时重传概率进行了分析描述。

使用突发丢包模型，假定发送端发送 w 个数据段，其中至少丢失了一个数据段，最先发送的 k 个数据段被成功接收，第 $k+1$ 个数据段丢失，其概率用 $A(w,k)$ 表示，即

$$A(w,k) = \frac{(1-p)^k \cdot p}{1-(1-p)^w} \tag{2.13}$$

其中，p 定义为端到端路径的平均丢包率。在图 2.27 中，第一轮的 w 个数据段有 k 个被成功接收，因为拥塞丢包之间具有很强的相关性，所以认为第 k 个数据段之后的所有数据段均丢失，成功接收的 k 个数据段触发了第二轮的数据传输，发送端发出了 k 个新的数据段，接收端在接收到这些数据段之后将会发回 Dup-ACK，发送端是否可以检测到 3 次 Dup-ACK 取决于第二轮发送的 k 个数据段中被成功传输的数量。$C(n,m)$ 表示第二轮发送的 n 个数据段中，最先发送的 m 个数据段被成功接收，后续的 $n-m$ 个数据段丢失，即

$$C(n,m) = \begin{cases} (1-p)^m \cdot p, & m \leqslant n-1 \\ (1-p)^n, & m = n \end{cases} \tag{2.14}$$

对 Reno 而言，当 $m<3$ 时，会出现超时重传。

依据文献（Padhye et al.，2000），TCP Reno 的两类超时重传概率可以表示为

$$P_{\text{TO1}} = \min\left(1, \sum_{k=0}^{2} A(w,k) + \sum_{k=3}^{w} A(w,k) \cdot \sum_{m=0}^{2} C(k,m)\right)$$

$$= \min\left(1, \frac{(1-(1-p)^3)(1+(1-p)^3(1-(1-p)^{w-3}))}{1-(1-p)^w}\right) \quad (2.15)$$

$$P_{\text{TO2}} = (1 - P_{\text{TO1}}) \cdot p \quad (2.16)$$

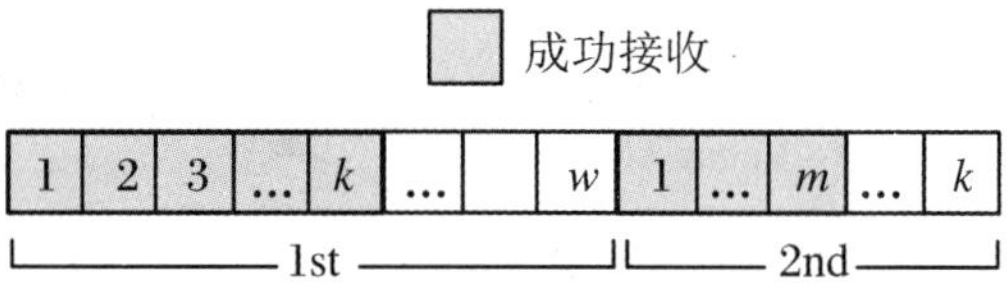

图 2.27　数据段传输丢包示例图

　　TCP Vegas 机制与 TCP Reno 机制的不同之处在于,在 TCP Vegas 机制中,发送端在收到 Dup-ACK 时不需要等待另外 2 个 Dup-ACK 即可进行重传,这里,我们以同样的方式推导 TCP Vegas 的超时概率与拥塞丢包率的关系。对第一类超时重传的概率可以用下式表示:

$$P_{\text{TO1}} = \min\left(1, A(w,0) + \sum_{k=1}^{w} A(w,k) \cdot C(k,0)\right)$$

$$= \min\left(1, \frac{p + p \cdot (1-p) \cdot (1-(1-p)^{w-1})}{1-(1-p)^w}\right) \quad (2.17)$$

　　对于重传失败造成的超时概率,依旧可以用式(2.16)表示。

　　为了更为直观地描述瞬时拥塞丢包率与超时重传概率的关系,在图 2.28 中,绘制了 TCP Reno 机制与 TCP Vegas 机制在不同瞬时拥塞丢包率下超时重传概率的曲线。从图 2.28 中可以看出,超时重传概率正相关于拥塞丢包率,说明有必要根据不同的拥塞丢包率采取不同程度的拥塞控制措施。在前面的分析中,在一些拥塞丢包概率较大的情况下,传统 TCP 网络编码机制的拥塞控制机制很难检测到拥塞丢包,甚至忽视拥塞丢包,这种情况下,其他非编码数据流依旧按照 TCP 拥塞控制机制进行超时重传、缩小窗口,编码流占用了其他非编码流释放的带宽。因此,对于编码 TCP 数据流而言,需要针对不同的拥塞丢包率做出合理的控制操作,避免对其他拥塞敏感数据流的影响。

　　结合 2.3.6.1 小节与 2.3.6.2 小节的性能分析,我们可以得出以下几点结论:

　　(1) 传统 TCP 网络编码机制需要很长的时延才可以检测到拥塞丢包,甚至难以发现拥塞丢包,从而证明了相关工作在拥塞控制方面的局限性。相比较,我们所提出的 CEE-TCP/NC 可以更为及时地检测到拥塞丢包,这对保证编码数据流与其他拥塞敏感的非编码数据流之间的公平性是非常重要的。

　　(2) 在拥塞丢包率较大的情况下,非编码数据流发送端进行超时重传的概率也较大。

在超时重传的情况下,非编码数据流会对拥塞窗口进行更为严格的惩罚,通常恢复到最小的初始值。因此,对于 TCP 网络编码机制而言,即使很难发生超时重传,发送端也需要针对丢包率对拥塞窗口进行合理的调整,这也验证了 CEE-TCP/NC 方案中依据拥塞丢包率对窗口进行调整的合理性。

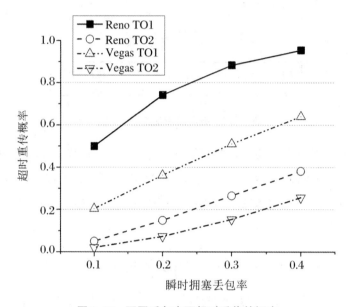

图 2.28 不同丢包率下超时重传的概率

2.3.6 性能评估

2.3.6.1 仿真需求分析及场景设置

本小节使用 NS2 对 TCP 网络编码不同拥塞控制机制的性能进行仿真分析。我们以 TCP VON 作为对比方案,TCP VON 的拥塞控制机制以及冗余度调整机制是被 TCP 网络编码广泛采用的,具有一定的代表性。CEE-TCP/NC 相比于 TCP VON 的优势在于 CEE-TCP/NC 可以更为及时地探测到拥塞,并根据当前的拥塞程度对拥塞窗口进行合理的调整,以确保瓶颈上所有数据流感知到的拥塞程度相同,保证公平性。

仿真拓扑如图 2.29 所示,N1 与 N2 是发送节点,与网关节点通过有线链路相连;N3 与 N4 是无线接收节点,与基站节点 BS 通过无线链路相连;N5 是有线接收节点,与中间转发节点 W1 通过有线链路相连。GW 节点与 W1 节点之间的链路是瓶颈链路,即拥塞将会发生在这一段链路上。瓶颈链路的带宽是 4 Mbps,其余链路的带宽是 5 Mbps,所有的数据流均经过瓶颈链路,而其他链路仅需要承载部分数据流。CEE-TCP/NC 与 TCP VON 的编码窗口大小均是 4,TCP VON 的冗余度参数是动态调整的,CEE-TCP/NC 的冗余度参数有一个设定值,将在不同仿真场景中具体设定。

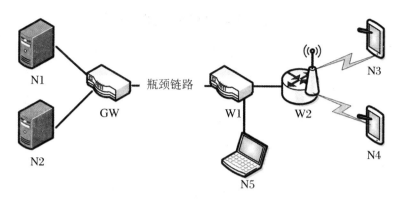

图 2.29　仿真拓扑结构

通过仿真，我们需要验证，CEE-TCP/NC 在拥塞的情况下是否可以保证不侵占其他数据流的带宽，以及在非拥塞的情况下，CEE-TCP/NC 是否依旧可以保持良好的传输性能。公平性测试又分为两个部分，对于具有拥塞流控机制的数据流，使用吞吐量作为衡量依据，对于不具有拥塞流控机制的数据量，使用丢包率作为衡量依据。为了实现上述验证机制，我们在后续的仿真中设定 2 个场景，分别用于验证在拥塞状态下与其他数据流的公平性情况以及非拥塞状态下的性能。

2.3.6.2　CEE-TCP/NC 公平性测试

1. 吞吐量公平性

为了证明 CEE-TCP/NC 可以提高 TCP 网络编码流的公平性，这里以瓶颈链路中 TCP 网络编码流与 TCP 流吞吐量差值作为数据流公平性的依据。设定两组实验，每一组实验有 3 条数据流：TCP 网络编码流、TCP 流以及基于 UDP 协议的背景流。在两组实验中，TCP 网络编码流分别采用不同的机制进行传输，在第一组中使用 CEE-TCP/NC，在第二组中使用 TCP VON。在两组实验中，TCP 数据流均采用 TCP Vegas 机制，TCP 流与 TCP 网络编码流的 RTT 值相同。详细配置信息如表 2.3 所示。随着背景流速率增加，瓶颈链路出现的拥塞程度逐渐加强。背景流速率从 3 290 Kbps 变化至 3 440 Kbps，每个采样点间隔 30 Kbps。对仿真结果进行统计，实验结果如图 2.30 和图 2.31 所示。

图 2.30 和图 2.31 中显示了当无线随机丢包率分别是 0.03 和 0.08，冗余度分别是 1.05 和 1.15 的情况，见表 2.3 的两组实验中 TCP 网络编码与 TCP 的吞吐量的差值（用 TCP 网络编码流的吞吐量减去 TCP 流的吞吐量）。

表 2.3　吞吐量公平性测试场景数据流配置

场景	流 ID	协议	源	目的
	1	CEE-TCP/NC	N1	N3
1	2	TCP	N2	N5
	3	背景流	GW	W2
	1	TCP VON	N1	N3
2	2	TCP	N2	N5
	3	背景流	GW	W2

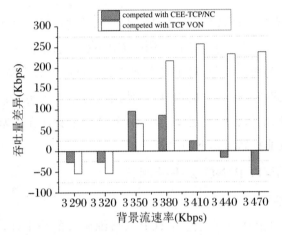

图 2.30　无线随机丢包率为 0.03,冗余度为 1.05,
CEE-TCP/NC 对 TCP 的公平性

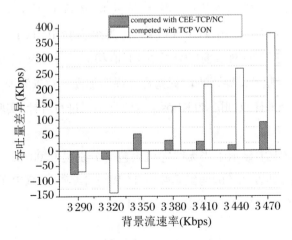

图 2.31　无线随机丢包率为 0.08,冗余度为 1.15,
CEE-TCP/NC 对 TCP 的公平性

首先我们观察处于非拥塞状态的网络,此时背景流速率为 3 290 Kbps。TCP Vegas 的设计原则是,总是只允许网络中缓存一定数量的分组,通过时延对当前网络中缓存的分组数量进行推断,高于该范围,则发送端稍微降低发送速率;低于该范围,则发送端稍微提高发送速率。因此,采用 TCP Vegas 基于时延调整拥塞窗口,即使不出现拥塞,其速率也总是保持在一定水平,不会出现明显剧烈的波动(Brakmo,Peterson,1995;Bonald,1998;Bonald,1999;Mo et al.,1999)。若多条 TCP Vegas 流存在于网络中,它们会共享网络中的缓存,若路径配置(可用带宽、最小 RTT 等)相同,则吞吐量相差不大。因此,在 3 290 Kbps 情况下,TCP 流与 TCP 网络编码流吞吐量相差不大。当背景流速率在 3 320~3 350 Kbps 范围内时,网络处于拥塞较轻的状态,即拥塞主要表现为时延的进一步增加而未出现严重的拥塞丢包。此时 TCP VON、CEE-TCP/NC,以及 TCP 中基于时延的拥塞控制机制发挥作用,由于其基于时延的拥塞控制方案相同,因此,使用两种 TCP 网络编码拥塞控制机制,TCP 网络编码流与 TCP 流的吞吐量相差不大。随着拥塞加剧,发生拥塞丢包,由于 TCP VON 对拥塞丢包不敏感,以 TCP VON 作为 TCP 网络编码的拥塞控制机制,本应该 TCP VON 流与 TCP 流的吞吐量同时降低,但实际上 TCP VON 的吞吐量相对提高一点,其占用了 TCP 流释放的带宽,所以 TCP VON 的吞吐量会高于 TCP 数据流的吞吐量,且这种差距不断增加,可以明显看出,当背景流速率达到 3 440 Kbps时,TCP 流的吞吐量远远低于 TCP VON 数据流的吞吐量,其差值非常明显。以 CEE-TCP/NC 作为 TCP 网络编码的拥塞控制机制,CEE-TCP/NC 对拥塞丢包敏感,即使拥塞程度加剧,TCP 数据流与 CEE-TCP/NC 可以保持吞吐量相当,CEE-TCP/NC 具有较好的公平性。

由上述的仿真实验可以得出以下结论:以 TCP VON 为代表的传统 TCP 网络编码拥塞控制协议不能很好地解决在重拥塞下,编码数据流与非编码数据流之间的公平性问题,CEE-TCP/NC 确实可以提高 TCP 网络编码流的公平性,在拥塞的情况下,依旧可以保证与拥塞敏感的数据流合理分配带宽资源。

2. 背景流丢包率测试

传统 TCP 网络编码拥塞控制机制会侵占其他类型数据流的带宽资源,表现在:TCP 网络编码流与 TCP 流竞争带宽,TCP 具有拥塞流控机制,是拥塞敏感的数据流,TCP 数据流的速率低于其本可以获得的带宽;TCP 网络编码流与无拥塞流控机制的 UDP 数据流竞争,UDP 数据流的丢包率增大,传输错误率提高。在仿真中,研究当分别使用 TCP VON 机制与 CEE-TCP/NC 机制时,基于 UDP 协议的背景流的丢包率。仿真场景设置与吞吐量公平性测试中的相同,详见表 2.3。

图 2.32 和图 2.33 中绘制了当无线随机丢包率分别是 0.03 和 0.08,冗余度分别是 1.05 和 1.15 的情况下,随着拥塞程度的增加,背景流的丢包率情况,其中,背景流为

3 290 Kbps情况下无拥塞，3 320～3 350 Kbps 为轻度拥塞，仅表现为时延的增加或者极少数的拥塞丢包，随着背景流速率增加，拥塞程度增加，表现为大量拥塞丢包。从图中可以看出：① 随着拥塞程度的增加，背景流的丢包随之增加。② 在无拥塞或者拥塞较轻的情况下，使用 TCP VON 与 CEE-TCP/NC，背景流的丢包率相差不明显；在严重拥塞情况下，丢包率差距变大，如图中背景流速率为 3 470 Kbps 和 3 500 Kbps 的情况。

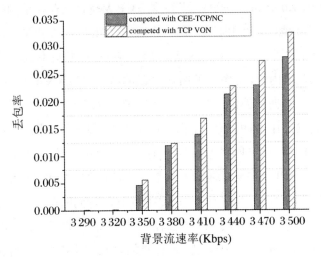

图 2.32　无线随机丢包率为 0.03，冗余度为 1.05，背景流丢包率

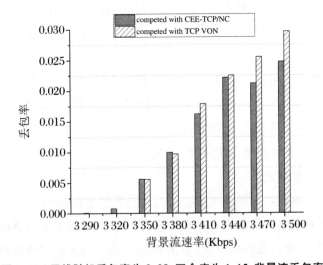

图 2.33　无线随机丢包率为 0.08，冗余度为 1.15，背景流丢包率

因此，仿真结果可以证明，传统 TCP 网络编码拥塞控制机制在进行拥塞控制时会对不具有速率控制的数据流带来更大的丢包率，严重影响数据传输的准确性，相比较而言，CEE-TCP/NC 带来的丢包率小，对其他数据流的影响非常小，说明 CEE-TCP/NC 可以及时发现拥塞，避免向网络中传输过量的数据。

2.3.6.3　CEE-TCP/NC 在非拥塞状态下的性能测试

在本小节中,我们将对 CEE-TCP/NC 在非拥塞状态下的性能进行测试,查看在非拥塞的情况下,使用 CEE-TCP/NC 机制,数据流的吞吐量是否会受到该机制本身的限制。为了对吞吐量进行定量的对比,这里进行了三组实验。在每组实验中,设定从 N1 到无线节点 N3 传输一组数据,每组实验的不同在于分别使用 TCP、TCP VON 以及 CEE-TCP/NC 对数据流进行传输,记录在不同无线丢包率的情况下,三种机制传输数据的平均吞吐量,结果如图 2.34 所示。TCP 机制不必设定冗余度参数,TCP VON 的冗余度参数自动调整,对 CEE-TCP/NC 的冗余度参数参考设定如表 2.4 所示。

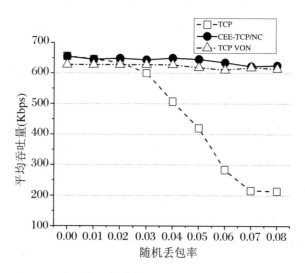

图 2.34　CEE-TCP/NC 在无拥塞情况下和 TCP、TCP VON 的传输性能对比

表 2.4　CEE-TCP/NC 在不同无线随机丢包率下冗余度配置

无线随机丢包率	0.01	0.02	0.03	0.04	0.05	0.06	0.07	0.08
冗余度	1.03	1.03	1.05	1.05	1.07	1.08	1.15	1.15

在图 2.34 中分析了 CEE-TCP/NC 和 TCP、TCP VON 的传输性能对比,由图中可以看出:

(1) 在无链路随机丢包的情况下,TCP、TCP VON 以及 CEE-TCP/NC 均可以保持较高的传输性能,由于采用了 TCP Vegas 协议中基于时延调整窗口大小,即使不出现拥塞,其速率总是保持在一定水平,不会出现明显剧烈的波动,因此,在无拥塞的情况下,数据流的最大吞吐量也没有到达瓶颈链路的带宽上限是合理的。

(2) 随着随机丢包率的上升,TCP 传输性能下降明显,而 TCP VON 与 CEE-TCP/NC 的传输性能并没有发生明显变化。由这里的实验可以得出以下结论:CEE-TCP/NC

可以保证无线环境下的较高的传输性能，即其拥塞机制自身不会限制数据流的吞吐量。

在上述仿真中，一方面，仿真实验验证了目前有关 TCP 网络编码的拥塞控制机制确实在保证公平性方面存在较大的问题，即具有较强的侵占性，主要体现在：① 若与具有速率控制的拥塞敏感数据流（如 TCP 流）共同竞争带宽，则会造成拥塞敏感流的速率低于其原本应该获得的速率；② 若与不具有拥塞流控机制的数据流（如 UDP 流）共同竞争带宽，则会造成该类数据流的丢包率急剧升高，传输的正确率下降。另一方面，仿真实验验证了 CEE-TCP/NC 具有较好的公平性，主要体现在：① 不会侵占拥塞敏感数据流的带宽；② 不会造成其他非速率可调数据流的大量丢包；③ 本身不会限制数据流的吞吐量，即在无拥塞的情况下，使用 CEE-TCP/NC 可以获得与使用相关 TCP 网络编码机制相当的吞吐量。因此，可以得出以下结论：CEE-TCP/NC 对于提升 TCP 网络编码机制对拥塞敏感数据流的公平性效果显著。

与 TCP VON 相比，CEE-TCP/NC 对拥塞更为敏感，其感知的拥塞程度与其他拥塞敏感的数据流感知的拥塞程度相当，因此可以保证 TCP 流与 TCP 网络编码流具有相同的竞争带宽的机会。与此同时，在无拥塞的情况下，CEE-TCP/NC 也可以像其他 TCP 网络编码机制一样，在存在或者不存在无线随机丢包的情况下，保持较高的吞吐量。因此，将 TCP 网络编码应用于有线无线混合网络中，CEE-TCP/NC 使得 TCP 网络编码机制在拥塞的有线瓶颈链路中表现得更加友好，克服无线随机丢包的同时还可以避免影响其他数据流的性能。CEE-TCP/NC 的提出使得 TCP 网络编码不仅仅可以被应用于纯无线的网络，还可以进一步被应用于有线无线的混合网络。

2.4　数据中心的 TCP 协议改进

随着新技术的发展与业务需求的增加，数据中心的角色正逐渐转变，承担的计算任务也越来越多。云数据中心托管着多种类型的应用程序，其工作负载的需求也是混合的，可能一些应用需要短的可预测时延，而另外的应用则要求大且持续的吞吐量。以软实时应用为例，当今网络中都加入了搜索、零售、推荐和广告系统，这些应用程序会产生长流和短流的不同组合，并且要求数据中心网络能满足短流低时延、长流高吞吐量和容忍高突发这三项需求。在这种环境下，当今使用最广泛的 TCP 协议就显得力不从心了，因而就推动了适用于数据中心的新型 TCP 协议的研究和设计。

文献（Alizadeh et al.，2010；Phanishayee et al.，2008）揭示了导致高应用程序时延的主要原因，其根源在于 TCP 对数据中心交换机中有限的可用缓冲区的需求。比如，当追寻高带宽的数据流在交换机上建立队列时，对时延敏感的数据流的性能也会因此遭受高排队时延的影响。构建大型多端口存储器成本非常高,因此大多数廉价交换机都仅配置了浅缓冲区,浅缓冲区会在以下三个方面影响传输性能:

(1) Incast(Vasudevan et al.,2009)。当前的应用程序往往会要求非常高的带宽和非常低的时延。并且在数据中心网络没有或者几乎没有排队时延的情况下,往返时延(Round Trip Time,RTT)通常可以低至 100 微秒。而也正是数据中心所具有的高链路速率、低时延和低网络跳数等特点,才产生了数据中心网络的 Incast 问题。Incast 指的是这样一种现象:1 个 client 向 N 个 server 同时发送请求,client 必须等待 N 个 server 的应答全部到达时才能进行下一步动作。N 个服务器中的多个会同时向 client 发送应答,多个同时到达的“应答”导致交换机缓存溢出,从而丢包。这样只有等 server 发生 TCP 重传超时才能让 client 继续传输。这同时损害高吞吐量和低延迟。目前对于 Incast 的已有研究表明,降低 TCP RTO 的粒度是比较有效的方法,但这并不能解决所有问题。在高带宽、低时延、有限缓冲区的数据中心环境中,当网络发生拥塞时,TCP 吞吐量受到的影响将更加严重,甚至会出现陡降的现象。TCP Incast 产生的根本原因是多个 TCP 连接进行的高突发性传输会在短时间内影响以太网交换机,造成严重的数据包丢失,从而导致 TCP 重传和超时。而 TCP 定义的重传超时的缺省值比数据中心内部数据包的往返时延要大很多,所以在发生超时重传时,链路大部分时间都处于空闲状态。通过增加交换机的缓冲区是可以解决这个问题的,然而这将大幅度增加成本,因此目前 Incast 的解决方案更多集中在针对 TCP 协议进行修改。

(2) Queue Buildup。TCP 传输数据的“贪婪性”会导致网络流量的大幅振荡,相应表现在交换机队列的长度大幅振荡。队列长度的增加会导致两个副作用:短流丢包而发生 Incast,短流会在队列中延迟较长时间(在 1 Gb 网络中是 1 ms 与 12 ms 的区别)。

(3) Buffer Pressure。因为许多交换机上的缓存是在端口间共享的,因此某端口上的短流很容易因为受到其他端口上的长流的影响而缺少缓存。

2.4.1 ICTCP 协议

在 ICTCP(Incast Congestion Control for TCP)(Wu et al.,2013)之前,针对 TCP Incast 的大多数解决方案侧重于通过更快的重传来减少分组丢失后恢复的等待时间,或者通过在发送方和接收方使用改进的 TCP 和显示拥塞通知(Explicit Congestion Notification,ECN)来控制交换机缓冲区的占用情况,从而避免溢出。但 ICTCP 方案比起丢包后的恢复,更关注拥塞发生前的丢包避免,而将丢包恢复作为拥塞避免的补充。因为 ICTCP 认为,考虑到未来更高的带宽和更低的时延,如何有效执行拥塞避免以防止交换机缓冲区溢出才是更需要重点关注的问题,如果避免了不必要的缓冲区溢出,那 TCP 超时和不必要的重传也会相应显著减少。

ICTCP 的目标是提高 TCP 在发生 Incast 拥塞时的传输性能,但又不需要引入新的传输层协议。该方案关注数据中心网络中的 TCP,但不需要修改 TCP 首部或增添新的 TCP 选项,这样的设计也是为了提高此方案在其他高带宽低时延网络中的通用性。ICTCP 通过在 TCP 接收端加入一个基于窗口的拥塞控制策略来防止 Incast 发生。接收方可以知道所有 TCP 连接的接收窗口大小以及自己目前的剩余带宽,因此可以通过比较吞吐量的期望值与实际测量值来公平分配每个流的带宽。尽管在接收端过度地控制接受窗口可能会限制 TCP 的性能,但如果疏于对窗口的控制则可能难以避免 Incast 拥塞的发生。

这里简要给出构成 ICTCP 基础的三点总结:

(1) 接收端的可用带宽是它进行拥塞控制的信号。由于 Incast 发生在最后一跳,接收端应该能够检测出可能导致 Incast 拥塞的吞吐量并加以控制,以避免潜在的拥塞。如果 TCP 接收端需要增加接收窗口,那它还应该预测是否有足够的可用带宽来支持这种增加,并且需要联合考虑所有连接的接收窗口的增加。

(2) 基于接收窗口的拥塞控制的频率应当根据每条流反馈环路的时延来独立确定。对于一个 TCP 连接,接收窗口被调整之后至少也需要一个 RTT 时间才能收到窗口新调整之后的发送数据包。因此,控制间隔应该大于一个 RTT 时间,该时间根据排队时延和系统开销动态变化。

(3) 基于接收窗口的方案应该根据链路拥塞状态和应用需求调整窗口。当可用带宽充足时,接收窗口不应该限制 TCP 吞吐量,并且在发生 Incast 拥塞之前限制 TCP 吞吐量,接收端能够判断 TCP 接收窗口是否已经过饱和。

依照上述观点,ICTCP 向 TCP 端系统提供了一种基于接收窗口的拥塞控制算法。为了控制 Incast 拥塞的吞吐量,所有低往返时延的 TCP 连接的接收窗口将被联合调整。

ICTCP 的具体做法如下:

第一,使用可用带宽作为决定所有接入连接为了获得更高吞入量时增加接收窗口的指标。为了估计接口上的可用带宽并为以后的接收窗口增加提供参考,ICTCP 将时间划分为时隙。每个时隙由两个长度相同的子时隙组成。对于每个网络接口,测量第一个子时隙内接收到的所有流量并通过它计算可用带宽,作为第二个子时隙内窗口增加的指标。

第二,每个连接仅在该连接上有 ACK 发出时才调整其接收窗口,没有专门为调整窗口而额外发出的 TCP ACK 包。对于一个 TCP 连接,在发出一个 ACK 后,对应该 ACK 的源端提供数据包需要一个 RTT 时间才能到达接收端,即作为一个控制系统,每个 TCP 连接反馈环上的时延为一个 RTT 时间。同时,为了估计用于接收窗口调整的 TCP 连接的吞吐量,应将最短时间尺度设置为该连接的 RTT。因此 ICTCP 中 TCP 连接的控制间隔为两个 RTT,一个 RTT 等调整后的窗口生效,一个 RTT 用来测量使用新调整窗口后的吞吐量。

第三,调整窗口的主要思想是,当测量吞吐量与预期吞吐量之间的差异率很小时,增加窗口;而当差异率较大时,减少窗口。需要注意的是,每条流接收窗口的调整都是独立的,且接收窗口在调节时参照的是测量吞吐量与预期吞吐量之间差值的百分比(即差异率)。接收窗口过大是一个隐藏的问题,因为该连接的吞吐量可能会在任何时候达到预期的值,而突发传输可能会使交换机缓冲区溢出,这是很难预测和避免的。当接收端检测到可用带宽小于阈值时,ICTCP 会选定一些连接并减少它们的接收窗口来避免拥塞。并且在数据中心中,可能有多条活跃的 TCP 连接同时为数据中心的同一任务服务,因此要在不牺牲吞吐量的情况下实现所有连接公平共享,ICTCP 只在可用带宽很小时才调整接收窗口以在多个 TCP 流之间实现更好的公平性。

综上所述,ICTCP 主要是通过估计可用带宽和 RTT,在接收端改变接收窗口的值并传回发送方,从而控制数据的发送量。但由于 ICTCP 认为多对一传输的瓶颈链路通常位于接收端的最后一跳,它关注的是最后一跳带宽的分配,因而它的局限性在于对网络结构要求严格,并且 ICTCP 依赖于 RTT 的精确估计,这在实际网络中也面临较多困难。

2.4.2 DCTCP 协议

在众多新型 TCP 方案中,最受关注的是用于数据中心网络的类 TCP 协议 DCTCP (Data Center TCP)(Alizadeh et al.,2010)。需要注意的是,DCTCP 是专门为数据中心环境设计的,而不考虑在广域网中的适用性。数据中心环境与广域网环境有巨大差别:数据中心网络在很大程度上是同质的,受到单一管控,因此数据中心的 TCP 改进方案 DCTCP 不会着重关注向后兼容性、增量部署以及对传统协议的公平性。

数据显示,数据中心有 99.91% 的流量是 TCP 流量,主要包括查询流量(大小为 2 KB 到 20 KB)、对时延敏感的短消息(大小为 100 KB 到 1 MB)和对吞吐量敏感的长流(大小为 1 MB 到 100 MB)。当长流占用了交换机中的部分或全部可用缓冲区时,查询流量和时延敏感的短消息便会受到影响而经历长时延。因此,DCTCP 的设计目标如下:满足这种长流和短流的多样组合的要求,将交换机缓冲区一直保持在较低占用水平的同时保证长流有高吞吐量,对高吞吐量、低时延和突发流量均有较好的耐受性。DCTCP 结合了显示拥塞通告和一种新的源端控制方案,它从 ECN 标记的单比特流中提取有关网络拥塞的多位反馈给终端。信源估计标记包的分数,并将该估计值作为表示拥塞程度的信号。因而 DCTCP 能够在很低的缓冲区占用率下工作,同时仍然能够保证高吞吐量。而 DCTCP 之所以这样设计,也是为了适应数据中心的硬件条件,即通过商品化的浅缓冲交换机实现高突发容忍度、低时延和高吞吐量。经 1 Gbps 和 10 Gbps 的商业低缓存的交换机端的仿真实验证明,DCTCP 在保持和 TCP 相似甚至更好的吞吐量时,可以节省 90% 的缓存空间。相比于 TCP,DCTCP 能够同时保证短流低时延和对高突发流量的容忍度,并且在不影响前端数据流的情况下处理更多倍的背景流量,很大程度地解决了 Incast 问题。

DCTCP 主要是通过做出与拥塞程度成比例的反应来实现这些目标的。DCTCP 在交换机上使用一种简单的标记方案,一旦缓冲区占用率超过一个固定的小阈值,就设置分组的 Congestion Experienced (CE) codepoint。DCTCP 源则根据标记包的分数将窗口缩小一定数量,分数越大,减小的程度就越大。由于 DCTCP 只要求网络提供基于单比特位的反馈,因此 ECN 机制有机会被重新使用,目前在 TCP 栈和交换机中 ECN 均已可用。DCTCP 没有使用基于时延的拥塞控制思想,这是因为在数据率非常高而时延非常低的数据中心网络结构下,尤其是在浅缓冲区中,准确地检测出排队时延的微小变化对 TCP 连接的两端来说是一项很难完成的任务。DCTCP 的提出者认为,ECN 只能作为一个开关,告知发送方网络是拥塞的还是不拥塞的,并不能给出充足的拥塞信息。而真正有用的信息是网络拥塞的程度。

DCTCP 的算法主要由以下三部分组成:

(1) 交换机上的简单标记。DCTCP 采用非常简单的主动队列管理方案,只标记阈值 K 这一个参数。如果包到达时队列的占用率大于 K,则用 CE codepoint 标记它;否则不标记。大多数现代交换机上已实现的 RED marking 正好可以用于 DCTCP。DCTCP 方案只需要将低阈值和高阈值都设置为 K,并基于队列长度的瞬时值而不是平均值进行标记。当交换机发现队列长度超过某个阈值时,就使用 ECN 中的 CE 标记通过的 TCP 段。但与标准 ECN(RFC 3168)不同,DCTCP 中交换机的判断依据不是平均队列长度,而是当前队列长度(瞬时值,Instantaneous Queue Size)。这样设计是为了能够迅速响应交换机的队列长度变化,因为现代交换机许多都是浅缓冲(Shallow Buffer)的,如果动作不及时,那么在发送方进行有效的拥塞控制之前交换机的缓冲区可能就已经先溢出了。需要注意的是,还有一点也违反了 RFC 3168:重传的报文段和纯 ACK(Pure ACK)也会被打上标记。

(2) 接收端的 ECN-Echo(ECE)。DCTCP 接收到 CE 标记后的行为也与 RFC 3168 中所要求的有所不同:DCTCP 接收端和 TCP 接收端之间的唯一区别是 CE codepoints 中的信息被传回发送方的方式。RFC 3168 规定,在接收到来自发送方的拥塞通知的确认之前(通过 CWR 标志),接收端要在一系列 ACK 回复报文中设置 ECN-Echo 标记。但 DCTCP 接收端尝试将标记包的确切序列准确地传送回发送方,且只在对有 CE 标记的报文的 ACK 中设置 ECE,即接收端在收到 IP 首部有 CE 标记的包时,才在返回的 ACK 包头中设置 ECE 标记。

（3）发送方的控制。当 DCTCP 的发送方发现 ECE 标记后，就根据被标记包来估计反映网络拥塞程度的参数 α，并相应地调整 CWND。这些行为也与 RFC 3168 中所要求的不同，RFC 3168 要求 TCP 减半拥塞窗口，而 DCTCP 则根据拥塞的程度来缩小拥塞窗口。α 大约每个 RTT 更新一次，发送方会统计一个 RTT 内的 ECN 数量并计算其中被标记的比例，然后通过滑动平均算法计算出表示当前网络拥塞程度的参数 α。当 α 接近 0 时，网络处于轻度拥塞状态，窗口仅略微减小；当 $\alpha = 1$ 时，网络拥塞程度严重，DCTCP 将采取和 TCP 相同的策略，将窗口减半。由此可见，一旦队列占用率超过阈值 K，发送方就开始逐渐减少窗口，因此队列长度能一直保持在较低值，并且仍然保持着高吞吐量。

通过一系列场景指标的分析，DCTCP 在 Incast、缓存压力、队列长度等方面都有着优越的表现。并且 DCTCP 对 TCP 十分友好，部署非常简单。它只需要在原有 TCP 的基础上修改很少的代码，并在交换机上开启 ECN 功能，设置合适的阈值 K 就可以了。

2.4.3 BBR 协议

Google 提出了一种基于瓶颈带宽和往返时延测量的拥塞控制协议（Cardwell et al.，2017），旨在提高网络链路利用率和降低网络时延。目前 BBR 协议已经在 Google 内部的数据中心广域网 B4 上部署使用，并且其性能也已经在 B4 中得到了验证，与 Cubic 相比，它的吞吐量提高了几个数量级。BBR 还被部署在 Google 和 YouTube 的网络服务器上，它大大减少了迄今为止所有五大洲测试的时延，其中最明显的是发展中国家。BBR 的优点在于，它只需要在发送方上运行，而不需要更改协议、接收器或网络，因此具有很好的增量部署能力，并且它只依赖于 RTT 和包传递确认，因此可以在大多数网络传输协议上实现。BBR 的实现可以在开源的 Linux 内核 TCP 中找到。

瓶颈是一个需要关注的问题，因为它决定了连接的最高传输速率。当网络中数据包不多，还没有占用满瓶颈链路的带宽时，随着投递速率的增加，RTT 不会发生变化；而当数据包刚好占满带宽时，网络就达到了最优工作点，即同时满足了最大带宽 BtlBW（Bottleneck Bandwidth）和最小时延 RTprop。定义带宽时延积 bdp = BtlBW * RTprop，则最优点时网络中的数据包数量应等于 bdp。当网络已经达到最优点后，如果继续增加网络中的数据包，则超出 bdp 的数据包就会占用缓冲区，而占满瓶颈带宽的网络将数据包投递出去的速率不会再变化。因此，如果继续增加数据包的发送量，RTT 会增加，并且数据包还会因为缓冲区被填满而产生丢包。

如果以 bdp 为界限，在界限右侧，网络拥塞持续发生，并且已有的基于丢包的拥塞控制算法均作用于界限的右侧区域。已有的基于丢包的拥塞控制算法的一般思路是，瓶颈链路的带宽被完全占用后继续填充缓冲区，直到缓冲区满发生丢包，拥塞控制算法发现丢包后将发送窗口减半，从而降低数据包的发送速率。而这种基于丢包的拥塞控制算法有很大的缺陷。

首先,对于丢失的包,难以区分它是拥塞丢包还是随机丢包。将所有丢包都视为网络拥塞的前提是,链路错误等其他因素造成的丢包可以忽略不计,但这在现今的许多实际网络条件下都是不成立的。在高速网络中,比如数据中心网络,由于数据传输速率很高,链路错误是难以避免的;在无线网络中,链路的误码率更高。因此将所有丢包一概视为拥塞丢包明显是不合理的,这会导致盲目降窗,从而大大浪费网络资源。

其次,当瓶颈链路的缓冲区很大时,基于丢包的拥塞控制算法倾向于填满缓冲区,所以当网络即将达到或已经达到拥塞时,由于大缓冲区被填满,需要很长时间才能将缓冲区中的数据排空,这就会造成很大的网络时延,甚至会严重影响网络的吞吐量。这一现象被称为缓冲区膨胀。虽然在数据中心网络中,缓冲区的容量一般都比较小,但避免不必要的缓冲区溢出还是很有必要的,而且 BBR 算法已经表现出在除数据中心网络之外的环境中的应用潜力,因此考虑缓冲区膨胀也是很有必要的。

与基于丢包的拥塞控制不同,BBR 不再将丢包作为发生拥塞的信号,即在检测到丢包后只重传丢失的数据包,而不再调整发送方的发送速率。BBR 认为,相比基于丢包的反馈,实时测量更能准确地反映出链路的状态。因此,BBR 的发送方会不断测量网络的传输速率 deliveryrate 和往返时延 rtt。具体方法是用短时间内传输的数据量除以传输时间,发送端维持一个长度为 $10 \times rtt$ 时间窗口 win_max,在 win_max 内把测量到的 deliveryrate 最大值近似为网络的瓶颈带宽 BtlBW。当经过一个 win_max 后,原 BtlBW 过期,重新测量确定 BtlBW 的值;而 rtt 是每收到一个数据包就计算该包的往返时延,发送端维持一个长度为 10 秒的时间窗口 win_min 并把检测到的最小 rtt 作为网络的传输时间 RTprop,如果在 win_min 内 RTprop 没有更新,则该 RTprop 值过期,重新测量新的 RTprop。通过上述方法,发送端就获得了近似的 BtlBW 和 rtt,也就可以根据这两个关键参数调整发送端的发送速率,以求达到网络的最优工作点。需要注意的是最大带宽和最小时延是无法同时得到的,探测最大带宽的方法就是尽量多发送数据,把网络中的缓冲区占满,如果带宽在一段时间内不再增加,就可以得到此时的最大带宽;探测最小时延的方法就是尽量把缓冲区排空,这样就能将数据排队和交付的时延降到尽可能低。BBR 的传输过程分为四个状态:

(1) 启动(STARTUP)。在建立连接时,BBR 采用与 TCP 相似的慢启动(Slow Start),指数级增加窗口,目的是尽可能快地占满带宽。当三次发现投递率不再增加后,说明带宽已经被充分填满,开始占用缓冲区,则进入排空阶段。

(2) 排空(DRAIN)。在排空阶段,指数降低发送速率,相当于 STARTUP 的逆过程。对于队列排空的判断是这样的:将发送出去但还未被 ACK 的数据量 inflight 与 bdp 进行比较。如果 inflight<bdp,则说明链路已经不那么满了,队列已排空,可以进入到下

一个状态；如果 inflight≥bdp，则说明还需要继续排空，暂时不能进入下一个状态。

（3）带宽探测（PROBE_BW）。此时已经测出来一个最大瓶颈带宽，而且尽量不会产生排队现象，在进入稳定性状态后，BBR 通过改变发送速率进行带宽探测。先在一个 RTT 时间内调高发送速率探测是否存在剩余带宽，如果 RTT 没有变化则认为探测到了更大的可用带宽；再降低发送速率以排空上一个 RTT 多发出的数据包以避免产生队列；后面 6 个周期依照更新后的 BtlBW 发送数据。即使用一个名为 pacing_gain 的数组来控制发送速率，该数组的值为(5/4,3/4,1,1,1,1,1,1)，表示了当前 RTT 发送速率相对于探测带宽的倍数。

（4）时延探测（PROBE_RTT）。上面描述的三种状态都有可能进入 PROBE_RTT 状态。如果每超过 10 秒仍没有估测到更小的 RTT 值，就进入时延探测阶段。这时为了探测到准确的最小时延，需要将发包量降低以把链路空出来，BBR 在这段时间内固定发送窗口大小为 4 个包，即几乎不发包。该阶段约占整个过程 2% 的时间，至少 200 ms 或一个包的往返时间之后退出这个状态。退出前检查带宽是否是满的，并据此进入不同的状态：如果带宽不满，进入 STARTUP 状态；如果带宽满了，进入 PROBE_BW 状态。

上述四个状态中，带宽探测占据了 BBR 的绝大部分时间。为了改善公平性，且在多个 BBR 流共享瓶颈时缩短队列长度，BBR 随机挑选 Probe_BW 阶段中 pacing_gain 除 3/4 阶段之外的初始阶段。至于不选择 3/4 这个增益值的原因如下：当退出 DRAIN 或 PROBE_RTT 并进入 PROBE_BW 时，没有排队队列，而 3/4 的增益值难以利用到这个优势，在这类情况下使用 3/4 的增益值只有一种结果——连接利用率为 3/4 而不是 1。增益值 5/4 会使 BBR 尝试发送更多的报文段，而如果产生了队列积压，3/4 则会释放队列。BBR 的协议内公平性是通过 PROBE_RTT 状态实现的，一个 TCP 流在进入 PROBE_RTT 状态后会减少向网络中发送的数据包，其他的流在更新 RTT 同时会重置 win_min 持续时间，即 win_min 开始重新计时，不同 TCP 流同步数据传输过程，从而实现协议内公平性。

通过观察 BBR 的计算细节和状态转换可以发现：

第一，BBR 并没有采用比较常见的指数加权移动平均（EWMA）等方法来计算和预估 RTT，而是直接利用冒泡的思想取一段时间内的最小 RTT。这是因为，BBR 认为曾经到达过的最小 RTT 在客观上也是有可能再次到达的 RTT，因此可以将它视为目前的最佳 RTT，这样有利于网络带宽利用率的最大化。

第二，BBR 不再关注丢包，而是当 RTT 在一段时间内都没有达到采集到的最小值时，它才会认为网络真的发生了拥塞。BBR 把丢包当做网络拥塞的表现，而不是网络拥塞的标志，但它对带宽的探测能力又赋予了它区分拥塞丢包和随机丢包的能力。并且处理丢包也不在 BBR 的工作范围内,它只需根据当前带宽(Bandwidth,BW)和增益系数给出 CWND 和下一个 pacing rate 即可。BBR 的主要工作就是告诉 TCP 发送方当前网络情况下一共允许发送多少数据,而丢包的标记和重传则是 TCP 拥塞状态机控制机制的工作。

BBR 依靠 BW 来指示网络拥塞,而不是像传统的 TCP 拥塞控制一样依靠丢包或往返时延的变化。即使发生了随机丢包,BBR 收到了多个 Dup ACK 后,也并不区分一个确认是 ACK 还是 SACK。因此,在这种情况下,BBR 观察到的即时带宽并没有降低,甚至可能还有所增加,而这个丢失的数据包也并没有造成什么影响,BBR 依旧会根据探测到的 BW 和调整后的增益系数来给 CWND 设置一个比较大的值。这样,BBR 就做到了不受随机丢包的影响,从另一种角度来看也实现了对随机丢包与拥塞引发的丢包的分辨。因为如果丢包时网络真的发生了拥塞,那么测得的即时带宽肯定会有所降低,如果带宽没有明显下降,那么拥塞丢包一定是不成立的;同理,如果 RTT 增加时网络真的发生了拥塞,那么测得的即时带宽也会下降,否则"往返时延增加就标志着网络发生拥塞"的猜测也是不成立的。同时,使用 ssthresh 会导致吞吐量曲线锯齿的出现,而 BBR 不使用 ssthresh,因此它还平滑了吞吐量曲线的锯齿;并且相比传统拥塞控制算法如 Cubic 等,BBR 对网络带宽的即时感知还解决了判断滞后的问题,它能更迅速及时地感知网络状态并做出反应。

2.5 本章小结

TCP 可以认为是历史最悠久、使用最广泛的传输层协议之一。但也正因如此,TCP 在当今各种各样的网络环境中并不全尽如人意。在本章中,我们首先简单介绍了 TCP 协议的报文格式、连接管理、传输策略和包括 Tahoe、Reno、Cubic、Vegas、BBR 在内的多种拥塞控制算法,再给出一些传统 TCP 表现不佳的场景,并介绍对应的改进方案。

由于 TCP 在实际使用中被部署在各种网络环境中,而它面对的网络链路不只有传统的可靠的有线网络,也有包括蜂窝网、Ad Hoc 自组织网络等在内的无线网络,也被应用在存在 Incast 问题的数据中心网络中。在面对复杂的网络状况时,TCP 表现出了不适应性。本章中我们介绍了针对无线蜂窝网络的 TCP 改进方案,包括 SACK、WTCP、ECN 等方案,它们在不同的层次上改善了 TCP 在无线丢包环境下的性能。同时,我们还介绍了结合网络编码的 TCP 优化方案,它利用网络编码,使得 TCP 对于数据包乱序和丢失具有一定的容忍性。而对于网络编码带来的非公平性问题,我们也介绍了相对应的公平性增强方案以及性能评估。此外,我们还介绍了 DCTCP 等针对数据中心使用场景下的

TCP 改进方案，它们尝试使用显示的拥塞通知来替代丢包作为拥塞信号，这使得拥塞的反馈更加快速、精确。这些方案在多个方向上尝试优化 TCP 协议以让其适应特定的网络场景。这些方案有对传统 TCP 协议以及算法的优化修改，也有与传统算法全然不同的新设计，它们使得 TCP 协议成为一个庞大、复杂的体系，也给研究者们提供了各式各样的优化思路和研究方向。

第 3 章

MPTCP 基本协议和功能性测试

3.1 MPTCP 协议架构基础和功能分解

3.1.1 MPTCP 架构基础

为了使 MPTCP 具有更少的部署限制,IETF MPTCP 工作组提出了两个设计要求:
MPTCP 必须兼容现有的 TCP,以获得更广阔的发展前景;MPTCP 连接的通信双方或者
至少一方应是多端口或者多地址的。为了简化设计难度,我们假设当第二个要求满足时
并不需要多路径之间完全解耦,这是因为即使通信双方间的多路径经过一个甚至更多个
相同的路由器,使用 MPTCP 依然可以充分利用多路径资源保证传输效率和提高传输健
壮性。对于第一个兼容要求,在设计时采用 RFC 6182(Ford et al.,2011)中的基于 Tng
(Transport next-generation)规定,Tng 充分考虑了现存 Internet 架构及其对新的
Internet 传输或传输扩展设计的兼容性。

如图 3.1 所示,Tng 将传输层分为"面向应用"和"面向网络"两层。面向应用的"语
义层"用于支持和保护应用程序端到端通信,面向网络的"流 + 端点层"用于实现端点识
别(使用端口号)和拥塞控制功能。有时为了加强网络利用策略或优化通信性能,会在网
络中部署网络操作实体和中间体,此时,Tng 面向网络的特性就会体现出来。可以看到,
在传输层的分解模型中,中间体与面向应用的层交互时采用的是"端到端"方式,而与面
向网络的层交互时采用的是"分段到分段"方式。

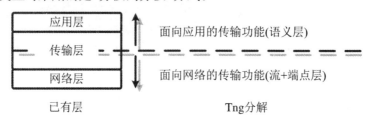

图 3.1　传输功能分解

MPTCP 的架构设计遵照图 3.2 所示的 Tng 分解,它充分利用 Tng 支持新 Internet 扩展的兼容能力,通过使用与应用程序数据和可靠性相关且全局有序的语义,提供了应用程序兼容性。如图 3.2(b)所示,MPTCP 分为 MPTCP 层和 TCP 子流层,MPTCP 层可以看做面向应用程序的"语义层"的实例化,而子流 TCP 是面向网络的"流+端点层"的实例化。MPTCP 层与 TCP 子流层存在接口并向下管理 TCP 子流层,且对上层应用层是透明的,应用层能看到的是和 TCP 协议一样的 socket 接口,TCP 子流层负责选择可用路径建立 TCP 连接,以及子流的删除和利用子流进行数据传输。

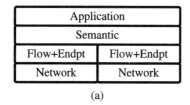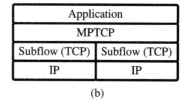

图 3.2　Tng(a)与 MPTCP(b)之间的关系

3.1.2　MPTCP 功能分解

根据 MPTCP 基础架构的定义和设计,MPTCP 扩展在应用层之下,并进一步管理下层的多个 TCP 子流。因此,MPTCP 必须具备路径管理、数据包调度、子流接口及拥塞控制的功能,这些基本功能总结如下:

(1) 路径管理:路径管理功能负责检测和使用两个主机之间的多条路径。MPTCP 的路径管理机制要求把本机可用的地址发送给对端主机,而且可以建立新子流并加入已有的 MPTCP 连接中。

(2) 数据包调度:此功能要求把从应用程序接收到的字节流(Stream)切割成段,后续由子流进行传输。MPTCP 设计了序列号映射机制,每条子流上发送的数据包都对应有一个连接级别的序列号,从而保证接收端可以正确重组从不同子流上接收到的数据包。数据包调度功能依赖于路径管理功能所提供的可用路径信息。

(3) 子流(采用单独路径 TCP)接口:子流依靠数据包调度功能取得数据段,并在特定的路径上进行传输,确保它们可以正确地传送到目的主机。MPTCP 考虑了网络兼容性,在下层使用 TCP,确保有序可靠的传送。TCP 在子流层给每个数据包添加子流序列号,用于实现子流级别的检测和重传丢包。在接收端,每条 TCP 子流将本子流的数据包按序重组后递交给数据包调度模块,继而进行数据包在连接级别的按序重组。

(4) 拥塞控制:用于在多个子流之间协调窗口,从而实现拥塞控制功能。MPTCP 设计了耦合拥塞控制算法,以保证在共享瓶颈处一个 MPTCP 连接与传统单径 TCP 相比不会占用过多的带宽,从而实现公平性。

总之,这些功能彼此配合,相互协作。路径管理功能获取两通信主机间的可用路径。数据包调度功能获取应用数据流后需要进行一定的操作,比如分割数据段、添加连接级别的序列号,而后将数据包分发至各条 TCP 子流。子流再添加子流级别的序列号和 ACK 到每个数据包。接收端子流将数据包按序交付给数据包调度功能进行进一步的连接级别数据包的按序重组。拥塞控制功能是数据包调度功能的一部分,它决定了哪些数据包以何种速率在哪条子流上进行发送。

3.2 MPTCP 基本协议

3.2.1 MPTCP 首部和基本操作

MPTCP 和 TCP 一样提供两个主机之间的双向字节流,因此对应用层不需要做任何改变,但是 MPTCP 和 TCP 不同,需要保证两主机利用多个具有不同地址的子流进行数据包的交换,为了向网络层保证每个 MPTCP 子流看起来像一个普通的 TCP 流,IANA (The Internet Assigned Numbers Authority)为 MPTCP 分配了 TCP 选项号("Kind"),每种报文由"Subtype"决定,如图 3.3 所示,MPTCP 选项中的 Kind 域指明该选项是一个 MPTCP 选项,而 Subtype 域则指明该选项是 MPTCP 中的何种选项(比如 MP_CAPABLE,MP_JOIN,DSS,ADD_ADDR 等)。本书中,当符号名字涉及 MPTCP 选项时,比如"MP_CAPABLE",这是指一个有着单独的 MPTCP 选项类型的 TCP 选项,并且有 Subtype 值。

下面我们会介绍一系列与 MPTCP 相关的 TCP 选项。对于网络层来说,每个 MPTCP 子流看起来都像一个常规的 TCP 流,其段携带新的 TCP 选项类型。多路径 TCP 管理这些子流的创建、删除和使用,以发送数据。这些与子流初始关联的 MPTCP 选项包含在有 SYN 标记集的数据包中。发送源数据时,有一个 MPTCP 选项,用来确保分段的数据可以被重新组合。剩下的其他选项是不需要在每个特定的数据包中都有的信令,比如发送额外地址的信令。需要注意的是,在发送 MPTCP 选项时,有时不能在一个单独的 TCP 数据段中合并所有的 TCP 选项(既有 MPTCP 的,又有 TCP 的,比如 SACK),因此,具体实现时会选择发送重复的 ACK 来包含其他的信令信息,这在一定程度上改变了重复 ACK 最初的语义。在常规 TCP 中,这么发送时只表示丢失了分组。因此,MPTCP 在接收到重复的 ACK,且 ACK 中包含 MPTCP 选项时,一定不能将之当做拥塞信号进行处理。基于上述原因,MPTCP 实现中一定不能连续地发送超过两个重复的 ACK,以此确保中间体不会将其误译为拥塞信号,并且标准 TCP 的正确性检查(比如确保序列号和确认号在窗口内)一定要在处理 MPTCP 信令之前执行。

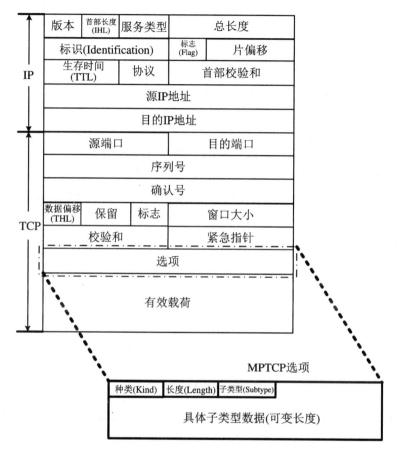

图 3.3　MPTCP 首部选项在 TCP 中的位置

3.2.2　连接初始化

所有的 MPTCP 操作发送信令时都需要使用特定的 TCP 首部选项。MPTCP 的初始化跟标准的 TCP 连接一样,只是在 SYN、SYN/ACK 和 ACK 的数据包中携带了 MP_CAPABLE 选项。在此初始化过程中,主要有两个工作:一是验证对端主机是否支持MPTCP;二是为后续创建新子流提供验证信息。连接初始化中,SYN、SYN/ACK 和ACK 交换的数据包都具有支持多路径(MPTCP)的 TCP 选项,此选项表明可以使用多路径 TCP,而且希望在此连接上采用多路径的工作方式。MP_CAPABLE 的具体格式如图3.4 所示。

下面介绍连接初始化的一个例子。每个数据包携带的数据如图 3.5 所示,其中 A 是发起者,B 是接收者。选项的内容由数据包的 SYN 和 ACK 标记决定,由选项的长度区

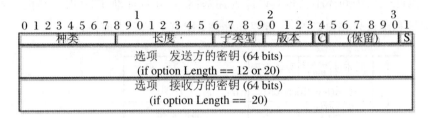

图 3.4　Multipath Capable（MP_CAPABLE）选项

域来验证。初始 SYN 只包含支持 MP_CAPABLE 的首部,用于定义请求的 MPTCP 版本,以及交换协商连接功能的标志。MP_CAPABLE 选项中包含发送方的 64 比特密钥,用于之后添加新子流时进行认证,这是唯一一次以明文的方式发送密钥,之后的子流都使用 32 比特的令牌(Token)来识别连接。令牌是主机给多路径连接的本地唯一标识符,也可以称为"连接 ID"。此令牌是对密钥的哈希,是一个截断的(高 32 比特)SHA-1 哈希值,另外 64 比特(低 64 比特)截断的密钥哈希则用作初始数据序列号。

图 3.5　MPTCP 初始连接

当收到初始 SYN 段时,一个具有状态维护信息的服务器会生成一个随机密钥用来进行 SYN/ACK 应答。密钥由发送方产生,只有本地意义,而且采用特定的方式实现,并且该密钥必须很难被猜到,在任一时间对发送主机而言都是唯一的。对于产生随机密钥的过程,需要通过令牌在每个主机处为连接编号,因为在实际使用时需要有每个令牌到相应连接、进而到密钥的映射。两个不同的密钥哈希之后,会有一定的概率(但很小)得到相同的令牌。实现时应该在发送其密钥之前检查其连接令牌列表,以确保没有冲突。如果发现有冲突,则应该再生成一个新的密钥。这样一来,对于有着上千个连接的服务器来说,开销会很大。子流握手机制将确保新的子流仅通过加密握手以及检查两个方向的连接令牌来保证正确的连接,并确保窗口中有序列号。因此,在最坏的情况下,如果出现令牌冲突,新的子流将不会被成功建立,但是 MPTCP 连接将继续提供常规的 TCP 服务。此外,如果服务器以无状态方式运行,它必须以可验证的方式生成自己的密钥,为了能够在以后的 MP_CAPABLE 选项中验证它是否是响应密钥的发起方,生成密钥的这种可验证方法可以通过使用四元组、序列号和本地机密的散列(类似于 RFC 4987 对 TCP序列号所做的操作)来完成。对于有状态的服务器,应该检查令牌的唯一性,但是如果不满足唯一性,并且没有办法生成可验证密钥,那么连接必须通过不在 SYN/ACK 中发送支持 MP_CAPABLE 的方式回退到使用常规 TCP。

响应回来的 ACK 中包含 A 和 B 的密钥,虽然 A 之前已经产生了仅具有本地意义的密钥,但由于 A 的传输密钥是第一次出现,因此,A 的密钥必须可靠地传递给 B,并且数据包的传输必须是可靠的。如果 B 有数据要先发送,那么可以通过 MPTCP 数据序列信号(Data Sequence Signal,DSS)选项来接收此数据。但是,如果 A 希望先发送数据,可以有两个选项来确保提供可靠的 ACK_MPCAPABLE 能力:如果它马上有数据要发送,则可以在第三个 ACK 中携带数据,同时选项中包含带附加数据的参数(连接级别数据长度与可选校验和)。如果 A 不是立即有数据要发送,它也必须在第三次 ACK 中包含 MP_CAPABLE 选项,只是没有额外的数据参数;当 A 随后有数据要发送时,必须重复发送第三个 ACK 的选项,并附带数据参数。这个 MP_CAPABLE 选项代替 DSS,并简单地指定了连接级别数据长度与校验和(如果双方确认了使用校验和),这是建立 MPTCP 连接所需要的最低数据传输。在第一个数据包上传送密钥可以使得 TCP 可靠性机制能够确保数据包的成功传送,接收端将使用数据 ACK 在连接级别确认该数据,就像已经接收到 DSS 选项一样。可能存在 A 和 B 都同时试图传输初始数据的情况。例如,如果 A 有数据要发送,但在发送之前没有从 B 接收到任何东西,它将使用一个携带数据参数的 MP_CAPABLE 选项,而此时可能 B 发送了有 DSS 选项的数据,但尚未在 A 收到。为了确保能够处理这些情况,支持 MP_CAPABLE 的数据参数在语义上等同于 DSS 选项中的数据参数,并且可以互换使用。当携带数据的 MP_CAPABLE 丢失并重新传输时,也会出现类似的情况。此外,MP_CAPABLE 交换保证了 SYN 上的 MPTCP 选项能够被安全地传输,但是若这些选项丢失,MPTCP 连接会回退到 TCP 连接,或者在三次握手的过程中有节点认为 MPTCP 连接不达标(比如版本不符合等),也会回退到 TCP 连接。

在 MPTCP 连接变为 ESTABLISHED 状态之前,主机 B 一直无状态。为了确保包含有 MP_CAPABLE 选项的 ACK 被可靠地传送,服务器端必须在接收到此 ACK 时,响应一个 ACK,可以包含数据或者只是一个 ACK(如果没有数据要马上传送)。如果发起者在 RTO 内没有接收到 ACK,它必须重新发送包含有 MP_CAPABLE 的 ACK。MPTCP 连接在等待这个 ACK 时,处于"PRE_ESTABLISHED"状态,只有在接收到 ACK 时,才会转变为"ESTABLISHED"状态。如图 3.4 所示,除了前两个固定字段外,MP_CAPABLE 选项中第一个字节的前 4 比特定义了 MPTCP 选项的子类型(Subtype,当为 MP_CAPABLE 时,子类型为 0),这个八位字节剩下的比特定义了使用的 MPTCP 版本(当前为 0)。第二个字节是为标记保留的。最左边的一个比特(标记为 C)指示的是"Checksum required",应该设为 1,除非有特定的重写功能定义(比如,如果系统管理员决定不需要校验和功能而用来承载别的新定义功能)。剩下的比特用于加密算法协商。

当前只有最右边的一个比特(标记为 S)被分配了,用于指示使用的是 HMAC-SHA1 加密算法。如果实现时只支持这样一种方法,那就必须将这一比特设为 1,其他保留的比特设为 0。如果这些标记都没设置,MP_CAPABLE 选项就必须被当做是无效的或是忽略的(也就是说,必须被当做是一个常规的 TCP 握手)。这些比特协商选项时用相似的方式。对于比特"C",如果有一个主机要求使用校验和,就必须使用校验和。只有在两个主机都把 SYN 中的 C 设为 0 时,才不使用校验和。协商之后,将把是否使用校验和的决定存储在一个 per-connection 二元状态变量中。

对于加密协商,响应者可以有所选择。发起者提议为每个算法设置一个比特,为 1(在此版本中,只有一个提议,所以 S 将会被设置为 1)。响应者响应时只用一个比特设置,这就是选择算法。这样做的合理性是,响应者有可能是有着上千个连接的服务器,所以它可能希望根据负载选择一个计算复杂度较低的算法。如果响应者不支持(或者不愿支持)发起者的这种提议,它可以在响应中不添加 MP_CAPABLE 选项,强制退回到常规TCP。MP_CAPABLE 选项只在连接的第一个子流中使用,从而能够标志连接,所有后面的子流会使用"Join"选项来加入已经存在的连接中。如果 SYN 中包含有 MP_CAPABLE 选项,但是 SYN/ACK 中没有,则表明被动开启者并不支持多路径,这样MPTCP 会话必须按照常规的单路径 TCP 进行工作。如果 SYN 不包含 MP_CAPABLE选项,SYN/ACK 在响应中就一定不能包含 MP_CAPABLE 选项,如果第三个数据包(ACK)不包含 MP_CAPABLE 选项,会话就必须退回到常规的单路径 TCP,这是为了保持与路径上中间体之间的兼容性,这些中间体可能会丢掉一些或者所有的 TCP 选项。如果 SYN 数据包没有被确认,就由本地策略决定如何响应。这种决策比较期望的结果是,为了能与中间体(中间体会丢掉一些自己不能识别的选项)一起工作,发送方会退回到单路径 TCP(也就是没有 MP_CAPABLE 选项)。但在退回之前仍会进行一定次数的多路径连接的尝试,尝试多少次由本地策略决定。MPTCP 和 NON-MPTCP SYNs 在网络中可能会被重新排序,所以 TCP 握手第三个数据包中是否有 MP_CAPABLE 选项决定了最终的状态。如果没有这个选项,连接就要退回到常规 TCP。

初始数据序列号(Initial Data Sequence Number,IDSN)是从密钥中以哈希的方式产生的,与令牌的方式一样,即 IDSN-A = Hash(Key-A),IDSN-B = Hash(Key-B)。这里的哈希机制提供了对密钥执行 SHA-1 哈希后取低 64 比特。尽管在第一个数据发送前,不需要在连接级别上进行确认,但是有 MP_CAPABLE 的 SYN 还是占据了数据序列空间的第一个字节。

3.2.3　建立新子流

在建立新子流时,MP_CAPABLE 握手过程中交换的密钥将为验证终端主机提供信

息。其他新子流的建立也和初始化标准 TCP 连接一致,只是在 SYN、SYN/ACK 和
ACK 的数据包中携带了 MP_JOIN 选项。主机 A 在它的一个地址和主机 B 的一个地址
间建立一个新的子流,如图 3.6 所示,由密钥生成的令牌决定此新子流应该加入哪一个
MPTCP 连接。MAC(Message Authentication Code)提供验证信息。MP_JOIN 也包含
了标志和地址信息(ID),可以用来指示源地址,而发送方不需要了解该源地址是否被
NAT 更改了。

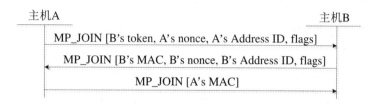

图 3.6　MPTCP 连接建立新子流过程

MPTCP 连接以 MP_CAPABLE 交换完成后,随后的子流就可以添加到这个连接
中。主机知道自己的地址,而且可以通过信令交互获取其他主机的地址,在得知这些地
址信息后,主机就可以在当前没有使用的地址对中初始化一个新的子流,虽然连接中的
任一主机都可以创建一个新子流,但我们依然希望新子流是由原来的连接发起者所发起
的。新子流是以正常的 TCP SYN/ACK 交互开始的,加入连接 TCP 选项 MP_JOIN 用
来标志要作为新子流加入的连接,它使用初始 MP_CAPABLE 握手中交换的加密信息,
并且在握手过程协商 MP_JOIN 握手中使用的加密算法。

接下来将进一步说明 MP_JOIN 使用 HMAC-SHA1 算法的具体方法。MP_JOIN 选
项会分别加在三次握手的 SYN、SYN/ACK 和 ACK 中,并且每种情况下格式都不相同。
在 SYN 数据包的第一个 MP_JOIN 中,如图 3.7 所示,发起者发送一个令牌、一个随机数
和一个地址 ID。

```
            1                   2                   3
0 1 2 3 4 5 6 7 8 9 0 1 2 3 4 5 6 7 8 9 0 1 2 3 4 5 6 7 8 9 0 1
┌────────┬──────────────┬─────────┬─┬──────────┐
│  种类  │   长度 = 12   │  子类型  │B│  地址 ID  │
├────────┴──────────────┴─────────┴─┴──────────┤
│            接收方的令牌 (32 bits)             │
├──────────────────────────────────────────────┤
│           发送方的随机数 (32 bits)            │
└──────────────────────────────────────────────┘
```

图 3.7　第一步:SYN 的加入连接(MP_JOIN)选项

令牌被用来标志 MPTCP 连接,是接收方密钥的哈希,此选项中的令牌由 SHA-1 算
法产生,截取了高位 32 比特,不过此哈希生成算法可以被选择的加密握手算法覆盖。令
牌包含在 MP_JION 选项中,用来为数据包的接收者标志连接,也就是说,主机 A 将发送
Token-B,而此 Token 是由 Key-B 产生的。MP_JION SYN 不仅会发送令牌(对一个连

接而言是静态的），而且会发送一个随机数（Nonces），以避免在认证过程中出现重放攻击。MP_JION 选项还包含一个"Address ID"。这是由发送端产生的用来标识数据包的源地址的标志（即使在传输中地址已被中间体改变）。地址 ID 使得在不需要知道接收方源地址的前提下就可以删除地址，即可以通过 NAT 进行地址删除，发送方可以将此地址 ID 通过 REMOVE_ADDR 选项发送给接收者。如果同时发送了 MP_JOIN 和 ADD_ADDR，地址 ID 也能用来建立新子流的设置尝试和地址信令（Address Signaling）之间的关联，以避免在相同的路径上设置重复的子流。

连接的第一个子流初始 SYN 交换中使用的 Address ID 是隐式的，并且值为 0，主机必须为自己和远程主机存储地址 ID 与地址之间的映射，而在将地址从本地或远程主机中删除时，还需要知道有哪些本地或远程地址 ID 与已建立的子流间相关联。SYN 上的 MP_JOIN 选项也包括 4 比特的标记，其中前 3 位目前是保留的，发送方必须将其设置为 0。最后一个位标记为"B"，标志这个选项的发送方表示：希望在其他路径失效时，将此子流用作一个备份路径（B＝1），或者希望将此子流立即用作连接的一部分。通过设置 B＝1，该选项的发送方将会请求另一个主机在没有其他可用的子流（即设置 B＝0 的子流）时只在此子流上发送数据。

当接收到的 SYN 有 MP_JOIN 选项，而且选项中包含一个有效的用于已有的 MPTCP 连接的令牌时，接收方应该响应一个包括 MP_JOIN 选项的 SYN/ACK，且选项中包含一个随机数和一个截断的（最左边的 64 比特）报文认证码（MAC）。选项内容如图 3.8 所示。如果不知道令牌，或主机想拒绝子流建立（比如，受限于它自己允许的子流数），接收者会发送回一个 RST，类似于 TCP 中不知道端口号的情况。尽管 SYN/ACK 中需要加密计算，但是 MP_JOIN SYN 中的 32 比特的令牌对盲状态耗尽攻击（Blind State Exhaustion Attacks）提供了足够的保护，因此无须提供允许响应程序在 MP_JOIN 阶段无状态运行的机制。

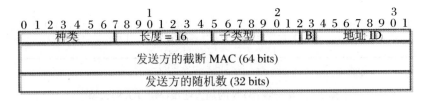

图 3.8　第二步：SYN/ACK 的加入连接（MP_JOIN）选项

两个主机都要发送 MAC，其中发起者在第三个数据包 ACK 中发送，响应者在第二个数据包 SYN/ACK 中发送。这使得两个主机都可以在产生 MAC 之前，以报文的形式交换使用的随机数据，在这两种情况下，MAC 算法都是 HMAC，使用 SHA-1 哈希算法（这样产生 160 比特，也就是 20 个字节的 HMAC）。由于选项空间的限制，SYN/ACK 中的 MAC 被截断为最左边的 64 比特,但这是可以接受的,因为在一个攻击者初始的攻击 (Attacker-initiated Attack)中,攻击者可以重试很多次;如果攻击者是响应者,由于使用了随机数,它只有一次机会给出正确的 MAC(如果 MAC 不正确,则关闭 TCP 连接,需要使用新的随机数进行新的 MP_JOIN 协商)。

发起者的认证信息(如图 3.9 所示)在第一个 ACK 中发送。此数据包的可靠性算法与 MP_CAPABLE ACK 使用的一样,接收到数据包后必须在响应中触发一个 ACK,而且如果没有接收到这个 ACK,就必须重传数据包。也就是说,发送 ACK/MP_JOIN 数据包使子流处于 PRE_ESTABLISHED 状态,只有在接收到接收方发送来的 ACK 时才转变为 ESTABLISHED 状态。此选项中保留的比特必须由发送方设置为 0。

图 3.9　第三步:ACK 的加入连接(MP_JOIN)选项

主机 A 发送的报文的 MAC 算法密钥由 Key-A 接着 Key-B 组合而成;主机 B 发送的报文的 MAC 算法密钥由 Key-B 接着 Key-A 组合而成。这些都是在原始 MP_CAPABLE 握手中交换的密钥。每种情况下的 MAC 算法的"消息"是这两个主机提供的随机数的串联(用 R 表示),只是先后顺序不同:对于主机 A,是 R-A + R-B,对于主机 B,是 R-B + R-A。这些 TCP 选项合起来后即可支持图 3.10 所示的子流认证设置。

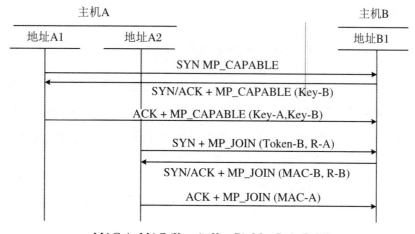

图 3.10　MPTCP 认证使用示例

如果主机 B 不能解析收到的令牌,或是本地策略禁止接受新的子流,接收方就必须为子流响应 TCP RST;如果主机 B 接受了令牌,但是返回给主机 A 的 MAC 与预期的不匹配,主机 A 就必须通过发出 TCP RST(包含 MP_TCPRST 选项,本段下面提及的 RST 均包含 MP_TCPRST 选项)来关闭子流;如果主机 B 没有接收到预期的 MAC,或是 ACK 中没有 MP_JOIN 选项,那么主机 B 就必须使用 TCP RST 关闭子流;如果主机 A 收到的 SYN/ACK 没有 MP_JOIN 选项,那么主机 A 必须使用 RST 关闭子流;如果 MAC 被证实是正确的,然后也相互验证了对方与连接开始时存在的对端是一致的,而且协商好了这条子流将属于哪一个连接,那么新的子流将可以正确地被建立起来。更具体一些,如果在路径 A 到 B 传输的 SYN 中没有 MP_JOIN 选项,而且主机 B 在相应的端口上没有监听,它就会以正常的方式回应一个 RST。如果收到的针对 SYN 回应的 SYN/ACK 中没有 MP_JOIN 选项(要么是在返回的路径上被去除了,也或许是在发送的路径上被去除了,但是主机 B 会像一个常规的 TCP 会话一样回应),那么这时子流就没有用,主机 A 必须使用 RST 关闭它。

注意额外的子流可以在主机双方的任一对端口之间创建,无须显式的应用级"Accept"调用或者"Bind"调用来开启一个新的子流。为了将一个新的子流与现有的连接关联,在子流 SYN 交换中所提供的令牌用来进行解复用(Demultiplexing),然后将 TCP 子流的五元组与连接的本地令牌进行绑定。这样做的结果是,任意的端口对都可以用于建立连接。与传统的 TCP 不同,MPTCP 必须使用令牌来解复用子流 SYN(在传统的 TCP 中,会用目的端口来解复用 SYN 数据包)。一旦子流被建立起来,就可以使用五元组来对数据包进行解复用,这和传统的 TCP 处理是相同的。在这里,五元组会被映射到本地连接标志(Token)中。注意,尽管没有在路径上发送本地令牌(只发送了响应者的令牌),但是主机 A 还是知道用于子流的本地令牌。

3.2.4　通用 MPTCP 操作(数据传输)

如图 3.11 所示,为了保证子流可靠有序地传输,MPTCP 使用 64 位的数据序列号(DSN)来标记此 MPTCP 连接中发送的所有数据,每个子流都有各自的 32 位序列号空间,而且 MPTCP 选项允许将子流序列号空间映射到连接级别的数据序列空间。使用这种方法的好处是,在某一条子流上传输失败后,可以在其他不同的子流上对数据进行重传(映射到同一个连接级别数据序列号)。

数据序列信令(DSS)携带数据序列映射。数据序列映射由子流序列号、数据序列号和该映射有效的长度组成。携带此映射的数据序列号选项也可以为接收到的 DSN 携带一个连接级别上的确认("DATA ACK")。使用 MPTCP 时所有的子流共享相同的接收缓冲区,使用同样的接收窗口,因此在 MPTCP 中存在两种级别的确认信息。首先,每个子流使用常规 TCP 确认来确认接收独立于连接级别 DSN 的数据,即确认通过该子流发送的数据段的接收情况,这种确认不依赖于它们的 DSN;此外,数据序列空间有连接级别上的确认。这些确认跟踪字节流的进展,并根据字节流的传输状况调整接收窗口。

图 3.11　MPTCP 数据传输

在具体实现中,MPTCP 从应用程序中获取输入数据流,将其分割成一个或多个子流,然后加上足够的控制信息,从而确保其可以在接收方被重组,以及可以可靠有序地提交给应用程序。下面是对这些行为的详细规定。在正常的 MPTCP 操作中,数据序列信令相应的 TCP 选项(如图 3.12 所示)被用来发送支持多路径传输需要的数据。这些数据包含:数据序列映射,定义了序列空间如何映射到连接级别;数据 ACK,用于在连接级别上确认数据的接收。

```
  0 1 2 3 4 5 6 7 8 9 0 1 2 3 4 5 6 7 8 9 0 1 2 3 4 5 6 7 8 9 0 1
                      1                   2                   3
```

种类	长度	子类型	(保留)	F	m	M	a	A
数据ACK (4 or 8 octets, depending on flags)
数据序列号(4或8 octets,取决于标志)
子流序列号(4 octets)
数据级别的长度(2 octets)	校验和(2 octets)

图 3.12　数据序列信令(DSS)选项

数据序列映射和数据确认承载在 DSS 选项中,并且根据所设置的标志(Flag),这两个信令的一方或者双方都可以承载在一个 DSS 中。数据序列映射定义了子流级别的序列空间到连接级别的映射,以及收到的数据 ACK 在连接级别上对应的确认。此选项的内容将在设置标记时定义,如下所示:

A = Data ACK 出现

a = Data ACK 的长度是 8 个字节(如果没有设置此标记,就是 4 个字节)

M = 数据序列号(DSN),子流序列号(SSN),数据级别的长度,校验和出现

m = 数据序列号的长度是 8 个字节(如果没有设置此标记,就是 4 个字节)

标记 a 和 m 只有在设置了相应的 A 或 M 标记时才有意义,标记 F 表示"DATA FIN",如果有此标记,就意味着此映射覆盖了来自发送方的最后的数据,这相当于单路径 TCP 中的 FIN 标记,都处在连接级别上。DATA FIN 及其标记间的交互,以及子流级别

的 FIN 标记、数据序列映射在本节的随后小节中进一步描述。其余的保留位设置为 0。当设置了所有标记时，DSS 选项达到最大长度 28 个字节，注意只有当在 MP_CAPABLE 握手中协商了 MPTCP 校验和时，此选项中才会出现 Checksum。此外，可以从选项的长度中获知是否存在校验和。如果存在校验和，但在 MP_CAPABLE 握手中并没有协商对校验和的使用，则接收方必须使用 RST 关闭子流，因为该子流的行为没有按照协商的方式进行；如果在已经协商使用了校验和时没有校验和，接收方必须使用 RST 关闭子流，因为认为此子流已损坏。在这两种情况下，这个 RST 都应该伴有一个 MP_TCPRST 选项（见后文），以及"MPTCP 特定错误"的原因代码。

3.2.4.1　数据序列映射

MPTCP 使用两个级别的序列空间：连接级别序列号和子流级别序列号。MPTCP 允许对子流级别序列空间不同（即子流级别的序列号不同）、连接级别序列空间相同的部分进行连接级别的分割重组和重传。MPTCP 在设计时也考虑过另一种方法，即使用一个单独的连接级别的序列号，在多个子流上发送。但这样做会产生两个问题：① 单独的子流对网络而言，像是在序列空间上有空白间隙的 TCP 会话；这会让某些中间体（比如入侵检测系统，或是某些透明的代理）难以工作，这样就会违背网络兼容性的目标。② 当相同的分段在多条路径上传输时（比如重传），发送方将不能确定是哪条路径发生了数据包丢失。发送方必须告知接收者怎样进行数据重组，因此接收者必须确定子流级别（携带着子流序列号）的数据怎样映射到连接级别上，即"数据序列映射"，此映射可以表示为一个（数据序列，子流序列号，长度）元组。比如，对于一个给定的字节数（长度），子流序列空间从给定的序列号开始，映射到连接级别的序列空间（从给定的数据序列号开始）。可以想象得到，这个信息可以有多种源，可以使用 TCP 分段中已存的字段（比如子流序列号，长度）发送传递数据序列映射的信令，并且只将数据序列号添加给每个分段。例如，作为一个 TCP 选项，这样中间体重组分段或组合数据可能会有问题，因为没有任何特定的行为用于合并 TCP 选项。

由于这些潜在的问题，MPTCP 协议在设计中规定，无论何时，如果用于子流数据的映射需要承载给其他主机，则数据的所有的三个部分（数据序列，子流序列，长度）都必须被发送。为了降低开销，允许映射被周期性地发送而且包含多于一个单独的分段。数据流作为一个整体，可以通过使用 DSS 选项（图 3.12）的数据序列映射部分被重组，DSS 选项定义了子流序列号到数据序列号的映射，接收方可以借此来确保给应用层提供有序的传输。同时，子流级别序列号（即 TCP 首部的常规序列号）只与子流有相关性，可以期望（但不是强制的）在子流级别使用 SACK 来提升传输有效性。

数据序列映射指定了子流序列空间到数据序列空间的映射，它是用子流和连接级别的起始序列号以及此映射有效的字节长度来表示的。选择针对一系列数据的这种显式映射,而不是逐包的信令,是为了便于与 TCP/IP 分段和重组功能相兼容,该过程由产生数据流的堆栈所承担。单个映射可以覆盖多个数据包,这在批量传输情况下可能很有用。

在处理完映射后,子流序列号绑定到了连接级别的数据序列号上,这样映射就固定了下来,一旦映射被声明,发送方在后面就不能再去修改它。然而,相同的连接级别数据序列号可以映射到不同的子流上,这样在保证可恢复性或有效性的前提下,尤其是在有损路径上,可以在多条子流上同时传输相同的数据。数据序列号被指定为一个绝对值,子流序列号则是相对的(在子流的开始处,SYN 的相对子流序列号是 0),这样中间体就可以改变子流的初始序列号(Initial Sequence Number,ISN),比如由防火墙进行的 ISN 随机化。如果在 MP_CAPABLE 交换中协商好了校验和的使用,数据序列映射也会包含此映射覆盖的数据的校验和,这可以用来检测负载是否被不支持 MPTCP 的中间体修改了。如果校验失败,就会触发子流失效,或是退回到常规 TCP,因为 MPTCP 无法可靠地了解接收方的子流序列空间来构建数据序列映射。如果没有启用校验和,一旦有中间体更改了段边界、内容,或者没有交付数据序列映射覆盖的所有段,那么就可能将损坏的数据传递给应用程序。使用的校验算法是标准 TCP 校验,如图 3.13 所示,也使用了伪首部。

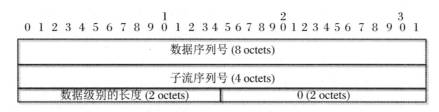

图 3.13　DSS 校验和使用的伪首部

需要注意的是,伪首部中使用的数据序列号总是一个 64 比特值,而与 DSS 选项本身所使用的长度值无关。因为要为 TCP 子流进行计算,所以选用标准的 TCP 校验和算法,而且如果在添加伪首部之前进行计算,就只需要计算一次。由于 TCP 校验和是加性的,所以 DSN_MAP 的校验和可以简单地将每个 TCP 数据段数据的校验和以及 DSS 伪首部的校验和相加得到。校验和计算依赖于包含连续数据的 TCP 子流,因此 TCP 子流不能使用紧急指针(Urgent Pointer)来中断一个已存在的映射。还要注意的是,如果在子流上接收到紧急数据,则应该将其映射到数据序列空间,并进一步交付给应用程序,类似于常规 TCP 中的紧急数据。为了避免可能发生的死锁场景,子流级别的处理应该在连接级别单独进行,因此,即使不存在子流空间到数据级别空间的映射,数据依然应该在子流上被确认,只不过不能在连接级别被确认,因为它的数据序列号是未知的。实现中也可能会在短时间内保留这些未映射的数据,等待映射尽快到来,这种非映射数据不能计入连接级别的接收窗口,因为这与数据序列号相关,所以如果接收方由于保留这些数据而用完了缓存,就必须将这些数据丢弃。如果子流级别序列空间的映射在一个数据接收窗口内都还没有到达,就应该认为子流被破坏了,然后使用 RST 关闭该子流,并删除非映射数据。

连接级别数据序列号都是 64 比特大小,而且在实现中必须保持这样的大小不变,如果以较低的速率处理连接,就不需要提供针对序列号回环的保护,所以作为优化,可以允许在数据序列映射和/或数据 ACK 中,只包含低 32 比特的数据序列号,而且具体实现中每个数据包可以单独选择是否这样做。如果连接是以足够高的速率传输,32 比特的数据可以完全包含在最大分段生存期(Maximum Segment Lifetime,MSL)内,那么就必须发送全部的 64 比特数据序列号。使用在这些值中的 DSN 的长度(可能不同)在 DSS 选项的采用标记进行声明,实现时必须接受一个 32 比特的 DSN,而且能够隐式地将其扩展成 64 比特。具体操作是在每次低 32 位出现回环时,增加高 32 比特序列号。必须执行合理性检查(Sanity Check),从而确保回环现象(例如,序列号从非常高的数值跳到非常低的数值)在预期时间内发生,并且不会由乱序的数据包触发。

由于采用了标准 TCP 序列号,连接级别数据序列号不能从 0 开始,而是从一个随机值开始,从而使得盲会话劫持(Blind Session Hijacking)更难以实现。此规范要求把每个主机的初始数据序列号(Initial Data Sequence Number,IDSN)设置成主机密钥的 SHA-1 哈希中低 64 比特。只要数据包中的子流序列空间包含在接收方已知的映射中,就不需要在每个 MPTCP 数据包中包含数据序列映射。这可以用于在提前知道映射信息的情况下极大地减轻负载/开销。比如,主机之间有一条单独的子流,或是数据段被调度成比包还要大的块。

对于剩下的连接,可以采用"无限映射",通过将子流级别的数据映射到连接级别的数据,从而回退到常规的 TCP。这是通过将连接级别数据长度区域设置为保留值 0 来实现的。在这种情况下,也需要将校验和设置为 0。

3.2.4.2 数据确认

为了提供完全的端到端可恢复性,MPTCP 提供了连接级别的确认,为作为整体的连接提供累积 ACK。该功能是由如图 3.12 所示的 DSS 选项中的"Data ACK"域所提供的。Data ACK 类似于标准 TCP 中的累积 ACK 操作,指示了有多少数据被成功接收(之前的数据没有空缺)。与此相对应的是子流级别的 ACK,子流级别的 ACK 与 TCP SACK 类似,因为在连接级别的数据流中可能仍然存在空缺。Data ACK 也指明了期望接收到的下一个数据序列号。

对于其中的 DSN，Data ACK 可以以 64 比特或 32 比特进行发送。如果接收到的数据具有 64 比特的 DSN，就必须用一个 64 比特的 Data ACK 来进行确认，如果接收到的数据的 DSN 是 32 比特的，采用 32 比特或 64 比特的 Data ACK 都是有效的。Data ACK 证明了数据和所有需要的 MPTCP 信令都已经被远程终端所接收和接受。使用 Data ACK 是合情合理的，因为中间体有可能会去积极主动地确认数据包，这样如果数据在子流级别被确认，但是没有到达接收方，就会带来死锁情况。这种失败的交互是很可能经常发生的，尤其当接收方是移动的，Data ACK 确保了数据传递给了接收方。包含 Data ACK 的另一个原因是，它指示了接收窗口的左边界，而接收窗口由所有的子流共享且与 Data ACK 相关。正因为如此，在实现时如果没有在 Data ACK 区域携带 DSS 选项，就一定不能在连接级别使用 TCP 分段的接收窗口域。

MPTCP 发送方只有在收到 Data ACK 和子流级别上的确认后，才能释放掉缓冲区的数据，在数据需要被重传时，前者确保了连接的有效性，后者确保了子流的活性和自我一致性。需要注意的是，如果一些数据需要在一个子流上被多次重传，就有可能会阻塞发送窗口，在这种情况下，MPTCP 发送方可以使用适当的 MP_TCPRST 错误代码，通过发送 RST 来关闭不好的子流。Data ACK 可能被包含在所有 TCP 数据段中，然而在更高级的实现中要考虑优化，其中只有当 Data ACK 值前进时，Data ACK 才会出现在段中，而且这种做法必须是被视为有效的。这种做法确保了发送缓冲区能被释放，同时降低了单向数据传输时的开销。

3.2.4.3 关闭连接

当主机 A 想通知 B 已经没有信息要发送时，A 可以标志 Data FIN 作为数据序列信令 DSS 的一部分。Data FIN 跟传统的 TCP FIN 有相同的语义和行为，只是处在连接级别上而已。当所有的信息都已经被成功接收，就会在连接级别上回复 Data ACK。

图 3.14　MPTCP 关闭连接

在常规 TCP 中，FIN 用来向接收方告知发送方已经没有更多的数据需要发送了。为了使子流可以独自进行操作，而且保持原有 TCP 传输形式，MPTCP 中的 FIN 只能影响到发送它的子流，这使得节点在任何时间都可以在自己使用的路径上拥有相当大的自由度。FIN 的语义依然与常规 TCP 相同，也就是说，直到双方都确认了对方的 FIN，子流才完全关闭,当应用程序在一个 socket 上调用 close()时,就表明没有数据发送了,这种情况下,常规 TCP 会在连接上有一个 FIN。对于 MPTCP,需要一个等价的机制,即 DATA_FIN,DATA_FIN 是发送方没有更多的数据要发送的标志,可以使用它来证实所有的数据都被成功接收。DATA_FIN 与常规 TCP 连接中的 FIN 一样,是一个无向信令。发送 DATA_FIN 时,在 DSS 选项(如图 3.12 所示)中设置"F"为"1"。DATA_FIN 占据连接级别序列空间的一个字节(最后一个字节),但是 DATA_FIN 包含在数据级别长度中,而不是在子流级别上。例如,一个 TCP 数据段的 DSN 是 80,长度为 11,设置有 DATA_FIN 标记,会从子流中映射 10 个字节到数据序列空间 80-89,而 DATA_FIN 的 DSN 是 90,因此包含 DATA_FIN 的分段会被 DATA ACK 91 所确认。

当 DATA_FIN 没有关联到一个包含有数据的 TCP 数据段时,数据序列信令中的子流序列号必须是 0,长度为 1,以及数据序列号对应于 DATA_FIN 自身,这种情况下的校验和只会覆盖伪首部。DATA_FIN 与常规 TCP FIN 有相同的语义和行为,但是 DATA_FIN 工作在连接级别。值得注意的是,只有在所有数据都在连接级别上成功接收,才会执行一次 DATA ACK,因此一个 DATA_FIN 与子流 FIN 之间是相互解耦的。如果其他子流上没有未收到的数据,那么只允许将这些信令结合在一条子流上执行,否则就有必要在不同的子流上重传数据。本质上,主机一定不能对所有运行中的子流进行关闭操作,除非认为这样做是安全(Safe)的(即直到所有未收到的数据均通过 DATA ACK 进行确认了,或者直到设置了 FIN 标记的分段是唯一有未收到数据的分段)。一旦确认了一个 DATA_FIN,所有剩下的子流必须使用标准 FIN 交互进行关闭,两个主机都应该向对方发送 FIN,并允许中间件清空状态,即使部分子流可能已经失效了。同时也鼓励在端主机的子流上降低超时(最大分段生存期)的设置值。特别地,任何仍有未完成数据排队(这些数据为了获得 DATA_FIN 确认,已经在其他的子流上完成了重传)的子流都可以使用 RST 进行关闭,其中 RST 带有"未完成数据过多"的 MP_TCPRST 错误代码。

如果两个主机的 DATA_FIN 都通过 DATA ACK 确认了,就会认为这个连接可以关闭了。需要注意的是,如果所有的子流都使用 FIN 交互而已经被关闭了,但是没有收到并确认 DATA_FIN,那么在一个超时后,MPTCP 连接也会由于超时而被关闭。这意味着在实现时要在子流和连接级别上都有 TIME_WAIT 状态,从而允许在所有的子流都失效,但还没来得及建立一条新子流时,实现"先断再开(break-before-make)"的场景。

3.2.4.4　接收端注意事项

常规 TCP 在每个分段中都广播接收窗口,告诉发送方接收方希望在过去的累计 ACK 中还能接收多少数据。使用接收窗口实现流量控制,在接收方接收速率跟不上时,对发送方进行流量控制。MPTCP 使用了一个特定的接收窗口,由多个子流共享,具体思想是只要接收方还可以接收数据,就允许任一子流发送数据;或者也可以为每个子流都设置一个接收窗口,这样可能会导致有些子流还存在没有用完的窗口,而有些子流已经因为窗口耗尽而不能传输数据了。

接收窗口与 DATA_ACK 相关。在 TCP 中,接收方不应该去减小接收窗口(即 DATA_ACK + receive window)的右边值,接收方会使用数据序列号来告知一个数据包是否可以在连接级别上被接收。当决定在子流级别上接收某个数据包后,常规 TCP 根据所允许的接收窗口来检查数据段的序列号。针对多路径场景,这样的检查只在连接级别进行操作,来确保子流和所映射的序列号满足下面的测试:SSN - SUBFLOW_ACK <= DSN - DATA_ACK,其中 SSN 是接收到的数据段中的子流序列号,SUBFLOW_ACK 是子流的 RCV_NEXT(下一个期望的序列号),这与连接级别上 DSN 和 DATA_ACK 的定义是等价的。

在常规 TCP 中,一旦一个分段被认为是在接收窗口范围之内的,它就会被放入有序接收队列或乱序队列(当前接收数据段之前尚有部分数据段没有正确接收到)。在多路径 TCP 中,会在连接级别做同样的处理:如果一个分段在连接和子流级别都是在接收窗口范围内,它就会被放入连接级别的有序或乱序队列,堆栈依然要记住在每个子流上成功地接收了哪些分段,这样就可以有效地在子流级别对它们进行相应的确认。这一操作通常可以通过维持每个子流上乱序队列信息(只包含报文头,没有负载)以及记住累计 ACK 值来实现。

此外,在具体实现时知道接收缓冲区应该多大才合适是非常重要的。全网络效用的下界是所有路径上带宽时延乘积的最大值,但是当在慢子流上出现丢包时,这种下界的计算方法就不对了,因为涉及数据重传的问题。一个紧的上界应该是任意路径的最大 RTT 乘以所有路径上的总带宽,当最大 RTT 路径上出现快速重传数据包时,所有子流依然可以继续按照全速进行数据传输。即使这样,在最大 RTT 路径上发生重传超时事件时,也可能无法保持全部的性能。

3.2.4.5 发送端注意事项

发送方要记住接收端公告的接收窗口大小,在允许的最大序列号(即 DATA_ACK + Receive_Window)增大时,发送方应该更新自己的本地接收窗口值,这对于由于 RTT 值不同而存在不同的反馈周期的路径来说非常重要。MPTCP 的所有子流共同使用同一个接收窗口。如果接收窗口值在端到端传输时保持不变,主机就可以总是读到最新接收窗口值。然而,某些类型的中间体可能会改变 TCP 级别的接收窗口。这些中间体通常会缩小所提供的窗口值,尽管在短的时间内它们也可能会将窗口调大一些,但这种增长不会持续太久,因为从根本上来说中间体最终必须跟上向接收方交付数据的步伐。因此,如果不同子流上的接收窗口大小不同,当发送数据时,MPTCP 应该将最近所用的最大窗口值作为计算中所使用的窗口大小。该规则实际上隐含在不降低窗口右边界的要求当中。发送方要记住每条子流上公告的接收窗口,子流 i 所允许的窗口是(ACK_i, ACK_i + Receive_Window_i),其中 ACK_i 是子流 i 在子流级别上的累计 ACK,这确保了除非有足够的缓冲区,否则数据将不会被发送给中间体。

将上述两个规则综合在一起,我们可以得到下述结论:发送方允许发送数据级别序列号在(DATA_ACK, DATA_ACK + Receive_Window)之间的所有数据段。只要子流序列号在这些子流上所允许的接收窗口中,这些分段都将会被映射到子流上。需要注意的是,如果所有的子流都被告知了相同的接收窗口值,子流序列号一般就不会影响流量控制。换句话说,通常会针对公告接收窗口值小的子流进行流量控制。发送缓冲区必须至少与接收缓冲区一样大,从而来支持发送方能够达到最大吞吐量。

3.2.4.6　可靠性和重传

为了能够给应用程序提供健壮的传输服务,MPTCP 在连接级别和子流级别上都需要进行确认。在正常行为下,MPTCP 可以使用数据序列映射和子流 ACK 来判断什么时候接收了一个连接级别的数据段。为了保持 TCP 语义和子流级别重传的正常触发,子流数据传输、相应的 TCP ACK,以及可能的重传需要完全在子流级别进行处理。这在端到端语义上是有确切的暗示的,也就是表示分段在子流级别被确认时,连接级别的重排序缓冲区不可以将此分段丢弃。与标准的 TCP 不同,在 MPTCP 中,接收端不能简单地丢掉乱序的分段,但在特定的情况下,在子流确认后、传递给应用程序之前丢掉这样的乱序分段会比较好,这可以由连接级别的确认来触发完成。此外,还可以构想一些特殊情况来验证连接级别的确认对提升传输健壮性的作用。考虑一条子流经过一个透明代理,如果该代理确认了一个数据段,但随后崩溃了(也可以认为是代理不工作了),那么发送方并不会在其他子流上重传此传丢掉的数据段,因为它认为该分段已经被成功接收了。虽然还有其他存活的子流,但是连接还是会慢慢地停止,并且发送方不能够确定问题出在哪里。举一个可能发生这种情况的例子:用户在无线接入点之间移动,在该场景下每个接入点都有传输层代理作用。作为优化,对发送在最短 RTT 路径上的连接级别的确认是切实可行的,可以潜在地有效降低对发送缓存的需求。

因此,为了在以上给定的限制条件下得到一个完整健全的多路径 TCP 解决方案,并能够在公共 Internet 上进行使用,所制定的 MPTCP 协议除了需要进行子流级别的确认,还需要进行连接级别的确认,只有在接收窗口前移时,才需要连接级别的确认。考虑到重传的情况,必须让重传的分段有可能在一条不同于之前所使用的子流上进行重传,这是 MPTCP 的核心目标之一,从而实现在短暂或是长久的子流失效中还能保持数据传输的完整性。

针对重传的数据调度会对 MPTCP 用户体验带来巨大的影响。当前的 MPTCP 规范建议在某个子流上传输的数据如果发生超时,就可以在不同的子流上重新调度该分段。这个行为的目的是在一条路径出现故障时最小化对传输能力造成的破坏,并且在实现时建议使用第一个超时作为其他子流上进行重传调度的指示。然而,也有更多保守的版本使用第二个或是第三个超时作为对该分段的重传指示。通常单条子流上的快速重传不会触发在另一条子流上重传,尽管在某些情况下在不同路径上进行重传也是很值得去做的,例如,为了减小所需要的接收缓冲区大小。但实际上在所有子流都可以进行重传的情况下,丢失的分段还需要在原路径上进行传输。这是因为考虑到当前网络兼容性的要求,在不同路径上重传的数据往往会被忽略,而认为这对保持子流完整性是必要的,这可以看成是保守的做法。

在实现时,数据序列映射允许发送者在不同的子流上重新发送具有相同数据序列号的数据。在执行此操作时,主机必须仍然在原始子流上重新传输该原始数据,以保持子流的完整性(否则中间体可以重放旧的数据,或可以拒绝子流中缺少的数据),并且接收端将会忽略这些重传的原始数据。虽然这样的做法不是最优的,但出于兼容性考虑,这也是一种合理的行为。需要说明的是,具体优化可以在 MPTCP 协议规范的后续版本中进一步达成,实际上在学术界已经出现了不少具体的优化方案。还需要注意,如果出于传输可靠性考虑,还可以允许发送方始终在多条子流上发送具有相同数据序列号的相同数据。

当前的 MPTCP 规范并没有明确强制使用何种机制来处理重传,而主要取决于本地策略。一种激进的连接级别重传策略是,每个在子流级别丢失的数据段会选择在不同的子流上进行重传,这往往会浪费带宽,但是可以降低应用程序到应用程序的延迟;一种保守的重传策略是,在一些子流级别的重传发生超时时,才使用连接级别的重传。设想一个标准的连接级别重传机制可能被部署在连接级别数据队列中:没有被 DATA ACK 的所有分段都会被存储起来。当连接级别的首部在子流级别被确认,但是相应的数据还没有在数据级别被确认时,就会设置一个定时器。该定时器可以防止主动确认数据的中间体的重复失败。只要数据还没有在连接级别以及发送它的所有子流上被确认,发送方就必须将该数据保存在自己的发送缓冲区中。这样,发送方在需要时总可以在相同的子流上或不同的子流上重传该数据。特殊情况下,当子流失效时,发送方通常会在一个超时发生后在其他工作的子流上重新发送该数据段,并且还会继续尝试在失效的子流上重新发送该数据。在到达预定义的重传上限(可能比正常 TCP 的最大分段生存期 MSL 限制要小一些)或者是 ICMP 错误报文的接收上限后,发送方会声明子流失效,而且只有在这时,才会删去未被接收的数据段。

多次重传可能会触发表明某条子流性能很差的指示,这有可能导致主机使用 RST 重置那条子流。并且用于此目的的 RST 应该伴有一个"性能不可接受"的 MP_TCPRST 选项。但如何以及何时重置性能不好的子流还有待进一步的研究,例如,如果子流性能严重不对称,可能会误判断为性能不好。

3.2.4.7 拥塞控制注意事项

MPTCP 连接中的每条子流都有各自的子流拥塞窗口,为了实现瓶颈处和资源池的公平性,需要对所有子流上使用的拥塞窗口进行耦合处理,以便能够将大部分流量转移给非拥塞链路,这样可以提升网络整体的健壮性和吞吐量。一个实用化的 MPTCP 耦合拥塞控制算法应具备三个基本功能:

提升吞吐量:MPTCP 连接在网络中的利用各子流获得的总吞吐量要高于其最优路径上的 TCP 的吞吐量。

流间互不侵害:MPTCP 连接应该对瓶颈处的单路径 TCP 连接友好,其在瓶颈处的表现应该更像一条单路径 TCP 流,不能侵占单路径 TCP 连接的带宽。

均衡拥塞:在满足前两项的前提下,MPTCP 应该尽可能多地将拥塞的路径上的流量转移到较好的路径上。

提升吞吐量和流间互不侵害共同确保了共享瓶颈场景下的公平性,均衡拥塞体现了资源池优化的思想。为了在瓶颈存在场景下的公平性和资源池化,有必要针对每个子流上正在使用的拥塞窗口进行耦合处理,目前已经提出了不少这样的方案。例如在 RFC 6356(Raiciu,Barré et al.,2011)中,作者提供了一种新的 MPTCP 拥塞控制算法,尽管此算法还没有做到非常完善的资源池化,但已经可以在当前的 Internet 中进行安全可靠的部署了。这意味着与特定路由路径上使用单路径 TCP 相比,基于该方案的 MPTCP 连接不会在任何一条路径上占用太多的传输能力,因此,该方案可以确保 MPTCP 连接在共享瓶颈上与单路径 TCP 实现公平共存。在规范文档中,此算法只用于拥塞避免状态的拥塞窗口增长阶段,指定了在接收到 ACK 时,窗口应该如何变大,而慢启动、快速重传和快速恢复等相关算法,以及拥塞避免状态的乘性降低都采取与标准 TCP 相同的做法。具体来说,子流 i 在拥塞避免阶段的拥塞窗口增长算法为:子流 i 每接收到一个 ACK 时,增大 $cwnd_i$,增加量为

$$\min\left(\frac{\alpha \cdot bytes_{\text{acked}} \cdot mss_i}{cwnd_{\text{total}}}, \frac{bytes_{\text{acked}} \cdot mss_i}{cwnd_i}\right) \tag{3.1}$$

其中,$cwnd_i$ 为子流 i 上的当前拥塞窗口,$cwnd_{\text{total}}$ 为连接中所有子流的拥塞窗口值总和,mss_i 为子流 i 上的最大数据段大小,参数 α 表征了多径流的侵占性。为了提升吞吐量,α 的值应该使多径流的总吞吐量与 TCP 流在最好的路径上达到的吞吐量相同。为了达到这个目的,α 的计算方法为

$$\alpha = cwnd_{\text{total}} \cdot \frac{\max(cwnd_i / rtt_i^2)}{(\text{sum}(cwnd_i / rtt_i))^2} \tag{3.2}$$

需要注意的是,α 的计算并没有考虑路径的最大数据段大小,该值在路径确定的情况下也往往是不会随时间而变化的。

如上所述,此算法可以在提升吞吐量的同时做到流间互不侵害,但是还没有实现完美的资源池化(Resource Pooling)。所谓资源池化是要求在不同丢包率路径场景下,算法能够确保在高丢包率的路径上没有流量传送。所以,为了达到完美的资源池化,就必须高效耦合所有子流拥塞窗口的增长和减少,但设计这样一个完全耦合的多流控制器的难度很大。首先,路径的丢包率难以被及时准确地探测到,并且有效路径的实际可用带宽也难以探测;其次,这样的控制往往不一定能起到显著作用。当不同路径的拥塞级别类似时,拥塞控制往往倾向于将所有的窗口分配给任意一个子流,而不给其他流分配任何窗口值,然后根据不同调度周期在不同子流上进行随机切换,周而复始。这种做法通常是不可取的,并且当可达的速率取决于互联网环境中的 RTT 值时表现尤其不好,在这种情况下,速率作为一个难以预测的值,其结果取决于控制功能所处的状态,这也就导致该类型的算法实际上不可能达到提升吞吐量的目的。而在当前阶段,仅仅耦合窗口的增长就可有效探测到高丢包率的路径,以及更快地检测到剩余传输能力,这时的算法会有效地将窗口分配给各个子流,在子流丢包率相等时,每个子流会得到相等的窗口划分,从而去除了不合理的随机分配。当丢包率不同时,丢包率低的子流会分配到越来越多的窗口;而过于完美的资源池化则会将所有的窗口增量都只分配给丢包率最低的路径。

3.2.4.8 子流选择策略

主机可以在最初子流设置中声明是否希望本子流作为常用或者备用的路径进行使用。常用路径用于和其他常用路径一起执行并行数据传输,而备用路径只有在没有常用路径可以使用时才被使用。如图 3.15 所示,在 MPTCP 连接中,主机 A 可以传送 MP_PRIO 信令给 B 来改变子流的优先级。

图 3.15　MPTCP 连接中改变子流优先级

在 MPTCP 的本地实现中,主机可以决定在可用路径上进行何种流量发送的本地策略。这里举一个代表性的用例,在最大化吞吐量的目标下,RFC 6356 中给出了一种同时使用所有可用路径进行数据传输的耦合拥塞控制算法,还有很多其他的用例。例如,一种可能性是"全有或全无(all-or-nothing)"方案,即在第一条路径出现故障时准备好使用

第二条路径,但替代方法也叮以是在完全占满一条路径(即"溢出")后再使用另外一条路径,这种选择往往可能是基于链路的成本代价考虑的,但也可能是基于链路延迟或者抖动等特性。需要说明的是,(延迟或带宽的)稳定性往往比吞吐量更为重要。

在发送端进行有效选择的前提是需要对路径代价有充分的了解,但这在现实中往往是不太可能的。因此,接收端往往需要通过信令将路径偏好发送给源端,因为接收端同时也是多宿主的,也需要对进口带宽进行按流程计费。

细粒度的控制可能会成为最有效的方法,但需要诸如重用 ECN 信令的一些方法。但这样的做法并不受欢迎,因为新定义一个全新的信令的理由并不充分。因此,可以在MP_JOIN 选项中包含一个"B"位,来允许主机向自己的对端主机指明该路径应该按照备份路径进行处理,只有在其他工作的子流都失效时才使用。当路径的可用集合发生变化时,主机希望发送信令告诉对端主机自己当前的子流优先级的变化情况,例如,需要将之前设置为备份的一条子流的优先级设置为比剩余的所有子流都高。因此,如图 3.16 所示的 MP_PRIO 选项,可以被用来在所发送的子流上改变"B"位的值。

图 3.16   MP_PRIO 选项格式

值得注意的是,备份标记位是数据接收方对数据发送方的请求,而且发送方往往会接受这些请求。但主机不能默认数据发送方一定会这么做,这是因为本地策略或者某些技术问题可能会导致 MP_PRIO 请求被忽略。还需要注意,这里定义的信令只能应用于单个方向,因此这个选项的发送者仍可以继续使用该子流来发送数据,即使它已经向另一个主机发送了该子流 B=1 的信令。

通过设置可选的地址 ID 选项,图 3.16 所示的选项也可以应用于其他子流,而不只是发送该选项所在的子流,即给定子流的 B 位设定也可以由其他所有子流使用,只要这些子流与需要进行标志的给定地址 ID 属于同一个连接。而选项长度决定了是否使用该选项,如果 Length=4,则表明具有该选项,而如果 Length=3,则只限于在本子流上使用该选项。除了对某条子流的设置,另外一个用例是主机可以向对端发送信令来通告一个地址暂不可用,例如存在无线覆盖的问题。这时对端会将所有使用该地址 ID 的子流都设置为备份模式。

3.2.5　地址信息交换(路径管理)

为了从 IP 网络中获取到路径集合,MPTCP 在一个或两个主机上可以使用多地址公告来获得网络中存在的不同路径。并且可以基于特定的方式尽量确保从这些路径中选择出充分不相交的路径,从而使得多路径的吞吐量和健壮性得到有效提升,从端到端的角度实现对多 IP 地址的获取和使用是比较简单的,不需要网络提供额外的特性。

我们使用术语"路径管理"来指代主机之间额外路径的信息交换,这些信息由主机上的多个地址进行管理。多个不同的地址对(源地址和目的地址)在多数情况下将用做路径选择,每条路径将由一个标准的五元组(即源地址、目的地址、源端口、目的端口和协议)进行标志。文献(Ford,2013)总结了共享使用多地址信息的两种方法:第一种使用方法是直接建立新的子流,其中发起者有一个额外地址;第二种使用方法是将地址通过信令显式地发送给另一个主机,从而使得对端能够发起新的子流。这两种机制是互补的,第一种方式是隐式的,而且简单,第二种方式是显式的,虽然该机制要更复杂一些,但是更健壮。这两种机制结合起来,可以允许传输过程中的地址改变,从而可以支持通过NAT 的操作(因为 NAT 掩盖了终端地址)。并且也可以在信令中包含之前所不知道的地址或者属于不同类型的地址(例如 IPv4 和 IPv6)。下面给出该协议的具体操作示例:

(1) MPTCP 连接是在主机 A 的地址/端口(A1)和主机 B 的地址/端口(B1)之间初始建立起来的。如果主机 A 是多宿主具有多个地址,那么可以通过从 A2 向 B1 发送一个有 JOIN 选项的 SYN 报文,其中使用 B 之前所声明的令牌(Token),这样 A 就可以开启一个从自己的地址 A2 到 B1 的新子流。类似地,如果 B 是多宿主的,就可以使用 A 之前所声明的令牌,尝试建立一个从 B2 到 A1 的新子流。在这两种情况中,SYN 报文都是发送给接收端已有数据流在使用的端口上。

(2) 同时地,或者在发生一个超时后,会在已经存在的子流上发送 ADD_ADDR 选项,从而将额外的发送端地址告知接收端。接收端可以使用该地址信息来开启到发送端额外提供地址的新子流。在该例子中,A 会通过发送 ADD_ADDR 选项来向 B 告知新的地址/端口(A2)。混合使用基于 SYN 的选项和 ADD_ADDR 选项,包括相应的超时事件处理,都是针对路径管理功能的具体实现,而且可以适应具体的本地策略。

(3) 如果已经成功建立子流 A2-B1,那么主机 B 可以使用 JOIN 选项中地址 ID 来与即将在已有子流上到达的 ADD_ADDR 选项建立关联。这时,B 知道不用开启 A2-B1,则忽略 ADD_ADDR 选项。否则,如果 B 没有接收到 A2-B1 的 MP_JOIN SYN 报文,但是接收到了 ADD_ADDR 选项,则可以从自己的一个或多个地址初始化一个到 A2 的子流。这就使在 NAT 之后的主机可以开启新的会话。

上述这两个信令机制也包括其他可能的使用方法,例如,只能通过 ADD_ADDR 选项来显式地发送其他地址簇中的地址。

3.2.5.1　地址公告

如图 3.17 所示,添加地址的 TCP 选项(即 ADD_ADDR)可以通告额外的主机可达的地址(还包括端口,该信息可选)。如果具有足够的 TCP 选项空间,可以在单个消息中添加此 TCP 选项的多个实例。否则,可以发送包含此选项的多个 TCP 消息。此选项可以在连接的任何时刻使用,具体取决于发送者何时希望启用多条路径以及路径何时可用。与所有 MPTCP 信令一样,接收端必须在实际使用之前进行标准的 TCP 有效性检查。

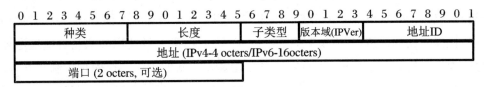

图 3.17　增加地址(ADD_ADDR)选项

在一个连接中,每个地址都具有一个可以唯一标志该地址的地址 ID,用于删除地址时使用,同时也用来标志关联于同一地址的多个 MP_JOIN 选项(参见 3.2.2 小节),甚至在使用 NAT 时依然可以使用。地址 ID 必须在一个连接的范围内为发送端提供地址的唯一标志功能,但如何进行分配是可以由具体实现来进行确定的。

通过 MP_JOIN 或者 ADD_ADDR 得到的所有地址 ID 应该由接收端保存在一个数据结构中,该数据结构用来收集为一个连接提供地址映射的所有的地址 ID(通过 Token 对进行标志)。这样的话,地址 ID、源地址,以及将来处理一个连接的控制信息所需的 Token 对之间就存在一个被保存了的映射。需要注意的是,具体实现时可能会由于某些特定的原因而丢弃接收到的地址公告,例如,为了避免所需的映射状态,以及无用的公告地址(例如仅支持 IPv4 时收到 IPv6 的地址公告)等。因此,主机必须将地址公告视为软状态,并且可以周期性地更新公告。

地址公告选项如图 3.17 所示。示例中相应域的长度针对 IPv4 的情况,地址长度为 4 个字节。对于 IPv6,首先在版本域(IPVer)中值应该为 6,那么在地址公告选项中地址长度则为 16 个字节。最后 2 个字节为可选,用来承载端口号。是否存在这个字段可以通过选项长度推断出来。尽管大多数情况下,都期望使用与初始子流相同的端口号对(例如,当初始子流采用端口 80,则在所有的子流上都倾向于使用端口 80)。但也存在一些情况需要使用不同端口,例如采用基于端口的负载均衡策略时,就需要对使用的不同地址进行显式的声明。如果没有指定端口,那么 MPTCP 应该尝试连接到与发送 ADD_ADDR 信令所在的子流相同的端口号上。

3.2.5.2　地址删除

如果在 MPTCP 连接的生存期内，之前公告的地址无效了（例如，接口消失了），受影响的主机应该通告这个事件，这样对端主机就可以删除与此地址有关的子流。这种情况就需要使用删除地址（REMOVE_ADDR）选项（如图 3.18 所示）。此选项可以从连接中删除一个之前添加的地址（或者一系列地址），并且终止当前使用该地址的所有子流。即使一个地址没有被 MPTCP 连接使用，但如果它先前已经被宣布，也应该宣布它的删除。出于安全考虑，如果一个主机收到了 REMOVE_ADDR 选项，它必须确保受影响的路径在它彻底关闭之前已经不再使用了。接收到 REMOVE_ADDR 选项应该首先在路径上触发发送 TCP 存活（Keep Alive）消息，如果还能收到回复，则不应该删除该路径。另外还需要执行确保序列号和确认号正确的 TCP 有效性测试。具体实现中还可以将这些测试错误的指示作为入侵检测或者错误日志的一部分。

此报文的发送和接收（如果没有接收到 Keep Alive 响应）应该触发在受影响的子流上的两端发送 RST，并且在清空本地状态之前，清空中间体状态。

图 3.18　删除地址（REMOVE_ADDR）选项

地址删除是基于地址 ID 来完成的，以便在使用 NAT 和其他中间体来重写源地址的情况下也能够进行。如果在请求的 ID 上没有相应的地址，接收端会默默地忽略该请求，依然在工作的子流必须像在常规 TCP 中那样使用 FIN 交互来关闭。

3.2.6　快速关闭

在常规 TCP 中具有通过发送重启（RST）信令来即刻关闭一个连接的方法。使用 MPTCP，RST 信令只在子流范围内有效，因此只能关闭某个特定的子流而不会影响剩余的其他子流。为了支持在子流间进行"先断后开（break-before-make）"的切换，MPTCP 连接需要依然在数据级别上保持存活。因此，有必要提供 MPTCP 连接级别的"重置（reset）"，从而能够提供即刻关闭整个 MPTCP 连接的方法。该功能通过 MP_FASTCLOSE 选项来实现。

MP_FASTCLOSE 用来向对端指示连接的即刻关闭，不再接收任何后续的数据。触发 MP_FASTCLOSE 的原因可以由具体实现来定义。常规 TCP 在连接处于同步状态时不允许发送 RST 信令，然而在具体实现中，却往往是可以的。例如，操作系统在资源不足时往往就需要执行这样的操作。在上述情况下，MPTCP 也同样应该发送 MP_

FASTCLOSE 选项。该选项的定义如图 3.19 所示。

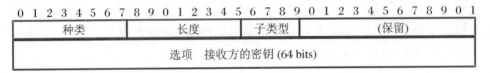

图 3.19　快速关闭(MP_FASTCLOSE)选项

如果主机 A 希望强制关闭一个 MPTCP 连接,MPTCP 快速关闭的具体流程描述如下:

(1) 主机 A 在其中一个子流上发送包含 MP_FASTCLOSE 选项的 TCP ACK 消息,在该消息中包括在连接初始化握手过程中所声明的主机 B 的密钥。在所有的其他子流上,主机 A 发送常规的 TCP RST 来关闭这些子流,这些子流也就被相应地关闭了。这时主机 A 进入 FASTCLOSE_WAIT 状态。

(2) 在接收到包含有效密钥的 MP_FASTCLOSE 选项,主机 B 在同一子流上进行回复,其中包括 TCP RST,这时主机 B 就可以关闭所有的子流,并且可以关闭整个 MPTCP 连接了,直接转换为 CLOSE 状态。

(3) 一旦主机 A 在特定子流上收到 TCP RST 消息,则可以关闭该子流,以及关闭整个 MPTCP 连接,并从 FASTCLOSE_WAIT 状态过渡到 CLOSE 状态。如果主机 A 收到的是 MP_FASTCLOSE 而不是 TCP RST,则两个主机可以尝试同时关闭。相应地,主机 A 应该回复 TCP RST,并关闭整个连接。

(4) 如果主机 A 在一个 RTO 时间后还未收到回复其之前所发送的 MP_FASTCLOSE 的 TCP RST 信令(一个 RTO 时间,是从发送出 MP_FASTCLOSE 开始计算的),它应该重传 MP_FASTCLOSE。重传次数应该有所限定,从而避免该连接被保留太长时间。这个限定值往往由具体实现所指定,推荐值为 3。

3.2.7　回退机制

在 MPTCP 连接的开始(也就是第一条子流),要确保路径两端的主机完全支持 MPTCP 以及重要的 TCP 选项可以到达对端主机。如果有一个 SYN 报文没有 MPTCP 选项,握手过程就会退回到常规 TCP。这一行为与当一个主机不支持 MPTCP,或者某条路径不支持 MPTCP 选项时一样。当一条新子流尝试加入一个已存在的 MPTCP 连接时,如果路径不支持 MPTCP,包含 TCP 选项的 SYN 报文无法通过处理,基于 MP_JOIN 的逻辑,子流也就不会被建立起来。另外一种需要解决的场景是,包含 MPTCP 选项的 TCP SYN 报文通过了,但包含 MPTCP 选项的常规数据包没有通过,这时如果子流是第一条子流,则可以正常处理,而且如果使用这里定义的一些规则,所有正在传输的数据也都是连续的。

发送端必须在每个分段中包含一个有数据序列映射的 DSS 选项,直到其中一个发送的分段通过包含有 Data ACK 的 DSS 选项进行了确认。一旦接收到确认,发送端就可以确认在两个方向上都发送了 DSS 选项,可以不用在每个分段中都包含 DSS 选项。然而,如果接收到了针对所发送数据的 ACK,但其中没有包含 Data ACK 的 DSS 选项,发送端就会认为该路径不支持 MPTCP。如果这种情况发生在新添加的子流上(也就是以 MP_JOIN 开始的),主机就必须通过 RST 关闭该子流。如果是第一条子流(也就是以 MP_CAPABLE 开始的),它就必须退出 MPTCP 模式,回退到常规 TCP。发送端会发送一个最终的数据序列映射,设定数据级长度值为 0,用来指示一个无穷映射,以防止路径只在一个方向发丢弃选项。然后只在一个单独的子流上恢复数据发送,而不使用 MPTCP 选项。

注意上述规则在本质上禁止了通过在 MP_CAPABLE 或 MP_JOIN 握手过程中的第三个报文发送数据,因为这两个选项和 DSS 都不能填充在 TCP 选项空间中。如果发起者先进行发送,另一个必须发送的数据段必须包含数据和 DSS。也必须注意,只有初始路径被证明是支持 MPTCP 的,否则不能使用新子流。这些规则应该包含所有可能的情况,包括一些可能发生的失效事件,例如,不管是在前向还是在反向路径上,也不管是服务端还是客户端先发送了数据,如果在除了初始路径之外的任一条子流上出现不包括选项的数据包,就应该认为是标准的路径失效。相应地,数据也就不会在连接级别上被确认(因为没有数据映射),该子流可以通过 RST 进行关闭。

上述详细讨论了在连接层数据被确认之前在一条子流上检测到缺少 MPTCP 支持时的回退场景。更一般的情况,如果存在某个不支持 MPTCP 的中间体修改了数据流,关闭一条子流或者回退到标准 TCP 的回退操作也是有必要的。如 3.3 节所介绍的,存在映射的数据的每个部分都收到检验和的保护。校验和可以用来检测中间体是否对载荷做了任何调整,例如添加、删除或者数据更改,也可以检测子流上的数据长度是否发生了增加或减少。如果数据以任何方式发生了更改,校验和将会检测失败,这就意味着数据序列映射不再有效,发送方也就不再知道接收方真正操作的是哪个子流上的序列号(中间体可能会伪造 ACK 作为响应),也就不能发出任何关于进一步映射的信令。此外,除了在应用层对有效的载荷修改的可能性之外,也可能在 MPTCP 报文段的边界上出现误报,从而破坏数据。因此,从校验和失败的数据段开始的所有数据都是不可信的。当使用多子流时,一个子流上正在传输的数据很可能涉及连接级别数据流上的不连续的部分,这是因为数据段会散布在不同的子流上。基于上述指出的问题,不太可能判断出对数据做了什么样的调整(尤其是针对子流序列号的改变),因此就不太可能恢复特定的子流,受影响的子流必须立即通过包含 MP_FAIL 选项(如图 3.20 所示)的 RST 进行关闭。

该选项定义了发生校验和失效的分段（由数据序列映射定义）的起始数据序列号。此外需要注意的是，MP_FAIL 选项需要使用 64 位的序列号，即使路径 DSS 信令中通常使用 32 位的序列号。

图 3.20　回退（MP_FAIL）选项

失效的数据不会在连接级别上被确认，所以会在其他子流上被重传。一个特殊的情况是，只有一个单独的子流，而且发生了校验和检测错误时，MPTCP 应该有能力恢复并继续发送数据。有两种可能的机制可以支持这样的操作：最简单的做法是为该 MPTCP 连接建立一个新的子流，然后使用 RST 关闭之前的那一条子流，这样做的原因是认为不值得在此路径上使用 MPTCP 进行分段传输。新子流会从校验失败的分段数据序列号开始，发送一个无穷映射（在数据序列映射选项中用 length＝0 标志），此连接会以常规 TCP 会话出现，中间体即使会改变载荷，也不会造成其他的损害。不过这种机制还有再优化的空间：如果知道所有正在传输的没有确认的数据是连续的，可以将一个无穷映射用于子流，而不需要关闭它以及后续所有的 MPTCP 信令。在这种情况下，如果只存在一条路径，并且接收端识别发生了校验失败，它就会在子流级别 ACK 上发送一个 MP_FAIL 选项，其中指明检测到校验和错误的报文段开始的数据级别序列号。无穷映射可以是第一个新报文段上承载的一个 DSS 选项，包含一个具有可追溯性的数据序列映射，指向已完整传递的最后一个分段的起始子流序列号，从那一点开始向前的数据可以被中间体改变，而不影响 MPTCP 传输，数据流等价于常规的传统 TCP 会话。

需要注意，在发送端发出一个无穷映射信令后，它必须只使用子流 ACK 来清空自己的发送缓冲区。这是因为当中间体插入或删除数据时，数据 ACK 有可能与子流 ACK 不对齐；接收端在收到无穷映射后，应该停止产生数据。当连接处于回退模式中，每次只有一条子流可以用来发送数据，而除它以外的所有 MPTCP 子流都必须被终止，否则，接收端会不知道怎样对数据进行重新排序。也可以在必要时开启或关闭子流，只要在任一时刻只有一条单独的子流是活动的。一旦 MPTCP 回退到常规 TCP，以后在连接中就不能恢复到 MPTCP。但 MPTCP 并没有试图阻止中间件调整有效负载，支持 MPTCP 的中间件也可以通过重写校验和来提供这种功能。

3.2.8 错误处理

除了如上所述的回退机制外,可能也需要以 MPTCP 特定的方式来处理 TCP 的标准错误类型。需要强调的是,处理中并不阻止进行载荷调整的中间体。为了使得支持 MPTCP 的中间体提供错误应对功能,可以设计其在需要时重写校验和而且有能力解析数据序列映射,即使它不知道数据边界在哪儿。下面列出了可能出现的错误,以及合适的 MPTCP 处理方法:

(1) MP_JOIN 中的未知令牌(或是在 MP_JOIN ACK 中发生了 HMAC 失效,或是在 SYN/ACK 响应中没有 MP_JOIN):发送 RST(类似未知端口上的 TCP 行为)。

(2) DSN 在窗口之外(在正常的操作之中):丢弃数据,而不发送数据 ACK。

(3) 删除对未知地址 ID 的请求:默默地忽略,不做任何其他操作。

3.2.9 其他注意事项

3.2.9.1 端口使用

在通常的操作中,针对新子流的建立,MPTCP 实现应该使用与已在使用的端口相同的端口,也就是包含 MP_JOIN 选项的 SYN 目的端口应该与连接中第一条子流的远程端口相同。用于这些 SYN 的本地端口也应该与第一条子流中使用的相同,尽管在某些情况下这样操作不见得一定可行。此策略旨在最大限度地提高 SYN 在接收方被防火墙或 NAT 允许通过的概率,并且避免混淆任何网络监控软件的处理。

也可能会在一些场景中,被动的发起者希望发送信令给其他的主机,告知应该使用特殊的端口,此功能在 ADD_ADDR 选项中进行提供。因此,MPTCP 可以在相同的两个地址之间允许建立多个子流,但是使用不同的端口对,而且这样的功能可以用来在基于五元组的网络中实现负载均衡。

3.2.9.2 延迟的子流开启

很多情况下 TCP 连接的生命期都很短,而且只包含少量的数据段,因此使用 MPTCP 的开销会比带来的任何收益要显著,因此需要采用启发式的方法来决定何时开始在 MPTCP 连接中使用额外的子流。具体的实验部署表明,MPTCP 可以应用于一系列场景中,因此具体实现可能需要考虑包括发送的数据流的业务类型和会话持续时间等在内的一系列因素,并且这些信息可以由应用层指明。然而,对于标准的 TCP 业务,可以选择使用的实现和建议的通用启发式方法描述如下:

如果主机为其对端缓存了数据(这表明应用程序已收到数据请求),主机会为缓存数据的每个初始窗口开启一个子流,还应考虑限制添加新子流的速率,以及限制为特定连接打开的子流的总数。主机可以根据其负载,以及对流量和路径特性的了解来选择改变这些值。需要注意的是,这种启发式方法可能还是不够的。许多常见应用程序(如下载应用)的双向流量是高度不对称的,多宿主的主机很可能永远都不会填满其缓冲区的客户端,因此也就永远不会根据上述启发式方法使用 MPTCP,使用高级 API 允许应用程序通知其流量需求将有助于这些决策的执行。还可以使用额外的基于时间的启发式方法,例如在给定的时间间隔之后再开启额外的子流,将在一定程度上缓解上述问题,并为低带宽但生命周期长的应用程序提供健壮性的保障。

另一个问题是,两个通信主机可能同时尝试在同一对地址之间开启子流,这也会导致资源的低效利用。如果所有子流上都使用了相同的端口(如上所述),则可以使用标准 TCP 同步开放逻辑来处理此问题,从而使得在地址对之间只能建立一个子流,但是这依赖于在两端主机上使用相同端口。如果主机不支持同时开启 TCP 连接,我们则建议对开启新子流之前等待的时间应用一些随机化考虑,从而保证在给定地址对之间只会有一条子流创建,而降低同时创建发生的概率。但是,如果主机发出要使用其他端口的信令,例如,在路径上利用 ECMP(Equal Cost Multipath),则这种启发式方法是不合适的。

3.2.9.3 失效处理

3.2.7 小节已经给出了 MPTCP 对意外信令流程的处理需求,还有一些其他的失效情况,主机可以选择合适的操作进行有效应对。

例如,在主机发生了一次或者多次 MPTCP SYN 失效后,应该退回到尝试常规 TCP SYN。主机可能在系统范围缓存这些信息,因此,主机可以从尝试使用 MPTCP 进行回退操作,首先是针对特定的目标主机,如果 MPTCP 继续失败,则针对所有的接口。

当 MP_JOIN 握手失效时,还会发生另一种失效情况,3.2.6 小节规定不正确的握手会导致子流使用 RST 进行关闭,如果发现了多次失败的 MP_JOIN 尝试,运行了主动入侵检测系统的主机可能会选择开启对来自源主机的 MP_JOIN 进行阻断操作。从连接发起者的角度来看,如果一次 MP_JOIN 失败了,它就不应该在此连接的生存期内再尝试连接到相同的 IP 地址和端口上,除非对端使用另外的 ADD_ADDR 选项更新信息。注意 ADD_ADDR 选项只能提供信息,并不保证对端会尝试建立连接。另外,在实现时可能会出现在特定的接口或是目的地址上的大量连接总是持续失效的情况,此时可能会默认不再尝试对此类接口或地址使用 MPTCP。也可能会出现某些子流性能特别不好、表现极差,或是某些子流在使用中总是出错的情况,此时就可以选择暂时不使用这些路径。

3.3　部署中的互操作性

3.3.1　MPTCP 和 TCP 的对比

3.3.1.1　性能上的对比

本小节在与使用常规 TCP 的预期效果进行比较的基础上讨论了 MPTCP 对应用程序性能的影响。向 TCP 添加多路径功能的关键目标之一是通过在可能不相交的路径的多个子流上进行负载分配从而来提高传输连接的性能。此外,MPTCP 的一个显式目标是保证 MPTCP 连接至少可以与使用单路径 TCP 的连接表现得一样好,以下总结了从应用程序的角度所看到的 MPTCP 的性能效果:

(1) 吞吐量:使用 MPTCP 可以预期的最明显的性能改进是吞吐量的增加,因为 MPTCP 可以在两个端点之间池化汇集多条路径(如果都可用的话)的传输能力,这往往可以给上层应用程序提供更大的带宽,尽管也可能会出现一些另外的情况,例如,由于拥塞控制动态导致的差异。例如当一条新的子流刚建立时,短期吞吐量可能会小于理论的优化值。由于 MPTCP 利用发送端与接收端之间多条路径进行通信,因此相对于传统 TCP 会带来吞吐量的提升,而且 MPTCP 的耦合拥塞控制算法保证了在瓶颈处的公平性,不会挤占过多传统 TCP 会话的流量,从而实现了对传统 TCP 的友好性。需要注意的是,在 MPTCP 协调多条子流的过程中会造成吞吐量的突然变化,特别是子流在打开和关闭的过程中吞吐量的变化更加明显,对于需要恒定速率的多媒体应用(比如音频和视频应用)可能有不利影响。

(2) 时延:由于应用层的数据会经过多条子流进行传输,不同子流的链路特性可能大不相同,因此接收端的乱序相比于传统 TCP 会更加严重,这会导致时延抖动的增大,而MPTCP 数据调度的默认目标是最大化吞吐量,这对于一些实时的多媒体应用存在不利的影响。目前内核中实现的 MPTCP 集成了针对不同的优化目标(如吞吐量、时延)的多种数据调度算法。MPTCP 向上层提供的 API 接口可以考虑让应用根据自己的性能要求选择具体的数据调度算法,至少能够要提供禁止使用 MPTCP 的选项,因为在某些场景下使用传统 TCP 带来的时延抖动反而可能更小。

(3) 恢复力与切换:使用 MPTCP 能够获得更好的恢复力(健壮性),这也是 MPTCP带来的另一个重要性能提升。同时使用多条子流意味着,如果其中一条子流失败了,则所有流量都可以转移到剩余的其他子流上。此外,可以在这些子流上重新传输任何丢失的包,从而保证应用层连接的不中断,因此 MPTCP 能够提供更好的恢复力和切换能力。需要注意的是,针对一种特殊情况,即 MPTCP 在特定时间点只能在一条子流上传输数据,在这种情况下,与单路径 TCP 相比,恢复力可以得到提升。MPTCP 还支持子流之间的先建后断(make-before-break)和先断后建(break-before-make)的切换。在这两种情况下,MPTCP 连接都可以在 IP 地址不可用或更改(例如,由于接口关闭或切换)的情况下得以生存。子流故障可能是由应用不可知的网络问题或者节点上的接口故障所引起的。在某些情况下,应用程序可能注意到此类故障(例如,通过无线电信号强度,或仅仅通过接口启用标志),但是无法基于此操作对 MPTCP 连接的稳定性和性能进行假设。

3.3.1.2　MPTCP 的一些潜在问题

尽管 MPTCP 相比于 TCP 具有聚合带宽的功能,可以显著提升传输效率,但 MPTCP 还存在一些潜在问题,下面从几个主要方面进行简要探讨:

(1) 中间体的影响:由于 MPTCP 需要使用新的 TCP 选项,某些中间体(如网关、入侵检测系统)可能会丢弃这些数据包,或者清除这些选项,此时 MPTCP 只能回退到传统 TCP,特别在初始的连接阶段,首次连接握手的时延就会显著增大。可行的方案是同时使用 MPTCP 和传统 TCP 尝试连接,并优先使用先得到响应的连接,或者为 MPTCP 设置更小的连接超时时间,使之能够迅速回退到传统 TCP。

(2) 多地址的问题:TCP 只用一个 IP 地址,而 MPTCP 会使用多个 IP 地址,这对某些特殊应用会有潜在的影响,例如某些监测工具想要测量某条特定路径的可用带宽,但由于 MPTCP 使用多条路径实现同时通信,这往往会导致测量值偏大。还有一些应用带有日志功能,需要记录客户端正在使用的 IP 地址,如果应用没有意识到传输层使用了 MPTCP,那么只会记录初始子流的 IP 地址,而其他子流的 IP 地址会被忽略,甚至当 MPTCP 的调度策略已经关闭初始子流时,应用仍会记录完全错误的 IP 地址。

(3) 安全隐患:一个 MPTCP 连接中对多 IP 地址的支持往往会导致额外的安全风险,例如存在攻击者发送连接劫持攻击的可能。MPTCP 的协议设计需要最小化这种风险。即使可能会对其中一条路径上的攻击者造成危害,但是也需要保证 MPTCP 并不会比单路径 TCP 具有更大的安全风险,这种情况下易发生的攻击主要是中间人攻击。

3.3.2　MPTCP 和传统 TCP 应用程序的交互

3.3.2.1　地址问题

应用程序可以选择特定的 IP 地址,也可以绑定到 INADDR_ANY。此外,在某些系统上,可以使用其他套接字选项(例如,SO_BINDTODEVICE)绑定到特定接口。如果应用程序使用特定地址或绑定到特定接口,那么 MPTCP 必须尊重这一点,而不干涉应用程序的选择,绑定到特定地址或接口意味着应用程序并不支持 MPTCP 的使用,将禁止在此连接上使用 MPTCP。希望使用 MPTCP 绑定到特定地址集上的应用程序必须使用多路径感知调用来达到此目的,如果应用程序绑定到 INADDR_ANY,则假定应用程序不关心在本地使用哪些地址。在这种情况下,本地策略可以允许 MPTCP 在这样的连接上自动设置多个子流。支持 MPTCP 的应用程序的 sockets API 允许以 MPTCP 兼容的方式表达其其他的偏好。

应用程序可以使用 getpeername() 或 getsockname() 函数来检索对端或本地套接字的 IP 地址,这些功能可以用于各种目的,包括安全机制、地理位置或接口检查。sockets API 的设计假设 socket 只使用一个地址,并且由于该 IP 地址对应用程序可见,因此应用程序可能假设在连接的生存期内,函数提供的信息是相同的。然而,在 MPTCP 中,不同于 TCP,存在到子流的连接的一对多映射,并且当连接继续存在时,可以添加和移除子流。由于子流地址可以更改,MPTCP 无法通过 getpeername() 或 getsockname() 公开在连接生存期内既有效又恒定的 IP 地址。此问题的解决方法如下:

如果是由旧式应用程序使用,则 MPTCP 堆栈必须始终返回 MPTCP 连接的第一个子流的地址和端口号,即使该子流不再被使用。这是因为如果关闭了第一个子流,地址可能不再有效;并且在这种情况下,MPTCP 堆栈可能会关闭整个 MPTCP 连接(即初始子流和整个 MPTCP 连接是命运与共的)。当一个 MPTCP 连接仍在进行时,这种命运与共的方式避免了对 IP 地址和端口的重用;但是当第一个子流的 IP 地址不再可用时(例如,移动事件),就会付出 MPTCP 性能降低的代价。是否默认关闭整个 MPTCP 连接应由本地策略进行控制。此外,函数 getpeername() 和 getsockname() 还应始终返回第一个子流的地址(如果套接字由支持 MPTCP 的应用程序所使用),以便与不支持 MPTCP 的应用程序保持一致,并与流控制传输协议(SCTP)保持一致。

3.3.2.2　连接管理

MPTCP 有关闭子流(TCP FIN 选项)和关闭整个连接(Data FIN)操作,但传统 TCP 的 API 中只有 close() 函数。当应用程序调用 close() 函数时,一般表示应用程序已经没有多余的数据要发送了,此时 MPTCP 应理解为关闭整个 MPTCP 连接,并向对端发送 Data FIN 消息。MPTCP 应提供对子流进行操作(建立、关闭和重置)的 API 接口,以实现应用对子流进行细粒度控制的能力。

3.3.2.3　套接口选择

现存的 TCP sockets 存在大量的选项,应用可以通过 getsockopt() 和 setsockopt() 获取和设置位于 socket 层、TCP 层和 IP 层的参数,实现各种各样的功能。但是在 MPTCP 中,这些传统 TCP sockets 选项就应该针对整个连接层面,而不是针对每条子流起作用。

MPTCP 还应该提供针对某条子流的 API 接口,应用可以通过这个接口配置某条子流的具体参数。

上面是总体策略,下面再介绍几个具体操作。在 TCP 中,应用可以设置 TCP_NODELAY 选项来禁用 Nagle 算法(Nagle,1984),考虑到兼容性,MPTCP 应该保留这个选项,但 MPTCP 中使用这个选项会让所有子流禁用 Nagle 算法。此外,TCP 中应用可以通过 SO_SNDBUF 和 SO_RCVBUF 选项设置发送缓存与接收缓存,在 MPTCP 中发送端需要更大的缓存实现数据调度,接收端需要更多的缓存实现连接级别的数据重组,此时应该为 MPTCP 的发送缓存与接收缓存设置合适的下界。如果应用设置的缓存太小,传输层应该禁用 MPTCP。在 TCP 中,应用可以通过设置 SO_OOBINLINE 发送紧急数据,但在 MPTCP 中应该禁用紧急数据选项。

3.3.3 针对 MPTCP 的扩展 API

虽然在大多数场景下使用 MPTCP 会获得性能的提升,但在某些场景下反而会对传统 TCP 上的应用造成不利的影响。为了满足各种应用的服务需求,需要应用能够根据自己的特点对 MPTCP 作相应设置。本小节定义一些扩展的 API 接口,应用程序可以通过这些接口获得 MPTCP 更多的信息,并能设置 MPTCP 的相关参数来实现期望的服务,这些接口完全兼容传统 TCP 的应用。扩展 API 应能够实现如下功能:

(1) TCP_MULTIPATH_ENABLE:允许应用启用或禁用 MPTCP;

(2) TCP_MULTIPATH_ADD:将 MPTCP 绑定到一系列给定的本地地址,或者向一个存在的 MPTCP 连接增加新的本地地址;

(3) TCP_MULTIPATH_REMOVE:从一个 MPTCP 连接中移除一个本地地址;

(4) TCP_MULTIPATH_SUBFLOWS:获得由 MPTCP 子流当前所使用的地址对;

(5) TCP_MULTIPATH_CONNID:获得该 MPTCP 连接的本地连接标志。

3.3.3.1 扩展 API 的具体实现

抽象的 MPTCP API 由一组与 MPTCP 套接字关联的新参数值组成,这些值可用于更改 MPTCP 连接的属性或检索信息,以及可以通过新的符号访问现有的调用,例如使用 setsockopt()和 getsockopt(),或者可以实现为全新的函数调用。表 3.1 给出了这些 MPTCP 套接字设置的符号名称及其相应解释。

表 3.1　新增 socket 选项

Name	Get	Set	Data type
TCP_MULTIPATH_ENABLE	o	o	boolean
TCP_MULTIPATH_ADD		o	list of addresses（and ports）
TCP_MULTIPATH_REMOVE		o	list of addresses（and ports）
TCP_MULTIPATH_SUBFLOWS	o		list of pairs of addresses（and ports）
TCP_MULTIPATH_CONNID	o		integer

（1）TCP_MULTIPATH_ENABLE：启用或禁用 MPTCP。

（2）TCP_MULTIPATH_ADD：为 MPTCP 子流添加可用的本地 IP 地址和端口号。添加 IP 地址后 MPTCP 连接不一定立刻创建子流，子流的创建时间由 MPTCP 根据实际情况决定，这个操作将会影响本地终端向对端通告的可用地址列表。如果应用在指定地址后未指定端口号，则子流的端口号由 MPTCP 自动配置，但推荐所有子流尽量使用相同的端口号。

（3）TCP_MULTIPATH_REMOVE：为 MPTCP 子流移除可用的本地 IP 地址（端口号）。如果某条子流正在使用将要移除的 IP 地址，MPTCP 应该立刻关闭该条子流并通知对端，但在关闭之前应先创建一条新的子流承载该条子流的数据。

（4）TCP_MULTIPATH_SUBFLOWS：获得子流正在使用的 IP 地址和端口号。

（5）TCP_MULTIPATH_CONNID：获得 MPTCP 连接标志，连接标志用于区别不同的 MPTCP 连接，连接标志应保证本地唯一。

上述选项应同时支持 IPv4 和 IPv6。

3.3.3.2　其他建议的扩展功能

上面介绍了扩展 API 的具体实现，下面介绍 MPTCP API 实现方面的几点建议：

（1）应用能够获得所有子流的相关统计信息；

（2）应用拥有对子流的细粒度控制，包括建立、关闭连接；

（3）应用能告知 MPTCP 自己的性能要求（低时延、高吞吐量、恒定速率），MPTCP 可以根据应用的需求选择合适的算法来尽量提供相应的服务；

（4）应用能够控制数据在子流之间的调度；

（5）应用可以设置针对子流的回调功能，当子流的相应参数改变后 MPTCP 可以调用回调函数通知应用程序。

3.3.4　其他兼容性问题

虽然 API 开发者可能都希望能够整合 SCTP 和 MPTCP 的 API 以提供一个统一的

接口,但是 MPTCP 提供的服务与 SCTP 大不相同,无法将 SCTP API 函数直接映射到 MPTCP,而且 MPTCP 协议栈也并不支持 SCTP socket 接口函数。SCTP 与 TCP 就存在无法兼容的问题,而 MPTCP 则是在考虑与 TCP 能够兼容的基础上进行设计的。因此,整合 SCTP 和 MPTCP API 想法不太实际。进一步地,MPTCP 与其他多宿主机协议的兼容性也需要注意,目前有许多多宿主(Multihoming)协议,MPTCP 与其中的 SHIM、HIP、Mobile IPv6 会在一定程度上产生冲突,因此当使用 SHIM、HIP、Mobile IPv6 时不能使得当前的 MPTCP 很好地发挥作用,所以可以考虑不采用 MPTCP。

3.4   MPTCP 协议的实际部署场景

3.4.1   数据中心

随着数据中心内部业务流量的迅速增大,其传统的分层集中式拓扑将造成核心交换机的数据传输压力剧增,研究者提出了 VL2(Greenberg et al.,2009)以及 FatTree(Al-Fares et al.,2008)等新型拓扑结构来解决这一问题。这些新型拓扑在数据中心内部任意两台主机间都有多个核心交换机以提供全带宽连接,其中 FatTree 结构如图 3.21 所示。这些交换机一般部署有 ECMP(Equal-Cost Multipath Protocol)和其他负载均衡技术,能够将访问同一台主机的流量分摊到不同路径上,这也就为多路径协议创造了应用条件。MPTCP 可以协同使用多条端到端路径,增强连接的恢复力,提高网络资源利用率,从而提升网络的容量和吞吐量,因而被广泛部署于数据中心。

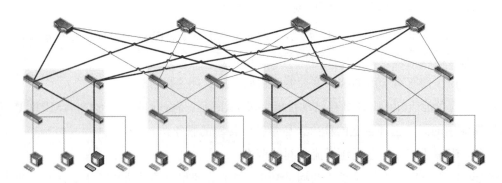

图 3.21   FatTree 数据中心拓扑

文献(Raiciu et al.,2010)提出在上述密集并行网络拓扑结构中使用 MPTCP 替代 TCP 作为数据中心内部的传输协议。一方面,可以利用 MPTCP 多径传输的特性提升连接的吞吐量,并且由于多径传输能对上层应用屏蔽部分路径的失效,也能够提升连接的健壮性。另一方面,路径选择和拥塞控制功能允许 MPTCP 将流量转移到可用空间较大的路径上,平衡了数据中心核心交换机上的流量,相较于 TCP 具有更好的公平性。

然而 MPTCP 在数据中心中的应用也存在 TCP Incast 的问题,即同一路径上的多个子流均遭遇拥塞,会导致同步减小窗口,出现有效数据量急剧减少的情况。这种情况在一个终端向多个服务器同时请求数据时较为常见。EW-MPTCP(Equally-Weighted MPTCP)(Ming et al.,2014)在每个 MPTCP 连接执行自身拥塞控制机制的基础上,对同一终端的不同 MPTCP 连接建立耦合拥塞控制机制,为各个连接进行"加权",使得这些不同 MPTCP 连接以高耦合的方式增大各自的拥塞窗口,其连接吞吐量之和相当于单条 TCP 连接,从而能够在瓶颈路径上与单条 TCP 流公平竞争链路带宽,而不至于引起路径拥塞,进而也就避免了 TCP Incast 问题。

进一步地,以文献(Raiciu,Barré et al.,2011)中对 FatTree 结构的模拟为例介绍 MPTCP 在数据中心的部署。需要说明的是,在进行测试时,往往很难搭建足够规模的类似真实数据中心的网络结构,一般解决方法是使用仿真来模拟真实情况。该文献中使用 NS2 进行仿真(注:现在 NS3 中已经实现了 MPTCP),模拟了 128 个主机、80 个 8 端口的交换机,链路速率为 100 Mbps。当进行更大规模的模拟时往往要牺牲精度,因此进行较大规模的仿真时评价角度便只能用流来衡量。基于这种考虑,该文献进一步模拟了 8 192 个节点的情况。

文献(Raiciu,Barré et al.,2011)分别通过模拟 128 个节点和 8 192 个节点的数据中心网络,发现子流数目越少其吞吐量也就越小。其原因主要是在仿真的结构拓扑中,只有使所有的流各自分离(没有共享瓶颈的情况发生),才能达到最大的吞吐量。由于采用了 ECMP 的机制,各个 TCP 流将被随机地分配到相应路径上,从而导致有些子流会共享同一个瓶颈,而有些链路却没有得到充分利用。MPTCP 则使用多条路径进行传输,同样在 ECMP 的基础上,MPTCP 能够更好地利用空闲链路,从而增大了总的吞吐量。

3.4.2 移动场景

目前大多数智能终端和移动设备都配备了两个以上的无线接口,而 MPTCP 可协同使用多个路径,增加或者删除若干路径而不影响上层应用的连通性,并且能够将数据从拥塞路径转移到其他不拥塞的路径上进行传输。上述特征使得 MPTCP 天然集成了移动特性。

文献(Paasch et al.,2012)中首次使用具有 Linux-MPTCP 内核版本的移动设备在实际网络环境中进行移动性测试,同时使用移动终端的 Wi-Fi 接口和 3G 接口进行数据传输。当 Wi-Fi 信号被终止后,MPTCP 仍可以使用 3G 接口继续进行数据传输,上层业务并没有发生中断,从而完成了不同接口间数据传输的无缝切换,验证了 MPTCP 的移动切换特性。进一步地,文献(Paasch et al.,2012)在无线场景中测试 MPTCP 性能,并在三种不同模式下进行比较。在全连接模式下,MPTCP 同时利用 3G 和 Wi-Fi 接口传输数据,当 MPTCP 主机移动时,会导致某个接口的信号强度下降,信道质量变差,此时流量能够快速而平滑地从一个接口转到另一个接口,整个切换过程吞吐量没有显著变化。在 backup 模式中,3G 接口用做路径备份,数据主要通过 Wi-Fi 接口传输,当 Wi-Fi 接口失败时,流量能够迅速转移到 3G 接口,吞吐量没有明显降低,但缺点是能耗较高,因为 3G 接口没有传输数据却一直要维持连接的有效性。在 single-path 模式下,MPTCP 只使用 Wi-Fi 接口,3G 接口处于关闭状态,此时 MPTCP 相当于回退到 TCP。当 Wi-Fi 接口失败时,3G 接口才迅速启动,这种模式虽然会节约能耗,但吞吐量在切换过程中会突然下降。说明单路径 TCP 对移动性支持不高,MPTCP 能够较好地支持移动性。

此外,文献(Raiciu et al.,2012)测试了 MPTCP 在两条路径参数不对称的场景下进行数据传输的情况。结果表明当接收缓存充足时,MPTCP 能够高效利用两条路径的传输能力。而当接收缓存较小时,速度较慢路径的数据包会阻塞速度较快路径的数据包传输,导致吞吐量下降,甚至不及单 TCP 在较好路径上的吞吐量。

文献(Li et al.,2018)在高铁上对 MPTCP 进行了性能测试,接下来将以此为例进一步介绍移动场景的部署。文中部署了两个阿里云的静态云服务器以及两个移动的客户端,每个云服务器都使用 Apache2 配置成 HTTP 服务器,客户端都使用 Ubuntu14.04 系统并配置好 MPTCPv0.91 的内核。在移动的高铁上,每个客户端都使用一个 USB 蜂窝网卡并连接来自手机热点的 Wi-Fi,从而保证客户端能够有多径蜂窝网络。文中使用两种频段的 LTE 网络,分别为 M(TD-LTE)和 U(FDD-LTE),为对比 MPTCP 和 TCP 的性能,MPTCP 同时使用 M 和 U,而 TCP 分别使用 M 和 U,具体设备及相关参数如表3.2所示。

表 3.2　移动设备和参数选择

Carrier	Device	Version（model）	RAT
M	Smartphone	Samsung Galaxy S6	TD-LTE(4G)，TD-SCDMA(3G)，GSM(2G)
U	Smartphone	Samsung Galaxy S6	FDD-LTE(4G)，WCDMA(3G)，GSM(2G)
M	USB Celluar Modem	ZTE MF832U	TD-LTE(4G)，TD-SCDMA(3G)，GSM(2G)
U	USB Celluar Modem	ZTE MF832U	FDD-LTE(4G)，WCDMA(3G)，GSM(2G)

在文献(Li et al.,2018)的实验中,TCP 流使用的拥塞控制算法为 Reno,MPTCP 则分别使用 Reno、LIA 和 OLIA 进行对比(具体这些拥塞算法细节详见本书第 4 章),为了更好地展现在高铁上使用蜂窝数据上网的真实情况,其分别测试了如 64 KB、256 KB 和

1 MB 大小的小流,以及持续时间超过 100 s 的大流。为了细粒度地分析数据,在客户端和服务器分别使用 tcpdump 进行抓包统计分析,与此同时,手机端使用所在团队开发的 MobiNet 工具来记录高铁的位置与速度以及各种网络参数。

通过分析实验数据,针对小流(Mice Flows),以及在完成数据传输的过程中可能出现网络切换的情况,并且这种切换会影响整个流的完成时间,因而将其作为变量。将数据以 MPTCP 和 TCP 在静止状态和高速运动状态加之各频段是否出现切换来分类,如表 3.3 所示。

表 3.3 小流的分类方式

Condition	Group:MS-US			Group:M0-U0		
	MPTCP (M+U)	TCP (M)	TCP (U)	MPTCP (M+U)	TCP (M)	TCP (U)
Speed(km/h)	0	0	0	280-310	280-310	280-310
♯ of handoff(M)	0	0	—	0	0	—
♯ of handoff(U)	0	—	0	0	—	0
Condition	Group:M0-U1			Group:M1-U0		
	MPTCP (M+U)	TCP (M)	MPTCP (M+U)	TCP (M)	MPTCP (M+U)	TCP (M)
Speed(km/h)	280-310	280-310	280-310	280-310	280-310	280-310
♯ of handoff(M)	0	0	0	0	0	0
♯ of handoff(U)	1	—	1	—	1	—

通过对比各个子流的完成时间,得出以下结论:

(1) 从健壮性的角度进行分析,MPTCP 的流完成时间要短于较差的(发生切换的) TCP 流,即使单一子流发生切换对 MPTCP 的影响也小于切换对单 TCP 流的影响,从而论证了 MPTCP 增强健壮性的性质。

(2) 从效率的角度分析,测试中并不能展现出 MPTCP 优于 TCP,因为就流完成时间而言,MPTCP 往往要长于较优的 TCP 流,同时对比两子流均未发生切换以及单一子流发生切换的情况,MPTCP 的流完成时间增加得较为明显,究其原因,主要有两方面:一方面,MPTCP 在建立整个连接需要 6 次握手,对于小流来说这部分时间的损耗不可忽视;另一方面,MPTCP 无法自主选择初始路径,建立主子流时,主子流的路径状况对 MPTCP 影响较大,如果建立在较差的路径上,握手数据包可能丢失,从而需要重传相应数据包,进一步增加了流完成时间。

针对大流(Elephant Flows),同样以静止状态和高速运动状态加以区分,并根据所得数据以切换次数进行进一步的细化分类,如表 3.4 所示。

表 3.4　大流的分类方式

Conditions	Group:MS-US			Group:ML-UL		
	MPTCP (M+U)	TCP (M)	TCP (U)	MPTCP (M+U)	TCP (M)	TCP (U)
Speed(km/h)	0	0	0	280-310	280-310	280-310
# of handoff(M)	0	0	-	0-6	0-6	-
# of handoff(U)	0	-	0	0-6	-	0-6
Conditions	Group:ML-UH			Group:MH-UL		
	MPTCP (M+U)	MPTCP (M+U)	MPTCP (M+U)	MPTCP (M+U)	TCP (M)	TCP (U)
Speed(km/h)	280-310	280-310	280-310	280-310	280-310	280-310
# of handoff(M)	0-6	>6	>6	>6	>6	-
# of handoff(U)	>6	0-6	0-6	0-6	-	0-6
Conditions	Group:MH-UH		
	MPTCP (M+U)	MPTCP (M+U)	MPTCP (M+U)
Speed(km/h)	280-310	280-310	280-310
# of handoff(M)	>6	>6	>6
# of handoff(U)	>6	>6	>6

同时定义平均下载速率 $AvgRate$ 为下载总字节数与下载持续时间的比率,记 MPTCP 的平均下载速率为 $AvgRate_{MPTCP}$,使用频段 M 和 U 的 LTE 网络的 TCP 平均下载速率分别为 $AvgRate_{TCP-M}$ 和 $AvgRate_{TCP-U}$,并按照以下公式计算三组指标值(R_1,R_2 和 R_3):

$$R_1 = AvgRate_{MPTCP}/\min(AvgRate_{TCP-M}, AvgRate_{TCP-U})$$

$$R_2 = AvgRate_{MPTCP}/\max(AvgRate_{TCP-M}, AvgRate_{TCP-U})$$

$$R_3 = AvgRate_{MPTCP}/(AvgRate_{TCP-M} + AvgRate_{TCP-U})$$

(1) 从健壮性的角度分析,参考数据中的 R_2 和 R_3 在大多数场景下都能大于 1,同时横向对比高速移动状态和静止状态,高速移动状态往往经历更多的切换,R_1 值就相对更高,从而验证了 MPTCP 的健壮性。

(2) 从效率的角度分析,在对比各场景的 R_1 后,发现在高速移动状态下 MPTCP 并不能优于较好的 TCP 流。分析其原因,主要是在于测试中使用的拥塞控制算法与数据包调度算法并不能很好地应对高速移动场景(发生多次切换的场景)。

3.4.3　MPTCP 代理

主机只有在通信对端也支持 MPTCP 时才能使用 MPTCP,这为大范围部署 MPTCP 带来了很大的阻碍,该问题可以通过引入 MPTCP 代理来解决。目前 MPTCP 代理主要有两种典型应用场景。一种是当客户端支持 MPTCP 而服务器端不支持 MPTCP 时,可以在服务器端部署 MPTCP 代理,从而将 MPTCP 流转化为传统 TCP 流。另一种是在运营商的接入网内,运营商可能有多个接入网(例如有线和无线),虽然用户不具备 MPTCP 功能,但可以在用户侧和接入网关分别部署 MPTCP 代理,用户的 TCP 流经过用户 MPTCP 代理转化为 MPTCP 流,MPTCP 的不同子流经过运营商的不同接入网到达接入网网关,随后网关 MPTCP 代理将 MPTCP 流转化为 TCP 流。

我们以 KT(Korea Telecom)所提出的代理实现模型 GIGA Path 来进行简要的介绍,KT 所给出的代理模型是一种显式代理模型。GIGA Path 这项服务使智能手机用户能够在现有智能手机上获得高达 1 Gbps 的带宽,它们通过在支持多路径 TCP 的智能手机上结合快速 LTE(与运营商聚合)和快速 Wi-Fi 网络来实现这一高带宽。GIGA 路径系统的总体架构如图 3.22 所示。

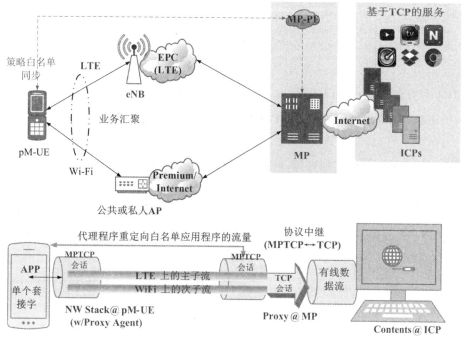

图 3.22　GIGA Path 显式代理模型

在智能手机上启用多路径 TCP 是部署 GIGA Path 的第一步。但这还不够,因为现在只有很少的服务器支持多路径 TCP。为了让用户能够从他们使用的所有应用程序的多路径 TCP 中获益,KT 选择了一个 SOCKSv5 代理。此代理在 x86 服务器上运行,使用的是 Linux 内核中开源多路径 TCP 实现的 0.89.5 版。这个代理使得韩国 GIGA Path 服务的订阅方所使用的所有基于 TCP 的应用程序均可以从多路径 TCP 中获益。

这种显式代理方式使用代理服务器与客户端建立 MPTCP 连接,并通过单 TCP 与传统服务器进行通信。GIGA Path 允许用户对应用选择是否使用代理以及使用何种方式进行代理。显式代理虽然能够使用 MPTCP 提高总吞吐量,但是其存在两方面的问题:一方面,显式代理在建立连接时需要更多步骤的握手,对短流来说其最终表现结果不一定优于单 TCP;另一方面,在使用 MPTCP 时,即使处于 Wi-Fi 连接的状态下也会消耗 LTE 流量,因而需要对 LTE 用量进行把控。根据以上两点,用户可以把经常交换较小数据的应用移出代理名单,同时设置相应参数尽量减小大流应用的 LTE 用量。

3.5　MPTCP 协议的功能性测试

3.5.1　平台搭建

现有对 MPTCP 的研究大多基于仿真平台,故而一些对 MPTCP 的优化方案,尤其是性能优化方案,其在实际网络中的有效性都有待进一步考量。为了能够真正发现 MPTCP 存在的问题,并对其进行行之有效的优化,在实际网络中搭建 MPTCP 平台并进行一些功能、性能的验证性实验是十分有必要的。

当前主要的 MPTCP 实现分为 NS2/NS3 仿真实现和 Linux 内核实现。其中 Linux 内核版本的 MPTCP 已实现开源,任何版本匹配的 Ubuntu 系统均可从其官网下载并安装 MPTCP 内核。

为了在实际网络中对 MPTCP 的性能进行研究,我们搭建了支持文件和视频传输服务的 MPTCP 服务器,用以与 MPTCP 终端进行文件传输、视频实时播放。MPTCP 平台的拓扑如图 3.23 所示。

在该实验拓扑中,我们首先搭建了视频服务器,该服务器支持 MPTCP 传输,根据 MPTCP 后向兼容性原则,若通信双方均支持 MPTCP,则视频服务器与对端建立 MPTCP 连接,否则,建立传统 TCP 连接。MPTCP 终端通过 LTE 以及 WLAN 两种方式接入互联网,与视频服务器建立 MPTCP 连接,协同使用这两种接口进行数据传输。图 3.22 所示实验场景拓扑非常类似于文献(Raiciu,Barré et al.,2011)所指文件传输场景。

根据文献(Raiciu,Barré et al. ,2011)的描述,此场景中的 MPTCP 终端应可以将数据从拥塞较重的路径中迁移到负载较轻的路径中,完成负载迁移,并进一步地,支持传输层的移动切换。我们将在接下来的章节中验证上述特性。

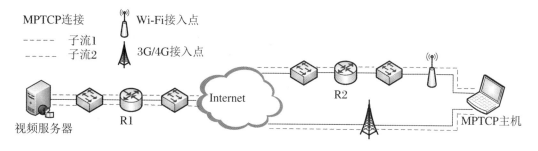

图 3.23　基于实际网络的 MPTCP 视频传输场景拓扑

3.5.2　背景流变化场景下 MPTCP 负载迁移特性

MPTCP 协同使用多个子流,当某一路径出现拥塞,根据 MPTCP 拥塞控制算法,可将大部分数据转移至更为空闲的路径进行传输,即 MPTCP 在遭遇拥塞时(如路径中加入了大量背景流时),可自动完成负载迁移的过程。此处以 MPTCP 最为简洁的全耦合(Fully Coupled)算法为例来解释这一现象。

全耦合拥塞控制(Fully Coupled Congestion Control)算法沿用了 TCP Reno 的大部分内容,除了在拥塞避免阶段联合控制了所有的子流使其总吞吐量相当于单条 TCP。其中,在 Fully Coupled 算法中,拥塞避免阶段,子流 r 每收到一个 ACK,其拥塞窗口的增量 Δw_r 为 $1/w_{total}$。假设 MPTCP 存在两条子流且子流 1 更为拥塞,则在子流 1 中,每个 ACK 返回所用的时延较子流 2 更长,故而在每个 ACK 所能带来的拥塞窗口增量相同的情况下,子流 1 的平均拥塞窗口增速更低,逐渐的上层数据会倾向于使用子流 2 进行传输,从而实现了负载的迁移。

如图 3.24 所示,TCP 终端与 MPTCP 终端同时处于 WLAN 和 LTE 的信号覆盖范围内,两者皆可通过 WLAN 或者 LTE 接入网络并从视频服务器请求数据,在本机进行播放。由于视频服务器是 MPTCP 内核,所以既可以和 MPTCP 终端建立多子流的 MPTCP 连接,又可以和 TCP 终端建立单路径的传统 TCP 连接。当两台终端主机分别向视频服务器请求数据时,MPTCP 通过 LTE 以及 WLAN 两条路径建立多子流连接获取视频,并在本机播放,而 TCP 主机通过 LTE 连接获取视频并播放。某一时刻起在 R2 路由器上加入了大文件传输的 TCP 背景流从而形成路径拥塞,该背景流一直存在至本实验中止。

在图 3.24 所示的场景中,分别从两个方面观察 MPTCP 连接与 TCP 连接的表现,即视频播放质量以及连接的吞吐量变化。

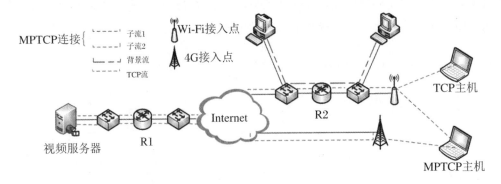

图 3.24　TCP 与 MPTCP 对比场景图(含背景流)

　　图 3.25 显示了实时监测的 TCP 与 MPTCP 终端视频播放质量以及吞吐量变化。其中左侧是 TCP 的视频播放图与 TCP 吞吐量监测图,右侧对应 MPTCP。我们发现当链路中加入了背景流后,左侧 TCP 的吞吐量曲线急剧下滑至一个较低的水平之后在该值附近浮动,视频播放也极为卡顿,而随着背景流对于瓶颈链路带宽的消耗进一步增加,视频播放卡顿程度加深甚至播放失败。这一点可以通过 TCP 视频与 MPTCP 视频已播放长度确定,图中 MPTCP 已播放至视频的 1/3 处,而 TCP 视频才播放至 1/4 处。另一方面,虽然 MPTCP 的 LTE 接口数据也急剧下滑至较低水平,但 WLAN 接口的数据量随即飙升,保证了总吞吐量不至于下滑太严重,上层应用的视频依然流畅播放,随着背景流对于瓶颈链路带宽的消耗进一步增加,视频播放质量不会出现较大影响。

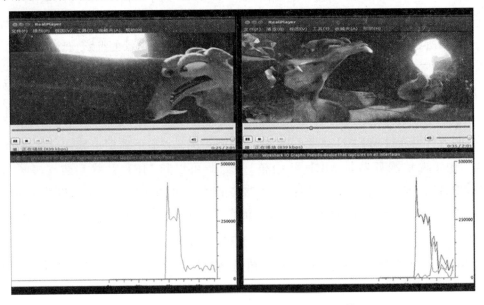

图 3.25　背景流场景中 TCP 与 MPTCP 终端截图

在包含背景流的对比实验中,MPTCP 连接将一部分数据流从 WLAN 迁移至较为空闲的 LTE 路径进行传输,实现了负载的迁移,而 TCP 连接只能任由路径质量下降从而导致吞吐量损失,体现出了 MPTCP 负载迁移的优越特性。

3.5.3 丢包率变化场景下 MPTCP 负载迁移特性

有很多原因可以导致链路质量下降,如路径中的流量增大从而导致拥塞甚至丢包;或者如无线路径等出现无线丢包从而导致链路带宽下降。在上一小节中,我们使用增加背景流的方式制造了路径拥塞,成功验证了在路径拥塞状况下 MPTCP 迁移负载的特性。在本小节中,我们又使用人工设置的丢包率,模仿无线丢包造成的链路质量下降,以验证该情况下 MPTCP 的负载迁移特性。

同样地,我们将相同场景下的 TCP 连接与 MPTCP 连接进行对比,观察两者的性能表现。实验拓扑如图 3.26 所示。

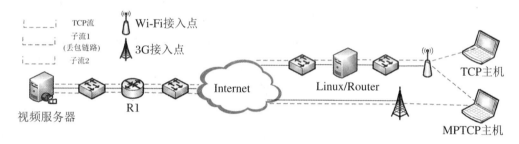

图 3.26　TCP 与 MPTCP 对比场景图(含丢包率)

TCP 终端和 MPTCP 终端分别位于 LTE 和 WLAN 接口的信号覆盖范围内,均可通过任意接口连接互联网,并从视频服务器获取视频至本机播放。由于需要在路径中人为地加入链路丢包,我们修改了实验设备,使用 Linux 主机代替了路由器。硬件方面在该主机中加入了多块网卡,并各自分配地址、网关信息;软件方面为 Linux 主机设置了转发功能,并配置转发路由表,使得该 Linux 主机能够作为普通路由器使用,同时安装了Tc netem模块用以设置路径丢包率。

设定从某一时刻起,TCP 终端与 MPTCP 终端同时从视频服务器获取视频并在本机播放。其中,TCP 主机仅使用 WLAN 路径与服务器建立了单路径 TCP 连接,而 MPTCP主机同时使用两条路径与服务器建立了多路径 MPTCP 连接。一段时间后,在 WLAN路径中加入了定值的丢包率以模拟无线丢包。这部分同样从视频播放质量和连接吞吐量两个方面来比较 TCP 与 MPTCP 连接的性能表现。

图 3.27 是 TCP 连接与 MPTCP 连接终端上的实时监测图。与图 3.26 有着相同的模式,左侧为 TCP 视频与其吞吐量监测,右侧为 MPTCP。当 WLAN 链路被人为加入定

值丢包率以后,TCP 吞吐量下降至较低水平并始终在该吞吐量附近浮动;视频播放卡顿,并随着所设置丢包率的进一步增大,视频卡顿程度加深甚至播放失败,左侧图片显示了 TCP 终端视频播放中止,正在缓冲的画面。另一方面,在 MPTCP 连接中,虽然 WLAN 路径的吞吐量也急剧下滑至较低水平,但 LTE 接口的吞吐量随即迅速上升,一定程度地弥补了总吞吐量的下降幅度。需要指出的是,由于 LTE 接口的带宽本身就远低于 WLAN 接口,故而只能一定程度地弥补总吞吐量而不能完全还原丢包发生前的吞吐量。MPTCP 终端视频播放连续,并未出现卡顿现象。

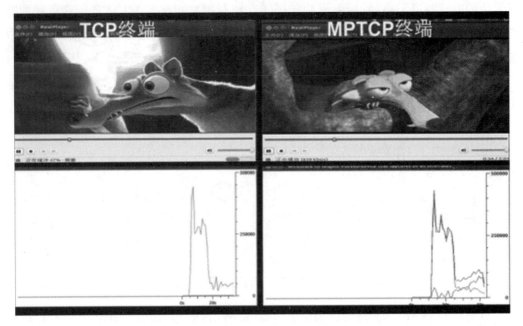

图 3.27   丢包率场景中 TCP 与 MPTCP 终端截图

在该实验场景中,通过 TCP 与 MPTCP 连接的对比,可以看出 MPTCP 成功支持了负载从有丢包的路径迁移至几乎不丢包路径,而 TCP 则只能任由链路质量下降从而导致吞吐量下降。MPTCP 在有路径丢包的情况下也具备负载迁移的特性。

3.5.4 MPTCP 的移动切换特性

链路质量下降可能导致路径时延增大、经过链路的流吞吐量降低,其终极表现即为链路失效进而导致经过该链路的连接失败。MPTCP 负载迁移的特性也可由此延伸出基于传输层的移动切换特性。在本小节中,我们将基于所搭建的 MPTCP 视频传输平台,与相同场景下的 TCP 连接进行对比,以验证 MPTCP 移动切换的有效性。

图 3.28 为 TCP 与 MPTCP 移动切换场景的拓扑图。同样地,TCP 终端与 MPTCP 终端均处于两种接入方式的信号覆盖范围内,可通过任意方式接入互联网,获取视频服

务器视频并在本机播放。TCP 主机通过 WLAN 接口与视频服务器建立单路径 TCP 连接,而 MPTCP 主机通过两条路径与视频服务器建立 MPTCP 连接。在某一时刻,我们断开了 WLAN 接口的信号,模拟主机离开 WLAN 覆盖范围,而仅在 LTE 覆盖范围内工作。通过观察 TCP 终端和 MPTCP 终端视频播放质量和实时吞吐量变化,我们比较了两者的移动切换性能。图 3.29 显示了 WLAN 信号被切断后,两主机的截图,其中在 TCP 终端中,视频播放直接失败,播放器发出出错提醒,下方流量监测图也停在数据流消失的时刻不再移动。而在 MPTCP 终端中,视频依然继续播放,下方的流量图显示,WLAN 接口的吞吐量急剧下降至零,而 LTE 接口的流量随机飙升,承担起了数据传输的全部任务。MPTCP 总吞吐量虽然有一定程度的下降但始终保持连接通畅。该过程表示 MPTCP 连接的数据流从 WLAN 接口转移到了 LTE 接口进行传输,在传输层完成了由 WLAN 到 LTE 网络的移动切换过程。

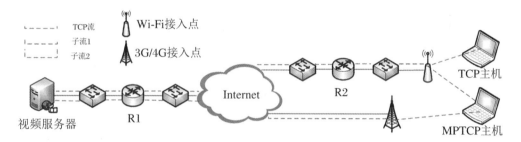

图 3.28　TCP 与 MPTCP 移动切换对比场景图

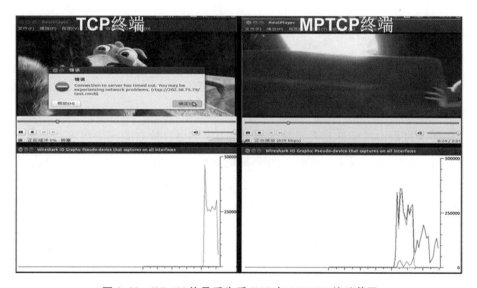

图 3.29　WLAN 信号丢失后 TCP 与 MPTCP 终端截图

进一步设定在一段时间之后,点击 TCP 重建连接按钮,TCP 连接逐渐恢复,终端视频也逐渐恢复播放。如图 3.30 所示,从 TCP 对应的流量监测图中可以看到,TCP 终端重建连接后,LTE 接口上出现了数据流,视频恢复播放。其间 MPTCP 接口始终保持数据传输以及视频播放。这也证明了 TCP 并不能完成传输层的移动切换,需要断开连接并人为地建立新连接。

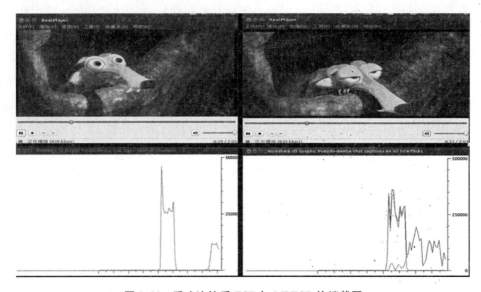

图 3.30　重建连接后 TCP 与 MPTCP 终端截图

3.5.5　基于 vMOS 的 MPTCP 性能展示

3.5.5.1　vMOS 原理

影响视频内容清晰度的关键因素包含视频编码方式(视频编码压缩算法,例如 H.264、H.265 和 VP9,以及视频编码等级,例如 Main Profile,High Profile)、视频分辨率、视频码率和视频帧率。

视频播放过程中的缓冲是在视频传输过程中产生的,较差的网络覆盖和较低的带宽值都会导致视频缓冲的发生。评估缓冲影响时,主要考虑初始播放阶段的加载时间,以及播放过程中的卡顿时间。因此我们对移动视频 MOS 的三个关键因素(视频内容质量、初始缓冲时延、卡顿时长)进行建模,并且通过理论和实验分析来量化这些因素的影响。

vMOS 接口如下:

typedef struct VideoFullInfoStruct{

float　initialBufferTime;　　　/∗初始缓冲时延,单位秒(s)∗/

float　stallingRatio;　　　　　/∗卡顿时长占比,例如卡顿时长占比为 10%,则输

入 0.1∗/

```
float    videoPlayDuration;          / * 视频片源纯播放时长,单位秒(s) * /
float    videoBitrate;               / * 视频码率,单位 Kbps * /
int      videoResolution;            / * 视频分辨率,具体取值参见宏值 * /
int      videoCode;                  / * 视频编码算法,具体取值参见宏值 * /
int      videoCodeProfile;           / * 视频编码层级,具体取值参见宏值 * /
}VideoFullInfo;
typedef struct VideoLiteInfoStruct{
float    initialBufferTime;          / * 初始缓冲时延,单位秒(s) * /
float    stallingRatio;              / * 卡顿时长占比,例如卡顿时长占比为 10%,则输
                                         入 0.1 * /
float    videoPlayDuration;          / * 视频片源纯播放时长,单位秒(s) * /
float    videoBitrate;               / * 视频码率,单位 Kbps * /
int      videoOTTprovider;           / * 视频网站标志,例如 YouTube、优酷等,具体取值
                                         参见宏值 * /
}VideoLiteInfo;
```

3.5.5.2　VLC 视频播放器

VLC(Video Lan Client)是优秀的开源播放器,可以播放 MPEG-1、MPEG-2、MPEG-4、DivX、DVD/VCD、数字卫星频道、数字地球电视频道(Digital Terrestrial Television Channels),以及在许多作业平台底下透过宽频 IPv4、IPv6 网络播放线上影片。此软件开发项目最初是由法国学生发起的,参与者来自于世界各地,设计了多平台的支持,可以用于播放网络串流及本机多媒体。

VLC 提供了创建流服务器、接收视频流和详细解析视频播放信息等服务,给 vMOS 评分提供了可靠数据。使用日志中帧丢失时延和缓冲时延作为视频初始缓存和卡顿时长的参考。我们通过 VLC 日志信息,获取视频的播放参数,调用 vMOS 的接口即可实现 vMOS 打分。在使用中,只需同时开启视频传输、日志和 vMOS,即可实时计算 vMOS 得分。

3.5.5.3　vMOS 测试

1. 测试场景

如图 3.31 所示,在实验室搭建如下拓扑:通过两台 MPTCP 主机作为视频请求的客户端和服务器,分别测试使用 TCP 和 MPTCP 时 vMOS 的得分。

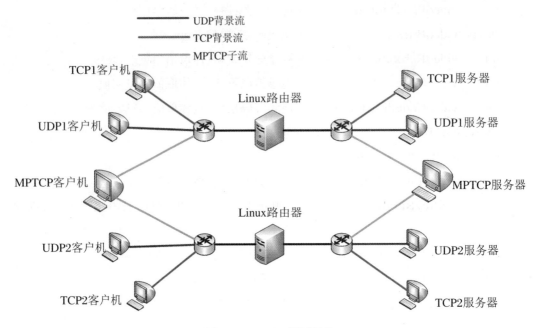

图 3.31　vMOS 测试拓扑

2. 测试参数

视频播放软件选用 VLC,并搭建 VLC 视频服务器,客户端通过 HTTP 进行视频请求。通过读取 VLC 视频播放日志信息(日志级别 10),衡量 15 个周期内视频质量。这里周期 T 设为 8 s,总测量时间为 120 s。需要测量的量为初始缓冲时延和卡顿比。初始缓冲设为 2 s,为第一次视频缓冲耗时,卡顿时长包括帧丢失时长和重新缓冲时长。选用 1 080 P视频。

测量时,先播放视频并开启播放器日志,同时启动 vMOS 测量工具,每隔 8 s 自动统计视频信息并计算实时 vMOS 值以及阶段 vMOS 值,15 个周期以后计算 2 min 视频的总 vMOS 值,每个场景测试 3 次,最终对 3 次测得的 vMOS 值取平均值。

首先对单 TCP 进行测试,这里我们测试 1 080 P 视频进行传输,其对带宽的需求大致为 800 KB/s(不限制其链路带宽,让其正常播放),得到在各个可用带宽下 vMOS 的数据,如图 3.32 所示。

由于在 250 KB/s 的可用带宽下,视频已经基本无法播放,因此我们没有继续测试更差的链路,并把 250 KB/s 作为该场景下重度拥塞的标准,同时,如表 3.5 所示,我们针对当前的测试场景定义了其他的拥塞度值。

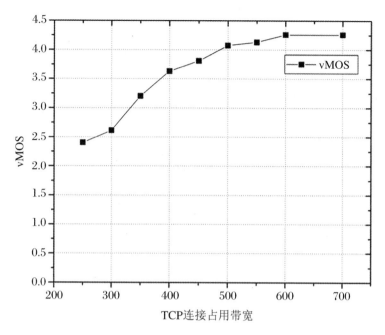

图 3.32   vMOS 得分与 TCP 带宽的关系

表 3.5   拥塞程度定义

拥塞度	可用带宽
正常	800 KB/s
轻度	500 KB/s
中度	400 KB/s
重度	250 KB/s

MPTCP 拥塞控制算法选用 LIA，TCP 拥塞控制算法选用 Reno。背景流包括 TCP 流和 UDP 流，通过调整背景流，使测试连接（比如 TCP 连接、subflow$_1$ 等）达到预设的拥塞度。

3. 测试结果

如表 3.6 所示，我们首先测试 1 080 P 视频在如下场景下的得分。

表 3.6　vMOS 在各场景下的得分

	流状态	U-vMOS 值
单 TCP	TCP 流正常	4.259 3
MPTCP	SUB_FLOW1 正常 + SUB_FLOW2 正常	4.259 5
	SUB_FLOW1 正常 + SUB_FLOW2 轻度拥塞	4.256 4
	SUB_FLOW1 正常 + SUB_FLOW2 中度拥塞	4.251 2
	SUB_FLOW1 正常 + SUB_FLOW2 重度拥塞	4.239 5
	流状态	U-vMOS 值
单 TCP	TCP 流轻度拥塞	4.074 1
MPTCP	SUB_FLOW1 轻度拥塞 + SUB_FLOW2 正常	4.256 4
	SUB_FLOW1 轻度拥塞 + SUB_FLOW2 轻度拥塞	4.259 5
	SUB_FLOW1 轻度拥塞 + SUB_FLOW2 中度拥塞	4.259 3
	SUB_FLOW1 轻度拥塞 + SUB_FLOW2 重度拥塞	4.247 3
	流状态	U-vMOS 值
单 TCP	TCP 流中度拥塞	3.632 1
MPTCP	SUB_FLOW1 中度拥塞 + SUB_FLOW2 正常	4.251 2
	SUB_FLOW1 中度拥塞 + SUB_FLOW2 轻度拥塞	4.259 1
	SUB_FLOW1 中度拥塞 + SUB_FLOW2 中度拥塞	4.259 2
	SUB_FLOW1 中度拥塞 + SUB_FLOW2 重度拥塞	4.239 1
	流状态	U-vMOS 值
单 TCP	TCP 流重度拥塞	2.402 6
MPTCP	SUB_FLOW1 重度拥塞 + SUB_FLOW2 正常	4.252 1
	SUB_FLOW1 重度拥塞 + SUB_FLOW2 轻度拥塞	4.251 0
	SUB_FLOW1 重度拥塞 + SUB_FLOW2 中度拥塞	4.251 5
	SUB_FLOW1 重度拥塞 + SUB_FLOW2 重度拥塞	3.961 2

进一步我们录制一个视频,包括视频的实时播放、vMOS 得分,以及各子流吞吐量曲线。整个视频包括如下场景:

(1) TCP1 正常播放;

(2) TCP1 重度拥塞;

(3) MPTCP 两个子流同时传输(子流 1 重度拥塞 + 子流 2 重度拥塞);

(4) TCP2 重度拥塞;

（5）MPTCP 两个子流同时传输（子流 1 重度拥塞 ＋ 子流 2 重度拥塞）。

视频截图及分析如下：

（1）如图 3.33 所示，当使用单 TCP 进行传输时，重度拥塞的情况下，视频播放会严重卡顿，同时画面会出现大面积失真，我们可以从 vMOS 实时采样值看到，这个阶段得分基本就是 1 分。

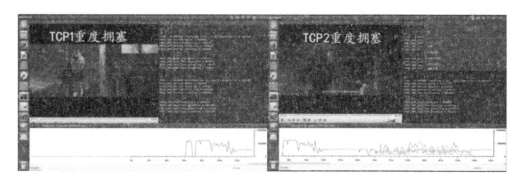

图 3.33　TCP 两条流重度拥塞下的表现

（2）如图 3.34 所示，当使用 MPTCP 进行传输时，MPTCP 聚合两条子流的带宽实现视频的正常播放，视频的阶段 vMOS 值达到 4.2，MPTCP 聚合带宽的效果可以从吞吐量的曲线看出，最上面的线代表 MPTCP 两子流的总吞吐量，下面两根线分别代表着子流 1 和子流 2 的吞吐量。

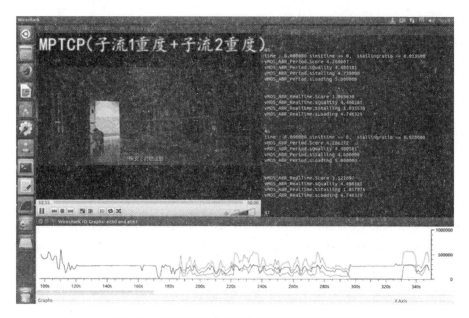

图 3.34　MPTCP 两条子流都是重度拥塞下的表现

3.5.6 MPTCP 的缺陷示例

通过上述实验,我们对比了 TCP 与 MPTCP 在不同场景下的性能,验证了 MPTCP 在实际网络中具有负载迁移、移动切换的特性。然而在实验的过程中,通过对两种主机吞吐量的监测,我们也发现了 MPTCP 所存在的一些问题。

重新回顾,采用如图 3.24 所示拓扑的实验,TCP 主机与 MPTCP 主机均使用了 WLAN 路径接入网络,且该路径中有大量的背景流,路径拥塞状况严重。

这里我们将所监测的 TCP 主机与 MPTCP 主机吞吐量重新绘制在同一张图中进行比较,如图 3.35 所示,分别给出了 TCP 主机吞吐量随时间的变化以及拥有两条子流的 MPTCP 主机的总吞吐量变化。5 s 时两台主机分别开始从视频服务器获取文件,约 13 s 时 WLAN 链路中加入了背景流,大约在第 17 s 后二者均恢复到平稳传输状态。值得注意的是,MPTCP 主机与 TCP 主机在 6～13 s 的时间内几乎保持吞吐量一致,虽然之后的时间段内 MPTCP 逐步将流量从 WLAN 迁移至 LTE 网络,吞吐量下降较 TCP 平缓很多,但当其恢复平稳状态后,所获得的总吞吐量与 TCP 也几乎保持一致。

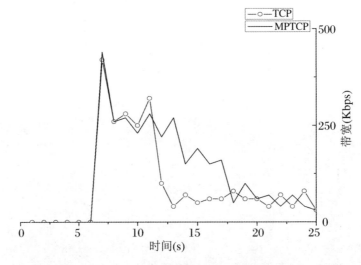

图 3.35 含背景流场景中 TCP 终端与 MPTCP 终端流量监测图

这一实验结果未免让人难以接受:首先,MPTCP 使用了两个接口接入网络,对于多路径的复用并没有使其获得比 TCP 更多的吞吐量。其次,在加入背景流后,TCP 的吞吐量已降至一个较低的水平,而因为 MPTCP 也使用了相同的一条路径,故而所获得的吞吐量也由此大打折扣,这也是由头阻塞问题所引起的。总之,这一实验结果验证了 MPTCP 在公平性上严格遵守了网络公平性准则:当遭遇拥塞时,MPTCP 所能获得的总吞吐量,只相当于单条 TCP 的吞吐量。

MPTCP 终端消耗了更多的资源来维护多个接口同时工作,而所能获得的总吞吐量仅相当于单条 TCP,这对于 MPTCP 终端用户,尤其是移动端用户来说是不可接受的。维护 MPTCP 连接将会耗费大量的电能等,然而这样的高昂支出在网络公平性的原则下将无法得到对等的性能回报。为此,使用更为宽松的公平性准则就非常有必要了,例如根据瓶颈公平性准则来改进 MPTCP 算法,在不侵害传统 TCP 连接的前提下,提升 MPTCP 终端所能获得的回报。

3.6 本章小结

本章主要介绍了 IETF MPTCP 工作组制定的 MPTCP 基本协议的设计细节,展示了其在实际应用场景中的性能测试结果,并且分析了 MPTCP 协议的潜在优势及存在的问题。MPTCP 架构设计遵循 Tng 分解,通过添加 MPTCP 层的方式实现了多径对上层应用的透明及与现有 TCP 协议的兼容。作为 TCP 协议的扩展,MPTCP 在多方面具有和 TCP 类似的性质,但是多条子流的控制与协同管理使其相比于 TCP 更复杂。本章详细介绍了 MPTCP 子流的管理(包括连接初始化、加入新子流、地址管理等)和多子流协同两方面的注意事项及实现细节。对于 MPTCP 子流管理,主要通过携带 MPTCP 标志信息实现不同于 TCP 连接的操作,而为了管理多条子流,MPTCP 必须具有路径管理、数据包调度、耦合拥塞控制及子流接口等功能。通过分析 MPTCP 在数据中心及移动场景的实际部署效果,我们发现,MPTCP 能够利用多条路径聚合带宽来有效提升连接吞吐量,多子流还可以屏蔽部分路径失效,提升连接健壮性,而且 MPTCP 负载迁移的拥塞控制方法使其天然具有良好的移动特性。通过搭建实际平台进行测试,可以发现 MPTCP 在有链路性能下降时,依然能够通过负载迁移实现较大的吞吐量,并且在重度拥塞的场景下依然能通过聚合带宽实现较大的吞吐量,有效减少视频卡顿。

需要说明的是,虽然 MPTCP 具有多种优势,但 MPTCP 依然面临诸多潜在问题。中间体的影响使得 MPTCP 实际部署面临严峻挑战,多地址之间的多连接使其相比于 TCP 具有更大的安全风险,更易受到中间人攻击。且现有的拥塞算法为了实现 TCP 的公平性,限制了 MPTCP 至多获得和最优 TCP 一样的吞吐量,而这种限制对于能耗更多、占用资源更多的 MPTCP 而言是不公平的。总体而言,MPTCP 实现广泛部署并充分发挥其优势依然任重道远。

第 4 章

MPTCP 协议中的拥塞控制

4.1 公平性定义与问题描述

4.1.1 网络公平性

网络公平性是指网络中属于同一个连接的单径流或多径流获得相等的吞吐量。基于网络公平性的拥塞控制算法总是假设所有的子流共享同一瓶颈,限制所有子流的增速之和不超过其最优路径上单路径 TCP 的增长速度,对于 MPTCP 连接来说,它的吞吐量应该等于 TCP 流在最好路径上获得的吞吐量。网络公平性有两个作用:一是确保多径流的吞吐量能达到最好;二是确保多径流不对传统 TCP 流造成危害。MPTCP 设计原则默认使用网络公平性。在这种前提下,MPTCP 用户虽然消耗了更多的资源(如电能),却仅能获得与 TCP 用户相同的带宽,这对 MPTCP 用户来说并不合理。因此在实际应用中可考虑使用对 MPTCP 用户更加友好的瓶颈公平性准则。

4.1.2 瓶颈公平性

瓶颈公平性是指每个连接在同一个瓶颈处获得的吞吐量相等。扩展到 MPTCP 是指:通过同一个瓶颈位置的连接,无论子流的数目有多少,其在连接层面所能获得的吞吐量相等,以保证对该瓶颈处竞争的 TCP 连接的公平。即设 T 为一条常规 TCP 流在此瓶颈链路上获得的吞吐量,n 为此多路径连接经过该瓶颈处的子流总个数,则经过同一瓶颈处的每条子流 i 的吞吐量 T_i 都应该低于 T,并满足 $\sum_{i=1}^{n} T_i = T$。在瓶颈公平性中有两个关键问题:① 如何判断多条子流处于同一瓶颈;② 如何为瓶颈集合内的子流设计合理的拥塞控制机制。

4.1.3 子流公平性

子流公平性是指瓶颈处每条子流都是独立的,分享瓶颈的一部分,每条子流获得的吞吐量与单条 TCP 连接相等。如果 MPTCP 连接共有 n 条子流,则总吞吐量是 TCP 流的 n 倍。可以看出,子流公平性虽然能为 MPTCP 连接实现较大的吞吐量,但对传统 TCP 流有较大的侵占性。相较单径 TCP,MPTCP 连接占据了大量网络带宽资源,没有实现真正的公平性。

4.2　现有耦合拥塞控制算法介绍

4.2.1　基于网络公平性的拥塞控制方案

为了能够保证 TCP 本应获得的网络资源不被侵占,MPTCP 逐渐转向使用网络公平性原则。网络公平性规定在遭遇拥塞时,MPTCP 所能占用的网络资源不能超过其最好路径上的 TCP 所占用的资源。这就意味着在网络出现拥塞时,MPTCP 的吞吐量会十分接近于单 TCP。EWTCP(Honda et al.,2009)、Fully COUPLED(Han et al.,2004;Kelly,Voice,2005)、LIA(Raiciu,Handley et al.,2011)、RTT-Compensator(Raiciu et al.,2009)、OLIA(Khalili et al.,2012)、BALIA(Peng et al.,2016)均是在这种公平性原则下提出的。这些算法都基于 TCP RENO,保留了 RENO 慢启动、快速恢复的部分,仅对各子流拥塞避免阶段的窗口增速进行了修改。

EWTCP 为每条子流分配相同的“权重”,因此所有的子流都将根据所分配的权值等量地增大拥塞控制窗口。然而在实际网络中,一条基于 EWTCP 算法的 MPTCP 连接所能获得的总吞吐量是低于单条 TCP 的,因为 EWTCP 忽略了一个事实,即各子流通常是具有不同的路径时延以及拥塞程度的,不可一概而论。

Fully Coupled 算法区分了路径的拥塞程度,并将数据从拥塞路径上转移到较为不拥塞的路径上进行传输。然而,该方案仍旧没有考虑不同路径可能具有不同的路径时延的情况,故在性能上相比 TCP 仍然较差。LIA 的提出首次弥补了这一空白,它根据各路径不同的时延来调整对应子流拥塞窗口的增长速率,其中,路径时延较低的子流将会获得更大的拥塞控制窗口以及更大的窗口增长速率。OLIA 在 LIA 的基础上提出,其目的是要让性能最优但拥塞窗口不是最大的子流获得更大的窗口增速,OLIA 将子流划分为三类,并根据类别分配不同的窗口增速。BALIA 通过改变增长因子进一步调节快子流的增速。另一方面,RTT-Compensator 限制了 LIA 算法中较优的子流,保证它们的窗口增速不会超过单条 TCP,从而避免其因增速过快而侵害了同一链路上的 TCP 的利益。上述各算法在拥塞避免阶段窗口增速的具体算法如表 4.1 所示。

表 4.1　部分耦合拥塞控制算法

拥塞控制方案	拥塞避免阶段
EWTCP	$\Delta w_r = a/w_r,\, a = 1/\sqrt{n}$
Fully COUPLED	$\Delta w_r = 1/w_{total}$
LIA	$\Delta w_r = a/w_{total},\, a = \hat{w}_{total}\dfrac{\max_r \hat{w}_r/rtt_r^2}{\left(\sum_r \hat{w}_r/rtt_r\right)^2}$
RTT-Compensator	$\Delta w_r = \min(a/w_{total\,r}, 1/w_r),$ $a = \hat{w}_{total}\dfrac{\max_r \hat{w}_r/rtt_r^2}{\left(\sum_r \hat{w}_r/rtt_r\right)^2}$
OLIA	$\Delta w_r = \dfrac{w_r/rtt_r^2}{\left(\sum_r \hat{w}_r/rtt_r\right)^2} + \dfrac{a}{w_r},$ $a = \begin{cases} \dfrac{1/n}{|B\backslash M|}, & 若\, r \in B\backslash M \\ -\dfrac{1/n}{|M|}, & 若\, r \in M,\, B\backslash M \neq \varnothing \\ 0, & 其他 \end{cases}$
BALIA	$\dfrac{x_r/rtt_r}{\left(\sum_r \hat{w}_r/rtt_r\right)^2}\left(\dfrac{1+a_r}{2}\right)\left(\dfrac{4+a_r}{5}\right),$ $x_r = \hat{w}_r/rtt_r,\, a_r = \dfrac{\max x_k}{x_r}$

　　虽然上述拥塞控制方案逐步优化了 MPTCP 的传输性能,但它们始终受限于网络公平性,即 MPTCP 在使用所有这些拥塞控制算法并遭遇拥塞时,所能达到的吞吐量都十分接近于单 TCP 连接。对于 MPTCP 终端用户而言,他们消耗了更多的终端资源,包括电能、存储资源、CPU 资源等,来维护多个接口协同工作,但所能达到的总吞吐量仅与传统 TCP 终端用户相同。这对于 MPTCP 用户而言是不可接受的,是付出与回报不对等的不平等结果。为此,为 MPTCP 选择更为合适的公平性原则,在不侵害传统 TCP 利益的同时提升 MPTCP 连接性能,是一个亟待解决的问题。

4.2.2　基于瓶颈公平性的拥塞控制方案

　　基于子流公平性的拥塞控制算法大大提升了 MPTCP 多接口所能获得的总吞吐量,却严重侵害了单路径 TCP 连接的可用资源,对于网络中的非 MPTCP 连接极为不公。基于网络公平性的拥塞控制算法保证了传统 TCP 连接的利益不受侵害，实现了对单路径 TCP 连接的公平，却为 MPTCP 的性能设置了极高的限制，使其带宽收益与传统 TCP 相同，由于非瓶颈位置子流的吞吐量受限，MPTCP 连接也难以充分利用实际的可用带宽。

由此，介于上述两种公平性之间的瓶颈公平性渐渐进入研究人员的视野。当同一连接的不同子流共享了一段链路时，我们即认为这些子流共享了瓶颈。使用瓶颈公平性，一方面共享瓶颈的子流所能获得的总吞吐量相当于同一链路上单条 TCP 连接，没有对 TCP 的公平性造成伤害；另一方面，对于其他没有共享瓶颈的子流，其吞吐量分别可以相当于单条 TCP，这在没有造成侵害的情况下提升了 MPTCP 的总吞吐量。

然而，使用瓶颈公平性会带来如下两个方面的问题：① 如何判定 MPTCP 的不同子流间共享了瓶颈。MPTCP 作为传输层协议，不能获得数据包经过的链路的具体信息，也就无法准确判定共享瓶颈所在。② 对于共享瓶颈的子流应做何种处理，使其吞吐量相当于单条 TCP。

动态窗口耦合算法（Dynamic Windows Coupling，DWC）（Hassayoun et al.，2011）是基于瓶颈公平性实现的早期算法。DWC 认为，在同一时段内相继发生丢包与时延增大事件的子流共享了路径瓶颈。该方案瓶颈判定的算法如下：

（1）MPTCP 实时监测各子流是否有丢包。

（2）若某一子流发生丢包，则将该子流纳入瓶颈集合内，进入瓶颈监测状态。

（3）在瓶颈监测状态下，检查各子流 r 拥塞窗口前 $W_r/2$ 的长度内是否有平滑 RTT（Smoothed RTT，SRTT）超过既定阈值或丢包事件，若有，则将该子流纳入瓶颈集合；若没有，进入后向窗口监测阶段。

（4）在后向窗口监测中，各子流 r 拥塞窗口后 $W_r/2$ 的长度内，若有子流平滑 RTT 超过既定阈值，或出现丢包，则将该子流纳入瓶颈集合；若始终没有，则结束瓶颈监测状态。

（5）若瓶颈集合内不超过一条子流，则解除瓶颈集合。

图 4.1 给出了 DWC 瓶颈判定过程的一个示例，SF1 发生丢包（Loss）的时刻即触发监测，在监测期内，SF2 的前向监测窗口内有平滑 RTT 超出了既定阈值，而 SF3 的后向监测窗口内有平滑 RTT 超出了既定阈值，故而此 3 条子流被判定为共享了瓶颈，归纳为同一瓶颈集合中进行高耦合的拥塞控制。

对于瓶颈集合内的子流 r，在拥塞避免阶段，每收到一个 ACK，拥塞窗口 W_r 进行如下变换：

$$W_r = W_r + \frac{a_r}{W_S} \tag{4.1}$$

其中 $a_r = \frac{1}{|S|} \times \frac{R_r}{R_{S_i}}$。式（4.1）中，$W_S$ 代表瓶颈集合中所有子流拥塞窗口之和，S 表示

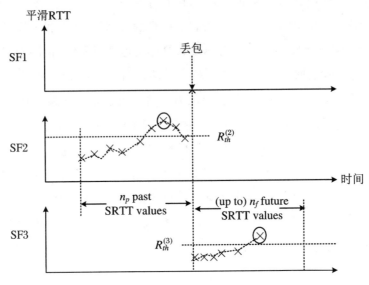

图 4.1   DWC 瓶颈判定方法

瓶颈集合中子流的个数, R_r 表示子流 r 的路径时延, 而 R_{s_i} 表示瓶颈集合中最短路径的时延, 比例 R_r/R_{s_i} 试图补偿最佳路径与其他路径之间的 RTT 差异。

此外, 若瓶颈集合内任一路径发生了丢包并减半了拥塞窗口, 则集合内其他子流也将各自减半拥塞窗口。这一做法是为了提前告知各子流可能会遭遇拥塞, 应提前缩减拥塞窗口, 从而避免拥塞的程度进一步加剧。

DWC 算法因为简单易操作而被广为接受, 然而其中也存在着很多问题。首先, 使用丢包与时延信息作为瓶颈判别的依据难免出现误判, 文献实验部分的图示结果也反映了这一问题, 由于误判概率较高, 常常将非共享瓶颈的子流联合到一起进行拥塞控制, 故而 DWC 算法所能达到的总吞吐量低于瓶颈公平性的理论值。其次, 在 DWC 所判定的瓶颈集合中, 一旦有子流发生丢包, 所有的子流都要随之减半拥塞窗口, 这会对 MPTCP 的性能造成极大的损失, 尤其在误判瓶颈的情况下, 这种性能损失更是完全不必要的。最后, 我们将会在后续的章节中揭示 DWC 拥塞控制算法的不足之处, 即拥塞窗口增速过于缓慢, 导致 MPTCP 带宽性能低于传统 TCP。

为了降低 DWC 的误判率, 文献(Singh et al. ,2013)在 DWC 的基础上细分了瓶颈判定的因素, 包括丢包-混合判定、丢包-时延增大判定、丢包-丢包判定、时延增大-混合判定、时延增大-时延增大判定以及时延增大-丢包判定。并在不同的实验场景下, 分别使用这六种触发条件-判定条件的组合, 统计其误判率。实验证明, 在有瓶颈和无瓶颈两种场景下, 时延增大-时延增大的触发-混合判定表现最优, 具有最低的误判率。故而文献(Singh et al. ,2013)认为, 应使用时延增大-时延增大的触发-混合判定作为 DWC 的瓶颈判定方法,以降低误判概率。

即便如此,文献(Singh et al.,2013)所提出的改进依然不能从根本上解决 DWC 高误判低性能的问题,如何在瓶颈公平性的基础上提出更为准确有效的瓶颈判定方法以及对应的拥塞控制方案,是一个非常值得研究的问题。

4.2.3　拥塞控制算法测试与分析

为了更直观地反映现有的各种拥塞控制算法在实际网络中的效果,我们通过搭建与实际网络相仿的测试场景,来比较和分析各种拥塞控制算法的性能。

目前 MPTCP 拥塞控制算法的标准是基于网络公平性的原则,在 Linux 内核中实现的拥塞控制算法也都是基于网络公平性的,虽然瓶颈公平性更有利于 MPTCP 在某些场景下性能的提升,但由于目前瓶颈判断方法仍然不够成熟,导致瓶颈判断的结果不够准确,基于瓶颈公平性的拥塞控制算法应用还不是很广泛。

因此,本小节的测试目标主要是基于网络公平性的拥塞控制算法,主要分析了在保证网络公平性下 MPTCP 相对于 TCP 性能的提升、MPTCP 在子流路径参数不对称场景下的性能和对网络状态变化后的反应力。

4.2.3.1　测试场景

测试场景拓扑图如图 4.2 所示,共有两条路径,每条路径均有两条 TCP 背景流来模拟实际网络中的背景流量,每条路径通过在中间的 Linux 路由器上利用流量控制命令 tc qdisc来改变路径质量。TCP 和 MPTCP 客户机利用工具 iperf 来产生流量,在接收端利用 ifstat 和 wireshark 统计和分析流量。每条链路的带宽均为 100 Mbps。

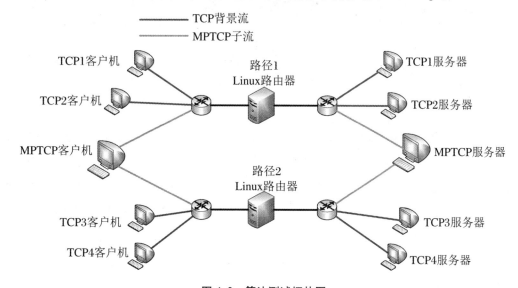

图 4.2　算法测试拓扑图

本部分的测试包含了目前比较常用的 3 个拥塞控制算法，分别是 RTT-Compensator 算法、OLIA 算法和 BALIA 算法。本小节总共设计了 4 个典型的测试场景，其参数分别如表 4.2 所示。

表 4.2　测试场景路径参数设置

测试场景		一	二	三	四
路径 1	时延	20 ms	20 ms	20 ms	40 ms
	丢包率	0.05%	0.05%	0.05%	0.05%
路径 2	时延	20 ms	20 ms	40 ms	20 ms
	丢包率	0.05%	0.15%	0.05%	0.05%

对于每个算法，按时间先后顺序连续依次执行以上四个测试场景，即先测试场景一，紧接着测试场景二，然后测试场景三，最后测试场景四。这样既可以直观地表示各个算法在不同测试场景下的性能，又能通过前后场景的比较，观察某一个路径参数的变化对算法性能的影响，表现算法对网络状态变化的反应能力。

4.2.3.2　RTT-Compensator 算法测试结果

RTT-Compensator 算法测试结果如图 4.3～图 4.5 所示，其中纵坐标为吞吐量。

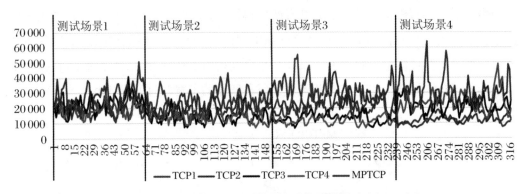

图 4.3　RTT-Compensator 算法各连接吞吐量对比（Kbps）

从测试结果可以粗略看出：从测试场景 1 进入测试场景 2 后，由于路径 2 丢包率提高（从 0.5% 提高到 1.5%），路径 2 质量迅速下降，路径 2 上的 TCP 与 MPTCP 子流吞吐量均出现较大幅度的下降，而 MPTCP 连接总吞吐量却没有下降。这是因为此时 MPTCP 将路径 2 上的流量迁移至路径 1 上，路径 1 上的吞吐量增加，而 MPTCP 总吞吐量始终保持和路径 1 上的最好 TCP 一致。

进入测试场景 3 后，由于路径 2 的 RTT 提高，相同窗口（此时丢包率与测试场景 1 一致，而拥塞窗口大小直接受丢包率影响）下路径 2 上的吞吐量下降，MPTCP 能够迅速适应这种改变，进行负载迁移，保证总吞吐量不受影响，始终保持和路径 1 上的最好 TCP 一致。

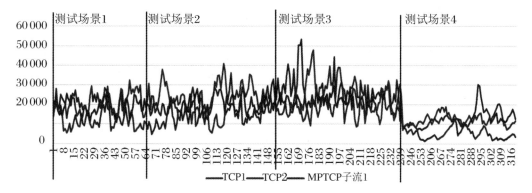

图 4.4　RTT-Compensator 算法路径 1 吞吐量对比（Kbps）

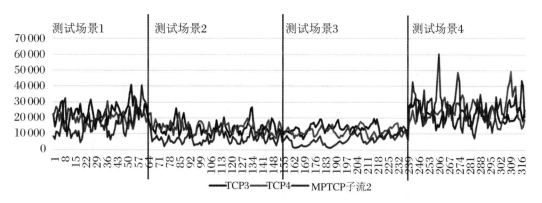

图 4.5　RTT-Compensator 算法路径 2 吞吐量对比（Kbps）

在不断变化的路径参数下，基于 RTT-Compensator 算法的 MPTCP 能够实现动态负载均衡，将流量从差路径迁移至好路径，虽然在某些差路径下 MPTCP 子流吞吐量不如同路径下的 TCP，但基于 RTT-Compensator 算法的 MPTCP 总能获得与最好 TCP 相当的吞吐量，而这正体现了网络公平性。下面的 OLIA 算法与 BALIA 算法也有相同的效果。

4.2.3.3　OLIA 算法测试结果（纵坐标为吞吐量）

OLIA 算法测试结果如图 4.6～图 4.8 所示，其中纵坐标为吞吐量。

从测试结果可以看出，OLIA 算法也能在保证网络公平性的前提下实现动态负载均衡，将流量从差路径迁移到好路径。对比 OLIA 算法两条子路径与 RTT-Compensator 算法的两条子路径可以看出，当路径 2 质量变差时，OLIA 算法在路径 2 上的流量更少，而将更大部分流量转移到了路径 1 上，说明 OLIA 算法动态负载迁移效果更好，从后面的统计可以看出其网络公平性也比 RTT-Compensator 算法要好。

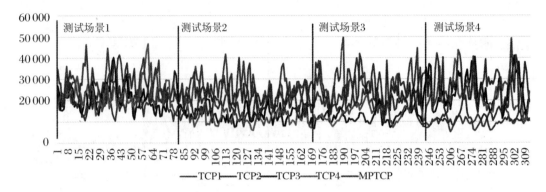

图 4.6　OLIA 算法各连接吞吐量对比（Kbps）

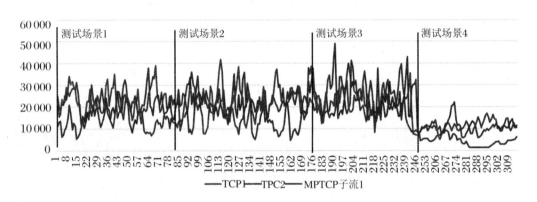

图 4.7　OLIA 算法路径 1 吞吐量对比（Kbps）

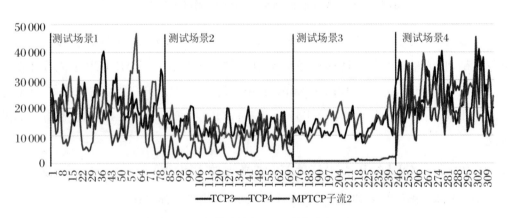

图 4.8　OLIA 算法路径 2 吞吐量对比（Kbps）

4.2.3.4　BALIA 算法测试结果（纵坐标为吞吐量）

BALIA 算法测试结果如图 4.9～图 4.11 所示，其中纵坐标为吞吐量。

从测试结果可以看出,BALIA 算法也具备网络公平性下对 TCP 的友好性和动态负载均衡的效果,能够根据网络状态动态调度流量。

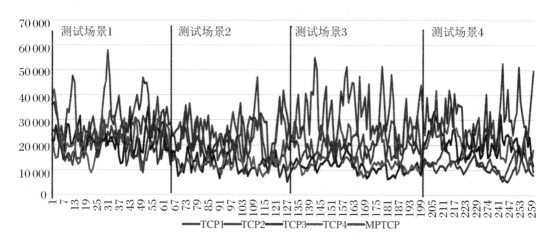

图 4.9　BALIA 算法各连接吞吐量对比(Kbps)

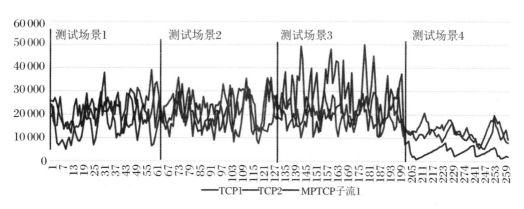

图 4.10　BALIA 算法路径 1 吞吐量对比(Kbps)

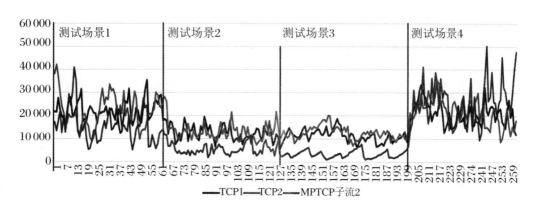

图 4.11　BALIA 算法路径 2 吞吐量对比(Kbps)

4.3 基于自定义 IP 选项的瓶颈识别算法及拥塞控制

4.3.1 问题描述

MPTCP 在被提出的初期使用的是子流公平性原则,即每条子流都获得与 TCP 相当的吞吐量。虽然这种做法使得 MPTCP 获得了远高于传统 TCP 的吞吐量,但也使得 MPTCP 抢占带宽严重,严重侵害了与 MPTCP 共享链路的 TCP 的资源。为了维持 TCP 友好性原则,MPTCP 提出了基于网络公平性的原则,即 MPTCP 的总吞吐量不能高于其最优路径上的 TCP 的吞吐量。该原则可以很好地保证 MPTCP 不会侵占 TCP 的资源,但也限制了 MPTCP 吞吐量的提升。当 MPTCP 的不同子流所通过的路径完全不同时,基于这样的准则,它们仍然要遵守吞吐量之和不大于单条 TCP 的原则,这对实际可用资源是一种浪费。

基于上述问题,本小节将介绍本书作者所提出的在 MPTCP 中使用瓶颈公平性的耦合拥塞控制方案(陈珂,2016)。在该方案中,对于同一个 MPTCP 连接中经过相同链路的子流,看做共享瓶颈链路的子流,控制这些子流的总吞吐量不高于该路径上 TCP 的吞吐量。而对于其他物理链路并没有相交的子流,不做此类限制,使其各自吞吐量都相当于单条 TCP。这就使得 MPTCP 的瓶颈识别成为一个非常关键的问题。如图 4.12 所示的场景中,MPTCP 客户端所接入的 Wi-Fi 和 3G 路径在两跳之后即共享了有线链路,根据瓶颈公平性原则,MPTCP 将控制其吞吐量不高于单条 TCP;否则,其总吞吐量应两倍于 TCP 吞吐量。

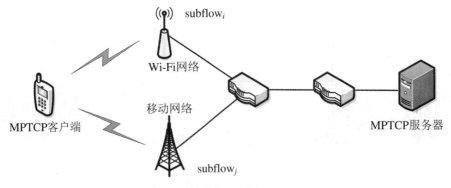

图 4.12 MPTCP 两条子流共享瓶颈场景

同样基于瓶颈公平性的 DWC 方案使用了随机性极强的路径丢包和路径时延为依

据,判断同一时期内出现丢包或时延增大事件的路径为共享瓶颈的路径。根据实际实验验证,该方案误判率较高,MPTCP 性能提升较弱。本方案利用更为精确的网络信息,判定 MPTCP 的共享瓶颈集合,并支持多个瓶颈集合同时存在的情况。

4.3.2　瓶颈识别方法

使用瓶颈公平性优化 MPTCP,有两个关键性问题需要解决:① 如何判定 MPTCP 各子流是否在网络中共享了链路,即共享瓶颈;② 对于已判定为共享瓶颈的子流,应如何对其进行拥塞控制,如何划分不同子流的吞吐量。瓶颈发现机制,即判定 MPTCP 连接的各个子流是否共享瓶颈路径的方法,是瓶颈公平性的一个关键技术。DWC(Hassayoun et al.,2011)采用路径丢包与时延作为依据,判定在同一时段内发生链路质量下降的子流共享瓶颈路径。该方案在一定程度上能够检测出 MPTCP 子流是否共享瓶颈,但由于路径时延及丢包所反馈的信息具有偶然性,这种方法的准确性有待提高。

由数据包携带核心网络信息返回终端是一种准确性、实时性均较强的方式。DCTCP(Alizadeh et al.,2010)中,使用 IP 首部 ECN 选项(Ramakrishnan et al.,2001)记录核心网路由器可用缓存状态信息,反馈至终端后参与拥塞调控,以合理利用网络资源。然而该方案所获取的网络信息仍然较少,可提取的有效信息不足以完成较为复杂的任务。

综合以上两个方面,本小节介绍一种新的方案 SBEE-MPTCP,由数据包携带核心网络信息以判定 MPTCP 连接中所包含的瓶颈路径。长期存在的、贪婪的 TCP 流会导致路由器队列长度不断增长,直至发生大量丢包。因此,路由器的队列长度一定程度上反映了路由器当前的拥塞状况,当路由器队列长度超出或接近其缓存大小时,即表示路由器所在路段拥塞状况十分严重,而当路由器队列几乎为空时,即表示路由器所在路段几乎不存在拥塞。

SBEE-MPTCP 的核心思想为:分别记录 MPTCP 各子流实时最拥塞路由器的信息,当 MPTCP 的不同子流共享了最拥塞的路由器时,这些路径即共享了网络瓶颈,将其放置在同一个瓶颈集合中以待下一步处理。其中,SBEE-MPTCP 允许多个瓶颈集合同时存在,这也是其区别于 DWC 且更贴近于实际网络状况的特点。

4.3.2.1　Bottleneck Notify(BN)选项

为了收集网络状态信息,并迅速将信息随数据包返回给发送端,本方案设计了一个名为 BN 的 8 字节 IP 选项,以记录子流路径中的瓶颈点以及对应的可用空间。选项的 IPv4 格式如图 4.13 所示,其中瓶颈点的标志是以数据包进入路由器的入口 IPv4 地址表示的,这里也可以被替换为其他标志。如果需要将选项拓展到 IPv6 空间,则将依据 IPv6 选项规则,并与图 4.13 有所不同。

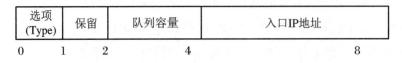

图 4.13　Bottleneck Notify IPv4 选项格式

BN 是一个多字节选项，为了自动实现选项对齐，全长 8 字节。首字节用以标志当前选项为 BN 选项，第二字节保留供以后使用，第三、四字节用以记录路由器的队列可用空间比例，即路由器队列容量中当前未被数据包占用的空间占总存储空间的比例，而最后四个字节存储路由器 IPv4 地址。

在本方案中，我们认为，路由器队列的可用空间一定程度上反映了其所连接路径的拥塞状况，即路由器可用空间越小，甚至已经没有可用空间，表明其所连接的路径拥塞（数据包在网络中停留的时间基本集中在路由器处理时间，链路传播时间基本可以忽略不计）；反之，若路由器越空闲，则链路越不拥塞。

故而我们使用 BN 选项来记录网络中最拥塞的路由器信息，则相应地，我们便记录下了最拥塞链路的相关信息。为了实时地、不间断地记录网络中的拥塞信息，一旦 MPTCP 启用 BN 选项，该选项便会随着每一个由源端发出的、含有效数据的数据包发往目的端，沿途记录最拥塞路由器信息，并在目的端随 ACK 数据包返回发送端，以用于源端的信息收集。

每个支持 BN 选项的路由器都将对 BN 进行解析，并比较自身可用空间比例是否比 BN 所记录的信息更小，若是，则将自身信息更新到 BN 选项中，否则，跳过该步骤。这样，当 BN 选项随数据包流经每个路由器时，即记录了所有路由器中最拥塞者的信息。路由器对 BN 选项的具体操作如图 4.14 所示。

1：　Initialize the entrance IP as IP_{rout}；
2：　Calculate the current Availiability Degree Q_{rout}；
3：　Parse BN, get IP_{last} IP last = BN.IP, and Q_{last} = BN.ad；
4：　if IP_{last} == 0 then
5：　　　BN.IP = IP_{rout}, BN.ad = Q_{rout}；
6：　else
7：　　　if $Q_{\text{last}} \leqslant Q_{\text{rout}}$ then
8：　　　　do nothing
9：　　　else
10：　　　　BN.IP = IP_{rout}, BN.ad = Q_{rout}；
11：　　end if
12：　end if
13：　return BN

图 4.14　在路由器上实现的瓶颈检测算法

根据图 4.14,BN 选项将始终记录下所经过路由器中可用队列比例最小者的相关信息,即最拥塞路由器信息,当数据包到达数据接收端时,该信息随 ACK 数据包返回数据发送端。

4.3.2.2　SBEE-MPTCP 瓶颈识别机制

MPTCP 连接开启后,源端在每条子流上均使用 BN 选项以分别记录各子流最拥塞路由器信息。SBEE-MPTCP 瓶颈识别机制的核心思想为:共享最拥塞路由器的子流即共享了瓶颈链路。

为了完成这一瓶颈识别机制,MPTCP 必须在源端为每个子流维护一个最拥塞路由器信息。由于路由器上的队列信息可能会因为一些突发流量而突变,具有较强的瞬时性,所以当 BN 选项携带的最拥塞路由器信息回到发送端后,还需要为 BN 的路由器队列可用空间比例做一个平滑处理,并将对应子流 i 记录下来,更新到对应子流的状态信息中。具体操作如图 4.15 所示。

Require：IP_i，Q_i，BN.IP，BN.ad，g；

1：　if $IP_i \neq BN.IP$ then

2：　　　$IP_i =$ BN.IP，$Q_i =$ BN.ad；

3：　else

4：　　　$Q_i \leftarrow (1-g) * Q_{i-1} + g * BN.\text{ad}$

5：　end if

6：　return IP_i，Q_i

图 4.15　在发送端实现的瓶颈更新

图 4.15 中参数 g 是一个比例值,在 0 与 1 之间,根据经验值取 0.75。由于 MPTCP 的每条子流都通过 BN 选项记录了最拥塞路由器的情况,当经过上述两个算法操作后,数据发送端将为每个子流维护最拥塞路由器信息(最拥塞路由器标志以及路由器可用队列空间),当不同子流共享最拥塞路由器时,即判定这些子流共享瓶颈链路,并将这些子流纳入新构建的瓶颈集合进行拥塞控制。

图 4.16 给出了一个简化的 MPTCP 连接的子流之间共享瓶颈的场景,所共享的瓶颈点路由器(以 IP2 标志)由于通过了最多的流量故而拥塞程度最高,路由器队列可用比例因而也最小,当源端通过检测 BN 选项的信息,得知两条子流的最拥塞路由器均为 IP2 时,判定 MPTCP 的两条子流共享瓶颈,纳入同一瓶颈集合。

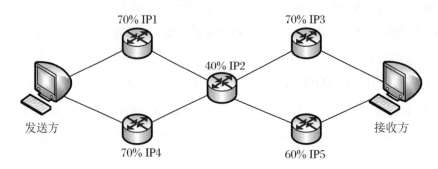

图 4.16   MPTCP 子流共享瓶颈简化示意图

然而网络拓扑往往纷繁复杂,在多元化的异构网络环境中,MPTCP 的多个子流很可能共享了不止一个瓶颈,图 4.17 给出了一个简化的多子流 MPTCP 的三条子流可能共享多个瓶颈的场景。在三条子流中 SF1 和 SF2 在路由器 1 处共享瓶颈,而 SF2 和 SF3 在路由器 2 处共享瓶颈。在这种场景下,SBEE-MPTCP 将同时维护多个瓶颈集合,如将 SF1 和 SF2 纳入瓶颈集合 1 中,并将 SF2 和 SF3 纳入瓶颈集合 2 中。

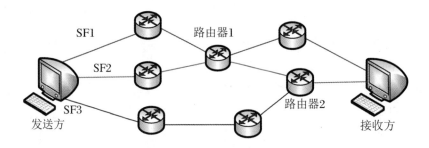

图 4.17   MPTCP 多瓶颈场景简化示意图

另一方面,由于流在网络中的移动性特征,若在一段时间内(如 3 个 RTT 内),子流间均未再次出现共享最拥塞路由器的情况,则判定子流间共享的路径已不复存在,被其他路径所取代,取消子流间共享瓶颈的特征标志。

至此,SBEE-MPTCP 通过记录每条子流最拥塞路由器的信息,判定了共享最拥塞路由器的子流即共享了瓶颈链路,这些子流被放置在瓶颈集合中进行联合的拥塞控制。

4.3.3   拥塞控制算法

假设拥塞避免阶段路径 i 收到一个 ACK,拥塞窗口增加 a_i。根据文献(Padhye et al. ,1998)对拥塞避免阶段吞吐量和 a_i 的建模可得,当 MPTCP 的 n 条子流共享同一瓶颈时,为使这些子流总吞吐量降为 TCP 吞吐量,平均每条子流的吞吐量应降为 TCP 流在相同路径上吞吐量的 $1/n$,当收到一个 ACK 时,窗口增大量应为 TCP 流窗口增大量的

$1/n^2$。因此,假设路径 i 的拥塞窗口大小为 W_i,满足瓶颈公平性的拥塞控制方法为:路径 i 收到一个 ACK,拥塞窗口增加 $1/n^2 W_i$。DWC 方案就是基于该模型设计的自己的拥塞控制机制,对于属于同一瓶颈集合的子流 i,在拥塞避免阶段,每收到一个 ACK,拥塞窗口 W_i 进行如下变换:

$$W_i = W_i + \frac{a_i}{W_S} \tag{4.2}$$

其中 $a_i = \frac{1}{|S|} \times \frac{R_i}{R_{S_i}}$,$W_S$ 代表瓶颈集合 S 中所有子流拥塞窗口之和,$|S|$ 表示瓶颈集合中子流的个数,R_i 表示子流 i 的路径时延,而 R_{S_i} 表示瓶颈集合中最短路径的时延。这里我们对 MPTCP 的各子流进行假设,假设瓶颈集合中所有子流的时延拥塞窗口完全相同,则该公式被简化为

$$W_i = W_i + \frac{a_i}{n \cdot W_i} \tag{4.3}$$

其中 $a_i = \frac{1}{n}$。可以看到,简化后的 DWC 拥塞控制机制完全符合文献(Ramakrishnan et al.,2001)的建模公式,也就是式(4.2)。然而,文献(Ramakrishnan et al.,2001)中的建模前提条件为:初始条件下,MPTCP 共享瓶颈的每条子流窗口大小都相当于单条 TCP 窗口大小,即 MPTCP 共享瓶颈的子流拥塞窗口总量为 n 倍的 W_i。这种假设却并不适用于实际的网络传输状况,一方面,瓶颈路径中所竞争带宽的分配随机性较强;另一方面,MPTCP 连接的控制层需要为各子流做数据载荷分配、耦合拥塞控制等额外的处理,使得子流的传输表现不能完全相当于单条的 TCP 连接。故而很容易出现在同一瓶颈路径上的 n 条 MPTCP 子流,总的拥塞窗口大于或小于 $n \cdot W_i$。当总的拥塞窗口大于 $n \cdot W_i$ 时,根据式(4.3),MPTCP 在瓶颈路径上的总窗口增速小于 TCP,则随着时间的推移,其总窗口大小会与 TCP 拥塞窗口达到平衡。而当 MPTCP 在瓶颈路径上的总拥塞窗口小于 $n \cdot W_i$ 时,根据式(4.3),MPTCP 在瓶颈路径上的总窗口增速依然小于 TCP,那么在很长的一段时间里,MPTCP 在瓶颈路径上的总拥塞窗口将始终小于 TCP,致使 MPTCP 吞吐量远低于 TCP。虽然这种做法保全了 MPTCP 在任何条件下都不会对 TCP 带宽造成侵害,但算法过于保守,较为严重地侵害了 MPTCP 可用带宽。

为了能够有效避免上述情况发生,本方案提出使用核心网络信息,辅助 MPTCP 拥塞窗口的调整。由于可以获取每条子流 i 中最拥塞路由器的可用队列空间比例信息 Q_i,故当子流 i 因三次重复 ACK 而需要减半窗口时,可以根据 Q_i 的大小来决定拥塞窗口 W_i 减小的幅度,而不是直接减半。动态调整公式为

$$W_i = \frac{1 + Q_i}{2} \cdot W_i \tag{4.4}$$

其中，Q_i 是一个比例值，范围为 0～1。当 Q_i 接近于 1 时，子流 i 中最拥塞路由器的可用缓存空间依然很大，反映当前路径上拥塞程度并不高，表示当前 MPTCP 的丢包可能是随机产生的，也可能是无线丢包。那么根据上式，子流 i 的拥塞窗口将几乎不减小或减小幅度非常低。另一方面，当 Q_i 接近于 0 时，表示子流 i 中最拥塞路由器几乎失去了可用缓存空间，即表示子流 i 所在的路径中拥塞程度非常高，根据公式此时子流 i 的拥塞窗口将接近减半。

参数 Q_i 的加入有两方面的益处：一方面，该参数可用以区分子流中发生的丢包究竟是无线丢包还是拥塞丢包，即当丢包发生时，若 Q_i 值很大，则路径并未十分拥塞，表示该丢包极有可能为无线丢包，反之为拥塞丢包。另一方面，该参数的引入使得 MPTCP 的窗口减小策略更平缓，更充分地使用核心网络中的可用空间，避免了路径丢包时窗口的直接减半，也就在一定程度上避免了 MPTCP 瓶颈路径上的子流总拥塞窗口低于 TCP，从而前述建模所得的瓶颈公平性公式中存在的问题：当 MPTCP 瓶颈路径上子流总拥塞窗口小于 TCP 拥塞窗口，在很长一段时间内都将持续低于 TCP 拥塞窗口，从而抑制了 MPTCP 吞吐量。

此外，在拥塞避免阶段，基于已有研究中的建模公式，本方案提出对于共享瓶颈路径的子流 i 而言，每当收到 1 个 ACK，拥塞窗口 W_i 增量为

$$W_i = W_i + \frac{r_i}{W_S} \tag{4.5}$$

其中 $r_i = \frac{rtt_i}{rtt_S}$，$W_S$ 是瓶颈路径上的子流总窗口，rtt_S 是瓶颈路径上子流总时延，而 rtt_i 是子流 i 上的时延。这里值得注意的是，子流 i 可能与不同的路径共享了不同的瓶颈路径，那么 r_i 的值取所有共享瓶颈路径计算值中的最小值，以免子流 i 在任何一段共享的瓶颈路径中造成带宽侵占。

4.3.4 方案性能评估

4.3.4.1 内核实现

在本小节，为了能够验证所提方案 SBEE-MPTCP 的有效性，我们在 MPTCP 内核实现的基础上对 SBEE-MPTCP 以及选取的对比方案 DWC 进行了实现，并基于所搭建的 MPTCP 平台进行试验，验证其有效性。

在通信终端的 MPTCP 内核中主要进行了如下几个模块的修改：

(1) 新增了 BN 选项的定义、解析以及维护模块；

(2) 修改了数据包发送与接受方式，使其兼容 BN 选项；

(3) 新增了瓶颈集合管理模块，并在模块中添加了瓶颈判定算法；

（4）新增了瓶颈拥塞控制算法。

另一方面，在 SBEE-MPTCP 方案中，核心网中的每个路由器都要解析或修改数据包所携带的 BN 选项，使用普通未修改的商用路由器很难完成这一点，故而本课题接下来的实验中，均使用了具有转发功能的多网卡 Linux 主机代替普通商用路由器，并修改了作为路由器使用的 Linux 主机的内核，使它们支持 BN 选项解析以及修改操作。

在作为路由器使用的 Linux 主机内核中进行了如下几个模块的修改：

（1）新增了 BN 选项的解析以及修改模块；

（2）修改了数据包发送与接受方式，使其兼容 BN 选项；

（3）新增了获取路由器当前可用空间比例的接口，以供填写 BN 选项使用。

至此，基于内核编写了 SBEE-MPTCP 所需要的各个主要模块，并将 DWC 方案也作为一种附属算法在内核实现。在本小节接下来的内容中，将着重介绍基于这两种方案，以及 MPTCP 常见拥塞控制算法 RTT-Compensator（基于网络公平性）和传统 TCP 在不同试验场景下的性能对比，包括方案的吞吐量表现、瓶颈判别正确率以及拥塞控制机制优劣等方面。

4.3.4.2 实验场景搭建

如图 4.18 所示，共设计了四个基于实际网络的实验场景，在每个场景中都配备有若干对 TCP 终端以及一对 MPTCP 终端，它们分别使用 TCP 和 MPTCP 传输大文本文件，以在共享的路径上竞争网络带宽。在场景 1 中，MPTCP 的两条子流 SF1 和 SF2 与 TCP

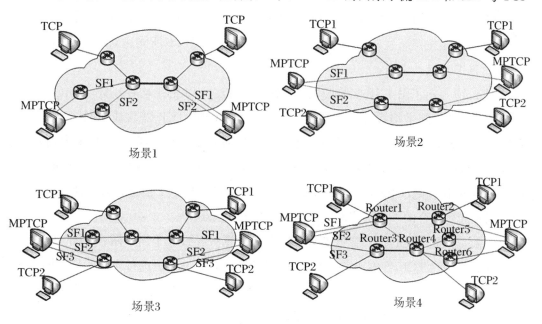

图 4.18　SBEE-MPTCP 实验场景设计

连接共享瓶颈路径。在场景 2 中,MPTCP 的两条子流分别与一条 TCP 流共享路径,而自身两条子流之间并没有共享瓶颈路径。场景 3 混合了场景 2 和场景 1 的两种情况,在 MPTCP 的三条子流中,SF1 独立传输,并与 TCP1 共享路径,而 SF2 和 SF3 共享了瓶颈路径,且同时与 TCP2 竞争带宽。在场景 4 中,MPTCP 的三条子流共有两个瓶颈点,其中 SF1 与 SF2 共享瓶颈路由器 Router1,且 SF1 与 TCP1 共享路径,而 SF2 与 SF3 共享瓶颈路由器 Router6,且 SF3 与 TCP2 共享路径。

其中在每个场景中,MPTCP 终端上都分别运行了 SBEE-MPTCP、DWC、RTT-Compensator 算法,观察上述三种算法是否能在保证不侵害 TCP 的基础上使得 MPTCP 获得尽量多的吞吐量。需要注意的是,由于需要支持 BN 协议,图 4.18 中的路由器在实际网络中均是由具有转发功能的 Linux 主机替代的。

在 MPTCP 的相关研究中提到,当 MPTCP 的不同子流呈现出极大的不对称性时,MPTCP 性能将受到较大影响。为了能够验证在子流对称(子流之间时延基本相似)以及子流不对称(子流之间时延相差很大)的情况下本方案的有效性,本实验的场景 1 与场景 2 中 MPTCP 都将进行两组实验:① 不同子流时延均为 60 ms;② 一条子流时延为 60 ms,一条子流时延为 120 ms。每组实验中 TCP 连接将始终存在,传输大文本文件。此外,为了使得结果尽量准确,避免实际网络突发的偶然性,每个场景下对于每种 MPTCP 算法(SBEE-MPTCP、DWC、RTT-Compensator)分别运行了 20 次实验,取平均值。

4.3.4.3　实验结果分析

在如图 4.18 所示的场景 1 中,MPTCP 的两条子流之间共享瓶颈路径,且与 TCP 竞争带宽,无论是按照瓶颈公平性还是按照网络公平性,MPTCP 所能达到的带宽都应相当于单条 TCP 连接的带宽。

图 4.19 显示了图 4.18 实验场景 1 中的结果,以 TCP1 的平均吞吐量为单位 1,各算法相较于 TCP1 的平均吞吐量如图所示,其中,SBEE-MPTCP 以及基于网络公平性的 RTT-Compensator 都获得了十分接近于 TCP1 的吞吐量,而 DWC 的吞吐量则稍差,究其原因,DWC 的拥塞控制算法过于紧缩,导致 MPTCP 属于同一瓶颈集合的不同子流吞吐量甚至低于单条 TCP。图 4.19 很好地显示了 SBEE-MPTCP 的瓶颈公平性算法性能,属于同一瓶颈集合的子流所获得的吞吐量近似于单条 TCP。

在上一小节中我们已解释过 DWC 拥塞控制算法导致处于同一瓶颈集合中的子流吞吐量低于传统 TCP,在本小节,我们将基于场景 1 对这一结论进行实验验证。图 4.20 分别显示了 DWC 与 TCP、SBEE-MPTCP 与 TCP 的汇聚拥塞窗口变化的监测图。图中分别截取了 10 s 时间内两种算法与同路径中 TCP 的拥塞窗口变化图。由图 4.20(a)可以看到,TCP 的拥塞窗口基本处于 DWC 之上,且对于同处于拥塞避免阶段的 TCP(*AB*

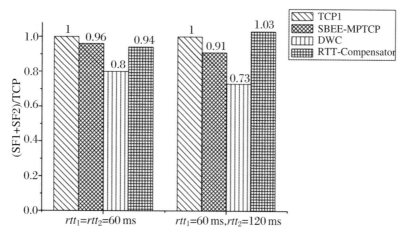

图 4.19　场景 1 吞吐量对比

段表示）与 DWC(CD 段表示）而言，TCP 的增速明显更高。而在如图 4.20(b)所示的拥塞窗口监测图中，SBEE-MPTCP 整体上拥有与 TCP 相近的拥塞窗口，虽然拥塞窗口增速(AB 段表示）也明显慢于 TCP(CD 段表示），但由于 SBEE-MPTCP 中加入了窗口动态调整机制，能够根据拥塞程度减小拥塞窗口，而不是一旦遭遇拥塞便一味地减半窗口，从而一定程度上弥补了窗口增速的不足，达到与 TCP 类似的水平。图 4.20 很好地显示了 DWC 拥塞控制机制过于紧缩而导致的不良后果，SBEE-MPTCP 通过窗口动态调整机制很好地弥补了拥塞控制机制紧缩的不足。

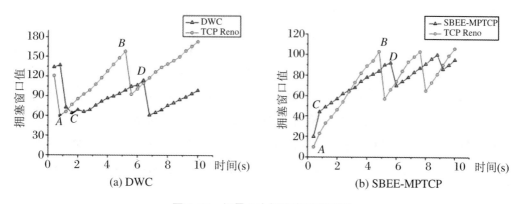

图 4.20　场景 1 中拥塞窗口监测图

在场景 2 中，MPTCP 的两条子流分别与一条 TCP 流共享路径，而自身两条子流之间并没有共享瓶颈路径。若基于瓶颈公平性，MPTCP 的两条子流的带宽应分别接近于单条 TCP 连接，而 MPTCP 的总带宽应相当于两条子流之和；若基于网络公平性，MPTCP 的总带宽应相当于最好路径上的单条 TCP 的吞吐量。

图 4.21 显示了上述实验环境下实验场景 2 的结果，以 TCP1 + TCP2 的平均吞吐量

为单位 1,各算法相较于 TCP1 + TCP2 的平均吞吐量如图所示。按照理论分析,由于 MPTCP 的不同子流没有共享瓶颈路径,基于网络公平性的算法(RTT-Compensator)控制两条子流的总吞吐量相当于单条 TCP;而基于瓶颈公平性的算法(DWC 和 SBEE-MPTCP)则会控制两条子流的总吞吐量相当于 TCP1 + TCP2。图 4.21 也反映了这一结果,SBEE-MPTCP 与 DWC 分别以 0.92 倍和 0.7 倍的关系靠近于 TCP1 + TCP2,而 RTT-Compensator 仅接近于 1/2 的吞吐量。其中由于经常出现误判瓶颈的情况,DWC 时长将两条子流限制在同一瓶颈集合中进行拥塞控制,从而使得其吞吐量比 SBEE-MPTCP 低出将近 20%。图 4.21 显示了 SBEE-MPTCP 对瓶颈判别的准确性,以及算法有效性。

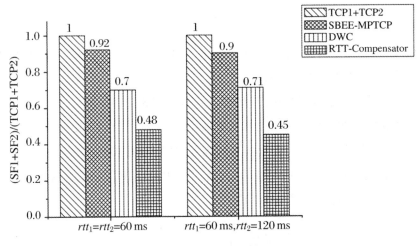

图 4.21　场景 2 吞吐量对比

场景 3 混合了场景 2 和场景 1 这两种情况,在 MPTCP 的三条子流中,SF1 独立传输,并与 TCP1 共享路径,而 SF2 和 SF3 共享了瓶颈路径,且同时与 TCP2 竞争带宽。根据瓶颈公平性原则,SF1 的带宽应相当于 TCP1 的带宽,而 SF2 和 SF3 的总带宽应相当于 TCP2 的带宽,MPTCP 的总带宽应接近于 TCP1 与 TCP2 的带宽和。根据网络公平性原则,MPTCP 三条子流所能获得的总吞吐量应相当于最好路径上的单条 TCP 的吞吐量。

图 4.22 显示了上述实验环境下实验场景 3 的结果,其中纵列第一列以 TCP1 + TCP2 的平均吞吐量为单位 1,显示了各算法相较于 TCP1 + TCP2 的平均吞吐量,而第二列和第三列分拆了第一列的结果(SF1、SF2 + SF3),从细分的角度分别分析了子流 1 与 TCP1 的关系,以及子流 2 与 TCP2 的关系。从图 4.22 可以看出,在 SBEE-MPTCP 中,未与其他子流共享瓶颈的子流 SF1 吞吐量十分接近于 TCP1,而共享了瓶颈的子流 SF2 和 SF3 总吞吐量相当于 TCP2 的吞吐量。DWC 的结果稍弱,而基于网络公平性的 RTT-

Compensator 更是控制三条子流的总吞吐量相当于单条 TCP。

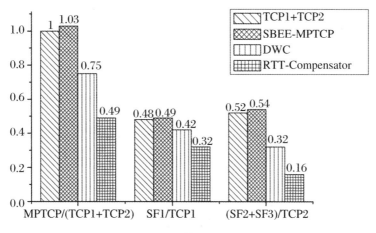

图 4.22　场景 3 吞吐量对比

　　前三个场景将从吞吐量角度验证 MPTCP 三种算法的公平性以及吞吐量表现,而场景 4 将从瓶颈判别准确度的角度探究 SBEE-MPTCP 的性能表现。在场景 4 中,MPTCP 的三条子流分布错综复杂,共有两个瓶颈点,其中 SF1 与 SF2 共享瓶颈路由器 Router1,且 SF1 与 TCP1 共享路径,而 SF2 与 SF3 共享瓶颈路由器 Router6,且 SF3 与 TCP2 共享路径。为了更为明显地凸显出瓶颈点,我们在实际实验的过程中又使用 iperf 工具分别向 Router1 和 Router2 发送速率为 100 Mbps 的 UDP 数据流,在这两个路由器上制造高度的拥塞。在实验中我们将会实时监测 SBEE-MPTCP 与 DWC 所能探测到的瓶颈个数,以探究它们瓶颈判定的准确率。

　　MPTCP 连接中轮流使用两种瓶颈监测机制:DWC 和 SBEE-MPTCP。连接开启后,实时监测各个路由器的可用队列比例,以及 MPTCP 数据发送端上获得的 BN 选项携带的数据,以验证本方案的有效性。

　　图 4.23 记录了 Router1 至 Router6 实时的可用队列长度,由图示可以看出,由于 Router1 和 Router4 上各自存在 100 Mbps 的 UDP 数据流,并承载了 TCP1 或 TCP2 以及 MPTCP 中两条子流的流量,故而可用队列空间很低,有时可用空间甚至为 0,路由器拥塞程度极高,是拓扑中的瓶颈部分。而其他几个路由器相较于 Router1 和 Router4 都比较空闲,可用空间始终较大。

　　根据 BN 选项的功能,当 BN 选项携带数据回到数据发送端时,需要反馈出当前路径中最拥塞路由器的信息,即 Router1 和 Router4 的信息,图 4.24(b)中显示了数据发送端实时维护的路径中最拥塞路由器的信息,包括最拥塞路由器的标志以及当前路由器可用空间大小,由图可知,SBEE-MPTCP 始终判定 Router1 和 Router4 为最拥塞路由器,且所记录的对应可用空间大小在 20% 上下浮动。

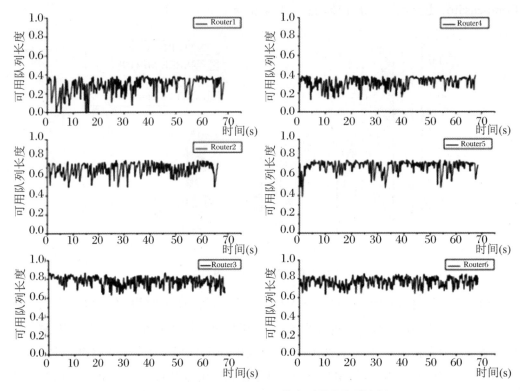

图 4.23　Router1 至 Router6 的实时可用队列比例

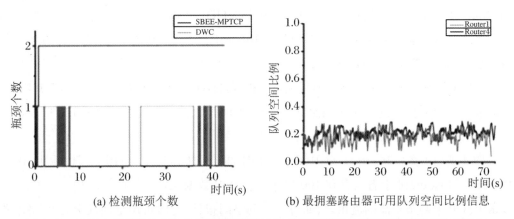

(a) 检测瓶颈个数

(b) 最拥塞路由器可用队列空间比例信息

图 4.24　SBEE-MPTCP 和 DWC 终端检测瓶颈个数和最拥塞路由器可用队列空间比例信息

　　图 4.24(a)显示了 DWC 和 SBEE-MPTCP 上所判定的实时瓶颈个数。由图可以看出,在 SBEE-MPTCP 运行较短一段时间后,即判定出连接中存在的两个瓶颈,且瓶颈始终存在,直到连接断开。而在 DWC 中,仅能看到一个瓶颈存在,且有相当长的一段时间里,DWC 并未检测到任何的瓶颈。这对于实际情况而言是远不可接受的,其判断的准确率远低于 SBEE-MPTCP。

　　综上,在四个实验场景中,SBEE-MPTCP 可以准确探测出 MPTCP 子流间共享瓶颈的情况,并可以同时维护多个瓶颈集合以进行联合的拥塞控制,其动态窗口调整机制弥补了拥塞窗口增速的不足,从而使得 SBEE-MPTCP 在不侵害 TCP 公平性的基础上获得了比 DWC 更高的、更接近瓶颈公平性的可用带宽。

4.4 基于 ECN 标志的瓶颈识别算法及其拥塞控制

4.4.1 问题描述

拥塞控制机制是 MPTCP 中的一个关键组件,控制着整个 MPTCP 连接传输的流量,MPTCP 拥塞控制算法设计的默认准则是,在"提高吞吐量"的同时对单路径 TCP 保持"友好"(Raiciu et al. ,2009),即网络公平性。网络公平性要求:① MPTCP 连接应该比单路径 TCP 连接具有更高的吞吐量;② MPTCP 连接应该对单路径 TCP 连接友好,不能侵占单路径 TCP 连接的带宽,即它们应该要保有几乎相同的吞吐量。在这个准则下,研究者们已经提出了很多的拥塞控制算法,例如 LIA(Raiciu,Barré et al. ,2011;Raiciu,Handley et al. ,2011)、OLIA(Khalili et al. ,2012)、wVegas(Cao et al. ,2012)和 BALIA(Peng et al. ,2016)等。这些算法通过限制所有子流拥塞控制窗口的增长速率,使得 MPTCP 连接的总体吞吐量不超过端到端路径上最佳单路径 TCP 连接的吞吐量。虽然这样能够保证对单路径 TCP 连接的公平性,但是这种直接耦合所有子流的做法抑制了非瓶颈处 MPTCP 子流的性能。如果能够识别出子流所处的瓶颈集合,解耦非瓶颈处的子流,那么就能在保证瓶颈处对单路径 TCP 连接的公平性的同时实现 MPTCP 连接吞吐量的提升。

考虑到基于网络公平性的方案对 MPTCP 连接性能的限制,Hassayoun 等人从瓶颈公平性的角度重新定义了 MPTCP 拥塞控制算法的设计准则,并提出了动态窗口耦合(Dynamic Window Coupling,DWC)算法(Hassayoun et al. ,2011)。DWC 将共享瓶颈的子流的总吞吐量限制为不大于该瓶颈处的单路径 TCP 连接的吞吐量,而不和其他任一子流共享瓶颈的子流则解耦为单路径 TCP。如果 DWC 能够准确地检测出哪些子流不属于瓶颈集合,则可以提高不共享瓶颈子流的吞吐量,进而在保证瓶颈处公平性的同时,提升整体的吞吐量。然而 DWC 的瓶颈集合判定方案在随机丢包和路径延迟增大事件经常发生的复杂网络场景中,存在误判率高的问题,从而导致 MPTCP 的传输性能较差。而 SBD 算法(Ferlin et al. ,2016)相较于 DWC 算法虽然提升了瓶颈集合识别的准确度,但是其识别效果对阈值的设计很敏感,同时该方案需要很长时间才能获得最终的识别结果。

与丢包信号以及时延信号相比,ECN(Explicit Congestion Notification)信号

(Alizadeh et al.，2010；Jeyakumar et al.，2014)可以更准确更快速地显式反映网络中的实际拥塞状态。本书作者基于 ECN 机制提出了基于瓶颈公平性的拥塞控制算法(Shared Bottleneck based Congestion Control，SB-CC)(Wei et al.，2020)。SB-CC 由新的共享瓶颈检测方案和新设计的基于瓶颈公平性的拥塞控制算法组成。其首先完成瓶颈集合判定，将经过共享瓶颈的 MPTCP 连接中的子流耦合在一起完成拥塞控制，保证与该瓶颈集合内部其他的单路径 TCP 流的友好性。SB-CC 的耦合拥塞控制算法实现基于子流的拥塞度调整各子流流速，从而能够根据实际拥塞程度平衡不同 MPTCP 子流之间的负载。

4.4.2 相关工作

4.4.2.1 瓶颈检测相关工作

在 MPTCP 被提出之前就已经有很多工作实现了对两个单路径 TCP 连接之间是否存在共享的瓶颈的检测。例如，文献(Zhang et al.，2004)利用丢包相关性来预测两条 TCP 连接是否通过同一个瓶颈；文献(Yousaf et al.，2013)在两个 TCP 流上使用路径延迟相关性来检测它们是否共享相同的瓶颈。MPTCP 中基于瓶颈公平性实现拥塞控制解耦的代表性工作有 DWC 和 SBD。其中 DWC(Hassayoun et al.，2011)是第一个基于瓶颈公平性设计 MPTCP 拥塞控制算法的方案，其认为在同一时间段出现丢包或者时延增大事件的子流是共享相同瓶颈的。DWC 的问题在于，使用丢包与时延信息作为瓶颈检测的依据经常出现误判，尤其是在随机丢包率高、时延抖动明显的复杂网络场景中。SBD(Ferlin et al.，2016)使用单向时延来检测子流是否共享瓶颈。但是，该方案需要很长时间才能获得检测结果。同时，它必须修改 MPTCP 时间戳选项以反馈每个子流上的瓶颈拥塞信息，这需要对现有网络体系结构和协议栈进行一些更改。此外，非瓶颈连接的背景流量通常会导致瓶颈检测精度下降。

根据以上方案在瓶颈判定时所使用的信号的区别，共享瓶颈检测方法也可分为基于丢包的方案、基于时延的方案、基于丢包和时延相结合的方案。基于丢包的方案依赖于子流内和子流之间的丢包信号，类似地，基于时延的方案使用子流内和子流之间的时延特性和变化。已有的检测方案都说明了一个直观的结果：基于丢包的检测方案往往具有更好的健壮性，但收敛速度较慢；而基于时延的检测方案收敛速度较快，但对测量噪声敏感，为消除噪声影响，统计周期会大大延长。同时当数据包的发送间隙不能被精准控制时，基于延迟的方案效果会进一步降低。不同于以往的基于丢包和时延的瓶颈检测方案，本小节基于 ECN 实现子流之间共享瓶颈检测。

4.4.2.2 基于 ECN 的 TCP 传输方案

首先，我们将介绍 ECN 机制，然后介绍一个典型的基于 ECN 的 TCP 传输方案

DCTCP。

1. ECN 机制

显示拥塞通知（Explicit Congestion Notification，ECN）（RFC 3168）是一个 IP 层和 TCP 层协作完成的拥塞控制机制，它允许网络中的路由器节点在发生拥塞时标记数据包，而不是直接丢弃数据包。ECN 机制的拥塞指示部分是在 IP 层实现的。如图 4.25 所示，发送端通过设置 IP 首部两个 ECN 位中的一个（"01"或"10"）来表明该数据包支持 ECN 传输（ECT），而如果两个 ECN 位为"00"，则表示该数据包不支持 ECN 传输（Not-ECT）。对于支持 ECN 的数据包，网络中的路由器节点会在发生拥塞时，利用主动队列管理机制（AQM）将该数据包 IP 首部的两个 ECN 位设置为"11"，表示其经历拥塞（CE），用于通告接收端该数据包经历了拥塞，需要反馈给发送端进行拥塞调整。

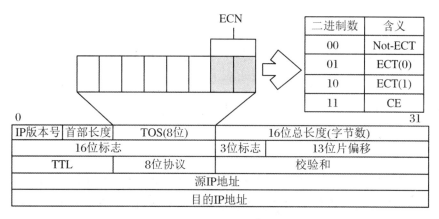

图 4.25   IP 首部 ECN 标志位

ECN 机制的拥塞控制确认部分在 TCP 层实现。如图 4.26 所示，接收端在收到有 CE 标志的数据包时，会通过有 ECE 标志的 ACK 通告发送端该数据包经历拥塞。发送端会立即减少发送窗口并通过 CWR 标志信息回应接收端已经完成拥塞控制窗口的降低。

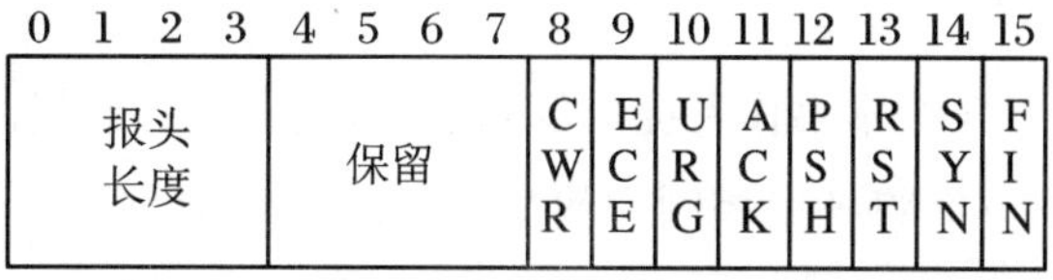

图 4.26   TCP 数据包首部 ECN 拥塞控制确认位

考虑到 ECN 机制能为网络流速的调整带来更积极的反馈，目前越来越多的系统和设备支持 ECN。从 2012 年开始，Ubuntu12.04 和 Windows 服务器就已经开始支持 ECN。在最受欢迎的网站中，支持 ECN 网站的比例已从 2012 年的 8.5%增加到 2017 年

5 月的 70%以上(Murray et al.,2017)。Cisco 路由器自版本 12.2(8)T 起,根据基于加权随机早期检测(Weighted Random Early Detection,WRED)排队规则执行 ECN 标记,并且越来越多的新制造的 Cisco 路由器支持 ECN 机制。

2. DCTCP

DCTCP(Data Center TCP)(Alizadeh et al.,2010)是基于 ECN 进行传输控制的代表性方案。在数据中心网络中,当长流占用了交换机中的部分或全部可用缓冲区时,一些延迟敏感的短流便会受到影响而经历长延迟。为解决该问题,DCTCP 通过中间交换机的主动队列管理把缓冲区维持在较低的占用水平,然后在发送端统计 ECN 标记包的比例,并将该估计值作为表示拥塞程度,进行细粒度的拥塞调控。因而 DCTCP 能够满足这种长流和短流的多样组合的要求,在占用较少交换机缓冲区的同时保证长流有高吞吐量。

DCTCP 算法由以下三部分组成:

(1) DCTCP 架构中在中间交换机只有一个标记阈值 K。如果包到达时队列长度大于 K,则标记 CE;否则不标记。其中标记算法基于目前大多数现代交换机上已实现的随机早期检测(Random Early Detection,RED)算法。

(2) 接收端在收到标有 CE 标志的数据包后,会通过 TCP 首部的 ECE 标记通告发送端该数据包经历拥塞,需要发送端完成拥塞调控。

(3) 当 DCTCP 的发送端接收到返回的 ECE 标记的 ACK 后,就会统计在该轮 RTT 内的带有 ECE 标记的 ACK 数目和总的接收到 ACK 数目的比例 α,用来反映链路拥塞程度,并按下式调整拥塞控制窗口:

$$w = w - \frac{\alpha}{2}w \tag{4.6}$$

当 α 接近于 0 时,链路处于轻度拥塞状态,窗口仅略微减小;当 α 接近于 1 时,链路严重拥塞,DCTCP 将采取和 TCP 相同的策略,将窗口减半。

4.4.3 方案架构

本小节将首先简要介绍本书作者提出的基于瓶颈公平性的多径传输优化方案 SBEE(Wei et al.,2020),该方案将拥塞控制和数据包调度相结合,以提高 MPTCP 的性能,同时保持瓶颈公平性。SBEE 的框架如图 4.27 所示,它主要由两个模块组成:基于瓶颈公平性的拥塞控制算法(Shared Bottleneck based Congestion Control,SB-CC)和基于瓶颈公平性的数据调度算法(Shared Bottleneck based Forward Prediction packet Scheduling,SB-FPS)。本方案通过拥塞控制和数据调度来提高 MPTCP 的性能,同时保持瓶颈公平性。

本章节主要关注拥塞控制部分的 SB-CC 算法,而与数据调度相关的内容将在下一章介绍。SB-CC 首先利用 ECN 机制将不同的子流划分为不同的瓶颈集合。在同一时间段接收到 ECE 标记 ACKs 的不同子流将被判断为共享相同的瓶颈。在这个过程中,发送端分两个阶段进行判断,根据两个判断是否一致来决定是否将子流划分到同一个瓶颈集合,以保证检测精度。然后,SB-CC 将子流划分到不同的瓶颈集合中,在每个瓶颈集合内部实现基于子流拥塞度的耦合拥塞控制,弹性地调整拥塞控制窗口的增大和减小,在保持瓶颈公平性的同时实现负载平衡。

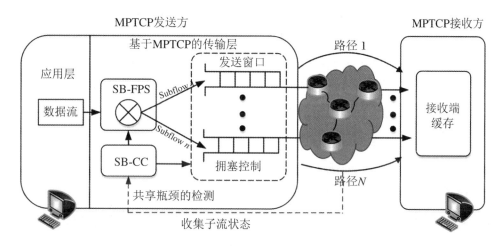

图 4.27　SBEE 系统架构

4.4.4　基于 ECN 的共享瓶颈检测算法

选择 ECN 标志进行瓶颈集合判定的原因是:相较于丢包和时延信息,ECN 更能快速准确地反映网络中间节点的拥塞状况(Zhang et al.,2018)。根据 Floyd 在 RED 关于参数设置的讨论(http://www.icir.org/floyd/REDparameters.txt)和其他配置值,本方案将路由器中设置标记阈值 K,当中间路由器中的平均队列长度超过阈值时,在 ECN 字段中将通过的数据包标记为 CE。MPTCP 客户端在发送端统计各子流的 ECN 信息,如果在同一时间段内不同子流同时接收到被标记的 ECN 标志,则认为这些子流共享瓶颈,但是为了避免偶然因素的出现,提高判断的准确性,文章对预判瓶颈集合进行二次检验以完成最终的瓶颈集合的判定。

基于这个基本想法,本小节设计了一个共享瓶颈检测模块,该模块会监控一个 MPTCP 连接下的所有子流。当在子流中检测到一个或多个带有 ECE 标记的 ACK(例如 $subflow_1$)时,将触发共享瓶颈检测,并在观察窗口内检测所有其他子流中是否有 ECE 标记的 ACK 和丢包信号。如图 4.28 所示,观察窗口由过去和将来的观察窗口组成,对

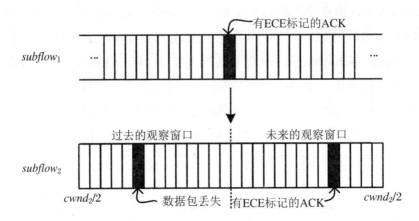

图 4.28   当子流 1 收到有 ECE 标记的 ACK 时，子流 2 检查过去 $rtt/2$ 和接下
来 $rtt/2$ 时间段内是否有丢包事件或者接收到有 ECE 标记的 ACK

于子流 r 来说，两个窗口的大小均为 $cwnd_r/2$。如果在观察窗口期间在一个子流（例如 $subflow_2$）上检测到 ECE 标记的 ACK 或丢包信号，则 $subflow_1$ 和 $subflow_2$ 被归入"预判共享瓶颈集合"，并启动第二阶段的检测以验证此轮判断的结果。同时，不属于任何集合的其他子流仍保持监控状态，并重复上述过程。需要注意的是，该共享瓶颈检测模块优先考虑的是 ECN 信号，也会考虑丢包信号。如果在设置的判断超时阈值到达之前，其他子流中都没有检测到 ECE 标记的 ACK 或丢包信号，则表示该观察窗口内，其他子流未发生拥塞事件，那么所有子流继续等待下一次共享瓶颈检测。

　　然后需要进行第二阶段的判断以验证初步判定的共享瓶颈集合是否正确。发送方将监控"预判共享瓶颈集合"中的所有子流，当有子流收到一个或多个 ECE 标记的 ACK 时，发送端将判断此"预判共享瓶颈集合"中的所有其他子流是否也在观察窗口期内出现拥塞事件。如果是，将验证"预判共享瓶颈集合"，并将此集移至"最终判断"状态；如果不是，请将此集中的所有子流移回"监测"状态。图 4.29 给出了共享瓶颈检测过程中子流的状态转移图。

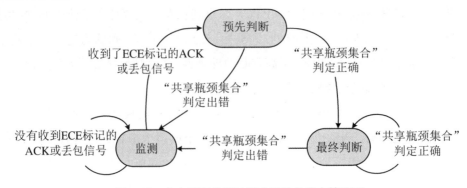

图 4.29   共享瓶颈检测过程中子流的状态转移图

对于处于"最终判断"状态的集合中的子流,发送方始终观察所有这些子流并不断地实施上述验证过程。如果共享瓶颈设置仍然正确,这些子流就会维持在"最终判断"状态,被耦合控制;如果不正确,则将集合中的所有子流移回"监测"状态。基于 ECN 的瓶颈检测算法的伪代码如图 4.30 所示。

Input:R是一个MPTCP子流下所有的子流集合,子流r的观察窗口为
w_r,子流r的状态为$state[r] \in \{monitor, judgement\}$

Output:共享瓶颈集合bs_i;
1 初始化:$state[r]$=monitor,i=0;
2 foreach一个MPTCP连接下的子流do
3   if子流$r^* \in R$收到ECE信号then
4   If $state[r^*]$=$monitor$ then
5   foreach子流$r \in R\backslash r^*$ do
6   if子流r在观察窗口w_r内收到ECE信号或者丢包信号
7   then
8            $state[r^*]$=judgement;$state[r]$=judgement;
9   subflow $r^* \in bs_i$;subflow $r \in bs_i$;
10   end
11   end
12   /* 验证"预判共享瓶颈集合"的准确性*/
13   if 子流$r' \in bs_i$收到ECE信号then
14   if (子流$r \in bs_i\backslash r'$ 在观察窗口w_r收到ECE信号或丢包信号)&&(任何一个子流$r \notin bs_i$在观察窗口w_r都没有收到ECE信号或者丢包信号)
15   then
16   Return bs_i;
17   i++;
18   else
19   foreach 子流$r \in bs_i$ do
20            $state[r]$=monitor;
21   end
22   end
23   end
24   end
25 end
26 end
27 return bs_i;

图 4.30　共享瓶颈检测算法

4.4.5　基于瓶颈公平性的拥塞控制算法(SB-CC)

本小节将介绍基于瓶颈公平性的拥塞控制算法(SB-CC)的拥塞控制部分。对于子流窗口的减少部分的设计,本小节定义了类似于 DCTCP 中的拥塞度,使每个 MPTCP 子流能根据当前子流的拥塞程度细粒度地减小窗口。对于子流窗口的增长部分的设计,为了达到瓶颈公平性并保持稳定,本小节仍然基于子流的拥塞度调整每个子流的窗口增长因子来耦合瓶颈集合内子流窗口的增长过程。与现有的 MPTCP 拥塞控制算法相比,SB-CC 是基于瓶颈公平性的耦合拥塞控制方案,它可以提供更高的吞吐量,在不同的 MPTCP 子流之间进行动态调整和负载平衡,同时仍然保持在瓶颈处对单路径 TCP 流的公平性。耦合拥塞控制的细节描述如下。

4.4.5.1　子流窗口的减少

在瓶颈集合判定的过程中,发送端会统计每个子流 r 上每轮 RTT 被标记的数据包比例 β_r,将其定义为子流 r 的拥塞度。同时拥塞度在每一轮 RTT 都会进行一次更新,更新方式如下:

$$\beta_r = g \cdot T_r + (1 - g) \cdot \beta_r \tag{4.7}$$

其中,T_r 是当前轮中统计得到的被标记的数据包的比例,g 是平滑因子,文中设置 $g = 1/8$(这是一个经验值,参照了平均 RTT 测量过程中的平滑值设计)。子流 r 每次接收到 ECE 标志后拥塞控制窗口的减少量为

$$w_r = w_r - \frac{\beta_r}{2} w_r \tag{4.8}$$

其中,w_r 是子流 r 的拥塞窗口大小。当 β_r 接近 1 时,子流 r 遭遇严重的拥塞,情况恶化到类似于传统 TCP 拥塞控制算法的窗口减半。相反,当 β_r 接近 0 时,意味着子流 r 中的拥塞程度较低,并且拥塞窗口仅需要稍微减少。

引入 β_r 的目的是使 MPTCP 的窗口减小策略更加符合网络的实际拥塞状况,以实现更细粒度的拥塞调整,β_r 还会影响子流窗口的增长部分,使 MPTCP 在各子流之间均衡负载。

4.4.5.2　子流窗口的增加

对于基于瓶颈公平性的耦合拥塞控制算法,当拥塞控制窗口的减少策略改变时,其拥塞控制窗口的增长策略应该要做出相应的改变。根据瓶颈公平性准则,在瓶颈集合外部的子流执行单路径 TCP 连接类似的增长策略,在瓶颈集合内部的子流 r 则执行耦合的增长策略,其拥塞控制窗口 w_r 的增加量推导过程如下。

子流集合 S 内部各子流的总吞吐量要达到最优单路径 TCP 连接的吞吐量(Wischik

et al. ,2011),可以表示为

$$\sum_{r \in S} \frac{\hat{w}_r}{rtt_r} = \max_{r \in S} \frac{\hat{w}_r^{\text{TCP}}}{rtt_r} \tag{4.9}$$

其中,$\hat{w}_r$ 是子流 r 的均衡拥塞窗口大小,rtt_r 是对应的路径时延,$\hat{w}_r^{\text{TCP}}$ 是在共享瓶颈处单路径 TCP 获得的均衡拥塞窗口。在此算法中,子流 $r(\in S)$ 将其窗口大小 w_r 在每一轮 RTT 的增量设为 $\min\left(\frac{a}{w_{bs}}, \frac{1}{w_r}\right)$,其中 w_{bs} 是瓶颈集合 S 内总的拥塞窗口,参数 a 是控制子流 r 窗口增量的因子。因此,为每个子流求解出合适的 a 是实现瓶颈公平性的关键。对于每个子流 r,参照文献(Han et al. ,2006;Liu et al. ,2015)来平衡拥塞窗口的增加和减少,这可以用下式表示:

$$\min\left(\frac{a}{\hat{w}_{bs}}, \frac{1}{\hat{w}_r}\right)(1 - \lambda_r) = \frac{\beta_r}{2}\hat{w}_r\lambda_r \tag{4.10}$$

其中,λ_r 是子流 r 的拥塞丢包率。此外,我们可以根据式(4.10)计算出 a。由于在网络中 λ_r 通常很小,因此认为 $1 - \lambda_r \approx 1$。对于单径 TCP 流来说

$$\hat{w}_r^{\text{TCP}} = \sqrt{2/\lambda_r} \tag{4.11}$$

通过式(4.9)、式(4.10)和式(4.11),我们计算出子流 r 在收到数据包成功传输的确认 ACK 时,拥塞控制窗口 w_r 的增加量为

$$w_r = w_r + \min\left(\frac{a}{w_{bs}}, \frac{1}{w_r}\right) \tag{4.12}$$

其中 $a = \beta_r \hat{w}_{bs} \dfrac{\max_r \hat{w}_r / rtt_r^2}{\left(\sum_r \hat{w}_r / rtt_r\right)^2}$。

综合窗口的减少和增加两个部分,算法 SB-CC 的伪代码如图 4.31 所示。通过同时考虑子流所处的瓶颈集合以及每个子流的拥塞程度,所提出的 SB-CC 可以实现在提升整体网络性能的同时保持对共享瓶颈处其他 TCP 连接的公平性。需要注意的是,SB-CC 可以检测和维护一个 MPTCP 连接下的多个瓶颈集合,并且还可以适应共享瓶颈的动态变化情况。

Input: rtt_r,子流拥塞度 β_r;

Output:每个子流 r 的拥塞控制窗口 w_r;

1　初始化: $g=1/8, \beta_r=1$;

2　Foreach 子流 r 每收到一个数据包成功传输的确认ACK do

3　　　找出子流 r 所处的瓶颈集合 bs_i。

4　　if 子流 $r \in bs_i$ then

5　　　　$\beta_r \leftarrow g \cdot T_r + (1-g) \cdot \beta_r$;

6　　　　$a \leftarrow \beta_r \hat{w}_{bs_i} \dfrac{\max_i \hat{w}_r / rtt_r^2}{(\sum\limits_r \hat{w}_r / rtt_r)^2}$;

7　　　　$w_r \leftarrow w_r + \min(\dfrac{a}{w_{bs_i}}, \dfrac{1}{w_r})$;

8　　end

9　　if 子流 r 不属于任何一个瓶颈集合 then

10　　　　$w_r \leftarrow w_r + \dfrac{1}{w_r}$;

11　　end

12　end

13　foreach 子流 r 收到ECE或者丢包信号 do

14　　　$w_r \leftarrow w_r - \dfrac{\beta_r}{2} \cdot w_r$;

15　end

16　return 子流 r 的拥塞控制窗口 w_r;

图 4.31　SB-CC 算法

4.4.6　方案性能评估

本小节介绍一个基于瓶颈公平性的多径传输优化方案,该方案包括 SB-CC 和 SB-FPS 两个算法,接下来我们将展示拥塞控制算法 SB-CC 的方案验证和性能对比。在此基础上,调度算法的性能对比将在下一章中介绍。

本小节的实验平台由 14 个 Linux 主机构建而成,根据需要设置了子流共享瓶颈场景,并在该平台上对比了 DWC(Hassayoun et al.,2011)、SBD(Ferlin et al.,2016)、BALIA(Peng et al.,2016)、OLIA(Khalili et al.,2012)和 SB-CC 的性能。搭建的 4 个实验场景如图 4.32 所示,所有的场景接入链路带宽均为 100 Mbps,瓶颈链路带宽为 20 Mbps。此外,通过加入不同背景流来模拟更真实的测试环境。在该测试环境中,大多数流量(>90%)会作为背景流量穿过瓶颈处,该流量由 D-ITG(Botta et al.,2012)生成的具有不同长度的 TCP 和 UDP 流组成。分别使用对称(子流的路径延迟均为 60 ms)和非对称(子流的路径延迟分别为 60 ms 和 120 ms)场景来验证各算法在不同场景下的稳定性。

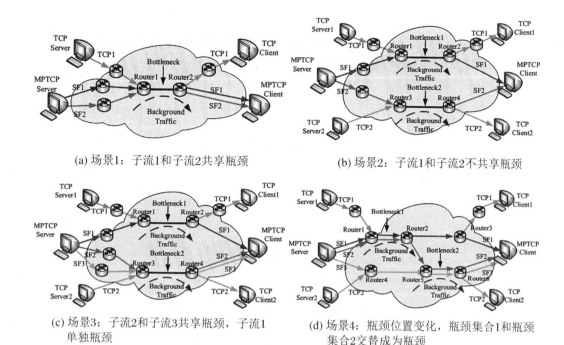

(a) 场景1: 子流1和子流2共享瓶颈

(b) 场景2: 子流1和子流2不共享瓶颈

(c) 场景3: 子流2和子流3共享瓶颈, 子流1单独瓶颈

(d) 场景4: 瓶颈位置变化, 瓶颈集合1和瓶颈集合2交替成为瓶颈

图 4.32　4 个实验场景的实验测试拓扑

4.4.6.1　拥塞控制窗口的动态变化特征

在 4.4.5 小节中,我们介绍了 SB-CC 拥塞控制算法基于子流拥塞度进行窗口的调整,SB-CC 可以根据路径质量动态调整拥塞控制窗口大小,并平滑窗口波动。现在,使用一个简单的实验对其进行验证。实验测试的场景如图 4.32(a)所示,这是一个子流共享瓶颈的场景,在没有背景流的情况下分别运行 DWC、SBD(SBD 此时的拥塞控制算法就是 OLIA)和 SB-CC,并记录两个子流的拥塞控制窗口大小以及合计窗口大小。图 4.33 分别显示了 DWC、SBD 和 SB-CC 的拥塞控制窗口波动性能的对比,圆圈表示 MPTCP 总拥塞控制窗口变化,虚线和实线则分别表示两个子流的拥塞控制窗口变化。我们可以看到,SB-CC 通过拥塞控制窗口动态减小机制,能够保证窗口浮动在较小范围内变化,而 DWC 和 SBD(OLIA)的拥塞控制窗口则波动剧烈。对于实时流媒体应用,发送速率的大幅波动是不可取的。同时,SB-CC 中的拥塞控制窗口总体平均大小比 SBD 和 DWC 大,意味着 SB-CC 能提供更大的吞吐量,也更适合于支持需要稳定吞吐量的应用。

4.4.6.2　公平性分析

在如图 4.32(a)所示的场景 1 中,MPTCP 连接的两个子流(SF1 和 SF2)和单路径 TCP 连接流经同一个瓶颈链路。为了保证对单路径 TCP 连接的公平性,在该场景中无论是瓶颈公平性还是网络公平性原则都将限制 MPTCP 连接,使其和通过同一瓶颈的最

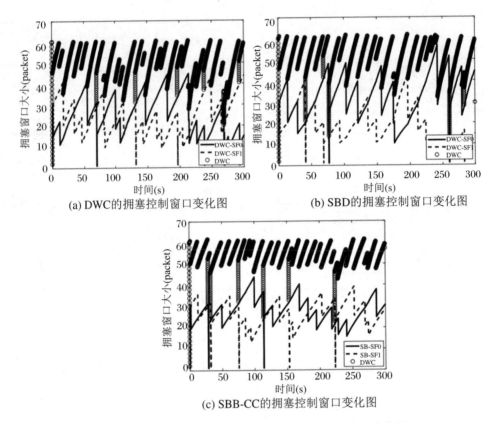

(a) DWC的拥塞控制窗口变化图

(b) SBD的拥塞控制窗口变化图

(c) SBB-CC的拥塞控制窗口变化图

图 4.33   DWC、SBD(OLIA)和 SB-CC 的拥塞控制窗口变化图

优单路径 TCP 连接表现相同。因此,在这个场景中这些 MPTCP 算法应使所有 MPTCP 子流的总吞吐量大致等于单路径 TCP 流在最佳路径上的吞吐量。针对场景 1,我们评估了 SB-CC、DWC、SBD、BALIA、OLIA 的吞吐量,并将单路径 TCP 连接的平均吞吐量设置为测量基准。在这种情况下,通过对称链路状态和非对称链路状态来测试算法性能。

图 4.34 显示了吞吐量 T_{TCP}、T_{SB-CC}、T_{DWC}、T_{SBD}、T_{BALIA}、T_{OLIA} 与单路径吞吐量 T_{TCP}的比值,即 1、T_{SB-CC}/T_{TCP}、T_{DWC}/T_{TCP}、T_{SBD}/T_{TCP}、T_{BALIA}/T_{TCP}、T_{OLIA}/T_{TCP}。我们可以看到,在两条子流共享瓶颈的场景中,无论不同子流的链路状态是对称的还是不对称的,所有这些算法都可以保证 MPTCP 连接获得与单路径 TCP 连接几乎相同的吞吐量,这也就保证了公平性。然后,进一步增加了非瓶颈链路上的背景流数量,并观察了其对共享瓶颈检测精度的影响。图 4.35(a)显示了对称场景中 SB-CC、DWC 和 SBD 的检测精度。如图所示,在共享瓶颈链路以外增加背景流量会导致 SBD 中共享瓶颈检测准确度显著降低,这是因为非瓶颈链路上的背景流量影响了端到端 OWD 的三个关键参数(偏度、差异度和关键频率),进而影响了 SBD 的瓶颈检测。如图 4.35(b)所示,在链路参数非对称情况下,增加非瓶颈链路上的背景流数量,可以得出与图 4.35(a)类似的结论。

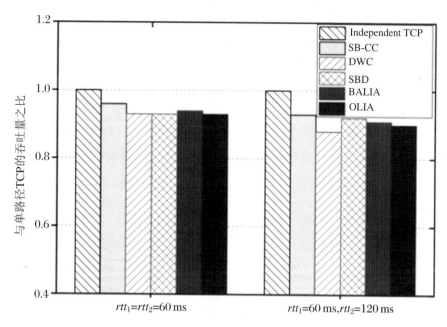

图 4.34　DWC、SBD(OLIA)和 SB-CC 的拥塞控制窗口变化图

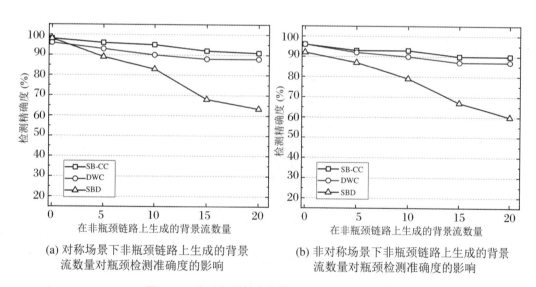

(a) 对称场景下非瓶颈链路上生成的背景
流数量对瓶颈检测准确度的影响

(b) 非对称场景下非瓶颈链路上生成的背景
流数量对瓶颈检测准确度的影响

图 4.35　实验场景 1 中各算法的瓶颈检测准确度

4.4.6.3　吞吐量分析

在图 4.32(b) 的场景 2 中,两个不相交的路径形成了两个不同的瓶颈,也因此在该场景下 MPTCP 连接中的两个子流之间没有共享的瓶颈。引入两个单路径 TCP 连接,以在每个路径中与 MPTCP 竞争。在这种情况下,每个 MPTCP 子流的行为应类似于单路径 TCP,以实现瓶颈公平性,并且 SB-CC、SBD 和 DWC 的合计吞吐量理论上应接近于

$T_{TCP1} + T_{TCP2}$。同时，使用基于网络公平性的耦合拥塞控制算法如 BALIA 和 OLIA，其聚合吞吐量应接近 TCP1 和 TCP2 中的最佳吞吐量。

如图 4.36 所示，BALIA 和 OLIA 的总吞吐量接近 TCP1 + TCP2 的 50%，而 SB-CC、DWC 和 SBD 都显著提升了吞吐量，其中 SB-CC 和 SBD 的吞吐量更是接近 TCP1 + TCP2。这意味着 SB-CC 和 SBD 通过准确的瓶颈集合检测解耦 SF1 和 SF2，使得两条子流表现得如同两个单路径 TCP 连接，从而实现瓶颈的公平性。此外，从图 4.36 我们可以看出，无论在对称场景还是在非对称场景中，SBD 和 SB-CC 的吞吐量均明显优于 DWC，这是因为 SBD 和 SB-CC 能提供更为准确的瓶颈集合检测结果。尤其是在背景流量相似的对称场景中，SB-CC 和 SBD 的优势更加明显。然后，进一步增加了在瓶颈链路以外的路径上的背景流量，并观察其对共享瓶颈检测准确度的影响。

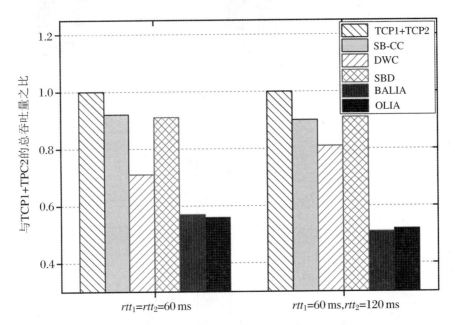

图 4.36　实验场景 2 中各算法的吞吐量统计图

图 4.37(a) 显示了对称场景中 SB-CC、DWC 和 SBD 的检测准确度。对于 DWC，在其瓶颈检测的观察窗口中，出现丢包或延迟增加的子流可能实际上并不共享瓶颈。因此，如图 4.37(a) 所示，在这种情况下，DWC 的共享瓶颈检测准确度远低于其他两个方案。我们介绍的解决方案基于 ECN 机制，瓶颈的判断只与瓶颈队列长度有关，受非瓶颈节点背景流量的影响较小，从而提高了检测准确度。在背景流量很小的情况下，SB-CC 的瓶颈检测性能非常好，而 SBD 的性能同样好。随着背景流量的增加，SB-CC 和 SBD 中的检测误差也增加，但是这两种方案的检测精度仍远高于 DWC。如图 4.37(b) 所示，在非对称情况下，增加了非瓶颈链路上的背景流数量，我们也可以得出与图 4.37(a) 类似

的结论。

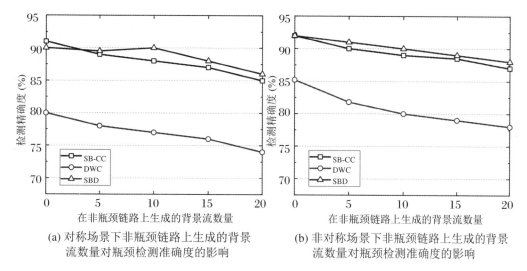

(a) 对称场景下非瓶颈链路上生成的背景
流数量对瓶颈检测准确度的影响

(b) 非对称场景下非瓶颈链路上生成的背景
流数量对瓶颈检测准确度的影响

图 4.37　实验场景 2 中各算法的瓶颈检测准确度

场景 2 中的实验表明，$T_{\text{SB-CC}}$ 更接近 $T_{\text{TCP1}} + T_{\text{TCP2}}$，这意味着每个不相交的子流都可以达到单路径 TCP 连接的吞吐量，并且能够实现良好的瓶颈公平性。

4.4.6.4　混合场景下的性能分析

图 4.32(c)中的场景 3 是场景 1 和场景 2 的混合。同时还额外地在该场景中添加了 0.5% 的随机丢包率。在该场景中，MPTCP 连接下有 3 条子流，SF1 与单路径 TCP 连接 TCP1 共享瓶颈链路 1，SF2 和 SF3 与单路径 TCP 连接 TCP2 共享瓶颈链路 2。在这种情况下，基于瓶颈公平性的耦合拥塞控制算法会将 SF2 和 SF3 耦合在一起，以达到与单路径 TCP 连接 TCP2 相同的吞吐量，而 SF1 可以获得类似于单路径 TCP 连接 TCP1 的吞吐量。因此，基于瓶颈公平性的耦合拥塞控制算法在理论上应等于 TCP1＋TCP2 的聚合吞吐量。

图 4.38(a)和图 4.39(a)显示了场景 3 中 SB-CC、DWC、SBD、BALIA 和 OLIA 在链路对称条件下(三条子流时延相同)以及不对称条件下(三条子流时延不同)的吞吐量统计图。纵坐标为各算法的吞吐量相对于 T_{MPTCP}(通过 SF1、SF2 和 SF3 获得的总吞吐量)的比率，以及 T_{SF1}、$T_{\text{SF2＋SF3}}$ 和 $T_{\text{TCP1＋TCP2}}$ 的比率，T_{SF1} 和 T_{TCP1} 的比率，$T_{\text{SF2＋SF3}}$ 和 T_{TCP2} 的比率。我们可以看到 SBD 和 SB-CC 的性能几乎与 TCP1 和 TCP2 聚合在一起的性能一样好，实现了比 BALIA 和 OLIA 更好的吞吐性能，这是因为在这个场景下 BALIA 和 OLIA 受网络公平性的限制。SB-CC 和 SBD 能够正确地区分瓶颈集合内部和外部的子流，并进一步实现这些子流拥塞控制的解耦，比如 SF1 和单路径 TCP 连接 TCP1 获得了几乎相等的吞吐量，而 SF2 和 SF3 的聚合吞吐量和单路径 TCP 连接 TCP2 相当。此外，

SB-CC 在吞吐量方面要优于 SBD,因为 SB-CC 可以通过使用 ECN 机制根据实际拥塞程度及时调整拥塞窗口。同时,在 SBD 中,随机丢包将导致性能下降。图 4.38(b)和图 4.39(b)进一步显示了在两个瓶颈以外的链路上增加背景流量对瓶颈检测精度的影响。对于 DWC,动态的背景流会使其在观察窗口期发生误判的概率增大,同时随机丢包的加入会进一步恶化判断结果。因此,如图 4.38(b)和图 4.39(b)所示,在这种情况下 DWC 的检测精度远低于 SB-CC。同时,非瓶颈链路上不断变化的背景流也会影响 OWD 测量结果的变化趋势,这将导致 SBD 的瓶颈检测错误。SB-CC 依靠 ECN 机制来反馈瓶颈的拥塞程度,不受非瓶颈链路上的背景流量的影响,并且通过两阶段检测可以进一步降低误判的可能性。

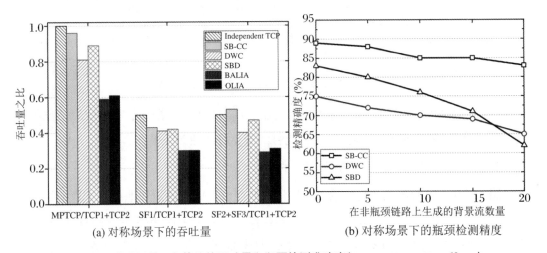

(a) 对称场景下的吞吐量 　　　　(b) 对称场景下的瓶颈检测精度

图 4.38　实验场景 3 各算法的吞吐量和瓶颈检测准确度($rtt_1 = rtt_2 = rtt_3 = 60$ ms)

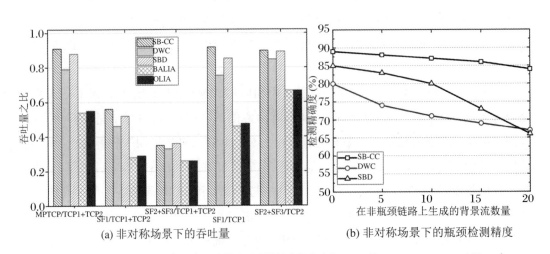

(a) 非对称场景下的吞吐量 　　　　(b) 非对称场景下的瓶颈检测精度

图 4.39　实验场景 3 各算法的吞吐量和瓶颈检测准确度($rtt_1 = 60$ ms, $rtt_2 = rtt_3 = 120$ ms)

4.4.6.5 瓶颈发生切换场景下的性能分析

最后,本小节还针对图 4.32(d)中的场景 4 进行了瓶颈检测准确度的测试,以验证提出的瓶颈检测方案在瓶颈位置发生动态变化时能否及时有效地判断出新瓶颈的位置。在这个场景中,通过控制路由器上的背景流量的负载,使网络中瓶颈位置发生变动。在 t $=30$ s 出现瓶颈转移之前,背景流量集中在 Router1,此时 SF1 和 SF2 与 TCP1 共享一个瓶颈。在 $t=30$ s 时,将背景流量从 Router1 迁移至 Router5,此时 SF2 和 SF3 与 TCP2 共享瓶颈。对于这种情况,图 4.40 显示了 SB-CC 和 SBD 中共享的瓶颈检测的准确度。由于 SBD 的检测周期较长,当瓶颈发生变化时,SBD 初期的检测准确度非常低,并且需要大约 30 s 才能接近 SB-CC。因此,证明了该瓶颈检测方案比 SBD 具有更强的时效性。在网络背景流量随时间变化的网络场景中,瓶颈节点也会变化,及时有效地切换瓶颈很重要。

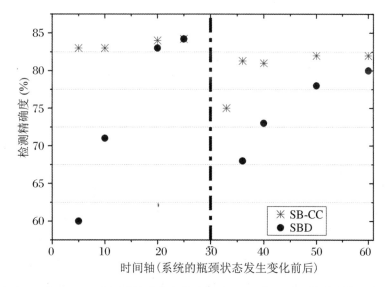

图 4.40 在 $t=30$ s 瓶颈发生变化之前和之后,SBD 和 SB-CC 的瓶颈检测准确度

综上,SB-CC 基于 ECN 实现共享瓶颈检测,并基于子流拥塞度执行细粒度的拥塞调控,相对于 DWC 和 SBD 性能更优,且兼容于网络,在保证公平性的同时提升整体吞吐量。

4.5　基于 BBR 算法的多径传输优化方案

4.5.1　问题描述

在无线异构网络中,无线随机丢包经常出现,现有的基于丢包的 MPTCP 拥塞控制算法在该场景下很难达到理想的性能,导致整体的传输性能恶化。这些 MPTCP 拥塞控制算法实际上是传统 TCP 拥塞控制算法 NewReno 的延伸,比如 LIA(Raiciu,Handley et al.,2011)、OLIA (Khalili et al.,2012)以及 BALIA(Peng et al.,2016)都是由传统的 TCP 拥塞控制机制演化而来的,都以数据包的丢失作为拥塞的信号,并减少拥塞窗口作为应对。以 LIA 为例:

当收到一个成功传输数据包的 ACK 时,子流 r 拥塞控制窗口 w_r 的增量为

$$\Delta w_r = \min\left(\frac{1}{w_r}, \frac{\alpha}{w_{\text{total}}}\right) \tag{4.13}$$

其中 $a = w_{\text{total}} \dfrac{\max_r \hat{w}_r / rtt_r^2}{\left(\sum\limits_r \hat{w}_r / rtt_r\right)^2}$, $\hat{w}_r$ 为路径 r 的平均拥塞窗口,而发生丢包时,子流 r 拥塞控制窗口 w_r 减少量为 $w_r/2$。

如果其中的一条子流上发生随机丢包,其窗口 w_r 减小到 $w_r/2$ 时,其余子流上窗口的增量会增加以此完成负载迁移,但是当其他子流的上 Inflight 数据包(已经发送到链路中还未收到 ACK 的数据包)达到链路 BDP 时,继续增加窗口会导致端到端时延 rtt_r 增加而实际发送速率却未提升。由拥塞控制窗口的增量公式(4.13)可以看出,窗口增长量与子流的窗口大小 w_r 以及子流时延 rtt_r 有关。因此,非拥塞的负载迁移不仅会恶化本条子流的传输性能,还会拖累其他子流,导致整个 MPTCP 连接的性能一起降低。此外,基于丢包的耦合拥塞控制算法常常会在网络中堆积过量的数据包,使得端到端时延 rtt_r 增加。而 rtt_r 的不断增加会导致发送端测得的 rtt 实际上一直低于真实的 rtt_r,这进一步导致每个子流窗口的增量 Δw_r 低于实际应该增加的数量,影响 MPTCP 的传输性能。总之,在丢包场景下,MPTCP 现有的基于丢包的拥塞控制算法表现差,同时还会恶化链路 RTT。

虽然基于时延的拥塞控制算法 wVegas 会根据时延信号做出拥塞调整,能有效降低端到端时延,避免了上述数据包堆积链路 RTT 恶化的问题,但是 wVegas 会在子流出现丢包时,将子流的权重降为 0,影响下一次的流速分配,因此在无线随机丢包场景下同样会出现性能的降低。此外,wVegas 对网络的拥塞的反应过于敏感,导致其在和其他类型

拥塞控制算法竞争时,频繁退让,无法有效竞争带宽,吞吐量降低。

为此,非常有必要引入新的 MPTCP 拥塞控制算法来提升 MPTCP 在无线丢包场景下的性能。Google 公司提出了 BBR(Bottleneck Bandwidth and Round-trip propagation time)拥塞控制算法,它采用带宽探测的方式,根据实际探测的速率进行数据发送。由于不再依赖于丢包事件触发窗口调整,对实际网络带宽的估计更准,BBR 算法能有效降低中间路由器转发队列长度,进而避免端到端时延增加。考虑到 BBR 算法的优异性能,本书作者尝试将其引入 MPTCP 的拥塞控制算法中,以提升 MPTCP 在丢包场景下的传输性能。但是不能将 MPTCP 和 BBR 算法进行简单叠加,因为耦合拥塞控制算法在设计时,需要考虑在提升性能的同时保证对传统单径流的公平性问题,为此提出了基于 BBR 的多径传输优化方案(Wei,2021)。

4.5.2 BBR 拥塞控制算法

BBR(Cardwell et al.,2017)是 Google 公司最新提出的一种拥塞控制算法,它的目标是通过消除队列延迟来最大化传递的数据并最小化端到端延迟。BBR 算法不使用丢包事件和时延事件作为触发拥塞调整的时间点,而是根据链路中的 Inflight 数据包量和 BDP(带宽时延乘积)的关系来判断是否进行拥塞调整。如图 4.41 所示,在开始带宽没有占满的情况下,随着向网络中发送数据包数目的增加,RTT 值不会增加,无论是 BBR 算法还是传统的基于丢包的拥塞控制算法都会继续提高传输速率增加链路中 Inflight 数据包数目,当链路中 Inflight 数据包量等于 BDP 时,就达到最佳工作点(Kleinrock,1979),在这个点之后继续增加发送数据包的数目只会增加延迟而不会提升吞吐量。

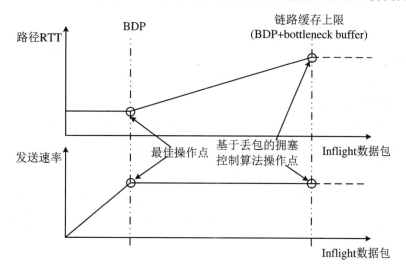

图 4.41 BBR 基本原理:将流速控制在最佳状态工作点而不是尽力填充瓶颈处缓冲区

BBR 会在这个最佳操作点进行速率的调整,而传统的基于丢包的拥塞控制算法会继续增加链路中的数据包,直到 Inflight 数据包量达到链路缓存上限(BDP + bottleneck buffer)并出现丢包,才会进行拥塞调整。在 BBR 算法中,其带宽和时延分别指链路瓶颈带宽(记为 $BtlBW$)和往返的乘积传播时间(记为 $RTprop$)。BBR 算法能够以 BDP 为收敛条件自适应地更改发送速率。BDP 在时刻 T 的估计值为

$$bdp = \max\{x(t)\} \cdot RTprop, \quad t \in \left[T - W, T \right] \tag{4.14}$$

总之,BBR 不使用丢包事件和时延事件作为触发拥塞调整的时间点,而是根据链路中数据包的数量和 BDP 的关系来判断是否进行拥塞调整。

为了使 Inflight 数据包数量 I 收敛到 bdp,BBR 中设计了一个有限状态机,如图 4.42所示,其中包括四个状态:Startup、Drain、ProbeBW 和 ProbeRTT。Startup 和 Drain 是两个快速启动阶段,它们使流程迅速进入收敛状态。在 ProbeBW 阶段完成对瓶颈带宽的估计,在 ProbeRTT 阶段完成对最低往返传播时间的探测。

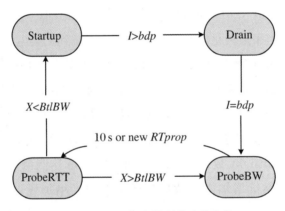

图 4.42　BBR 拥塞控制算法状态机

BBR 不再关注丢包,而是当 RTT 在一段时间内都没有达到其先前探测到的最小值时,它才会认为网络真的发生了拥塞。BBR 算法在其运行的过程中,绝大部分时间都在不停地探测瓶颈带宽和路径最小 RTT。由于 BBR 算法的动态调整发送速率使其维持在瓶颈带宽之下,它可以避免中间路由器缓冲区的排队,使网络传输达到最佳状态。考虑到 BBR 带来的巨大好处,我们将 BBR 拓展到多路径的场景中来,使其满足多路径传输拥塞算法的要求。如果 MPTCP 在每个子流上都采用单路径 BBR 算法,则其获取的吞吐量将是单路径 TCP 连接的数倍,这样的做法损害了公平性原则。因此,基于 BBR,我们给出了一种基于瓶颈公平性的耦合拥塞控制算法和细粒度的数据包调度算法,用于提升在丢包场景下的传输性能,并在瓶颈处确保对其他 TCP/MPTCP 连接的公平性。

4.5.3 方案架构

如图 4.43 所示,针对现有的 MPTCP 算法在无线异构网络中性能下降的问题,作者提出了一种基于 BBR 算法的多径传输优化方案(BBR-based Congestion Control and Packet Scheduling,BCCPS)。BCCPS 包括 2 个算法:在瓶颈公平性的准则下设计的 MPTCP-BBR 拥塞控制算法和在 MPTCP-BBR 的基础上实现的细粒度的数据包调度算法。本章主要关注拥塞控制部分,后续的数据包调度算法将在下一章介绍。

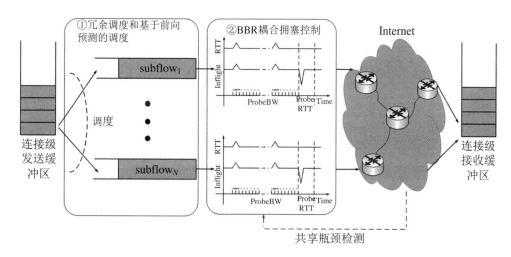

图 4.43　BCCPS 的系统框架

MPTCP-BBR 拥塞控制算法由共享瓶颈检测方案和耦合拥塞控制算法组成。首先,根据每个子流在 ProbeBW 和 ProbeRTT 两个状态下的 RTT 变化划分瓶颈集合。在 BBR 的 ProbeBW 阶段,如果 MPTCP 连接的两个或多个子流中同时出现 RTT 线性增加的现象,就可以初步判断这些子流共享同一个瓶颈,并在 ProbeRTT 阶段进一步确定瓶颈集合是否判断正确。然后,对同一个瓶颈内的子流速率进行耦合,并根据路径质量调整子流的发送速率,实现瓶颈公平性。同时解耦非瓶颈集合内部的子流,以最大化整体的传输性能。

为了能够在提升整体传输吞吐量的同时,保证对传统单径 TCP 子流的公平性,在这里我们依然考虑以瓶颈公平性作为算法设计准则,即需要满足以下三个准则:

(1)提升吞吐量:MPTCP 连接在网络中利用各子流获得的总吞吐量要高于其最优路径上的 TCP 的吞吐量;

(2)公平性:MPTCP 连接应该对瓶颈处的单路径 TCP 连接友好,不能侵占单路径 TCP 连接的带宽;

(3)均衡拥塞:MPTCP 连接要能动态地在子流之间实现负载的均衡,将拥塞路径上的子流迁移到较好的路径上。

4.5.3.1　基于 RTT 的共享瓶颈识别方案

实现瓶颈公平性准则的一个前提是要完成瓶颈集合的判定,不同于上一小节的基于 ECN 的瓶颈检测方案,在网络中路由器不支持 ECN 的情况下,我们利用 BBR 的内在机制即可完成瓶颈识别。

如图 4.44 所示,我们知道当链路上数据包超过该链路的 BDP 时,RTT 将线性增加。因此,当我们以发送速率增益 $G_r = 1.25$ 的步调速率进一步增加发送速率以探测更高的速率时,不仅瓶颈处探测子流的 RTT 增加,在同一瓶颈中的其他子流的 RTT 将同时增加。所以,在同一瓶颈处的子流 RTT 的增量过程都会显示出线性增加的特征。基于此观察结果,使用 ProbeBW 中不同子流的 RTT 趋势来判定子流是否共享瓶颈。这样,当子流的 RTT 几乎同时增加时(将判断窗口设置为一个 RTprop),可以将这些子流划归为同一个瓶颈集合。

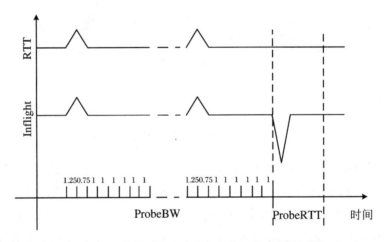

图 4.44　BBR 算法中 Inflight packets 和 RTT 的变化

由于网络中背景流量的影响,RTT 的噪声会影响瓶颈集合的判断结果。因此,进一步在 ProbeRTT 阶段确认已判断的瓶颈集合的准确性。在 ProbeRTT 阶段,发送端将其 Inflight 的数据量限制为最大 4 个数据包,此状态持续 200 ms,然后返回到先前的状态。此操作将排空中间路由器队列,其他子流看到一个新的 RTprop,即新的最小 RTT 时会一起进入 ProbeRTT 阶段。因此,同一瓶颈处的子流可以大致同时同步进入 ProbeRTT 阶段。当不同的子流同时进入 ProbeRTT 阶段时,即可确认它们共享相同的瓶颈集合。

综上,MPTCP 发送端首先在 ProbeBW 状态下监视所有子流的 RTT。当一个子流的 RTT 增加时,检查其他子流的 RTT 是否在一个 RTT 内线性增加。如果出现这种情况,则认为这些子流属于同一瓶颈集合。然后启动第二阶段以验证该判断结果。对于先前判断的瓶颈集合,如果该集合子流在 ProbeRTT 状态下同时测量到了最小 RTT,则将确认该瓶颈集合,并将此瓶颈集合中的所有子流耦合在一起,否则将瓶颈集合取消。重复此操作,直到找到所有的瓶颈集合。

4.5.3.2　MPTCP-BBR 耦合拥塞控制算法

对于本方案提出的拥塞控制机制,要保证瓶颈公平性,即基于共享瓶颈集合判断的结果,将共享同一个瓶颈集合的子流耦合在一起,而不在同一个共享瓶颈集中的子流应解耦并独立执行拥塞控制过程。此外,还需要确保不同子流之间的公平性,即确保同一个瓶颈处的具有不同 RTT 的子流之间的公平性。Google 公司的研究人员和一些其他研究工作(Hock et al.,2017;Abbasloo et al.,2019)对 BBR 的 RTT 公平性问题进行了讨论。在共享瓶颈链路上,长 RTT 流总是比短 RTT 流占用更多的带宽。这是因为在探测期间(一个 RTprop),长 RTT 流比短 RTT 流发送到瓶颈处的数据包更多,从而占据了瓶颈处的队列空间,也霸占了瓶颈链路的吞吐量。为了满足准则(1),即"提升吞吐量",MPTCP 的性能必须要能达到单路径 TCP 连接在其最佳路径上运行的性能相同,这意味着它在探测期间所花费的时间应与单路径 BBR 所花费的时间相同。为了保持各子流之间的公平,同一个瓶颈集合内部,在 ProbeRTT 阶段每个子流的速率增长时间都选取

$$rtt' = \max_{r \in S_i}\{RTprop_r\} \tag{4.15}$$

其中,$RTprop_r$ 为子流 r 上探测的最小 rtt。rtt' 是共享瓶颈集合 S 中的最大 $RTprop_r$。rtt' 保证了同一瓶颈中的所有子流在相等的时间长度内分别探测各自带宽,因此每个子流的最终速率将与其速率增益成正比。设 $x_r(t)$ 是子流 r 在时间 t 时测量得到的发送速率,那么 ProbeRTT 中的速率控制为

$$R_r = \begin{cases} G_r \times \max\{x_r(t)\}, & I \leqslant BDP_r \\ 0, & I > BDP_r \end{cases} \tag{4.16}$$

BBR 算法与传统拥塞控制算法有本质上的区别,没有了拥塞避免阶段,拥塞控制窗口的调整也不再采用加性增乘性减(AIMD)的方式,因此传统的在拥塞避免阶段耦合方式在这里并不适用。MPTCP-BBR 算法在 ProbeBW 阶段对各子流流速实现耦合。在 ProbeBW 阶段,G_r 表示每个子流 r 的八个相位中的一个相位的发送速率增益。单路径 BBR 的发送速率增益 $G \in \{1.25,0.75,1,1,1,1,1,1\}$。当多个子流在瓶颈链路上相互竞争时,每个子流获得的带宽与其在链路队列中占用的缓冲区大小成正比。因此,可以利用参数 α_r 来调控各子流对带宽的竞争,那么每个子流的速率增益

$$G_r \in \{1.25,0.75,\alpha_r,\alpha_r,\alpha_r,\alpha_r,\alpha_r,\alpha_r\} \tag{4.17}$$

为了满足准则(2)和(3),即"公平性"和"均衡拥塞",通过共享瓶颈的子流的吞吐量之和应等于同一瓶颈集合中最佳子流的吞吐量 $\max BtlBW_r$。然后,根据当前测量的带

宽按比例分配每个子流的速率。参数 α_r 为

$$\alpha_r = \frac{\max\limits_{r \in S_i} BtlBW_r}{\sum\limits_{r \in S_i} BtlBW_r} \tag{4.18}$$

其中

$$BtlBW_r = \max\{x_r(t)\}, \quad t \in [T - W, T] \tag{4.19}$$

综上,我们设计了一个新的基于 BBR 的 MPTCP-BBR 拥塞控制算法。该算法满足瓶颈公平性所要求的"提升吞吐量""公平性"和"均衡拥塞"三个准则。MPTCP-BBR 拥塞控制算法的详细信息见图 4.45。

1	在probeBW和ProbeRTT两个阶段完成瓶颈集合的判定,并且统计出瓶颈集合S_i内的子流数目n_i;
2	初始化$\alpha_r = 1/n_i$,
3	for 每一个子流r do
4	if 子流r在瓶颈集合S_i内部 then
5	$rtt' = $get_current_maxRTT();
6	$BDP_r = \max\{x_r(t)\} \times rtt'$, $t \in [T-W,T]$;
7	$\alpha_r = \dfrac{\max\limits_{r \in s_i} BtlBW_r}{\sum\limits_{r \in s_i} BtlBW_r}$;
8	$G_r \in \{1.25, 0.75, \alpha_r, \alpha_r, \alpha_r, \alpha_r\}$;
9	if Infight数据包$\leqslant BDP_r$ then
10	$R_r = G_r \times \max\{x_r(t)\}$;
11	else if Infight数据包$> BDP_r$ then
12	$R_r = 0$;
13	end
14	else if 子流r不属于任何一个瓶颈集合 then
15	执行和单BBR流一样的拥塞控制;
16	$G_r \in \{1.25, 0.75, 1, 1, 1, 1, 1, 1\}$;
17	end
18	end

图 4.45   MPTCP-BBR 拥塞控制算法

4.5.4   方案性能评估

本小节仿真所使用的 MPTCP NS3 代码基于 Google MPTCP group(MPTCP NS3 code,http://code.google.com/p/mptcp-ns3/)提供的源码。我们在基于 MPTCP v0.94 的 Linux 内核中实现了 BCCPS,并在实际网络中进行了测试。本小节我们将评估 BCCPS 的拥塞控制算法 MPTCP-BBR 的性能,数据包调度算法的性能在 MPTCP-BBR

的基础上进行评估,具体内容见下一章。在拥塞控制算法的对比中,我们将 LIA 和 BALIA 的方案与 MPTCP-BBR 进行比较。

在仿真实验中,作者考虑了两个典型的场景,图 4.46(a)所示的共享瓶颈场景和图 4.46(b)所示的非共享瓶颈场景。在接下来的描述中,我们使用 SFi 表示子流 i。

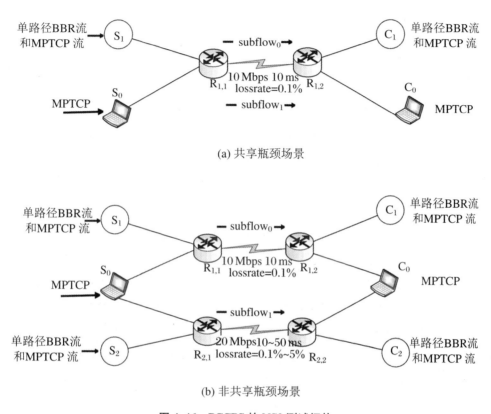

(a) 共享瓶颈场景

(b) 非共享瓶颈场景

图 4.46 BCCPS 的 NS3 测试拓扑

图 4.46(a)是共享瓶颈的场景。在这种情况下,网络所有的流通过这个共同的瓶颈。在 MPTCP 客户端(C_0)和服务器(S_0)之间建立了两条子流(SF0 和 SF1),子流在此瓶颈中相互竞争,共享 10 Mbps 的瓶颈带宽,同时瓶颈链路时延为 10 ms。此外,我们将单路径 BBR 和 MPTCP 流作为背景流量引入此瓶颈,以分析公平性。

图 4.46(b)是非共享瓶颈的场景。在这种情况下,在 MPTCP 客户端(C_0)和服务器(S_0)之间建立了两个子流,SF0 和 SF1 不共享瓶颈。SF0 具有 10 Mbps 带宽,10 ms 延迟和 0.1%的丢包率。在此仿真中,SF0 的参数保持不变,而 SF1 的延迟 10~50 ms 不等,丢包率 0.1%~5%不等。单路径 BBR 和 MPTCP 流在客户端(C_1 和 C_2)和服务器(S_1 和 S_2)之间产生背景流量,并且与 MPTCP 流在瓶颈处相互竞争。

仿真参数的设置如表 4.3 所示。

表 4.3　变量说明

	共享瓶颈	不共享瓶颈
链路带宽(Mbps)	10	10~20
时延(ms)	10~20	10~50
丢包率(%)	0.1	0.1~5
路由器缓存大小(BDP)	1	1

本小节介绍了 BCCPS 的拥塞控制算法 MPTCP-BBR 与 MPTCP-LIA 和 MPTCP-BALIA 的性能比较。其中均使用 LRF 作为调度算法。

在如图 4.46(a)所示的共享瓶颈场景中,MPTCP 的两个子流 SF0 和 SF1 与单路径流共享相同的瓶颈。因此,理论上 MPTCP-BBR 应该达到与单路径 BBR 流几乎相等的输出。在图 4.46(a)中,SF1 的延迟从 10 ms 更改为 20 ms,并且两个子流上的随机丢包率均为 0.1%。图 4.47 显示了在共享瓶颈情况下所提出的检测机制和 DWC 方案的检测精度的对比。在有丢包的网络中,对于 DWC 来说,随机丢包将增加其瓶颈误判的可能性,此外,简单的延迟阈值也容易导致错误触发共享瓶颈检测,最终导致判断错误。如图 4.47 所示,MPTCP-BBR 的检测精度高于 DWC。进一步地对 MPTCP-BBR、MPTCP-LIA 和 MPTCP-BALIA 的吞吐量进行评估,并以单路径 BBR 的吞吐量为基准计算比值。图 4.48 显示了吞吐量的结果。我们可以看到,MPTCP-BBR 的性能优于 MPTCP-LIA 和 MPTCP-BALIA,因为 MPTCP-BBR 不断地探测当前的传输容量使总的

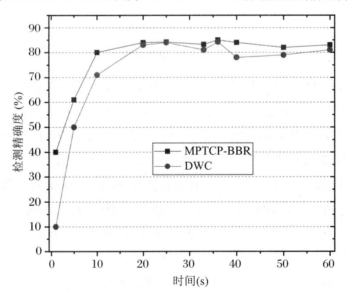

图 4.47　在共享瓶颈的场景下瓶颈识别的准确度

吞吐量更接近理论带宽。当 RTT 增加时，BCCPS 仍然能获得更多的吞吐量。此外，图 4.48 中 MPTCP-BBR 的性能接近于单路径 BBR，这意味着 BCCPS 能够正确地检测瓶颈，并在共享瓶颈处与单路径 BBR 实现公平。

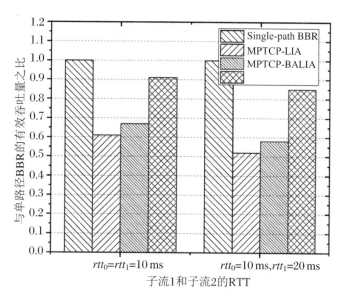

图 4.48　在共享瓶颈的场景下各个算法吞吐量对比

在如图 4.46(b)所示的非共享瓶颈场景中，SF0 和 SF1 与单路径流共享不同的瓶颈，两个子流上的随机丢包率为 0.1%。SF0 与 BBR0 共享相同的瓶颈，而 SF1 与 BBR1 共享相同的瓶颈。图 4.49 显示了瓶颈检测的结果。由于背景流在两条路径上都是动态的，因此在这种情况下很难准确地完成瓶颈集合的判断，但是 MPTCP-BBR 方案仍然比 DWC 更好。同时在这种情况下，MPTCP-BBR 的每个子流都应该表现为一个单路径 BBR 流，以实现瓶颈公平性，MPTCP-BBR 的聚合带宽应该类似于 BBR0 + BBR1 的带宽和。将单路径 BBR0 + BBR1 的吞吐量设置为基准，评估 MPTCP-BBR、MPTCP-LIA 和 MPTCP-BALIA 的吞吐量。在图 4.50 中，我们可以看到 MPTCP-BBR 的性能优于 MPTCP-LIA 和 MPTCP-BALIA，接近 BBR0 + BBR1 的性能总和，这意味着每个不相交的子流都可以达到单路径 BBR 的输出，并且可以实现良好的瓶颈公平性。

共享瓶颈检测一直是网络研究的难点。共享瓶颈检测主要是判断网络中两条流是否共享瓶颈。

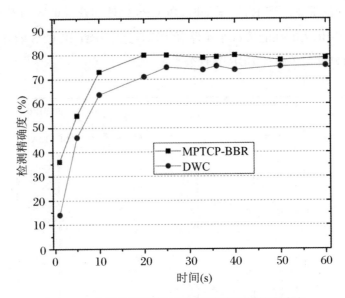

图 4.49   在不共享瓶颈的场景下瓶颈识别的准确度

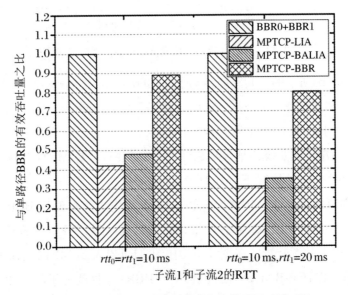

图 4.50   在不共享瓶颈的场景下各个算法吞吐量对比

4.6 基于方差的共享瓶颈检测方案

4.6.1 问题描述

共享瓶颈检测一直是网络研究的难点。共享瓶颈检测主要是判断网络中两条流是否共享瓶颈,判断多条流是否共享瓶颈可以此为基础。瓶颈是指由于缓冲区队列过度堆积而导致丢包或排队时延过长的链路,比如说路径上带宽最低的链路。如图 4.51 所示,共享瓶颈指的是,两条流在物理上有共享的链路,且这条共享的链路分别是两条流的瓶颈。在本小节中,我们假设两条流共享的瓶颈是完全相同或者完全不同的,且两条流最多共享一条瓶颈链路。而在仿真中,本小节也考虑了在两条流的瓶颈部分重叠的情况下对算法性能的考察。

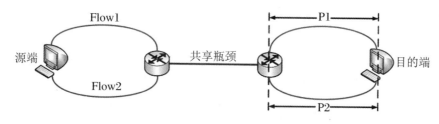

图 4.51　共享瓶颈检测示意图

4.6.2 方案设计

4.6.2.1 共享瓶颈检测方案

虽然 IP 记录路由选项能够帮助我们判断两条路径在物理上是否相交,但并不是所有路由器都支持该选项,在条件允许时可以使用该选项帮助我们判断。而判断共享链路是否是瓶颈需要用到传输层的信息,网络层目前不能提供相关信息。接下来介绍的方案目前只用到传输层信息,全部在传输层实现。该方案要求两条流有共同的接收端,并在接收端上实现共享瓶颈检测。

共享瓶颈检测主要利用两条流拥塞的相关性来进行判断,若两条流共享瓶颈,两条流在共享瓶颈处将同时经历拥塞。在传输层,路径拥塞常见的表现主要是丢包和端到端时延(One-Way Delay,OWD)的增大,可以通过分析两条流拥塞信号(丢包、时延)的相关性来判断两条流是否共享瓶颈。因此共享瓶颈检测可以基于丢包或者时延来判断(Ro,Von,2016)。

基于丢包的问题在于,当网络中背景流量不强时,丢包并不经常发生,算法收敛慢,且易受无线随机丢包的影响。而基于端到端时延的共享瓶颈检测可以避开这些缺陷。基于时延的检测的难点在于时延的测量易受非瓶颈链路上的时延噪声的干扰,但我们可以采用各种信号处理方法减小这种噪声的影响(Ubenstein et al.,2002;Katabi et al.,2001;Kim et al.,2008;Hayes et al.,2014)。

"路径滞后"是共享瓶颈检测中一个棘手的问题,路径滞后是指从共享瓶颈到接收端的两条路径(图 4.52 中的 Flow1 和 Flow2 对应的路径)的时延是不相等的,这会导致在接收端,如图 4.52 所示,其中一条流的 OWD 统计信息相比另一条流会在时间上有滞后,从直观上会导致两条流拥塞之间的相关性减弱。已有的大多数共享瓶颈检测方案的性能都会受到路径滞后问题的负面影响,且时延差越大,准确率下降越多。在本小节中,我们介绍了基于方差的共享瓶颈检测方案(Variance based Shared Bottleneck Detection,VSBD)(Wei et al.,2018),该方案不受路径滞后问题的影响。

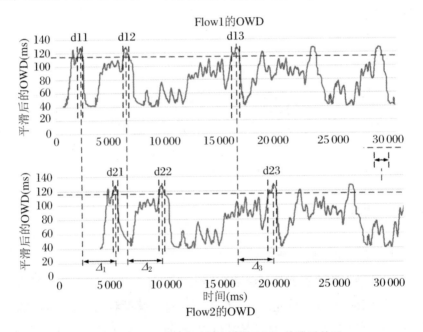

图 4.52　共享瓶颈时两条流平滑 OWD 的滞后关系

4.6.2.2　方案概述

考虑如图 4.51 所示的共享瓶颈情形。若两条流共享瓶颈,两条流在共享瓶颈处将同时经历拥塞。设 t_0 为共享瓶颈处出现拥塞的时刻,当来自两条流的数据包在 t_0 经过共享瓶颈时,它们将经历较大的排队时延或被丢弃。发送端在数据包中打上发送时间戳,接收端在收到数据包后,读取本地时间来计算出单向时延(OWD),由于 OWD 只需在接收端本地有意义,因此不需要发送端与接收端的时间同步。当 OWD 较大时(处于局部最大值)认为子流发生拥塞。

令 t_1 为子流 1 的 OWD 达到其局部最大值的时刻，t_2 为子流 2 的 OWD 达到其局部最大值的时刻。$t_1 - t_0$ 对应于路径 P1 的延迟，$t_2 - t_0$ 对应于路径 P2 的延迟，$\Delta = t_1 - t_2 = (t_1 - t_0) - (t_2 - t_0)$ 对应于从共享瓶颈到接收端(图 4.51 中的 P1 和 P2)的两条路径的延迟之差。值得注意的是，Δ 同时也是两条流相继出现拥塞(OWD 处于局部最大值)的时间间隔。因此，接收端可以仅使用两条流的 OWD 统计信息来测量 Δ。由于路径 P1 和 P2 不是瓶颈，其路径延迟相对稳定，Δ 可以近似地认为是常数，因此理论上 Δ 的方差 $D(\Delta)$ 应该为 0。但是，由于瓶颈处的拥塞一般有一段持续时间，OWD 的局部最大值可能出现在这个持续时间内的任意时刻。另外，非瓶颈链路的时延并不是一成不变的，非瓶颈链路的时延抖动也会造成接收端判断拥塞发生的时刻有误差，因此，$D(\Delta)$ 在实际中虽然接近 0 但不为 0。通过分析找到一个门限，如果这两条流共享瓶颈，则 $D(\Delta)$ 小于这个门限，当 $D(\Delta)$ 大于这个门限时，这两条流很有可能不共享瓶颈，可以利用这个门限来判断两条流是否共享瓶颈。

图 4.52 是在图 4.51 的共享瓶颈场景下获得的子流 1 与子流 2 的 OWD 数据，为了直观，这里将 Δ 设为较大的 3 s。所提出方案 VSBD 会在每个测量周期(T)后判断两条流是否共享瓶颈。为了尽量消除时延噪声，我们采用 OWD 平滑后的数据，$owd_S(i) = (1 - \alpha)owd_S(i - 1) + \alpha owd_M(i)$，$owd_M$ 是 OWD 的测量值，$\alpha = 1/8$。定义拥塞门限 owd_{cth}，当 owd_S 超过拥塞门限时认为发生拥塞，当 owd_S 低于拥塞门限时认为拥塞结束。d_{1i} 表示在测量周期内流 1 的第 i 个拥塞的持续时间，d_{2i} 表示在测量周期内流 2 的第 i 个拥塞的持续时间，拥塞持续时间对应 owd_S 超过 owd_{cth} 部分的时间，由于 OWD 的局部最大值可能出现在拥塞持续时间里的任意时刻，因此

$$\forall i : (\Delta_i - \bar{\Delta})^2 \leqslant (d_{1i} + d_{2i})^2 \tag{4.20}$$

对上式左右两边取均值，可以有

$$D(\Delta) = \frac{\sum_{i=1}^{N} (\Delta_i - \bar{\Delta})^2}{N} \leqslant \frac{\sum_{i=1}^{N} (d_{1i} + d_{2i})^2}{N} \tag{4.21}$$

其中，$\bar{\Delta}$ 是 Δ_i 的均值，N 是在测量周期内发生拥塞的次数。

也就是说，在共享瓶颈场景下，Δ 的标准方差应小于两条流拥塞持续时间之和的平方的平均。而在不共享瓶颈场景下，如图 4.53 所示，由于两条流的拥塞之间没有任何相关性，Δ 不是一个定值，而是一个不断变化的值，很有可能会有 $D(\Delta) \geqslant \dfrac{\sum_{i=1}^{N} (d_{1i} + d_{2i})^2}{N}$。在后续的仿真中，我们会验证 $\dfrac{\sum_{i=1}^{N} (d_{1i} + d_{2i})^2}{N}$ 是一个合适的门限值。

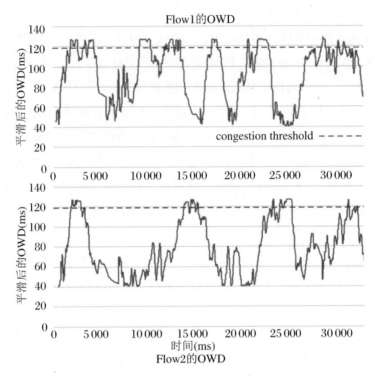

图 4.53　不共享瓶颈两条流拥塞之间的无关性

4.6.2.3　方案细节

为了计算 owd_{cth} 和子流的拥塞持续时间,定义非拥塞门限 owd_{nth},当 owd_s 低于非拥塞门限时认为此时不拥塞,owd_{nth} 应低于 owd_{cth}。$owd_{nth} = owd_{avg} + \beta \cdot owd_{std}$,$owd_{avg}$ 是在一个测量周期内 owd_s 的均值,owd_{std} 是在一个测量周期内的标准差,在仿真中 $\beta = 0.5$。owd_{nth} 将一个测量周期内的 owd_s 相继分割成拥塞期和非拥塞期,在拥塞期内,owd_s 大于 owd_{nth},在非拥塞期内,owd_s 小于 owd_{nth}。在拥塞期结束时($owd_s(i) > owd_{nth}$ 且 $owd_s(i+1) < owd_{nth}$),利用图 4.54 来搜索下一个非拥塞期内 owd_s 的最小值(owd_{min})和下一个拥塞期内 owd_s 的最大值(owd_{max})来更新 owd_{cth}:$owd_{cth} = owd_{min} + \gamma(owd_{max} - owd_{min})$,其中 $\gamma = 0.9$,owd_{max} 需大于 $minconthresh$,$minconthresh = owd_{avg} + 1.5 owd_{std}$。

如果一个拥塞期内 owd_s 的最大值 owd_{max} 大于 $minconthresh$,则此拥塞期对应了一个拥塞事件,owd_{max} 对应的时刻是子流拥塞事件发生的时刻(用于计算 Δ),owd_{max} 所在的 owd_s 曲线超过 owd_{cth} 的时间是该拥塞事件的拥塞持续时间,注意,owd_s 虽然经过平滑,但 owd_s 在一个拥塞期内可能会多次出现 owd_s 超过 owd_{cth},只取 owd_{max} 所在的位置来计算该拥塞期内的拥塞持续时间。至此,可以分别得到两条流的拥塞发生的时间矩阵 ToC 和对应的拥塞持续时间矩阵 DoC,ToC_i 是测量周期内第 i 次拥塞发生的时刻,

DoC_i 是测量周期内第 i 次拥塞的持续时间。

```
1  Input:
2  The array of smoothed OWD statistics, owd_S[];
3  The length of array owd_S[]: N;
4  OWD non-congestion threshold: owd_nth;
5  minconthresh;
6  index i where owd_S[i]>owd_nth and owd_S[i+1]<owd_nth;
7  Output:
8  undated value of OWD congestion threshold: owd_cth
9  Initialize: owd_min=INF,owd_max=−INF,j=0,γ=0.9
10 for j=i to N do
11 |   if owd_S[j]<owd_min then
12 |   |   owd_min =owd_S[j]
13 |   end
14 |   if owd_S[j]>minconthresh then
15 |   |   break
16 |   end
17 end
18 for k=j to N do
19 |   if owd_S[j]>owd_max then
20 |   |   owd_max =owd_S[j]
21 |   end
22 |   if owd_S[j]<owd_nth then
23 |   |   break
24 |   end
25 end
26 owd_cth =owd_min+γ(owd_max−owd_min)
27 return owd_cth
```

图 4.54 owd_{cth} 更新算法

理论上,如果两条流共享瓶颈,在一个测量周期内它们的 ToC 矩阵的维数应该相

等,此时可以直接计算 $D(\Delta) = D(ToC_1 - ToC_2)$ 和 $\dfrac{\sum\limits_{i=1}^{N}(d_{1i}+d_{2i})^2}{N}$,但是,由于非瓶颈

链路时延的抖动以及门限取值不够准确,即使两条流共享瓶颈,它们的 ToC 矩阵的维数

也可能不相等,这时,用图 4.55 来对矩阵维数较小的矩阵进行插值,使两个矩阵的维数

相等,然后计算 $D(\Delta)$ 和 $\dfrac{\sum\limits_{i=1}^{N}(d_{1i}+d_{2i})^2}{N}$ 。

---

1 Input:

2 The array of time of congestions of the two flows, $ToC_1[], ToC_2[]$;

3 The array of duration of congestions of the two flows, $DoC_1[], DoC_2[]$;

4 The length of $ToC_1[]$ and $ToC_2[]$, M_1 and M_2;

　// We assume $M_1 < M_2$

5 Output: $D(\Delta), QuadraticMean$

6 Initialize: $D(\Delta) = 0, QuadraticMean = 0$

7 Find an array interpolate$[M_2]$ whose elements are positive integers such that

$\sum_{i=1}^{M_2} (ToC_2[i] - ToC_1[interpolate[i]] - average)^2$ is the smallest, where

$average = (\sum_{i=1}^{M_2} (ToC_2[i] - ToC_1[interpolate[i]]))/M_2$,

$0 \leqslant interpolate[i+1] - interpolate[i] \leqslant 1$, $interpolate[1]=1$ and interpolate$[M_2]=M_1$.

8 for i=1 to M_2 do

9　$D(\Delta)+ = (ToC_2[i] - ToC_1[interpolate[i]] - average)^2$

10　$QuadraticMean+ = (DoC_2[i] - DoC_1[interpolate[i]])^2$

11 end

12 $D(\Delta)=D(\Delta)/M_2$

13 $QuadraticMean = QuadraticMean/M_2$

14 return $D(\Delta), QuadraticMean$

图 4.55　计算 $D(\Delta)$ 以及 $QuadraticMean$

4.6.3　方案性能评估

在实际网络中验证本小节给出的方案是困难的,这是由于缺乏对实际网络的控制能力,我们难以知道实际中两条流是否共享瓶颈。因此,我们采用 NS3 评估所提出的 VSBD 的准确性和健壮性,并将其与 DWC(Hassayoun et al.,2011) 和 MPTCP-SBD(Ferlin et al.,2016)进行比较。

4.6.3.1　仿真场景

仿真场景如图 4.56 所示。瓶颈的带宽是 30 Mbps,链路延迟设置为 10 ms。其他链路的带宽为 100 Mbps,链路延迟为 10 ms。所有链路都没有设置丢包率。瓶颈处的 DropTail 队列大小设置为 600 个数据包,数据包大小是 536 字节。为了模拟真实的网络场景,大多数经过瓶颈的流量是背景流,背景流由 Pareto ON-OFF UDP 流构成,shape parameter 是 1.5,mean ON time 是 400 ms,mean OFF time 是 400 ms。UDP 流的平均发送速率均匀分布在 500~700 Kbps 之间。在共享瓶颈场景下,在 h1 与 h2 之间添加 75 条 UDP 背景流,使 h1 与 h2 之间的链路丢包率为 0.1%~0.6%,同时在 h2 与 h3 和 h2

与 h4 之间添加 0～80 条 UDP 背景流。在不共享瓶颈场景下,在 h2 与 h3 和 h2 与 h4 之间添加 85 条 UDP 背景流,使 h2 与 h3 和 h2 与 h4 之间的链路丢包率为 0.1%～0.6%。同时在 h1 与 h2 之间添加 0～75 条 UDP 背景流。VSBD 的测量周期 T 设为 20 s,也会通过改变 T 来评估 VSBD 的性能。

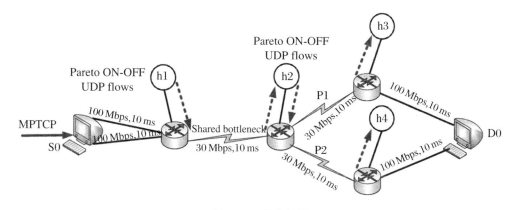

图 4.56　仿真场景

4.6.3.2　瓶颈部分重合时的准确率

图 4.56 的链路 P1 与 P2 的时延都被设成 10 ms,这时不存在路径滞后问题。在共享瓶颈场景下,首先在 h1 与 h2 之间产生 75 条 UDP 背景流,使 h1 与 h2 之间的链路丢包率为 0.1%～0.6%,让 MPTCP 两条子流共享瓶颈。但同时在 h2 与 h3 和 h2 与 h4 之间产生 0～80 条 UDP 背景流。当 h2 与 h3 和 h2 与 h4 之间的 UDP 背景流为 80 条时,h2 与 h3 和 h2 与 h4 之间的链路丢包率为 0.05%～0.3%。这样每条子流有两个瓶颈,共享瓶颈处产生的相关性和不共享瓶颈处产生的不相关性相互叠加,但共享瓶颈处的丢包率稍高,两条流以共享瓶颈为主。图 4.57(a)展示了不重叠瓶颈上的背景流变化时三个算法的准确率。随着背景流的不断增加,两条流拥塞的相关性会越来越弱,三个算法的准确率都在下降。由于 DWC 的拥塞门限 R_{th} 较低,当其中一条流出现丢包时,很容易在另一条流的前后 1/2 个 RTT 观测窗口内找到大于 R_{th} 的 RTT 测量值,将两条流判定为共享瓶颈。DWC 虽然在共享瓶颈场景下准确率很高,但在不共享瓶颈场景下,R_{th} 过低会导致其准确率很低。在背景流量较少时,VSBD 的准确率比 MPTCP-SBD 高大约 15%,在重负载时,由于两条流之间的不相关性较强,两条流的准确率都不可接受,低于 50%。

在不共享瓶颈场景下,首先在 h2 与 h3 和 h2 与 h4 之间产生 85 条 UDP 背景流,使 h2 与 h3 和 h2 与 h4 之间的链路丢包率为 0.1%～0.6%。同时在 h1 与 h2 之间产生 0～75 条 UDP 背景流。当 h1 与 h2 之间的 UDP 背景流是 75 条时,其丢包率为 0.1%～0.6%。这样每条子流有两个瓶颈,共享瓶颈处产生的相关性和不共享瓶颈处产生的不相关性相互叠加,但不共享瓶颈处的丢包率稍高,两条流以不共享瓶颈为主。图 4.57(b)

展示了当重叠瓶颈上的背景流增大时三个算法的准确率。可以看出,DWC准确率最差,MPTCP-SBD和VSBD不相上下。

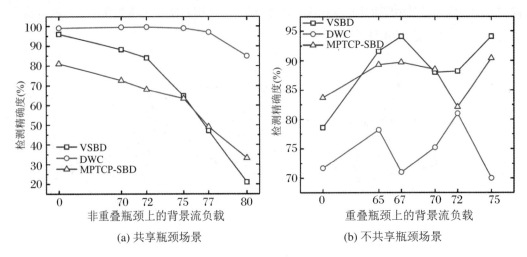

(a) 共享瓶颈场景　　　　　　　　(b) 不共享瓶颈场景

图 4.57　瓶颈部分重合时的准确率

4.6.3.3　不同路径滞后值的准确率

"路径滞后"是共享瓶颈检测中一个棘手的问题,是指从共享瓶颈到接收端的两条路径(图 4.56 中的 P1 和 P2)的时延是不相等的,这会导致在接收端,其中一条流的 OWD 统计信息相比于另一条流会在时间上有滞后,从直观上会导致两条流拥塞之间的相关性减弱。MPTCP-SBD 和 DWC 的准确率都会受到路径滞后问题的负面影响,且时延差(路径滞后值)越大,准确率下降越多。从 VSBD 的方案设计可以看出,VSBD 基于方差进行判断,不受路径滞后问题的影响。

在共享瓶颈场景下,在 h1 与 h2 之间产生 75 条 UDP 背景流,在 h2 与 h3 和 h2 与 h4 之间产生 72 条 UDP 背景流,h2 与 h3 和 h2 与 h4 之间虽然没有丢包,但缓存队列会有数据包的排队。固定链路 P1 的时延不变,增大链路 P2 的时延,使 P2 与 P1 之间的时延差从 0 增加到 300 ms。P2 时延比 P1 大,会导致子流 2 的 OWD 统计信息相比于子流 1 的 OWD 统计信息在时间上会滞后 0~300 ms。图 4.58(a)展示了 P2 与 P1 之间的时延差不断增大时三个算法的准确率。DWC 由于 R_{th} 过低,很容易把两条流在时间上接近的拥塞事件判定为两条流共享瓶颈,其准确率在时延差为 300 ms 时仍没有降低。VSBD 不受路径滞后问题的影响,其准确率随着时延差增大没有变化,且性能始终比 MPTCP-SBD 要好。MPTCP-SBD 受到路径滞后问题的影响,其准确率随着时延差的增大不断下降,当时延差达到 160 ms 时,准确率甚至只有大约 30%。

在不共享瓶颈场景下,在 h2 与 h3 和 h2 与 h4 之间产生 85 条 UDP 背景流,在 h1 与 h2 之间产生 70 条 UDP 背景流。h1 与 h2 之间虽然没有丢包,但缓存队列会有数据包排队。图 4.58(b) 展示了 P2 与 P1 之间的时延差不断增大时三个算法的准确率。在不共享瓶颈场景下,由于两条流之间本身就没有相关性,时延差的增加对三个算法的准确率不会有明显影响。VSBD 的性能与 MPTCP-SBD 不相上下,但优于 DWC。

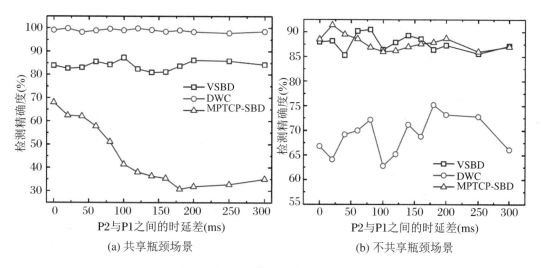

(a) 共享瓶颈场景　　　　　　　　　　(b) 不共享瓶颈场景

图 4.58　不同路径滞后值的准确率

4.6.3.4　不同测量周期下的准确率

在之前的仿真中,VSBD 的测量周期 T 被设置为 20 s,T 的取值是算法准确率和反应力的折中。T 的取值越大,算法的准确率越高,但也会导致算法做出判断所需的时间越长,算法对网络状态的变化反应越迟钝。图 4.59 展示了不同测量周期下 VSBD 的准

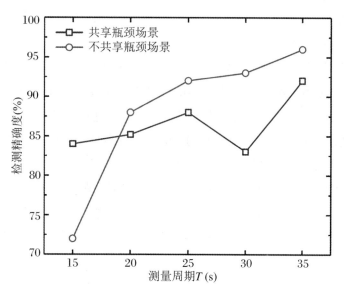

图 4.59　不同测量周期下的准确率

确率。在共享和不共享场景中,随着 T 的增大,VSBD 的准确率会逐渐提升。这是因为 T 越大,算法就越能收集更多的数据作出判断,判断的准确性就会越高。

4.7　MPTCP 协议慢启动过程中的耦合拥塞控制

4.7.1　问题描述

MPTCP 的连接建立过程跟标准 TCP 一样有三次握手过程,只是在三次握手的数据包中携带了 MP_CAPABLE 选项。经过三次握手以后,一条初始的 MPTCP 连接就建立起来了。此时通信的一方会通过 MPTCP 选项向另一方通告自己其他可用的 IP 地址,双方会使用这些 IP 地址并行地建立新的子流(Sachs,2003)。每条子流的连接建立过程与上述过程一样,通过三次握手以后,每条子流的拥塞窗口被设成 Initial Window(记为 IW,目前是 10 个 MSS),然后进入慢启动阶段。现有 MPTCP 在慢启动阶段是非耦合的,子流之间互不影响,MPTCP 的每条子流的慢启动过程与 TCP 一样,在慢启动阶段,子流的发送端每收到一个 ACK,其拥塞窗口(Congestion Window,CWND)就增加 1 个数据包大小,每经过一轮 RTT 其拥塞窗口就翻倍,拥塞窗口在慢启动会呈现指数增长(Mohamed et al.,2002;Chu et al.,2013;Ford et al.,2011)。当拥塞窗口增长到 Slow-Start Threshold(记为 ssthresh)后便会退出慢启动阶段而进入拥塞避免阶段。在拥塞避免阶段子流之间是互相耦合的,每条子流拥塞窗口的增长会受到其他子流的影响。

MPTCP 的设计目标之一是要满足公平性,即一条 MPTCP 连接获得的吞吐量应该等于一条 TCP 连接在 MPTCP 的最佳子路径上获得的吞吐量。现有的拥塞控制方案通过在拥塞避免阶段将各子流拥塞窗口的加性增长因子耦合起来,使得 MPTCP 的总增长速率不超过 TCP 的增长速率,从而保证 MPTCP 获得的吞吐量和 TCP 一致,但在首次慢启动阶段各子流却没有耦合起来,子流之间互不影响,在慢启动过程中,一条 MPTCP 连接获得的吞吐量比 TCP 多,当 MPTCP 的子流数目越多时,这种不公平性越明显。

另外,在慢启动阶段,数据包的突发传输会导致瓶颈路由器暂时拥塞,尽管此时发送端在一轮 RTT 时间内的平均发送速率远低于瓶颈带宽。在首次慢启动阶段,MPTCP 的每条子流的拥塞窗口是指数增长的,如果这些子流共享瓶颈,多条子流产生的大量突发流量容易导致瓶颈处的路由器缓存溢出而出现大量丢包。另外,由于 MPTCP 的子流是非耦合的,当一条子流检测到有丢包发生后并不会降低其他子流的发送速率,其他子流的拥塞窗口仍然在指数增长,这进一步加重了拥塞并产生大量的丢包,MPTCP 在慢启动阶段对丢包的响应是不及时的。大量的丢包会显著降低 MPTCP 的发送速率,甚至有可能出现超时重传。目前网络中大部分的数据流都是数据量较少而对时延敏感的短流,对于短流来说,MPTCP 在首次慢启动产生的大量丢包会明显增大短流的传输时延。我们可以观察到因为有更多的丢包,短流通过 MPTCP 传输的时延比用 TCP 传输的时延还要大,此时 MPTCP 的表现甚至不如 TCP。降低短流在 MPTCP 下的传输时延,使之低于TCP 具有重要的现实意义,减少 MPTCP 在慢启动阶段的丢包对长流的传输也有利(Wang et al.,2017)。

接下来以 4.7.4 小节的图 4.64(具体场景描述见 4.7.4 小节)所示的共享瓶颈场景为例来说明这个问题。实验中分别使用 TCP 和 MPTCP 传输 200 个数据包大小文件(280 KB)。图 4.60 显示了 TCP 的发送端和 MPTCP 的两个子流的发送端的发送序列号和 ACK 确认号与时间的关系。每个黑色小水平线段表示当时发送的数据包。有两条线分别在黑色水平线段的上、下方:最下面的线表示 ACK 确认号,最上面的线表示发送窗口大小加上 ACK 确认号。在图 4.60(c)中,MPTCP 的子流 2 比子流 1 晚启动约 0.25 s,其时间轴比子流 1 慢 0.25 s。我们可以清楚地看到 TCP 比 MPTCP 早 0.5 s 完成数据传输。如图 4.60(a)所示,TCP 总共重传 12 个数据包。在图 4.60(b)和 4.60(c)中,在子流2 连接建立后,来自两条子流的大量突发流量造成共享瓶颈处缓冲区溢出,导致大量的丢包。子流 1 重传了 15 个数据包,子流 2 重传了 13 个数据包。从丢包中恢复进一步减缓了 MPTCP 的传输。基于上述观察,我们发现,MPTCP 的总拥塞窗口比 TCP 大,MPTCP 使用了比 TCP 更多的带宽,但没有带来任何好处,其传输完成时间甚至比 TCP还要长。MPTCP 在慢启动阶段造成的大量丢包还会影响同一瓶颈的其他流。

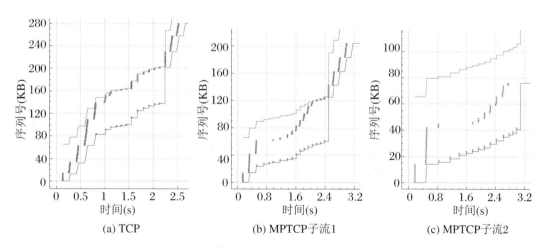

图 4.60　分别用 MPTCP 和 TCP 传输 280 KB 文件的对比图

4.7.2　相关工作

文献(Barik et al.,2016)发现,MPTCP 在慢启动过程中使用了比 TCP 更多的网络资源,但 MPTCP 的慢启动容易在共享瓶颈处造成严重的数据包丢失,导致 MPTCP 的性能下降,这对短流的传输极为不利。LISA 的解决方法是当一条新的子流建立起来时,在一条现有子流的拥塞窗口上减去新子流的初始窗口(IW)大小来保证公平性。然而,瓶颈处的丢包主要是由于多条子流拥塞窗口的无限制指数增长导致的,而 LISA 实际上并未解决这个问题,仅仅调整初始拥塞窗口的大小效果有限。

4.7.3　算法设计

4.7.3.1　CSS 概述

为了保证在慢启动阶段 MPTCP 对 TCP 的公平性和友好性,同时提升 MPTCP 在慢启动阶段的性能,本书作者提出了一种耦合子流的 MPTCP 慢启动(Coupled-Slow-Start,CSS)方案(Wang et al.,2017)。该方案在首次慢启动阶段将子流耦合起来,通过调整子流在慢启动过程中的增长速率和慢启动门限,尽量使 MPTCP 获得的吞吐量和 TCP 一样,保证对 TCP 的公平性,同时减少丢包,提升 MPTCP 对短流的支持。CSS 只影响 MPTCP 的首次慢启动。

所提出的 CSS 方案包括两个算法:Coupled ssthresh 算法通过耦合子流的慢启动门限来实现公平性,当 MPTCP 在慢启动过程中达到预期的吞吐量时,MPTCP 将重置子流的 ssthresh 以便使子流安全地转移到拥塞避免阶段。Linked Smooth Growth 算法通过在新的子流建立以后,减缓现有子流在慢启动阶段的增长速率来实现公平性。减缓子流在慢启动阶段的增长速率同时也减少了慢启动中流量的突发性,也就减少了丢包。

4.7.3.2　Coupled ssthresh 算法

在 TCP Reno 的慢启动中,拥塞窗口的指数增长能够让发送端在短时间内迅速提高发送速率。慢启动阈值(ssthresh)是拥塞窗口的上限,用于防止发送端发送大量数据包造成网络拥塞。但是,如果 MPTCP 的子流共享相同的瓶颈,那么 ssthresh 往往无法及时限制慢启动期间子流拥塞窗口的指数增长,这将造成大量的数据包丢失。原因是 *ssthresh* 为每个子流拥塞窗口的上界,总拥塞窗口的上界为 $n \times ssthresh$ (n 是子流的数量),通常这个上界远大于共享瓶颈的可用容量。这就导致 MPTCP 的总拥塞窗口还没有达到 $n \times ssthresh$ 时,丢包就已经出现了。而且在 MPTCP 中,一条子流检测到丢包时并不会限制其他子流的传输,这就导致 MPTCP 在慢启动阶段会产生大量丢包。

另一方面,在不出现丢包的情况下,MPTCP 退出首次慢启动时总的拥塞窗口($n \times$

ssthresh）远大于 TCP 退出慢启动的拥塞窗口（*ssthresh*），这会造成 MPTCP 对 TCP 的不公平性。

为了解决这个问题，我们引入了一个新参数 *con_ssthresh* 来限制慢启动期间 MPTCP 连接的总拥塞窗口。当 MPTCP 连接达到其预期吞吐量时，重置所有子流的 *ssthresh*，让子流退出慢启动并进入拥塞避免。其预期吞吐量取决于 *con_ssthresh*。*con_ssthresh* 可以限制拥塞窗口的增长，并控制瓶颈处的缓存占用。为了满足 MPTCP 的公平性，令 *con_ssthresh* 等于 TCP Reno 的 *ssthresh*（默认值是 65 535），目的是在退出慢启动时 MPTCP 连接与 TCP 有相同的吞吐量，这也可以确保 MPTCP 在共享瓶颈处对 TCP 是公平的。

基于 *con_ssthresh*，提出了 Coupled ssthresh 算法，如图 4.61 所示。算法首先计算当前发送速率 $current = \sum_i \dfrac{subflow[i].cwnd}{subflow[i].rtt}$，*basertt* 为所有子流当前 RTT 的最小值，预期吞吐量 $expected = con\_ssthresh / basertt$，其中 *con_ssthresh* 等于 TCP 的

---

1 Initialize initialSS = true, con_ ssthresh = ssthresh
    // the connection is in initial Slow-start
2 for each subflow *i* do
    // subflows are in initial Slow-Start
3   subflow[i].*initialss* = true
4 end
5 if subflow *i* experiences packet loss then
6   subflow[i].*initialss* = flase
7 end
8 if subflow *i* receives a new ACK then
9   *basertt* = get_ current_ minRTT( )
10   if $\sum_j \frac{subflow[j].cwnd}{subflow[j].rtt} > \frac{con\_ssthresh}{basertt}$ and *initialss* == true then
11   *initialss* = flase
12   for each subflow *j* do
13   if subflow[j].*initialss* == true then
14   subflow[j].*ssthresh* = subflow[j]. *cwnd* subflow[j].*initialss* = false
15   end
16   end
17   else if subflow[i].*cwnd* > *ssthresh* and subflow[i].*initialss* == true then
         // enter CA phase separately
18   subflow[i]. *initialss* = false
19   end
20 end

图 4.61 Coupled ssthresh 算法

ssthresh。

值得注意的是,如果在慢启动期间没有发生数据包丢失,预期吞吐量就是 TCP 在 MPTCP 的最佳子路径上获得的吞吐量。之后,算法比较当前发送速率和预期吞吐量。如果 *current* > *expected*,设置子流的 *ssthresh* 为当前拥塞窗口的大小以退出慢启动阶段。这样,*con_ssthresh* 可以在慢启动中避免 MPTCP 吞吐量过高而在共享瓶颈处造成大量数据包丢失。

4.7.3.3 Linked Smooth Growth 算法

Coupled ssthresh 算法虽然确保了 MPTCP 和 TCP 在没有丢包的情况下退出慢启动时的吞吐量相同,但是,在慢启动过程中仍然存在不公平性。例如,当一个新的子流建立后,MPTCP 的总拥塞窗口将比 TCP 大,MPTCP 连接的吞吐量将比 TCP 多,随着子流数目的增加,这种不公平性将变得更加严重。另外,当子流共享瓶颈时,每条子流产生的突发流量汇聚在瓶颈点容易让瓶颈路由器出现丢包。

Linked Smooth Growth 算法的解决方案是在新的子流建立后减缓其他子流拥塞窗口的增长速率,使得在没有丢包时,MPTCP 连接退出首次慢启动所需的时间和同时启动的 TCP 退出慢启动所需的时间一样。这种方法可以缓解 MPTCP 和 TCP 在慢启动过程中的不公平性,同时减少慢启动中流量的突发性和丢包。

图 4.62 是 Linked Smooth Growth 算法,在新的子流加入 MPTCP 连接时执行。在文中定义子流的增长因子 α 为在慢启动中每经过 RTT 后子流的拥塞窗口之比,一般情况下在慢启动中每经过一轮 RTT 拥塞窗口就翻倍,因此 $\alpha = 2$,如果接收端开启 Delayed ACK,$\alpha = 1.5$。

```
1   Initialize α = 1.5, con_ssthresh = ssthresh
2   if a new subflow joins then
3   |   basertt = get_current_minRTT()
4   |   totalcwnd = ∑_i subflow[i].cwnd
5   |   newtotalcwnd = totalcwnd + IW
6   |   roundtrip = log_α (con_ssthresh / totalcwnd)
7   |   α = roundtrip √(con_ssthresh / newtotalcwnd)
8   |   for each subflow i do
    |       // compensation for the large RTT
9   |       subflow[i].α = α (subflow[i].rtt / basertt)
10  |   end
11  end
```

图 4.62 Linked Smooth Growth 算法

Linked Smooth Growth 算法首先估计 MPTCP 连接从当前拥塞窗口退出慢启动所需的时间(以 RTT 为单位)。当一个新的子流加入时,总拥塞窗口增加 IW。然后,算法第 7 行重新计算增长因子,新的增长因子将低于以前的值。但是,如果新子流的 RTT 大于现有子流的 RTT,新子流的拥塞窗口与其他子流相比会需要更多的时间来增长相同的倍数,这可能会导致 MPTCP 连接的总拥塞窗口还不如同时启动的 TCP 流。为了避免这种情况发生,算法第 9 行对 RTT 较大的子流的增长因子进行补偿。在图 4.63 中,使用 Byte Counting 算法来精确控制子流拥塞窗口的增长。在第 3 行中,使用图 4.63 中计算的 α,根据每个 ACK 中确认的字节数增加子流的拥塞窗口。考虑到在 ACK 被丢弃的情况下,一个新的 ACK 可能会让拥塞窗口增加很多,算法限制了每个 ACK 能让拥塞窗口增加的最大增加量。

```
1  Initialize acked_ Bytes
2  When increase subflow's cwnd for the ACK it receives: if subflow[i].initialSS
   == true then
       // the subflow is in initial Slow-Start
3      subflow[i].cwnd += min(2*mss, (subflow[i].α− 1) * acked_ Bytes
4  else
5      subflow[i].cwnd +=1
6  end
```

图 4.63　Subflow Byte Counting 算法

4.7.4　方案性能评估

在本小节中,我们展示了 CSS 方案在 NS3 中的性能评估情况,并将其与 TCP、MPTCP 和 LISA(Barik et al.,2016)进行比较。

4.7.4.1　仿真场景

仿真场景共包括两部分,共享瓶颈场景和不共享瓶颈场景。

1. 共享瓶颈场景

如图 4.64 所示,在这个场景中,网络有一条共享的瓶颈。节点 S0 和 D0 是多宿主节点,它们之间有两条子路径。节点 S2,D2,S3 和 D3 是单宿主节点。一条包含两条子流的 MPTCP 短流或者一条 TCP 短流从发送端 S0 向接收端 D0 发送文件,短流随机地在 2~5 s间启动。为了模拟实际网络,瓶颈处的背景流由一条 TCP 长流和一条 UDP 长流组成,在整个仿真过程中,背景流一直存在。UDP 流的发送速率是 500 Kbps,瓶颈处的带宽设置为 5 Mbps,并且链路延迟设置为 30 ms。其他链路的带宽设置为 100 Mbps,链路延迟设置为 10 ms。瓶颈处尾丢弃路由器的缓存大小设置为路径 BDP(47packets,路径的 RTT 为 100 ms,瓶颈带宽为 5 Mbps,路径的 BDP(Bandwidth-Delay Product)因此是 47packets),MSS 设置为 1 400 字节。我们通过改变瓶颈路由器缓冲区的大小来评估该方案在各种网络环境中的性能,因为瓶颈路由器缓冲区的大小可能会显著影响短流的性能。如果它设置得太小,MPTCP 将在刚启动不久后出现丢包,这将导致 MPTCP 提前退出慢启动,MPTCP 在拥塞避免阶段的拥塞窗口将会很小。

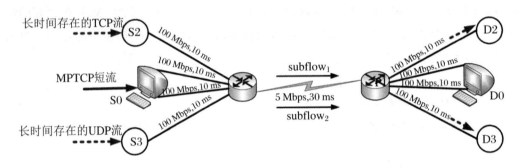

图 4.64　共享瓶颈场景

2. 不共享瓶颈场景

如图 4.65 所示,在这个场景中有两个不同的瓶颈。节点 S0 和 D0 是多宿主节点,它们之间有两条子路径。节点 S1,D1,S2,D2,S3,D3,S4 和 D4 是单宿主节点。一条包含两条子流的 MPTCP 短流或者一条 TCP 短流从发送端 S0 向接收端 D0 发送文件,短流随机地在 2~5 s 间启动。每个瓶颈的背景流均包括一条 TCP 长流和 UDP 长流,在整个仿真过程中,背景流一直存在。网络其余参数和在共享瓶颈场景下的一致。

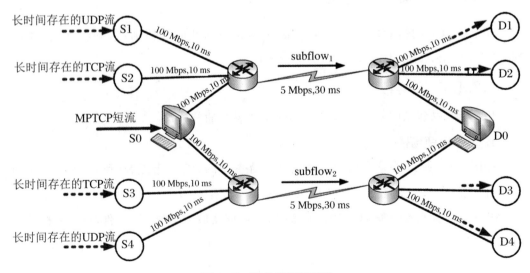

图 4.65　不共享瓶颈场景

为了比较和分析 CSS 方案的性能,考虑采用以下指标:

(1) 传输完成时间(Completion time),即从开始发送第一个 SYN 包到接收最后一个 ACK 包所用的时间。

(2) 重传数量(Retransmissions),因为丢包而重新传输的数据包的总数。

(3) 拥塞窗口和(Sum of CWND),它是 MPTCP 在完成文件传输时,各子流拥塞窗口之和。为了便于比较,它也用来表示 TCP 在完成文件传输时拥塞窗口的大小。

在仿真中,TCP 的 *ssthresh* 被设置为 65 535,*con_ssthresh* 等于 *ssthresh*。为了确保结果的可信度,每个仿真场景运行 10 次并给出结果的均值和标准差。

4.7.4.2　仿真结果和性能分析

1. 共享瓶颈场景

首先,固定瓶颈路由器的缓存大小为 47 个数据包,文件大小从 50 个数据包(70 KB)增长到 1 000 个数据包(1.4 MB),图 4.66(a)和图 4.66(b)分别给出传输完成时间和重传数量随文件大小变化的对比图。当文件大小小于 400 个包时,TCP 的传输完成时间少于 MPTCP 和 LISA,原因是 MPTCP 和 LISA 有更多的丢包。随着文件大小的增加,拥塞避免阶段所占的比重增加,所以 MPTCP 和 LISA 表现优于 TCP。在图 4.66(b)中,通过限制总拥塞窗口的大小并减缓拥塞窗口的增长速率,CSS 的丢包只有 MPTCP 的一半,CSS 的传输完成时间比 MPTCP 和 LISA 平均减少 0.5 s,最好情况下减少 1.5 s。由于丢包是由慢启动的突发传输引起的,当文件大小超过 300 个数据包以后,重传数量不会再像之前那样快速增加,因为丢包已经终止首次慢启动过程(MPTCP 和 LISA 的情况),或者是因为总拥塞窗口达到 *con_ssthresh*(CSS 的情况)或 *ssthresh*(TCP 情况)而主动退出

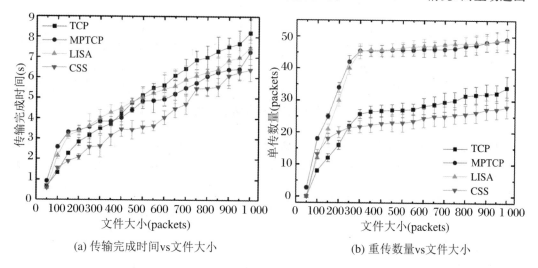

(a) 传输完成时间vs文件大小　　　　　　(b) 重传数量vs文件大小

图 4.66　共享瓶颈场景下文件大小变化时的性能对比

慢启动。CSS 的丢包和 TCP 差不多,因为 $con\_ssthresh$ 被设置为与 TCP 的 $ssthresh$ 相等,说明 CSS 的侵占性和 TCP 类似,在共享瓶颈处 CSS 对 TCP 是公平友好的。由于 LISA 和 MPTCP 没有限制拥塞窗口的指数增长,其丢包比 TCP 多了将近一倍,MPTCP 和 LISA 的侵占性强于 TCP,说明 MPTCP 和 LISA 对 TCP 不友好。

为了评估 CSS 在各种网络场景中的适应性,我们将瓶颈路由器的缓存大小从 20 个包逐渐增加到 130 个包,传输的文件大小固定为 400 个数据包。图 4.67(a) 和图 4.67(b) 分别给出传输完成时间和相应的重传数量。随着缓冲区大小的增加,所有方案的重传数量都在减少,因此它们的传输时间也相应地减少,这是因为瓶颈处有更大的缓冲区让数据包排队,丢包因此减少。当缓冲区大小超过 30 个数据包以后,CSS 能够极大地减少丢包并显著降低传输完成时间,在缓冲区大小为 70 个数据包时,性能提升达到 40%。当缓冲区大小超过 70 个数据包后,CSS 和 TCP 由于没有丢包,它们的传输完成时间稳定在最小值。这个最小值是由 $ssthresh$ 和 $con\_ssthresh$ 对拥塞窗口的限制导致的。MPTCP 和 LISA 的传输完成时间稳定在最小值也同样是这个原因,我们稍后将会继续讨论这个问题。

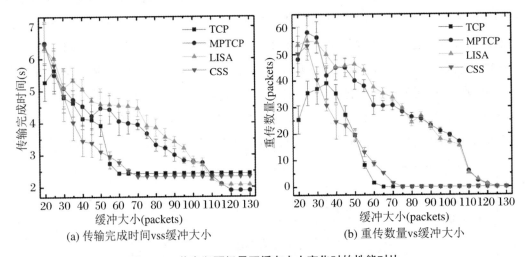

(a) 传输完成时间vss缓冲大小　　　　　　(b) 重传数量vs缓冲大小

图 4.67　共享瓶颈场景下缓存大小变化时的性能对比

为了避免瓶颈路由器缓冲区溢出,CSS 通过设置子流的 $ssthresh$ 让子流退出慢启动进入拥塞避免阶段,然而,这可能会导致 MPTCP 退出慢启动时拥塞窗口较小,造成 MPTCP 在传输大文件时吞吐量较低。为了评估这种性能折中带来的影响,图 4.68 展示了当传输完 400(560 KB) 个数据包后,MPTCP 拥塞窗口之和随瓶颈路由器缓存大小变化的情况。需要说明的是,当 400 个包的文件传输完成后,不论路由器缓存大小是多少,所有方案都已经在拥塞避免阶段。因此更大的拥塞窗口意味着在后续传输过程中更高的吞吐量和更好的性能,对长流的支持性更好。当缓冲区小于 115 个数据包(245% 路径

BDP)时,CSS 的拥塞窗口之和不小于 MPTCP 和 LISA 的拥塞窗口之和,这是由于丢包导致 MPTCP 和 LISA 提前退出慢启动。当缓冲区大小超过 115 个数据包后,MPTCP 和 LISA 的拥塞窗口之和优于 CSS 和 TCP。原因是 MPTCP 和 LISA 在整个慢启动期间没有丢包,所以它们的拥塞窗口之和会达到上限,即 $2 \times$ ssthresh。由于 CSS 和 TCP 拥塞窗口上限分别是 $con\_ssthresh$ 和 $ssthresh$($con\_ssthresh = ssthresh$),因此 CSS 和 TCP 的拥塞窗口之和会小于 MPTCP 和 LISA,这也导致在图 4.67(a)中 CSS 和 TCP 的传输完成时间更长。虽然当路由器缓存大小太大时 MPTCP 和 LISA 优于 CSS,但是核心网路由器的缓冲区其实较小。此外,考虑到目前广泛部署在路由器中的 Random Early Detection(RED)算法,在首次慢启动阶段没有丢包的情况很少发生。因此,我们认为在常见的网络场景下,CSS 对长流的支持性与 MPTCP 和 LISA 一样好。

为了比较不同的 MPTCP 慢启动方案的侵占性,我们分析了 MPTCP 的慢启动过程对 TCP 长流的影响,并与 TCP 的慢启动作比较。在这个试验中,用 TCP 长流传输 4 000 个数据包大小(5.6 MB)的文件。同时,依次启动 80 条 TCP 或 MPTCP 短流,以确保在长流传输的过程中短流一直存在。每条 TCP 或 MPTCP 短流传输 200 个数据包大小(280 KB)的文件。短流与短流之间的启动时间间隔均匀分布,其平均值为 1.2 s。图 4.69 显示了当瓶颈缓冲区大小从 20 个数据包逐渐增加到 95 个数据包时 TCP 长流的传输完成时间。我们观察到 MPTCP 和 LISA 的慢启动过程对 TCP 长流有较强的侵占性。当瓶颈处的缓冲区大小为 45 个数据包,短流使用 MPTCP 和 LISA 时,TCP 长流的传输完成时间为短流使用 TCP 的 265%,这是由于 MPTCP 和 LISA 的慢启动导致在瓶颈处产生更多的丢包,影响了 TCP 长流的性能。CSS 的慢启动的侵占性与 TCP 慢启动相似,因为 TCP 长流的传输完成时间在 CSS 和 TCP 下很接近。随着缓冲区大小的逐渐增加,

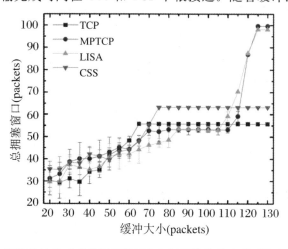

图 4.68　短流传输完成时的拥塞窗口之和随瓶流传输完成时间变化的情况

TCP 长流的传输完成时间逐渐减少,四种慢启动方案的性能也逐渐接近,这是因为瓶颈处有更多的缓冲区来缓存 MPTCP 和 LISA 慢启动过程中的突发流量。

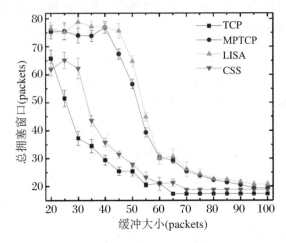

图 4.69 瓶颈缓存大小变化时的 TCP 长颈缓存大小变化的情况

2. 不共享瓶颈场景

在不共享瓶颈场景下,我们首先固定瓶颈路由器的缓存大小(47packets),把传输文件的大小从 50 个包(70 KB)增加到 1 000 个包(1.4 MB),图 4.70(a)和图 4.70(b)分别给出传输完成时间和传输过程中由于丢包导致的重传数量。我们观察到 CSS 依然表现得很好,与 MPTCP 相比,CSS 的平均完成时间减少约 1.2 s。如图 4.70(b)所示,当文件大小超过 100 个包时,与 MPTCP 相比,CSS 能减少 50%~67% 的重传数据包。当文件小于 200 个包时,我们观察到 LISA 的性能优于 MPTCP。

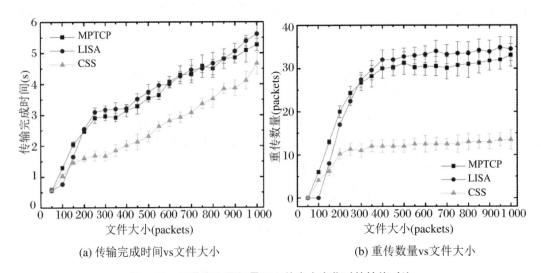

(a) 传输完成时间vs文件大小   (b) 重传数量vs文件大小

图 4.70 不共享瓶颈场景下文件大小变化时的性能对比

　　为了评估 CSS 在不共享瓶颈场景中的适应性,我们将瓶颈路由器的缓存大小从 20
个包逐渐增加到 70 个包,传输的文件大小固定为 400 个数据包。图 4.71(a)和图
4.71(b)分别给出文件传输完成时间和相应的重传数量。当路由器缓冲区小于 65 个数
据包时,CSS 可以显著地降低重传数量,CSS 相比 MPTCP 的实际吞吐量提升最高可以达
到 45%。当路由器缓冲区超过 65 个数据包后,MPTCP 和 LISA 由于没有丢包,其传输
完成时间低于 CSS。原因与共享瓶颈场景相同。

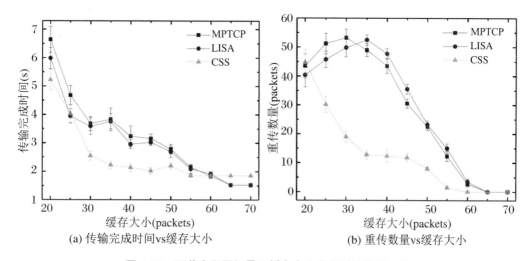

(a) 传输完成时间vs缓存大小   (b) 重传数量vs缓存大小

图 4.71　不共享瓶颈场景下缓存大小变化时的性能对比

　　图 4.71(a)和图 4.71(b)分别给出文件传输完成时间和相应的重传数量。当路由器
缓冲区小于 65 个数据包时,CSS 可以显著地降低重传数量,CSS 相比 MPTCP 的实际吞
吐量提升最高可以达到 45%。当路由器缓冲区超过 65 个数据包后,MPTCP 和 LISA
由于没有丢包,其传输完成时间低于 CSS。原因与共享瓶颈场景相同。在连接级别使用
con_ssthresh 参数尽管对短流有好处,但当 MPTCP 子流不共享瓶颈时,可能会不必要
地限制子流拥塞窗口的增长并损害 MPTCP 对长流的性能。为了评估这种折中,图 4.72
展示了当传输完 400(560 KB)个数据包后,MPTCP 拥塞窗口之和随瓶颈路由器缓存大
小变化的情况,更大的拥塞窗口意味着在后续传输过程中更高的吞吐量,对长流的支持
性更好。从中我们可以看到,当缓冲区小于 65 个数据包(路径的 BDP 的 140%)时,CSS
的结果与 MPTCP 和 LISA 的结果相似。但是,当缓冲区大小超过 65 个数据包时,由于
瓶颈缓冲区足够大,MPTCP 和 LISA 在慢启动期间不会丢失数据包。因此,MPTCP 和
LISA 的结果优于 CSS,这和共享瓶颈场景中的情况类似。

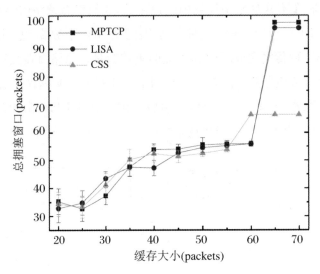

图 4.72　传输完成时的拥塞窗口之和随瓶颈缓存大小变化的情况

4.8　结合网络编码的 MPTCP 协议公平性提升

4.8.1　问题描述

本小节主要讨论网络编码造成发送端拥塞敏感性降低的原因。在 TCP 流中引入网络编码,即使出现因拥塞造成的丢包,如果收到的编码分组中包含或能推导出接收端期待的数据段信息,接收端也不会发回重复的 ACK。换句话说,使用编码相当于向 TCP 连接隐藏了部分丢包信息。如果丢包是由于无线随机错误引起的,那么这是合理的,但如果丢包是由于拥塞引起的,那么这种隐藏将使 TCP 对于拥塞的感知变得迟钝,进而导致不公平的网络资源侵占。

分析且忽略整数约束限制,可以得到式(4.22),p_{nc} 表示存在网络编码下,发送端感知到的平均拥塞丢包率,p_c 表示路径中真实的平均拥塞丢包率,该式描述了存在拥塞检测时延情况下,真实的拥塞丢包率与发送端感知到的拥塞丢包率之间的关系。式(4.23)描述了在无整数约束的情况下拥塞检测时延的表达式,可以看出拥塞检测时延与编码窗口大小以及冗余度有关。结合上述两式,最终可以得到式(4.24),由此可以明显看出,结合网络编码,发送端感知到的拥塞状态要低于真实的路径拥塞状态,验证了网络编码不仅隐藏了无线随机丢包同时也隐藏了部分拥塞丢包。

$$\frac{1}{p_{nc}} = \frac{1}{p_c} + De \tag{4.22}$$

其中

$$De = \frac{WR}{1 - R(1 - p_{\max})} \tag{4.23}$$

$$p_{nc} = \frac{(1 - R(1 - p_{\max}))p_c}{(1 - R(1 - p_{\max})) + WRp_c} < \frac{(1 - R(1 - p_{\max}))p_c}{1 - R(1 - p_{\max})} = p_c \tag{4.24}$$

已知路径质量可以用平均拥塞丢包率和 RTT 表示（Raiciu et al.,2009；Raiciu,
Handley et al.,2011；Wischik et al.,2011），MPTCP 拥塞控制机制总是将数据流迁往负
载最轻的路径上，如果子流的发送端不能准确感知路径的拥塞状况，则会导致负载难以
在子流之间进行均衡，最终导致网络的整体效用下降。

4.8.2　MPTCP 拥塞控制原则的失效

在本小节中将使用对偶分解理论（Palomar,Chiang,2006）对 MPTCP 网络编码拥塞
控制问题进行分析，进一步讨论引入编码后导致的拥塞控制原则失效问题。首先定义基
本变量，如表 4.4 所示。

表 4.4　变量说明

变量名	变量说明
W	编码窗口大小矩阵
R	冗余度大小矩阵，要求 $r_{st} \geqslant 1/(1 - p_{st})$
$P_{\max}$	拥塞状态下瞬时的拥塞丢包率
De	拥塞丢包感知时延
L	链路集合
C	链路容量集合
A	$a_{lt} = 1$，路径和链路的对应关系，等于 1 是指链路 l 在路径 t 上
S	数据流集合（包括单路径和多路径）
T	路径集合
X	速率矩阵，x_{ts} 表示流 s 在路径 t 上的速率
P	p_{st} 表示流 s 在路径 t 上的无线随机丢包率
Y	y_s 表示流 s 的总吞吐量，$y_s = \sum\limits_{t \in R_s} r_{st} x_{ts}$
$U_s(y_s)$	流 s 的效用函数

已知 y_s 表示流 s 的吞吐量且 $U_s(y_s)$ 表示流 s 的效用，当定义吞吐量为 0 时，效用值
$U_s(0) = -\infty$。拥塞控制机制的目标是使得整个网络的效用最大化（Palomar,Chiang,
2006）。$U_s(\bullet)$ 必须满足单调递增、二阶可微且严格凸的特性。至此，拥塞控制优化问题

可以表述为

$$\max \sum_{s \in S} U_s(y_s)$$
$$\text{s.t.} \quad X \geqslant 0$$
$$A \cdot \text{tr}(XRW) \leqslant C' \tag{4.25}$$

为了最大化 $\sum_{s \in S} U_s(y_s)$，最重要的约束条件是 $A \cdot \text{tr}(XRW) \leqslant C'$，即所有的吞吐量必须受限于链路的容量。这里需要特别注意的是，使用 XRW 而不是 X 的原因是在与网络编码结合后，必须考虑网络编码参数的影响。例如，编码窗口大小为 5，冗余度为 1.25，每个数据段会被传输 4×1.25 次。数据段 $(p1, p2, p3, p4, \cdots)$ 会按照以下形式传输：$p1$，$p1 + p2$，$p1 + p2 + p3$，$p1 + p2 + p3 + p4$，$p1 + p2 + p3 + 2p4$，$\cdots$，每个数据段平均在 5 个编码分组中出现。然而，仅有冗余度增大了数据传输的数据量，编码窗口只是增加了数据段传输的次数。

使用拉格朗日乘数法，得到式 (4.26)，$\lambda_l \geqslant 0$ 表示由发送端感知到的链路 l 的拥塞状态，$q_{st} = \sum_{l \in L, t \in T_s} \lambda_l a_{lt}$ 表示由发送端感知的路径 t 的拥塞状态（Palomar，Chiang，2006），其仅与链路有关，是所有链路的累加，体现为平均拥塞丢包率或者 RTT，设定 $E = \sum_{l \in L} \lambda_l c_l$ 得到最终的拉格朗日函数。

$$L(X, \lambda, \nu) = \sum_{s \in S} \left(U_s(y_s) - \sum_{t \in T_s} (q_{st} x_{ts} r_{st} w_{st}) \right) + E \tag{4.26}$$

通过拉格朗日法，将原问题转化为对偶问题，在对偶问题中，目标是获得最优的传输速率 X^* 和拥塞状态 λ^*。依据对偶理论，原问题可以分解为两个子问题，主优化问题与若干子优化问题。这里的主问题表示为式 (4.27)，即在对偶问题中求解网络总的效用最优，从问题表示为式 (4.28)，即对任意数据流，不论其是单路径的还是多路径的，数据流的速率调整均依据相应的路径拥塞状态。

$$D(X^*, \lambda^*) = \min_{\lambda \geqslant 0} \sum_{s \in S} L_s(\lambda, \nu) + E \tag{4.27}$$

$$L_s(\lambda) = \max_{X \geqslant 0} U_s(y_s) - \sum_{t \in T_s} (q_t x_{ts} r_{st} w_t) \tag{4.28}$$

"拥塞均衡原则"（Congestion Equality Principle）（Cao et al.，2012）提出，假定多路径流 s 具有 $n(n>0)$ 条子流，且 $\lambda_l \geqslant 0$，将相应的路径拥塞代价按照升序排列，即 $k_1 = \cdots = k_m < k_{m+1} \leqslant \cdots \leqslant k_n$，当满足式 (4.29) 时，各条子流的速率 $x_{sr}^*(\lambda)$ 可以达到最优，其中，$U_s'(\cdot)$ 是 $U_s(\cdot)$ 的导数。其物理意义是，MPTCP 拥塞控制是将数据流负载迁移到最不拥塞的路径中，在拥塞均衡点上，拥塞代价相等的子流可以传输数据，拥塞代价较高的子流将会被关闭或者发送很少的数据。

$$\begin{cases} U_s'(y_s) - k_1 = 0 \\ x_{sr}^* \neq 0, \quad r = 1, \cdots, m \\ x_{sr}^* = 0, \quad r = m + 1, \cdots, n \end{cases} \tag{4.29}$$

从"拥塞均衡原则"中可以看出,发送端根据子流感知到的拥塞程度对子流的拥塞窗口进行调整,当且仅当所有子流感知到当前路径的拥塞程度相等时,即 $\forall i, j \in T_s, i \neq j$, $k_{si} = k_{sj} = U'$,发送端暂停拥塞控制操作。由于发送端采用的是耦合拥塞控制思想,负载将会被调度至所感知到的拥塞程度最轻的子流上。

子流的拥塞窗口被不断调整,以满足所有子流感知到相同路径拥塞程度的需求。当子流与网络编码结合后,依旧使用已有 MPTCP 拥塞控制方案,导致子流不可以正确感知路径拥塞程度,必然造成子流间负载不均衡,且有可能对其他的数据流性能造成影响。

按照"拥塞均衡原则"思想的指导,编码子流的真实拥塞代价 k_{st} 应当为 $q_{st}b_{st}w_{st}$, $\forall t \in T_s$,适用于编码 MPTCP 的拥塞控制机制应当同时兼顾编码因子。原始方案将 q_{st} 作为 k_{st},当所有子流感知到路径拥塞代价相同时, $\forall i, j \in T_s, i \neq j, q_{si} = q_{sj}$,暂停拥塞调整。由于没有考虑到编码因素,原始 MPTCP 拥塞控制方案下子流感知的拥塞程度并不可以准确表示当前路径的拥塞代价。冗余度越大或者编码窗口越大,该子流会对拥塞越不敏感,感知的拥塞程度低于真实值的程度会越大。不失一般性,对于路径 i 与路径 j,假定路径 i 被编码保护的程度好于路径 j(更大的编码窗口或者冗余度),即 $b_{si}w_{si} > b_{sj}w_{sj}$,按照原始 MPTCP 拥塞控制机制,当 $q_i = q_j$ 时停止进行拥塞控制,而此时真实的路径拥塞代价 $k_i > k_j$。其主要原因是:编码使得部分拥塞所致丢包被掩藏且恢复,当发送端感知到各子流丢包率相同时,受到编码保护程度大的子流一定发生了更多的拥塞丢包,拥塞程度更加严重,承载的路径拥塞压力更大,同时会对该子流路径上其他的数据流带来危害。经过同一个瓶颈的编码流和拥塞敏感流承受相同程度的拥塞代价,而编码流感知到的拥塞代价较低,因此编码流速率减少的程度低于拥塞敏感数据流,其占用的带宽本应该由拥塞敏感流占用。因此,如果将非编码 MPTCP 的拥塞控制机制应用于编码 MPTCP,当子流感知路径拥塞代价达到拥塞均衡时,路径上的负载并非真正均衡,故设计一种新的适用于编码 MPTCP 拥塞控制解决方案很有必要。

在上述的证明中,该拥塞控制模型首先被假定为凹问题,下面将通过对效用函数进行定义证明该问题可以用最优化理论求解。已知流 s 的子流在路径 t 上的速率可以表示为 $x_{st} = cwnd_{st} / rtt_{st}$,拥塞窗口大小主要与路径的拥塞丢包率有关,窗口大小可以表示为 $cwnd_{st} = \sqrt{2/(p_c)_{st}}$,其中 $(p_c)_{st}$ 表示采用合理的拥塞控制机制下,真实的拥塞丢包率,因此,MPTCP 流合理的总速率可以表示为式(4.30)。k_{st} 表示路径 t 上的拥塞代价,考虑拥塞丢包率与时延两个影响因素,k_{st} 可以表示为式(4.31),其物理意义在于,数据流的速率由其路径的拥塞程度决定,而拥塞程度又直接体现为平均拥塞丢包率和往返时延的变化。由"拥塞均衡原则",在逼近均衡的过程中,MPTCP 流内所有工作的子流都具有相同的路径拥塞状态或者努力趋近相同的拥塞代价,MPTCP 流内所有工作的子流都具有相同的路径拥塞代价,流 s 的总速率可以表示为 $y_s = \sum\limits_{t \in T_s} (1/k_{st}) = n_s/k_{s1}$,进而得到 $k_{s1} = n_s/y_s$,由于拥塞代价是效用函数的导数,因此,$U'(y_s) = k_{s1}$,所以最终可以得到效用函数的表达式,如式(4.32),效用函数直接与数据流的吞吐量有关。显然,效用函数是一个凹函数,越均衡,网络中可容纳的吞吐量越大,效用也就越大,当某些路径拥塞同时又被施加大量的负载,而另一些路径空闲却很少使用,网络中传输的数据总量难以提升时,网络偏离均衡点,显然,网络的效用很低。

$$y_s = \sum_{r \in R_s} x_{st} = \sum_{t \in T_s} \frac{cwnd_{st}}{rtt_{st}} = \sum_{t \in T_s} \sqrt{\frac{2}{(p_c)_{st}}} \cdot \frac{1}{rtt_{st}} \tag{4.30}$$

$$k_{st} = \sqrt{\frac{(p_c)_{st}}{2}} \cdot rtt_{st} \tag{4.31}$$

$$U(y_s) = n_s \log(y_s) \tag{4.32}$$

4.8.3　子流间公平性提升机制

为解决上述公平性问题,我们提出一个改进的编码 MPTCP 拥塞控制方案,命名为 Couple + (Xue et al.,2017)。本小节中详细描述了 Couple + 的主要步骤,包括拥塞信息的反馈、拥塞窗口的调整以及拥塞判决。

Couple + 在原始 MPTCP 拥塞控制方案 RTT-Compensator (Raiciu, Handley et al.,2011;Wischik et al.,2011)的基础上进行改进,保留了 RTT-Compensator 窗口增大方式,对 RTT-Compensator 的拥塞检测和拥塞控制机制进行修改。通过对原始机制的修改,提高网络编码子流对拥塞的灵敏度,恢复 MPTCP 网络编码子流之间的负载均衡性和公平性。Couple + 的核心思想是,在拥塞状态和非拥塞状态之间增加一个"暂态"(Transient State);暂态表示暂时还不能判断当前丢包的阶段;在暂态下使用暂态窗口对发送速率进行限制,避免过大的发送速率对其他同时处于拥塞状态的数据流造成影响;在暂态过程中对丢包的原因进行分析,并采取合理的处理措施。其中提出 3 个新的概念:

暂态:自发现丢包开始,至可以判定丢包原因这一段时间。

暂态窗口:在暂态下,限制发送速率的发送窗口。

冗余周期:在两个冗余分组之间,发送端发送固定数量的分组,该周期由冗余分组之后的第一个非冗余分组开始,至下一个冗余分组结束。

所有的操作都在子流级别实现,主要分为以下几个过程:拥塞信息的反馈、暂态下窗口调整机制以及拥塞判决。

1. 拥塞信息的反馈

为了更为准确地获得拥塞信息,在编码首部中增加"loss flag"标志位,被置位为"1"时表示存在一个或者多个丢包。接收端通过比较成功接收的分组首部中的序列号信息判断是否发生了丢包,具体操作如下:子流接收端记录下该子流接收到数据总量以及在该分组中携带的该子流最大的相对序列号(由子流级别最大的序列号减去子流级别收到的第一个分组的序列号获得),依照最大的相对序列号与接收数据量的总量判断当前是否需要对"loss flag"置位。在没有丢包的情况下,最大的相对序列号与接收数据量的总量相等或者其差值维持不变(存在差值的原因是在此之前发生过丢包)。当接收的数据量与最大的相对序列号之间由相等变为接收数据量较小或者两者之间的差值增加,则认为发生新的丢包,"loss flag"将会被置位。接收端可以检测出丢包,但是无法判别丢包的真实原因,因此,将这一丢包信息反馈给发送端进行进一步分析。如图 4.73 所示,正常接收情况下,接收到的数量为 1,与最大相对序列号信息 D1 匹配,在丢失了两个分组的情况下,当再次收到分组时,接收到的数量为 2,而最大的序列号信息为 D4,此时将标志位设为 1。

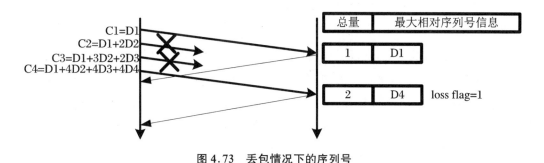

图 4.73　丢包情况下的序列号

2. 窗口调整机制

当子流发送方检测到"loss flag",则进入"暂态",设定"暂态窗口"小于等于当前拥塞窗口。若发送速率较大,则可以将暂态窗口设定为拥塞窗口的 0.9,避免发生拥塞的情况下,大速率流对网络恶化网络拥塞。若发送速率较小,不会对网络带来太大的影响,则将暂态窗口设定为当前拥塞窗口大小。在暂态下,发送端从反馈中得知发生丢包,但是并不知晓丢包的真实原因。发送端进入暂态后,发送速率受限于两个窗口的最小值。当发送端获得拥塞判决后,将会进入"拥塞状态"或者"非拥塞状态",在"拥塞状态"下,拥塞窗口变为暂态窗口和拥塞窗口最大值的一半,如果进入非拥塞状态,则拥塞窗口变为当前两个窗口的最大值。

3. 拥塞判决

在暂态下,接收到 Dup-ACK、发生超时重传或者发送端从反馈中获得更多较为连续的丢包信息,都明显地表明发生了拥塞,则从暂态立刻变为拥塞状态。如果在未进行重传的情况下,反馈信息显示丢失的分组被很快恢复,说明当前的丢包是稀疏的,则由暂态进入非拥塞状态。

若无明显的拥塞通告(Dup-ACK 或者超时),则需要对丢包的原因进行进一步分析。已知,一般情况下,拥塞丢包之间间隔较小甚至丢包是连续的,无线随机丢包间隔较拥塞丢包而言要更大。针对这一类情况,若在一段时间 ΔT 内,不能顺利解码出所有的数据段或者发生连接级别缓存被大量占用以致所有子流发送速率受限的情况,则认为是拥塞造成的丢包,进入拥塞状态。"暂态""拥塞状态"以及"非拥塞状态"的状态转移图如图4.74所示。

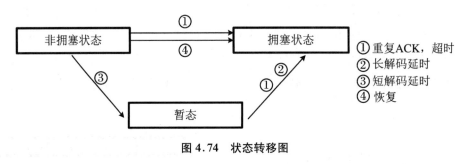

图 4.74   状态转移图

其中需要注意的是对暂态的持续时间上限 ΔT 进行量化。已知,拥塞丢包一般会造成较多分组同时丢失,带来很长的解码时延,而解码时延增加又会导致子流级别的分组因无法解码而无法向连接级别递交,造成连接级别的乱序缓存被大量来自其他子流的分组占用;较大间隔的无线随机丢包可以被快速恢复,相应的接收端的解码时延较小,连接级别的乱序缓存占用量也较小。因此,主要考虑以下两个方面:一方面考虑冗余度,冗余度对解码时延直接的影响;另一方面考虑 MPTCP 的接收端缓存,受限的接收缓存可以容忍因无线随机丢包带来的解码时延,对小间隔拥塞丢包反应明显,长时间内不可以解码出所有的独立数据段将会影响到向上层提交的数据量,因此,需要通过缓存对解码时延进行限制。下面将会对这两个方面进行详细描述。

1. 基于 TCP 网络编码设计原则的判据

按照 TCP 网络编码的设计原则,在冗余度固定的情况下,冗余分组被周期性地发送出去以恢复潜在的丢包,周期性的冗余分组将分组的传输过程分割为"冗余周期",即在两个冗余分组之间,发送端发送固定数量的分组。每一次冗余周期从发送冗余分组之后的第一个分组开始到发送另一个冗余分组结束。冗余周期如图 4.75 所示。假定在一个冗余周期内仅丢失一个分组,且在此之前无分组丢失,则在该周期内,当接收端收到冗余分组后,丢失的分组被恢复,所有的因丢包导致的未解码的分组都可以被成功解码。假定一个冗余周期内发生多次丢包,则在多个冗余周期之后才可以成功解码,此时会产生较长的解码时延。

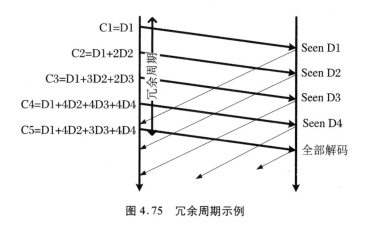

图 4.75 冗余周期示例

依据 TCP 网络编码的设计原则,如果丢包是无线随机噪声导致的,则将会以极高的概率出现在一个冗余周期内仅有该无线随机丢包的情况,由该丢包造成的解码停滞可以在一个冗余周期内被恢复;而较小间隔的拥塞丢包如果可以被冗余分组掩藏,通常需要若干个冗余周期才可以完全恢复,相应会带来较长的解码时延与大量的接收缓存占用。因此,设置"暂态"的持续时间上限 ΔT 为冗余周期的长度,$R/(R-1)$,即在暂态内传输 ΔT 个分组(成功或者失败)后,再根据一定的准则判断是否拥塞。具体操作如下:在 Couple＋机制中,当子流发送方检测到"loss flag"被置位,则进入"暂态",启动"暂态计数器",暂态计数器用来统计在暂态内传输了(成功或者失败)多少个分组,每当发送端收到一个非重复确认的 ACK(收到重复确认的 ACK 则直接进入拥塞状态),则计数器数值增加。如果新到达的 ACK 中包含多个分组丢失信息,那么暂态计数器增加的步长为丢失的分组数量加 1,否则,增加的步长仅为 1。暂态计数器的值增加至 ΔT 意味着发送端在发现丢包后又发送了 ΔT 个分组,即传输了一个冗余周期的分组。如果可以在计数器到达 ΔT 之前解码出所有的分组,则说明所有丢失的分组可以在一个冗余周期内恢复,因此被判定为非拥塞,若计数器数值到达 ΔT 后仍然不可以被解码,则说明在此期间发生了多个丢包事件,可以被判定为拥塞。

对于小概率地出现链路多个无线随机丢包的情况,通过时延的变化进行判断。对往返时延进行记录,每次更新最小时延的时机是,由暂态判定当前不是拥塞。对于拥塞情况下最大 RTT 与非拥塞情况下的最小 RTT 之间的关系,相关文献给出了不同的提议(Samaraweera,1999;Brakmo,Peterson,1995;Kim et al.,2014),这里采用文献(Kim et al.,2014)提议的方案,当出现链路多个丢包的情况而最大 RTT 不超过最小 RTT 的两倍,则认定为非拥塞。

2. 基于 MPTCP 传输机制原则的判据

另一个重要的因素是受限的接收缓存,依照 MPTCP 的设计原则(Ford,2013),MPTCP 使用连接级别的接收缓存存储子流级别正常接收而在连接级别乱序导致无法向上层提交的分组。为了缩短向应用层交付数据的时延,接收缓存通常设定为有限缓存。因为接收缓存过大,大量数据集中于接收缓存中,可能影响应用层获得数据的速率。虽然向 MPTCP 中引入网络编码可以一定程度上避免因无线随机丢包带来的数据传输时延,但如果出现较多相关性较强的小间隔拥塞丢包,会使得解码时延增加,且接收缓存被大量占用,如图 4.76 和图 4.77 所示。图 4.76 中,虽然丢失了编码分组 C2,但是由于后续不再发生丢包,该丢失的分组很快被冗余分组 C4 恢复,虚线框表示因解码时延导致的接收缓存乱序的持续时间,当 C4 到达后,所有编码分组成功解码,数据提交至连接级别,缓解因解码时延产生的接收缓存大量占用。图 4.77 中因拥塞出现了 3 个分组丢失事件,由于丢失分组数量较多,无法在短时间内恢复,造成较长的解码时延,在这一段时间内,来自子流 1 的数据大量占用接收缓存,极有可能造成接收缓存阻塞,需要尽快发现拥塞,及时重传因拥塞丢失的分组,释放接收缓存,避免限制其他非拥塞子流的发送速率。

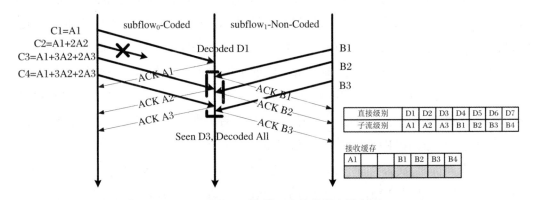

图 4.76　仅随机丢包情况下接收缓存的占用

这种情况下,连接级别接收缓存被大量占用的一个原因是,拥塞丢包造成编码分组的解码时延大大增加,导致拥塞的编码子流的数据无法向连接级别缓存提交。另一个原因是,虽然发送端可以通过反馈消息判定当前"暂态"下是否发生拥塞,但是一些特定的情况下,拥塞本身会导致反馈信息通报不及时,其原因是,大量丢包使得没有足够多的 ACK 携带相关的丢包信息至发送端进行拥塞判断,或者,拥塞的路径增加了 ACK 传输的时延。在 ACK 延时过程中,由于拥塞的子流无法向连接级别提交已解码的分组,且大量由其他路径传输的分组不断到达,拥塞丢包导致大量乱序,占用接收缓存,造成连接级别的空洞。

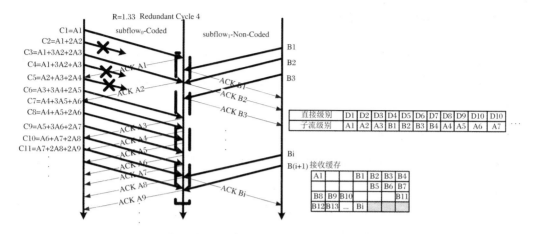

图 4.77　出现拥塞丢包而不被察觉情况下接收缓存的占用

　　已知发送速率不仅受限于发送窗口的大小,也受限于接收缓存的大小(接收窗口的大小是剩余的接收缓存量)。在 MPTCP 中,当接收缓存剩余量不足时,接收窗口成为限制发送速率的主要因素,所有子流的速率都将会受到限制,以保证在严重乱序的情况下,接收端有足够的时间等待乱序的分组或者丢失重传的分组。如果 MPTCP 各条路径对称性较好或者在发送端采取了合适的分组调度算法(Mirani et al.,2010;Ni et al.,2014),那么接收端乱序缓存的占用量将会维持在一个较低的水平。假定子流路径对称性较好或者采用了合适的调度机制,且接收缓存的设定可以容忍因无线随机丢包导致的解码时延下的乱序分组的数量,如果出现发送速率受限于接收缓存的情况,当前的乱序极有可能是拥塞造成的解码失败导致的,说明某一条或者某些编码子流可能出现拥塞丢包,解码时延以及 ACK 延时下,大量来自于其他子流的数据占用了接收缓存。为了避免限制非拥塞子流的发送速率,应当对处于暂态的编码子流进行及时的拥塞控制并重传丢失的分组,释放接收缓存。

　　综上所述,当网络中可能发生拥塞时,编码 MPTCP 数据流尝试降低发送速率,如果当前的分组丢失不是拥塞造成的,则可以快速解码,发送端判定非拥塞,则快速恢复至高速发送。通过该方案,避免在拥塞的情况下,编码 MPTCP 流的侵占性过强。判定拥塞的依据有二:① 基于 TCP 网络编码的原则,以冗余度作为判定拥塞丢包和随机丢包的标准之一,将其作为主判据;② 基于 MPTCP 的设计原则,考虑接收缓存的限制,由于一般情况下会尽量快速发现拥塞,避免对接收缓存的占用,因此,将其作为从判据。其中,冗余度参数是子流发送端已知的,是否解码成功可以通过反馈当前接收端获得的最大的原始数据段的序列号,连接级别缓存的占用情况可以通过反馈当前解码缓存内分组的序列号信息或者直接通过反馈分组数量,该方案具有较强的可操作性。

4.8.4　方案性能评估

在这一小节中,我们展示对上一小节提出的 Couple+算法的分析与评估。首先利用实际网络中的实验证明无线随机丢包间的弱相关性,然后基于 NS3 仿真平台对 Couple+的性能进行评估。

4.8.4.1　丢包特性分析

拥塞丢包与无线随机丢包之间的差异在于丢包之间是否相关以及相关性的大小。拥塞丢包是由路由器队列溢出造成的,常以突发的形式发生,其间具有较强的相关性。特别是以弃尾队列(drop-tail queue)管理方式的路由器,在拥塞情况下,分组丢失大多为连续的、突发的(Mathis et al.,1997)。无线随机丢包是由无线信道随机干扰产生的,因此,丢包之间相关性弱,丢包间隔相对较大。通常为了描述这一丢包形式上的区别,采用突发丢包模型(bursty loss model)描述拥塞丢包特性(Padhye et al.,2000；Zhou et al.,2005),采用 GE 模型描述无线随机丢包特性(Elliott,1963；Zhou et al.,2005)。

针对无线随机丢包行为进行真实场景实验测试,测试场景如图 4.78 所示,使用主机192.168.3.227 对主机 192.168.6.33 发送数据。发包工具使用 Iperf。Iperf 是一款网络性能测试工具,可以对网络带宽、时延、时延抖动以及丢包率进行测试。测试分为 2 个部分:① 将主机 192.168.6.33 使用无线方式(Wi-Fi,IEEE 802.11 b/g/n)接入网络,测试非拥塞情况下,以 UDP 方式传输数据下的丢包率以及丢包行为;② 主机 192.168.6.33使用有线方式接入网络,测试非拥塞情况下,以 UDP 方式传输数据下的丢包率以及丢包行为。

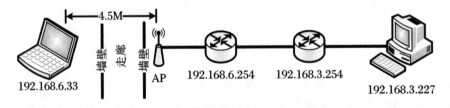

图 4.78　无线随机丢包与拥塞丢包测试场景

无线环境下随机丢包的情况采用 UDP 协议进行测试。首先使用 Iperf 测试出可用带宽。经过测试,可用带宽在 400 Kbps～3 Mbps 之间浮动,为了保证一定不会产生拥塞,选择 UDP 的发送速率为 20 Kbps,40 Kbps,60 Kbps,80 Kbps 以及 100 Kbps。由于发送速率远远小于可用带宽的最小值,因此可以认为丢包均为无线随机噪声或碰撞冲突带来的。统计在一个冗余周期内,由无线干扰带来的丢包的个数,结果如图 4.79 所示。这里设定冗余周期为 21,即 21 个分组构成一个冗余周期(对应使用编码机制,冗余度大小为 1.05)。从图 4.79 中可以明显看出:① 无线随机丢包是存在的,对 UDP 传输而言,丢失极少量分组对传输质量影响不大,若是由 TCP 承载传输,丢失的分组会造成拥塞窗口减小,发送速率下降,限制平均吞吐量;② 在一个冗余周期内,以极高的概率仅出现一次丢包事件,说明将暂态的上限设定为一个冗余周期是合理的。为了进一步说明丢包是由无线干扰造成的,将主机 192.168.6.33 使用有线链路接入网络,以同样的速率进行传输测试,实验结果表明,在发送所有速率情况下,丢包率均为 0。

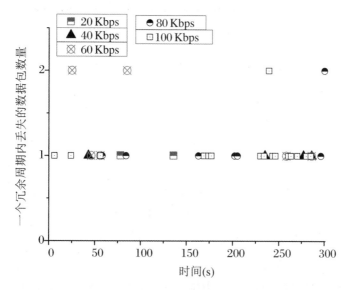

图 4.79　在一个冗余周期内可能发生的无线随机丢包的个数

4.8.4.2　仿真场景设置及其结果分析

本小节介绍的仿真实验所使用的拓扑如图 4.80 所示,其子网 10.1.4.0 和 10.1.6.0 用虚线表示,说明这两个子网可以是有线的网络,也可以是无线的网络。在仿真拓扑中构造了一个瓶颈链路,即 10.1.5.0。构造两个会话,host0 至 host2 传输由 MPTCP 承载,host1 至 host3 传输由 TCP 承载。MPTCP 数据流又被分为两个子流,子流 0(sub0) 经过路径 PATH0,子流 1(sub1)经过路径 PATH1。TCP 数据流由路径 PATH2 承载。若子网 10.1.4.0 和子网 10.1.6.0 是无线网络,则需要进行编码,反之则不需要进行编码。TCP 数据流与子流 1 共同经过一个瓶颈,拥塞主要发生在子网 10.1.5.0 段的链路。所有的数据流具有相同的链路传输最短时延 60 ms(每一条链路的传输时延为 10 ms),所有链路的带宽均为 1 Mbps。两个会话传输的总数据量均是 5 MB。TCP 流采用 TCP Reno 拥塞控制机制,而 MPTCP 网络编码流在不同的仿真实验中分别采用 RTT-Compensator 和 Couple + 作为拥塞控制机制。

通过仿真实验,验证了 Couple + 的有效性:一方面,Couple + 满足 MPTCP 拥塞控制原则;另一方面,Couple+可以不破坏网络编码流克服无线随机丢包的优势。

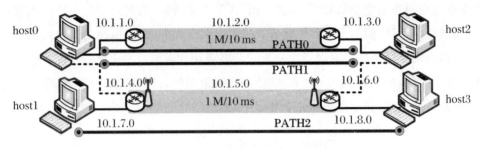

图 4.80   多路径网络编码仿真拓扑

1. MPTCP 子流间负载分配以及通过瓶颈的 TCP 数据流性能

在本小节中,基于如图 4.80 所示的仿真拓扑,一方面,验证 RTT-Compensator 在应用于 MPTCP 网络编码流时,不能满足"Do No Harm"和"Balance Congestion"的 MPTCP 拥塞控制原则;另一方面,验证 Couple+可以有效解决不敏感的网络编码流带来的公平性问题。MPTCP 网络编码流与 TCP 同时启动(host0 向 host2 发送数据且 host1 向 host3 发送数据),当其中之一完成传输任务时,此时记录当前 MPTCP 和 TCP 流传输的数据量,即在仅考察拥塞状态下的数据传输量。

图 4.81~图 4.86 显示了不同无线随机丢包率(用 lossrate 表示),以及 sub1 为编码子流,编码窗口大小为 6 的情况下,MPTCP 两条子流在不同 sub1 冗余度值下的吞吐量情况,以及与 sub1 共瓶颈的 TCP 流在不同 sub1 冗余度下的吞吐量情况。由图 4.81~图 4.86 可知:

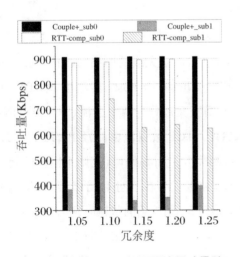

图 4.81   lossrate = 0.01 下子流吞吐量随
冗余度变化

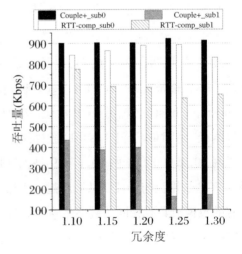

图 4.82   lossrate = 0.05 下子流吞吐量随
冗余度变化

(1) 在图 4.81、图 4.82 和图 4.83 中,观察 sub0 与 sub1 的吞吐量情况。使用

MPTCP 拥塞控制方案 RTT-Compensator,网络编码提升了子流的承载能力,虽然 sub1 所经过的路径拥塞严重,但是多路径流发送端不能准确判断各子流的拥塞程度,做出准确的负载迁移决策,sub1 的吞吐量与 sub0 相比并没有明显降低,因此需要采用适合于 MPTCP 网络编码的拥塞控制方案。使用 Couple + ,sub0 的速率略有提升(sub0 速率提升不明显的原因是,该路径的最大速率受到了带宽限制,由于存在编码信息传输开销、各层协议首部开销,其最大速率无法达到 1 Mbps),sub1 的速率下降明显,说明 Couple + 按照 MPTCP 流的拥塞控制原则,将数据流迁移至最不拥塞的路径上,保留部分数据传输任务在拥塞路径上,编码 sub1 的吞吐量相比于 sub0 非常低,这满足"Balance Congestion"原则。

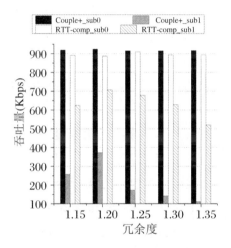

图 4.83 lossrate = 0.1 下子流吞吐量随冗余度变化

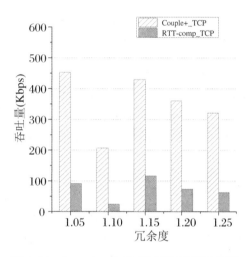

图 4.84 lossrate = 0.01 下 TCP 流吞吐量随冗余度变化

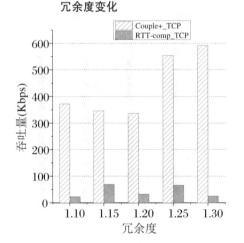

图 4.85 lossrate = 0.05 下 TCP 流吞吐量随冗余度变化

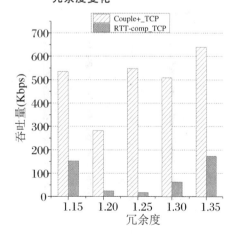

图 4.86 lossrate = 0.1 下 TCP 流吞吐量随冗余度变化

（2）分别对比图 4.81 与图 4.84、图 4.82 与图 4.85、图 4.83 与图 4.86 中 sub1 的吞吐量与 TCP 的吞吐量。使用 RTT-Compensator，与 sub1 同一瓶颈中的 TCP 数据流吞吐量非常低，TCP 流的吞吐量远远小于编码子流的吞吐量，具体地，对比图 4.81 与图 4.84，若使用 RTT-Compensator 作为拥塞控制机制，则 sub1 的吞吐量是 TCP 流的若干倍（最大情况下可达到 35 倍，在冗余度为 1.1 的情况下），原因是 TCP 流对拥塞非常敏感。使用 Couple＋作为拥塞控制机制，同瓶颈内的 TCP 流的吞吐量提升较大，基本与 sub1 的吞吐量相当或者超过 sub1 的吞吐量。对比图 4.82 与图 4.85，Couple＋明显的优势在于限制了编码子流在拥塞状态下的吞吐量，保证编码子流经过拥塞瓶颈时的最大可达吞吐量与 TCP 流相当，这满足"Do No Harm"原则。

（3）观察图 4.82～图 4.86 中 sub0 与 sub1 的总吞吐量与 TCP 吞吐量。使用 Couple＋，sub1 的负载与拥塞敏感的 TCP 流承载能力相当或者不超过其承载能力。虽然在一些情况下 sub1 的吞吐量低于 TCP 流的吞吐量，sub0 与 sub1 的吞吐量之和一定高于 TCP 流的吞吐量，这满足 MPTCP 的设计原则，利用碎片化的路径资源，以更高的速率传输数据，这满足"Improve Throughput"原则。

同样，网络编码操作相关的重要参数包括编码窗口大小，考察固定冗余度，不同编码窗口对 MPTCP 编码拥塞控制机制的影响不同。设定无线随机丢包率为 0.01，对应 sub1 的冗余度为 1.15，结果如图 4.87 和图 4.90 所示；无线随机丢包率为 0.05，sub1 的冗余度为 1.2，结果如图 4.88 和图 4.91 所示；无线随机丢包率为 0.1，sub1 的冗余度为 1.25，结果如图 4.89 和图 4.92 所示。由图中结果，我们可以得出，使用 Couple＋，在不同的编码窗口大小下，负载被迁移至 sub0，sub1 的速率与同瓶颈中的 TCP 流相当，说明 Couple＋

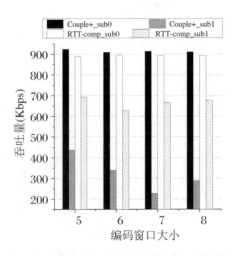

图 4.87　lossrate ＝ 0.01 下子流吞吐量编码窗口变化

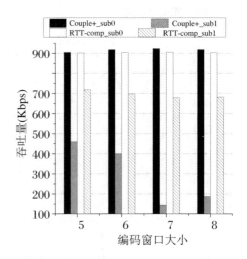

图 4.88　lossrate ＝ 0.05 下子流吞吐量编码窗口变化

满足"Balance Congestion"和"Do No Harm"原则；sub0 与 sub1 的总吞吐量高于 TCP 的吞吐量，满足"Improve Throughput"原则。

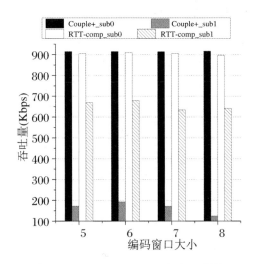

图 4.89　lossrate = 0.1 下子流吞吐量
编码窗口变化

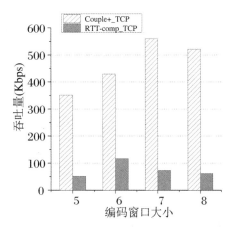

图 4.90　lossrate = 0.01 下 TCP 流吞吐量
编码窗口变化

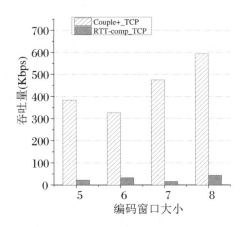

图 4.91　lossrate = 0.05 下 TCP 流吞吐量
编码窗口变化

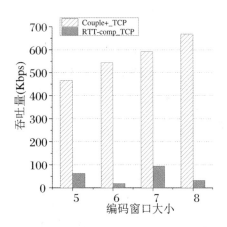

图 4.92　lossrate = 0.1 下 TCP 流吞吐量
编码窗口变化

通过上述对比可知，Couple + 在大量不同的编码参数下均可以表现出较好的性能，受参数影响较小。这一类负载分配不均多出现在不同子流使用不同的编码参数的情况下，由于对链路质量估计的误差，难以保证对所有编码子流的保护程度相同。设计合理的拥塞控制方案很有必要。

2. 非拥塞状态下 Couple + 的性能

任何拥塞控制机制都必须保证，其不仅可以使得数据流之间公平地竞争带宽，也要保证数据流在非拥塞的状态下可以获得尽可能高的吞吐量。因此，在本小节中，对非拥塞场景下的 Couple + 机制的性能进行仿真分析。仿真结果如图 4.93~图 4.95 所示,其中无线随机丢包率分别为 0.01,0.05 与 0.1,仅 sub1 编码。在无拥塞的情况下,从以下两方面考察两条子流传输的数据量:① 在非拥塞场景下,仅仅触发 MPTCP 编码流(仅 host0 向 host2 发送数据),记录了使用 Couple + 情况下,sub0 与编码 sub1 发送的数据量;② 对 sub1 不进行编码,仅触发 MPTCP 流(仅 host0 向 host2 发送数据),sub0 与 sub1 的吞吐量。

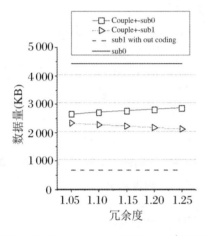

图 4.93　lossrate = 0.01 下仅 sub1 编码且
无拥塞时两条子流传输的数据流

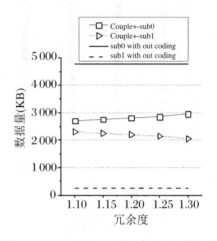

图 4.94　lossrate = 0.05 下仅 sub1 编码且
无拥塞时两条子流传输的数据流

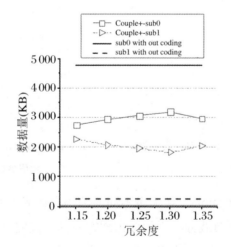

图 4.95　lossrate = 0.1 下仅 sub1 编码且
无拥塞时两条子流传输的数据流

从图中可以看出:

(1) 存在无线随机丢包的情况下不对数据流 sub1 进行编码,则无线随机丢包会对数据流的吞吐量带来影响。如图中黑色虚线所示,虽然 sub1 所在的 PATH1 无严重的拥塞,但是 sub1 传输的数据量依旧很少,sub0 传输的数据量超过 sub1 传输的数据量的 10 倍,这是因为随机丢包限制了拥塞窗口的增大。

(2) 对 sub1 不进行编码,使用 Couple + ,虽然 sub0 的吞吐量会略高于 sub1 的吞吐量(这是由于编解码过程会带来额外的开销),但是相比于 sub1 非编码的情况,sub1 传输的数据量得到极大的提高,sub1 传输的数据量几乎与 sub0 相同,说明 Couple + 保持了网络编码流克服无线随机丢包的优势。

4.9 本章小结

本章主要介绍了 MPTCP 拥塞控制算法的相关研究。拥塞控制机制是 MPTCP 的一个关键组件,MPTCP 层通过耦合拥塞控制算法调整每个子流的吞吐量以避免网络中的拥塞,同时实现流量的迁移与负载均衡。而公平性问题是 MPTCP 拥塞控制研究中的一个重要而常见的问题。IETF MPTCP 工作组制定了 MPTCP 拥塞控制算法的设计准则,其中就包含了公平性准则,即 MPTCP 连接应该对瓶颈处的单路径 TCP 连接友好。在实际实现公平性准则时,主要包含两类公平性设计方案:基于网络公平性准则实现耦合拥塞控制,虽然能够保证对单路径 TCP 连接的公平性,但是这种直接耦合所有子流的做法抑制了非瓶颈处 MPTCP 子流的性能。瓶颈公平性准则可以很好地解决这个问题,DWC 和 SBD 都是基于该准则设计的拥塞控制方案,这两个方案通过解耦非瓶颈处的子流,在保证对单路径 TCP 连接的公平性的同时提升 MPTCP 连接的吞吐量。但是 DWC 和 SBD 方案依然存在很多的不足,比如 DWC 方案中瓶颈识别的准确度在随机丢包和路径延迟增大经常发生的复杂网络场景中会严重降低,而 SBD 虽然提升了瓶颈集合识别的准确度,但是其识别效果对阈值的设计很敏感,同时该方案需要很长时间才能获得最终的识别结果。

因此,在上述问题的基础上,本章进一步介绍了一系列基于瓶颈公平性的改进的拥塞控制方案。这些方案都旨在通过不同的设计思路,提出能够快速准确判定子流瓶颈集合的方法和新的瓶颈集合内部的拥塞控制算法,从而在提升吞吐量的同时保持对单路径 TCP 连接的公平性。

第 5 章

MPTCP 协议中的数据调度机制

5.1 MPTCP 协议接收端数据包乱序问题描述

5.1.1 接收端乱序原因分析

为了保证数据可靠传输,MPTCP 与 TCP 一样需要将乱序的数据包存储在接收端缓存中,直到按序的数据包到达才会将它们同时提交给上层应用。TCP 中的接收端乱序包往往是路径丢包或者中间路由器进行数据包重排导致的,这样的情况虽然偶有发生,但总体而言影响不大。然而与 TCP 不同,MPTCP 在使用多条路径同时进行数据传输时,由于不同路径往往具有不同的时延,因此同时发出的数据包并不一定会同时到达接收端。也就是说,同时使用时延差距较大的多条路径是在 MPTCP 接收端造成大量乱序数据包的主要原因之一。

以两条子流的 MPTCP 连接为例,如图 5.1 所示,MPTCP 连接有两条子流,subflow$_0$ 和 subflow$_1$,其中 subflow$_0$ 路径上的延迟比 subflow$_1$ 大得多。接收端采用 D_SACK 确认机制(Floyd et al.,2000)。为了说明方便,将数据块标记为(dataseq + subflowseq),比如 subflow$_0$ 发送的 7d,表示此数据块的连接级别序列号为 7,子流级别序列号为 d。

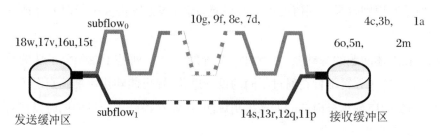

图 5.1 不对称路径的乱序问题

假设发送端在 SFL0 上发出 7d~10g 的数据块后,又在 SFL1 上发出 11p~14s 的数据块。由于路径 subflow$_0$ 延迟相对较大,7d~10g 比 11p~14s 到达得晚。11p~14s 到达接收端时,在 subflow$_1$ 子流级别上是按序的,但由于在连接级别上是乱序的,所以需要先放入接收缓冲区(假设缓冲区足够大),并向发送方发出带有空白(gap)的 D_SACK。接收方收到此确认信息后,会继续发送数据,连接级别序列号从 15 开始,子流级别序列号从 t 开始。直到 7d~10g 全部到达接收端后,接收方才会从缓冲区中读出 11p~14s,并返回 CumACK(累计确认)。

当子流路径不对称时,上述情况经常发生。然而,实际中接收缓冲区空间并非无限大的。当接收缓冲区空间受限时,乱序的数据块到达后不能放入缓冲区而被丢弃。在图 5.1 中,若数据块 14s 到达接收端时,因为缓冲区空间已满而被丢弃。在 7d~10g 到达后,CumACK 确认收到的数据只到 13r。当 15t、16u、17v 到达后,因为 14s 的丢失,会发生三次重复确认,引发快速重传。SFL1 会因此将自己的拥塞窗口减半,并重传数据块 14s。

拥塞控制机制原本是用来处理路径上的拥塞问题的,现在路径上并没有发生拥塞,只是由于乱序数据包占接收端的缓冲区导致空间不足,而引发了对已到数据的拒绝接收。这样导致的 subflow$_1$ 流量降低是不值得的,重传被接收端丢弃的数据包也是浪费的。

5.1.2　接收缓存阻塞

接收缓存阻塞是 MPTCP 乱序问题带来的一个主要影响。图 5.2 是接收缓存阻塞问题的一个示例,subflow$_0$ 发送的 DSN 为 3、4 的数据包先于 subflow$_1$ 上的 1、2 数据包到达接收端。接收端此时构造 TCP SACK(Selective Acknowledge)消息返回发送端,通知已接收到的数据段,然而该 ACK 消息不是累积确认消息,并不能滑动发送窗口,发送端依然在等待 1、2 数据包的确认。此时,subflow$_0$ 这条较快的子流没有新的数据可以取,子流窗口的滑动发生停滞,直到 1、2 的 ACK 到达发送端,连接级别发送窗口再次滑动,两条子流又再次可以从发送缓存中取数据包进行发送。接收缓存大小的限制,以及两条子流参数差异性(RTT,丢包率等差异大)的影响都直接导致了接收缓存的阻塞,连接级别发送窗口也因此停止滑动,这将对 MPTCP 的吞吐量产生重大的影响。

在传统 TCP 单径传输中,如果路径质量在传输过程中发生了变化,那么也将面临数据包乱序和接收缓存阻塞的问题,不过这是单一路径上引起的,除了设置大缓存等暴力的方法外没有更好的解决方案。TCP 协议中定义的接收缓存大小为 65 535 Bytes,内核还支持 TCP 接收缓存的动态变化以适时腾出更多的内存空间。

MPTCP 的提出引入了更多的路径,而多条路径的不对称性又成为了接收缓存阻塞的主导因素。MPTCP 协议(Ford et al.,2013)考虑到了多条路径不对称带来的重大影响,直接对接收缓存大小提出要求,即不能小于 $2 \cdot \max rtt_i \cdot \sum_i Bth_i$,且不支持接收缓存的动态变化。然而,当多条路径中包含 RTT 较大的路径时,接收缓存将达到百兆的数

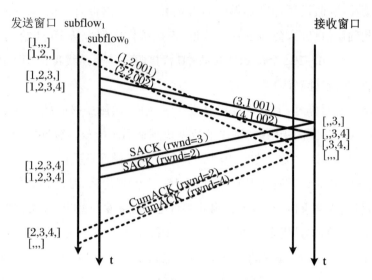

图 5.2　MPTCP 两条不对称路径乱序时序图

量级,现有终端无法满足这样巨大的内存需求。更进一步来说,较大的缓存的确可以提升路径上的吞吐量,但是对于实时业务并没有多大的帮助。实时业务希望每个数据包都能够快速地按序交付,如果只是设置大缓存来等待数据连续而没有更高明的手段,那么单个数据包的时延仍然可能很大,超过实时业务可容忍的范围。

5.1.3　拥塞窗口增长缓慢

MPTCP 中子流窗口可以按照标准的 TCP 拥塞控制算法(Diop et al.,2012)变化,接收到非重复 ACK 时拥塞窗口先指数增加后线性增加,而接收到三次重复 ACK 时窗口减小,触发该子流重传。TCP 各个版本的拥塞控制算法(如 TCP Taheo,Reno,New Reno 等)在窗口减小和重传恢复的机制上会存在一定的差异。由于 MPTCP 中子流窗口不能超出连接级别发送窗口的限制,如果连接级别发送窗口长时间停滞,子流窗口将没有新数据包可取,故也没有 ACK 来触发拥塞控制机制,该子流的拥塞窗口增长缓慢。

仍然以图 5.2 为例,$subflow_0$ 上的拥塞窗口初始值为 2,在接收到本子流返回 3、4 数据包的 ACK 消息(TCP SACK)后其子流拥塞窗口增大,但是连接级别窗口被 1、2、3、4 四个数据包填满无法滑动,子流级别没有新的数据包可以发送,只能等待。相比较只使用 $subflow_0$ 来进行单径 TCP 传输,MPTCP 下 $subflow_0$ 的拥塞窗口增长速度明显减慢,受到 $subflow_1$ 传输速率的制约。这就是说,MPTCP 的吞吐量并不能达到两条单径 TCP 吞吐量之和,有时甚至不能保证达到最好路径上单 TCP 传输的吞吐量。

5.1.4 接收能力通告

在常规 TCP 中,每一个 ACK 数据包都会携带接收方缓冲的通告窗口,此通告窗口表示接收方缓冲区的可用空间,发送方的发送窗口等于此流控窗口和拥塞窗口的最小值与在传数据量(记做 outstanding)之差。MPTCP 直接使用这种方法是不恰当的。

MPTCP 的每条路径都维护一个拥塞窗口,却共用一个发送缓冲区和一个接收缓冲区。使用多条路径时,流控窗口表示的是接收缓冲区总剩余空间。一条路径在确定自己的发送窗口时,使用此总流控窗口(当拥塞窗口增大到一定程度时,流控窗口成为决定量)减去自己路径上的在传数据量,不考虑其他路径上的在传数据。那么当其他路径上的数据缓存到接收缓冲区后,本路径上到达的数据就不能保证有足够的空间缓存。

图 5.1 中,subflow$_0$ 在发送 7d~10g 数据段时,假设收到接收端的接收窗口大小指示为 4 个 MSS,本子流的 oustanding 数据量为 0,于是发送了 4 个数据块;在 7d~10g 还未到达接收方时,subflow$_1$ 也根据此接收窗口和自己 outstanding 数据量为 0 发送了 4 个数据块。根据图中数据块到达的顺序,8e、11p、12q、13r 到达后,都将因为是乱序接收而被放入接收缓冲区。这样接收缓冲区就被填满了,在 7d 到达之前,其他新到达的数据包都会被丢弃。

最简单的处理方式是沿用常规 TCP 通告接收窗口的方法,只不过在计算可发送数据量时将全部子流的在传数据量都减去,就不会发出超过接收缓冲区容量的数据。这种方法在实现时,仅仅需要限制总拥塞窗口的大小不超过接收窗口的大小。

然而仅仅将流控窗口与全部子流 outstanding 数据量的差值作为当前子流的可使用窗口是不合适的。在图 5.1 中,接收窗口为 4,subflow$_0$ 发送 4 个数据包后,subflow$_1$ 要等这 4 个数据包至少有一个按序确认后,才能发出数据。subflow$_0$ 延迟很大,subflow$_1$ 等待时间过长是不公平的。因此不应该按照常规 TCP 通告接收窗口的方法,MPTCP 的每条路径应该有自己使用的份额。

5.2 针对乱序问题的现有解决方案

5.2.1 MPTCP 发送端调度算法

发送端调度算法可以解决路径不对称造成的接收端数据包乱序问题,尽力保证数据包按序到达接收端。下面将介绍 MPTCP 相关研究中提出的调度机制。

5.2.1.1 传输层多径调度算法

传输层的多径方案早在 MPTCP 协议之前就有大量的讨论,其中就包括 SCTP 协议。可想而知,以往的研究也提出了众多适合于传输层多径的调度算法。虽然这些调度算法提出的背景不尽相同,不过其思路还是极具借鉴意义的。

ATLB(Arrival-Time matching Load-Balancing)(Hasegawa et al.,2005)是适合于多 TCP 连接并行传输的调度算法,为 TCP 连接 i 所在的路径进行优先级计分:

$$score_i = \frac{Q_i}{G_i} + \frac{srtt_i}{2} \tag{5.1}$$

其中,Q_i 是发送缓存大小,$srtt_i$ 是平滑后的 rtt 值,G_i 是平滑后的吞吐量。其实,$score$ 就是发送缓存中所有数据发送完毕所经历的时间,故 $score$ 越小的路径其优先级越高。但是 ATLB 并不致力于控制数据包的按序性,其没有任何基于数据包序列号的操作。乱序问题仍然存在。

CMT-SCTP(Iyengar et al.,2006)提出轮询调度(Round Robin,RR)各路径,发送端按没有优先级的顺序向各个路径分发数据,分发的数据量则由各路径的发送窗口决定。LS-SCTP(Al et al.,2004)提出了新的调度算法,每条路径分发的数据量正比于权值 $cwnd/rtt$。该算法没有细粒度到按序列号调度数据包,接收端仍然乱序严重,只能通过增加接收缓存大小来解决。

WestwoodSCTP(Casetti,Gaiotto,2004)是以 SCTP 协议为背景提出的源端调度算法。对于路径 i 而言,令 B_i 为带宽,p_i 为单程传输时延(约为 rtt_i 的一半),D 为数据包大小。如果此时路径 i 上有 n 个数据包在排队发送,n 个数据包的传输时延为 $p_i + (n-1) \times D/B$。假设一个 SCTP 应用的数据分发于两条路径 Π_i 和 Π_j,并且传输时延 p_i 和 p_j 相近时,两条路径上分配数据的权重 n_i 和 n_j 将满足

$$n_i \times \frac{D}{B_i} = n_j \times \frac{D}{B_j} \tag{5.2}$$

也就是 $n_i/n_j = B_i/B_j$。此时,发送端调度在各路径上的数据量正比于权值。为了保证数据包的按序性还需要进一步提升该算法,引入时钟 C,对于路径 Π_i 而言则记为 C_i,它是接收端接收完当前路径中的在途数据后的时刻。每一个数据包则调度于 C_i 最小的路径,C_i 的更新规则是:若路径 Π_i 还在发送数据,$C_i = C_i + D/B_i$;若路径 Π_i 没有在发送数据,则 $C_i = C_i + D/B_i + p_i$。

CMT-QA(Xu et al.,2013)是以 SCTP 为背景提出的自适应数据包调度算法,每条路径都有独立的发送缓存和接收缓存。该算法分成两步实现:

(1) 发送端对多条路径进行路径检测。定义 PATH$_i$ 的质量 Q_i,其表达式是

$$Q_i = \frac{T_{li} - T_{ei}}{Buffersize} \tag{5.3}$$

其中，T_{li} 是最后一个数据包离开 PATH$_i$ 发送缓存的时间，T_{ei} 是第一个数据包进入 PATH$_i$ 发送缓存的时间。Q_i 越小表明PATH$_i$ 的质量越好。每隔一段时间需要为每条路径重新计算一次 Q_i，以保证实时更新路径质量，而时间间隔即为两次丢包之间的间隔，即每发生一次丢包更新 Q_i。

（2）数据调度。PATH$_i$ 上发送缓存内的数据量 D_i 经过 k 轮可以发送完毕，D_i 满足

$$D_i = \sum_{j=0}^{k-1} (cwnd_i + j \times MTU) \tag{5.4}$$

其中，MTU 是最大发送的数据块的大小，$cwnd_i$ 是拥塞窗口大小，每一轮数据包成功发送后 $cwnd_i$ 加 1。通过解方程

$$D_i = \sum_{j=0}^{k-1} (cwnd_i + j \times MTU) \tag{5.5}$$

得到 k，则当前调度在PATH$_i$ 上的数据包需要等待的时间为 $T_i = k \times cwnd_i \times Q_i$。最后，选择 T_i 最小的路径作为当前数据包的调度路径。

按序列号调度数据包方案(Tsai et al.，2010)的调度时序图如图 5.3 所示。假设有 PATH$_1$ 和PATH$_2$ 两条路径，且 $rtt_2 > rtt_1$，此时在PATH$_2$ 上发送的数据包需要通过计算到达接收端的时刻来合理调度，保证数据包到达接收端是按序的，这导致发送端发送数据包时不能按序。

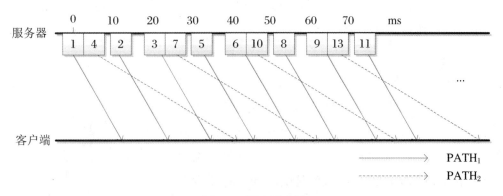

图 5.3 调度时序图

该调度方案按式(5.6)获取当前路径发送的数据包序列号。t_{now}^m 是当前在PATH$_m$ 上发送一个数据包到达接收端的时刻，t_{last}^b 是PATH$_b$ 上最后一个数据包发送到接收端的时刻，$Interval^b$ 是PATH$_b$ 上数据包的传输间隔。get_packet^m 是当前路径PATH$_m$ 发送一个数据包到达接收端前其他路径可以发送的数据包数目。

$$get\_packet^m = \sum_{b=2}^{N-1} \begin{cases} \dfrac{t_{now}^m - t_{last}^b}{Interval^b}, & b \neq 0, t_{now}^m > t_{last}^b \\ 0, & 其他 \end{cases} \tag{5.6}$$

在PATH$_m$ 上选择 $highestsent + get\_packet^m$ 作为当前发送的数据包。

5.2.1.2 MPTCP 调度算法

MPTCP 的发送端调度算法可以解决路径不对称造成的接收端数据包乱序问题,尽力保证数据包按序到达接收端。接下来介绍在 MPTCP 协议背景下提出的调度机制。

轮询算法(Round Robin,RR)(Barré,2011)是最简单的调度算法。MPTCP 连接的各个子流没有优先级,发送端轮询各个子流,发送缓存的数据按照轮询的顺序填满各子流的发送窗口进行发送。此时,只是在多子流间简单地调配数据包,每条子流上分发的数据量则由发送窗口决定,数据的按序性无法保证。

最小 RTT 优先轮询算法(Lowest RTT First RR)(Paasch,Ferlin et al.,2014)在轮询算法的基础上进行了一定的深化。MPTCP 连接的各个子流按照 RTT 排列优先级,RTT 越小优先级越高。发送端按照优先级高低轮询各个子流,依次取发送缓存的数据包填满各个子流的发送窗口。该算法让路径质量好的子流承载更多的数据包,有一定负载均衡的效果。无论是轮询算法还是最小 RTT 优先轮询算法都没有考虑数据包的按序性,没有从数据包序列号角度出发。

冻结慢子流算法(Freeze Packet Scheduling Algorithm)(Hwang,Yoo,2015)对最小 RTT 优先轮询算法又做了进一步的改进,在各子流按照 RTT 优先级排序的基础上对于发送的数据量设置阈值,低于阈值则选择冻结较慢子流,只保留快子流进行发送。这种机制能够较好地提升短数据流的传输性能。

Linux-MPTCP 调度算法(Barré,2011)是 Linux-MPTCP 内核代码支持的一种预测调度算法。以图 5.4 为例说明该算法的思想,一个 MPTCP 连接上的数据需要调度到两个 TCP 子流(subflow$_i$ 和 subflow$_j$)上发送。假设调度时刻两条子流的拥塞窗口均为 2。两条子流的 RTT 存在 $rtt_j = 5rtt_i$ 的关系,也就是说,subflow$_i$ 上发送五轮数据包所需的时间与 subflow$_j$ 上发送一轮数据包所需时间相同。发送一轮是指拥塞窗口(CWND)内的第一个数据包从发送开始直到接收到该数据包的 ACK,发送一轮的时间相当于一个 RTT。如果使用简单的轮询算法,subflow$_i$ 取 1、2 数据包,subflow$_j$ 则取 3、4 数据包。那么,subflow$_i$ 在 1、2 数据包的 ACK 回来后,接着取 5、6 数据包,5、6 将早于 3、4 到达接收端。乱序包需要在接收端进行缓存,且 subflow$_i$ 后续几轮的数据包仍将早于 3、4

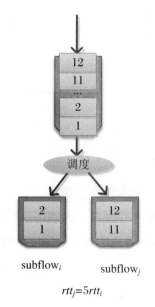

图 5.4 Linux-MPTCP 调度算法

到达接收端。Linux-MPTCP 调度算法在调度时刻 $subflow_j$ 不取 3、4 数据包而是取 11、12 两个数据包，$subflow_i$ 上发送 5 轮数据包，窗口大小为 2，一共可以发送 10 个包，$subflow_j$ 则将发送缓存中的前 10 个包都预留给 $subflow_i$ 后续发送。这样一来，1~12 号数据包能基本按序依次到达接收端。不过该算法过于简略，没有考虑拥塞窗口在这五轮发送过程中会按照拥塞控制算法变化。

FPS(Forward Prediction Scheduling)(Casetti，Gaiotto，2004；Mirani et al.，2010) 是 Linux-MPTCP 调度算法的改进版本，更精细地考虑了序列号的预测调度算法。假设一共有 i 条子流，对于 $PATH_i$ 而言，其往返时延为 rtt_i，数据包从离开发送端至到达接收端的时延为 $ft_i(\approx rtt_i/2)$，拥塞窗口大小为 s_i。为了减小复杂度，数据包大小都设为 TCP 最大分段(Maximum Segment Size，MSS)，故而 $subflow_i$ 上每一个数据包的发送时延 ε_i 是确定的：

$$\varepsilon_i = \frac{packetsize}{throughput} \tag{5.7}$$

在 t 时刻，$subflow_i$ 发送 s_i 个数据包，那么这些数据包到达接收端的时刻分别为 $t + ft_i + \varepsilon_i, t + ft_i + 2\varepsilon_i, \cdots, t + ft_i + s_i\varepsilon_i$，而发送端接收到这些数据包的 ACK 的时刻分别为 $t + rtt_i + \varepsilon_i, t + rtt_i + 2\varepsilon_i, \cdots, t + rtt_i + s_i\varepsilon_i$。在发送端接收到数据包成功接收的确认消息后，拥塞窗口 s_i 会按照拥塞控制算法增大，新一轮数据在时刻 $t + rtt_i + s_i\varepsilon_i$ 发送。

以图 5.5 为例说明 FPS 算法。MPTCP 连接的数据通过 $PATH_i$ 和 $PATH_j$ 两条路径传输，两条路径往返时延满足 $rtt_j > rtt_i$。在时刻 t，$PATH_j$ 发送窗口滑动准备发送新数据，由于 $PATH_i$ 传输数据快于 $PATH_j$，$PATH_j$ 上发送的数据包需要经过调度。发送端首先估计 $PATH_j$ 上数据包到达接收端的时刻为 t'，然后计算在 t' 之前 $PATH_i$ 上可以发送的数据包总数。假设 n_l 是从 $t_l(t_l < t')$ 开始的一轮数据传输中在 t' 之前可以到达接收端的数据包数目，数据包到达接收端的时刻则为 $t_l + ft_i + \varepsilon_i, t_l + ft_i + 2\varepsilon_i, \cdots$。$n_l$ 必须满足

$$n_l \leqslant s_i, \quad t_l + ft_i + n_l\varepsilon_i < t' \tag{5.8}$$

如果 $t_l + ft_i + \varepsilon_i > t'$，那么该轮传输的所有数据包均在 t' 之后到达，此时 $n_l = 0$，最后计算 t' 之前可以传输的数据包总数为

$$N = \sum_{t_l < t'} n_l \tag{5.9}$$

N 就是于 t' 之前在 $PATH_i$ 上成功发送的数据包总数。那么，发送端调度发送缓存的前 N 个包给 $PATH_i$，$PATH_j$ 跳过发送缓存前 N 个数据包从第 $N+1$ 个开始填满自己的发送窗口。

$PATH_i$ 上每接收到一个数据包成功接收的确认消息，rtt_i 平滑更新为

$$rtt_i \leftarrow \alpha rtt_i + (1 - \alpha) rtt_i' \tag{5.10}$$

其中，rtt_i' 是新测量得到的往返时延，α 是 $0\sim1$ 之间的值，指明历史 rtt_i 和新测量 rtt_i' 的权重关系。单程时延 ft_i 按公式简单估计，得到

$$ft_i = \frac{rtt_i}{2} \tag{5.11}$$

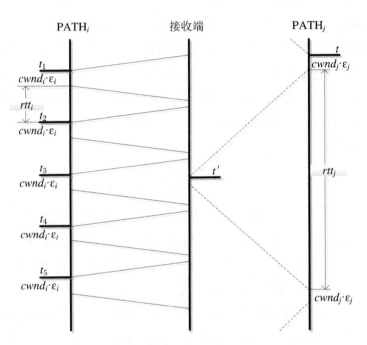

图 5.5　FPS 算法中两条子流数据包传输时序图

CP 调度算法（Constraint-based Proactive Scheduling）（Oh，Lee，2015）在 Lowest RTT First RR（Paasch et al.，2014）的基础上进行了扩展，根据估计各子流在接收缓存造成的乱序包数目以及所需的缓存空间进行调度。发送端估计子流 i 与子流 j 之间由于时延不对等造成的乱序包数量 $B_{i,j}$（$rtt_j > rtt_i$），通过判断 $B_{i,j}$ 与剩余接收缓存的大小决定是否在子流 j 上发送数据。CP 调度算法分为激进的和保守的（Radical and Conservative）两种，激进的 CP 调度向下估计每条子流所需的缓冲区大小，这样能够容纳更多的子流，尽可能充分利用多条路径聚合带宽。相比之下，保守的 CP 调度可能高估子流所需的缓冲区大小，这样可以防止由于过度传播造成的缓冲区阻塞。

FDPS 算法（Forward-Delay-based Packet Scheduling Algorithm）（Le，Bui，2015）根据前向延迟和路径带宽进行调度，其中前向延迟指发送端到接收端的延迟，发送端将发送缓存中的数据分割成 MSS 的小段，根据各路径前向延迟的差异与带宽进行调度。

由于在无线链路环境中随机丢包事件不可避免，不考虑丢包的前向预测机制显然不再适用。在 FPS（Mirani et al.，2010；Chen，Lim et al.，2013）基础上，F^2 P-DPS（Fine-grained Forward Prediction based Dynamic Packet Scheduling)(Ni et al.,2014)充分考虑了子流的 TCP 特性以及路径的丢包率,使用 TCP 建模的方法,发送端根据子流上平滑得到的 RTT 和统计得到的丢包率估计未来一段时间内该子流可能发送的数据量 N。所采用的方法是,根据子流上给出的初始条件,以 subflow$_i$ 为例,初始窗口大小 a 以及路径参数(p_i,rtt_i),对$[t,t']$内 subflow$_i$ 上所有可能的数据包传输事件计算统计平均,最终该统计平均值即为 N。

但从根本上讲,FPS 和 F^{2}P-DPS 都只是预测算法,可能与实际情况有差距,为了防止多轮调度之后的误差累计。进一步在 F^{2}P-DPS 的基础上,一种基于 TCP SACK 反馈的调度算法 OCPS(Offset Compensation based Packet Scheduling)(Ni et al.,2015)被提出。方案在子流级别使用 TCP SACK 返回当前接收端乱序情况。发送端根据 TCP SACK 携带的信息来判断上一轮调度时预留给其他子流的数据包是过多还是过少,从而使用修正因子对下一轮的预留数据包总数进行修正。OCPS 在路径质量存在一定扰动的情况下有良好的适应能力。

5.2.2　接收端缓存分割方案

在 MPTCP 原本的机制中接收缓存是共享的,接收端的 ACK 携带的接收窗口 RWnd 不分子流。但是每条子流根据共享的 RWnd 判断本子流的发送窗口,这样做并不合理,各子流之间不合理占用共享接收缓存,有可能造成整体吞吐量下降。对接收端缓存进行分割也是提高 MPTCP 吞吐量的一种方案。

5.2.2.1　CMT-SCTP 流控

CMT-SCTP 中曾提出过分隔缓存的流控方案(Liu et al.,2008)。虽然 SCTP 的讨论在逐渐弱化,但是其关于调整流控的方案同样可以借鉴到 MPTCP 中。式(5.12)和式(5.13)表明了 CMT-SCTP 流控中的限制条件:

$$Buffer_i + MTU_i \leqslant \frac{A_{cwnd} + \sum_{j=1}^{n} outstanding_j}{n} \tag{5.12}$$

$$MTU_i \leqslant \frac{A_{RWnd} - \sum_{j=1}^{n} outstanding_j}{n} \tag{5.13}$$

其中 $Buffer_i$ 为子流 i 上数据块占用的发送缓冲区大小,MTU_i 为子流 i 上的最大传输单元,A_{RWnd} 为接收端公告的接收窗口大小,$outstanding_j$ 为子流 j 的传输数据量,即 ACK 的数据量。其基本思想是各条路径均分发送(或者接收)缓存。

5.2.2.2　RSPL(Rated-Splitting)方案

然而均分发送缓存存在一定的不合理性。为了便于表述,这里假设流控窗口是限制条件,即不考虑拥塞窗口比流控窗口小的情况,由于每条路径是不对称的,平均分配忽略了这些不对称性,没有根据各条路径的实际需求分配合理的缓冲区空间。

为了让 MPTCP 连接的每条路径可以比较均衡地占用接收缓冲区空间,需要实时地根据每条子流的在传数据量、接收缓冲区中每条子流的缓存数据量以及接收缓冲区剩余空间来进行分配。为此,我们提出了接收端缓存分割的方案(郭璟,2013)。

用 $recbfsp$ 表示接收缓冲区的剩余空间字节量($recbfsp = rwnd \cdot mss$,其中 $rwnd$ 为通告的接收窗口),$unAcked_i$ 表示子流 i 的未确认数据量,即子流 i 的在传数据量与接收缓冲区中子流 i 的缓存数据量之和,则当满足下面条件时,子流 i 可以发送数据段(本书称其为 RSPL 方案):

$$\left(recbfsp + \sum_{k=1}^{n} unacked_k \right) \frac{\prod_{k \neq i} unacked_k}{\sum_{k=1}^{n} \left(\prod_{j \neq k} unacked_j \right)} \geqslant unacked_i + mss_i \qquad (5.14)$$

其中,参数 n 为 MPTCP 连接的子流个数,不等式左边表示该时刻子流 i 的缓冲区分配份额,$\dfrac{\prod_{k \neq i} unacked_k}{\sum_{k=1}^{n} \left(\prod_{j \neq k} unacked_j \right)}$ 表示子流 i 应分配的比例。假设在某一时刻 n 条子流未确认数据量之比为 $a_1 : a_2 : \cdots : a_n$,则各条子流在此时可获得的缓冲区份额之比为 $\dfrac{1}{a_1} : \dfrac{1}{a_2} : \cdots : \dfrac{1}{a_n}$。可以看到,子流 1 与子流 2 获取的缓冲区份额比为 $a_2 : a_1$,子流 2 与子流 3 获取的份额比为 $a_3 : a_2$,以此类推。这样可以让未确认数据量大的子流获取较小的流控窗口,未确认数据量小的子流获取较大的流控窗口。

未确认数据量大的子流有两种情况:一种是该子流速率高,可以在短时间内传输大量的数据;另一种是该子流路径延迟大,导致很多数据还未到达。第一种情况下,该子流每次发送大量的数据,在这些数据还未被接收端确认接收之前,可以稍作停顿,待之前发送出去的数据被确认后,该子流的未确认数据量减小,再增大流控窗口,这样做不仅不会对该子流的吞吐量造成大的影响,而且还会避免该子流上过多的乱序数据填满接收缓冲区。第二种情况下,本子流路径延迟大,虽然在较早的时刻发送了数据,但之前多次发送的数据还在路径上传输,未到达接收端。然而其他延迟小的路径在较晚时刻发出的数据可能已经到达接收端。由于连接级别上的乱序,其他延迟小的路径传输的数据被缓存在接收缓冲区中,等待该子流上的数据慢慢到来。这种情况下,如果让该延迟大的子流获取较小的流控窗口,就可以减少其他路径数据在接收缓冲区的等待时间。

当接收缓冲区有充足的可用空间时,即 $recbfsp \gg \sum_{k=1}^{n} unacked_k$,每条子流获取的缓冲区份额是近似平均的。当接收缓冲区空间受限时,让未确认数据量大的子流获取较小的流控窗口,未确认数据量小的子流获取较大的流控窗口,可以避免更多的乱序数据到来。虽然这样可能在一定程度上对速率高或延迟小的路径吞吐量有暂时的影响,但是以很小的流量损失换取可能引发的接收缓冲区阻塞是值得的。

5.2.2.3　仿真结果分析

1. SFL1 路径延迟为 1 ms,SFL2 路径延迟为 30 ms 时的流量分析

图 5.6 给出了 SFL1 延迟为 1 ms,SFL2 延迟为 30 ms 时对应的流量图。图 5.7 为拥塞窗口增长图。可以看到,两种方法下都可以获取稳定的流量,且在接收端没有发生丢包事件。这是因为两种方法都保证所有子流的拥塞窗口之和不超过接收窗口,在确定可发送数据量大小时,根据接收窗口和未确认数据量,正确地估计了接收端处理能力。

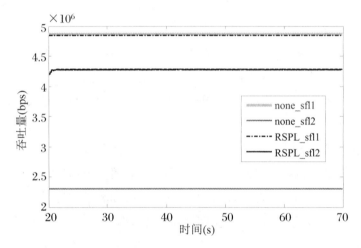

图 5.6　SFL1 1 ms,SFL2 30 ms 子流吞吐量图

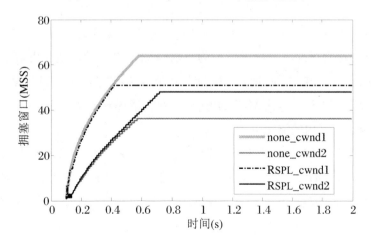

图 5.7　SFL1 1 ms,SFL2 30 ms 子流拥塞窗口增长图

对于不使用接收缓冲区分配方法的场景（对应于图中 none 情况），在流量稳定时，低延迟路径 SFL1 获取的吞吐量为 4.86 Mbps，高延迟路径 SFL2 获取的吞吐量为 2.30 Mbps，路径带宽利用率分别为 97.2% 和 46.0%。

SFL2 延迟比较大，所以发送的数据需要较长时间才能到达接收端。因此在数据传输启动初期，SFL2 的拥塞窗口增长速率低于 SFL1，由于 SFL1 和 SFL2 的拥塞窗口总和是受限的，所以当二者之和达到某一定值时（接收窗口通告大小，此处为 100 MSS），两个拥塞窗口会同时停止增长。这就相当于链路参数为定值时，在数据传输初期，各条子流拥塞窗口的增长速率决定了本条子流可以获取多少吞吐量。可以看到，图 5.7 中 none_cwnd1 和 none_cwnd2 几乎同时停止拥塞窗口的增长，受限于此时的拥塞窗口值，SFL2 获取的吞吐量很小。

使用 RSPL 方法时，SFL1 吞吐量为 4.84 Mbps，SFL2 吞吐量为 4.27 Mbps，带宽利用率分别为 96.8% 和 85.4%。

RSPL 方法针对各条子流都有一定的接收窗口分配量，各自的拥塞窗口不能超过自己的接收窗口分量，所以虽然 SFL1 拥塞窗口增长很快，但是达到某个定值时，就不能再增长。而此时 SFL2 没有达到自己的受限值，且两个拥塞窗口总值还没有超过接收窗口值，所以 SFL2 还可以继续增长，吞吐量随之继续增大，直到 SFL2 的拥塞窗口超过自己的接收窗口份额或者与 SFL1 的拥塞窗口之和等于接收窗口。

由于链路有带宽限制，所以拥塞窗口增大到一定程度时，即使再增加，吞吐量也不会随之增加。从图 5.6 和图 5.7 可以看到，虽然 SFL1 在"none"情况下拥塞窗口的最大值比使用 RSPL 时大很多，但是这两种情况下对应子流获取的吞吐量差别并不大。这说明不使用接收缓冲区分配方法时，延迟小的路径 SFL1 获取那么多的接收缓冲区份额是多余的，并不能给吞吐量带来很大的提升。使用比例分配方法后，这部分多余的吞吐量有一大部分被分给了延迟大的路径 SFL2，而 SFL2 原本距离自己的吞吐量饱和值还很远，它在得到这部分接收缓冲区份额增量后为自己争取了更多的流量。得益于接收缓冲区份额的合理分配，在 SFL1 吞吐量只有微量下降（0.4%）的情况下，SFL2 的吞吐量获得了明显的增益，提升了 85.7%，此 MPTCP 连接总吞吐量提升了 27.2%。

2. 一定延迟范围内的流量分析

图 5.8 给出了 SFL1 延迟为 1 ms，SFL2 延迟在 1～30 ms 间变化（以 5 ms 为增长间隔）时两条子流获取的吞吐量。可以看到，随着路径延迟差别的增大，在不对接收缓冲区进行分配时，延迟大的路径获取的吞吐量越来越少。这是因为延迟越大，数据确认得越慢，拥塞窗口增大得也越慢，最后拥塞窗口达到的值也越小。对接收缓冲区按照比例进行分配后，为延迟大的路径预留的接收缓冲区空间增大一些，拥塞窗口也可以增大多一些，最终获取的吞吐量也随之提升。

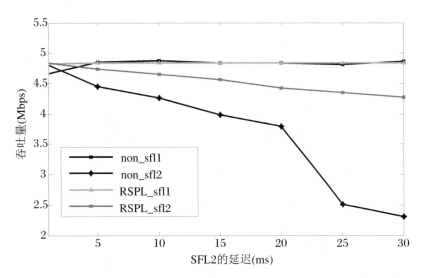

图 5.8　SFL1 1 ms,SFL2 1～30 ms 两种方法下获取的吞吐量

5.2.3　结合网络编码的方案

借鉴于单路径中引入网络编码带来的好处,大量研究者尝试在多路径 TCP 中也引入网络编码,一方面可以解决无线场景下由于无线随机丢包带来的问题(Cloud et al.,2013;Li et al.,2012),另一方面可以简化多路径 TCP 各子流之间的调度问题(Cui et al.,2015;Sharma et al.,2008;Li,2014b)。

以图 5.9 和图 5.10 为例进行说明,假定所有的丢包都是由无线随机丢包造成的。在图 5.9 中,子流 0 与子流 1 均非编码数据流,子流 0 传输 D3,D4,D6,子流 1 传输 D1,D2,D5,传输过程中,假定子流 0 上存在无线随机丢包,D3 由于无线传输错误而无法正常接收,则将会出现两个问题:一方面,子流 0 传输的 D4 首先到达接收端,由于小序列号数据段未到达,D4 只能暂时缓存在接收缓存中,不可以提交;另一方面,当发生丢包,接收端需要显式地发回反馈消息后,发送端才会重新发送分组,这不仅通报了假的拥塞信息,同时较长的丢包通报时延再一次加重了连接级别的乱序。如图 5.9 所示,当 D4 到达时,接收端反馈 D3 丢失了,D4 不得不被缓存在接收缓存中等待小序列号数据段 D1,D2,D3 的到达。

与此不同的是,在图 5.10 中,由于采取了编码机制,按照 TCP 网络编码的原则,接收端并不以完全解码出原始数据段作为成功接收的标准,只要接收端在编码的分组中可以看到数据段,则认为已经接收到数据段,通过这种方式,使得 2 条子流不需要严格遵循序列号顺序。一方面,发送端会发出冗余的分组,在不需要进行显示反馈的情况下,丢失的分组就可以被恢复,进一步缩短接收缓存被占用的时间;另一方面,无论是编码子流还是

非编码子流,只要到达的编码分组满足以下两个条件,则发回成功接收的确认消息,避免造成拥塞误判:

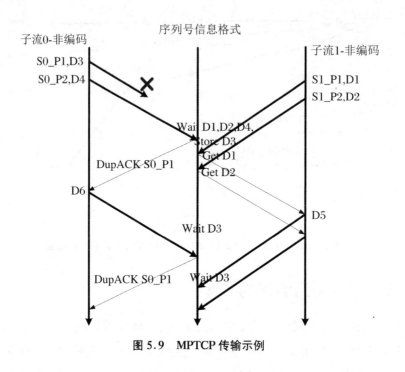

图 5.9　MPTCP 传输示例

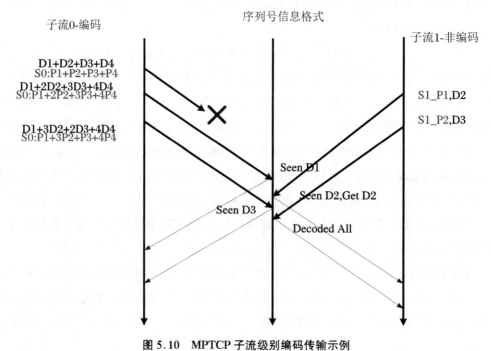

图 5.10　MPTCP 子流级别编码传输示例

（1）每个编码分组线性独立于其他接收到的编码分组；

（2）最新收到的编码分组中包含有接收端期望的序列号信息，或者可以借助新接收的编码分组从解码缓存中推导出接收端期望的序列号信息。

从编码内容上来看，多路径 TCP 网络编码的方式主要可以分为子流级别编码（Cloud et al.，2013；Li et al.，2012）以及连接级别编码（Cui et al.，2015；Sharma et al.，2008；Li et al.，2014b）。子流级别编码对多路径 TCP 协议的改进较小，兼容性更好。子流级别编码和连接级别编码的主要不同之处在于，数据在不同子流上执行分配调度与执行编码的先后顺序。若先执行数据段调度，再执行编码，则为子流级别编码；否则为连接级别编码。

而从传输形式上看，可以分为编码子流与非编码子流。在图 5.10 中，子流 0 是编码子流，而子流 1 是非编码子流。

多路径 TCP 网络编码的确认机制尚未统一，可以分为子流级别确认机制和连接级别确认机制。子流级别编码采用子流级别的确认机制（Cloud et al.，2013；Li et al.，2012），连接级别编码可以采用子流级别的确认（Cui et al.，2015）或者连接级别的确认机制。子流级别确认机制与多路径 TCP 协议后向兼容性好，所有的丢包均在子流级别进行分析，以子流级别序列号信息作为反馈依据，反馈信息通报的丢包和时延变化均是该路径上的情况，便于做出拥塞判决。连接级别反馈仅适用于连接级别编码，以连接级别序列号信息作为反馈依据，不需要在连接级别和子流级别做映射。但是其不足之处在于，通过序列号信息可以获得丢包信息，由于不再与子流信息相关，无法准确判定丢包发生在哪一条路径上。在图 5.10 中，若反馈的序列号信息为 SSN：PX，则是子流的反馈，若为 DSN：DX，则是连接级别的反馈。

5.2.4 其他乱序解决方案

除了以上提到的这两类方案可以用于解决包乱序的问题之外，MPTCP 内核部署的相关研究（Chen，Lim et al.，2013；Raiciu et al.，2012）中还提到了 4 种简单的改进机制：

机制 1：在最快路径上重传阻塞数据包。当发生接收缓存阻塞时，将未到达接收端的序列号最小的数据包在最快路径上重传。最快路径是 RTT 最小的路径。

机制 2：惩罚阻塞接收窗口滑动的子流。发送端判断阻塞接收缓存的子流，即未到达接收端的序列号最小的数据包所在子流，并对该子流的拥塞窗口执行减半的惩罚操作。不过为了防止总是惩罚某一条子流，在一个往返时延内同一条子流只能被惩罚一次。

机制 3 和机制 4：MPTCP 的发送和接收缓存支持自动调整，只有在需要时才增大缓存，这样可以防止直接设置大缓存造成的空间浪费。当接收缓存中所存储的乱序数据包的数目超过 1 个 BDP（BDP 的计算值为 $bandwidth \times delay$）大小时对拥塞窗口设置上限。MPTCP 中具体的部署方式是：当 sRTT（smoothed RTT）超过了 2 倍的基准 RTT 时就为拥塞窗口设置上限，基准 RTT 为所有子流中的最小 RTT 值。机制 3 与机制 4 在 sRTT 的测量方式上有所不同。机制 3 使用数据包 timestamp 选项所记录的发送与接收时间来测量 sRTT 值，而机制 4 使用子流接收一个接收窗口大小的数据所需要的实际时间来估算 sRTT 值。

5.3 基于 TCP 协议建模的数据包预测调度算法 (F^{2}P-DPS)

5.3.1 问题描述

前向预测调度算法，比如 MPTCP 中实际部署的调度算法（Barré，2011）、FPS（Mirani et al.，2010）等，都能够在一定程度上提升多路径并行传输性能。实际上，前向预测调度算法的思路基本相同。为了方便说明，如图 5.11 所示，发送端和接收端之间建立的 MPTCP 连接只包含两条 TCP 子流，subflow$_0$ 和 subflow$_1$。其中，subflow$_1$ 的往返时延大于 subflow$_0$ 的往返时延，即 $rtt_1 > rtt_0$，两条子流的丢包率分别为 p_0 和 p_1。时刻 t，subflow$_1$ 成功接收到数据包而返回的 ACK 消息触发 subflow$_1$ 上的子流窗口滑动，向连接级别发送窗口取新数据包进行发送。预测调度算法基本步骤如下：

（1）估计 subflow$_1$ 当前发送数据包成功到达接收端的时刻 t'；

（2）估计在 $[t, t']$ 时间内 subflow$_0$ 上可以发送的数据包数目 N；

（3）subflow$_1$ 上发送的数据包从发送缓存第 $N+1$ 个数据包开始依次取，直到填满 TCP 发送窗口。

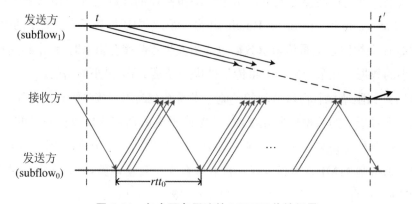

图 5.11 包含两条子流的 MPTCP 传输场景

如果一个连接的子流数目大于 2,那么 N 是其他所有子流在 $[t, t']$ 内可以发送数据包数目的总和。N 是所有预测调度算法中的关键参数。之前的前向预测调度算法只考虑了不同路径的 RTT 差异,而没有考虑丢包率的影响,故不能很好地适应丢包环境,而无线网络环境中随机丢包又不可避免。基于此,本节介绍了一种新型的考虑丢包的预测调度算法 F^2P-DPS(Fine-grained Forward Prediction based Dynamic Packet Scheduling)。

5.3.2　算法设计

新型预测调度算法 F^2P-DPS(Ni et al.,2014)充分考虑了子流的 TCP 特性以及路径的丢包率,提出利用 TCP 建模(Sikdar et al.,2001;Padhye et al.,2000)估计 N 的方法,根据 subflow$_0$ 上给出 t 时刻初始条件(初始窗口大小 a_1)以及路径参数(p_0, rtt_0),在 $[t, t']$ 内对 subflow$_0$ 上所有可能的数据包传输事件计算统计平均,最终该统计平均值即为 N。丢包率 p_0 通过一段时间的统计(传输成功数据量/总数据量)得到,往返时延 rtt_0 则是利用传统 TCP 中平滑计算 RTT 获得。为了简化 F^2P-DPS 算法建模过程,需要进行以下几点假设:

(1) 各条子流独立使用 TCP-Reno 拥塞控制机制;

(2) 采用随机丢包模型,即每个数据包的丢包事件之间没有关联;

(3) 拥塞窗口的数据能在一个 RTT 时间内发送完;

(4) 定义发送一轮是指拥塞窗口内的第一个数据包从发送开始直到接收到该数据包的 ACK,发送一轮的时间相当于一个 RTT。

F^2P-DPS 详细建模图解如图 5.12 所示,以下通过 t' 的估计、r_1 和 $n_{max}(i_1)$ 的计算、N_1 的估计、$E(N_{total})$ 的计算四个步骤来说明该建模过程,$E(N_{total})$ 是使用 F^2P-DPS 算法进行 TCP 建模估计最终得到的 N 的估计值。其中,$r_1, n_{max}(i_1), N_1$ 都是计算 $E(N_{total})$ 过程中的中间变量,后续将具体说明这三个变量的含义。

5.3.2.1　参数 t' 的估计

如图 5.11 所示,在 t 时刻,subflow$_1$ 上发送新的数据包,根据 subflow$_1$ 上的丢包率 p_1 以及往返时延 rtt_1 可以估计得到这些数据包到达接收端的时刻,记作 t'。时刻 t,subflow$_1$ 的拥塞窗口剩余大小记为 $cwnd_1$,故而需要向发送缓存取 $cwnd_1$ 个数据包进行发送。假设 subflow$_1$ 上此时发送的 $cwnd_1$ 个数据包中有 $nloss$ 个数据包丢失。由 TCP Reno 可知,发送端收到 3 次重复 ACK 表明发生了丢包,从而引发丢包的快速重传,如果丢包严重到发送端不能收到 3 次重复 ACK,那么发送端只能利用超时重传定时器等到超时后重新发送丢包。根据丢包数目 $nloss$ 的大小分为三种情形讨论:

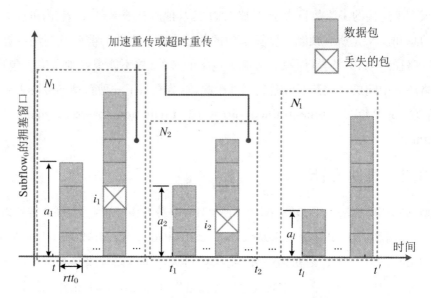

图 5.12　$[t,t']$ 内 subflow$_0$ 的数据包传输建模

（1）所有 $cwnd_1$ 个数据包发送成功，即 $nloss=0$，则成功传输时间为 $rtt_1/2$，其概率记作 $\hat{p}_1$：

$$\hat{p}_1 = (1 - p_1)^{cwnd_1} \tag{5.15}$$

（2）$cwnd_1$ 个数据包中有丢包，即 $nloss \neq 0$。若 $cwnd_1 - nloss < 3$，则发送端不能收到足够数量的 ACK，引发超时重传。超时重传也可能发生多次，接下来计算平均超时重传时间。连续发生了 k 次超时重传意味着有 $k-1$ 个丢包而后紧接着一次传输成功，符合几何分布，其概率为

$$P(R = k) = p_1^{k-1}(1 - p_1) \tag{5.16}$$

前六次超时重传时延使用指数退避算法增长，即 $2^{i-1}TO_1$，$i=1,2,\cdots,6$，之后线性增长，k 次超时重传总时延 L_k 为

$$L_k = \begin{cases} (2^k - 1)TO_1, & 0 \leqslant k \leqslant 6 \\ (63 + 64(k - 6))TO_1, & k \geqslant 7 \end{cases} \tag{5.17}$$

平均超时重传时间 $E(TO_1)$ 为

$$E(TO_1) = TO_1 \frac{1 + p_1 + 2p_1^2 + 4p_1^3 + 8p_1^4 + 16p_1^5 + 32p_1^6}{1 - p_1} \tag{5.18}$$

其中，TO_1 是指 subflow$_1$ 上第一次丢包引起超时重传时的超时重传时延。发生超时重传事件的概率记作 $\hat{p}_2$：

$$\hat{p}_2 = cwnd_1 \cdot (C_{cwnd_1-1}^1 (1 - p_1) \cdot p_1^{cwnd_1 - 2} + C_{cwnd_1-1}^2 (1 - p_1)^2 \cdot p_1^{cwnd_1 - 3})$$

$$\tag{5.19}$$

（3）若 $cwnd_1 - nloss \geqslant 3$，则发送端可以收到足够数量的 ACK 触发快速重传。为简便考虑，假设只需要一次快速重传就传输成功，那么成功传输的时间为 $3rtt_1/2$，该概率记为 $\hat{p}_3$：

$$\hat{p}_3 = 1 - \hat{p}_1 - \hat{p}_2 \tag{5.20}$$

根据以上三种情况下的时延和概率，可得到 t' 的估计值为

$$t' = t + \frac{rtt_1}{2}\hat{p}_1 + E(TO_1)\hat{p}_2 + \frac{3rtt_1}{2}\hat{p}_3 \tag{5.21}$$

5.3.2.2 r_1 和 $n_{\max}(i_1)$ 的计算

由图 5.12 可知，$[t,t']$ 内 subflow$_0$ 的初始窗口大小为 a_1，第一个丢包发生的位置为 i_1，丢包发生时 subflow$_0$ 拥塞窗口的大小为 $cwnd_{i_1}^0$。假设初始的 i_1 个数据包经过 r_1 轮发送完毕，r_1 轮一共发送数据包的数目记为 $n_{\max}(i_1)$。r_1 和 $n_{\max}(i_1)$ 均可以由 a_1 和 i_1 表示。TCP 数据传输可以分为慢启动和拥塞避免阶段，根据 i_1 个数据包所处阶段的不同分成三种情况得到表达式。r_1 和 $n_{\max}(i_1)$ 是两个在计算 $E(N_{\text{total}})$ 过程中的中间变量。

（1）如果 $cwnd_{i_1}^0 < ssthresh$，$ssthresh$ 是慢启动阈值，那么 i_1 个数据包的传输均处于慢启动阶段。TCP Reno 慢启动阶段，发送端每收到一次非重复 ACK，拥塞窗口 $cwnd$ 增加 1。而每一轮（也即每传输成功一个拥塞窗口内的数据），拥塞窗口 $cwnd$ 增加为 $2cwnd$。简单来说，慢启动阶段拥塞窗口呈指数增加。通过解不等式方程

$$\sum_{k=1}^{r_1-1} a_1 \cdot 2^{k-1} \leqslant i_1 \leqslant \sum_{k=1}^{r_1} a_1 \cdot 2^{k-1} \tag{5.22}$$

推导得到

$$r_1 = \left\lceil \log_2\left(\frac{i_1}{a_1}+1\right)\right\rceil, \quad n_{\max}(i_1) = a_1 \cdot 2^{r_1-1} \tag{5.23}$$

（2）如果 $a_1 > ssthresh$，那么 i_1 个数据包的传输均处于拥塞避免阶段，TCP Reno 拥塞避免阶段，发送端每收到一次非重复 ACK，拥塞窗口 $cwnd$ 增加 $1/cwnd$，而每一轮（也即每传输成功一个拥塞窗口内的数据），拥塞窗口 $cwnd$ 增量为 1。简单来说，拥塞避免阶段拥塞窗口呈线性增加，通过解不等式方程

$$\sum_{k=1}^{r_1-1}(a_1+k-1) \leqslant i_1 \leqslant \sum_{k=1}^{r_1}(a_1+k-1) \tag{5.24}$$

推导得到

$$r_1 = \left\lceil \frac{\sqrt{4a_1^2-4a_1+1+8i_1}+1-2a_1}{2}\right\rceil, \quad n_{\max}(i_1) = \frac{(2a_1+r_1-1)\cdot r_1}{2} \tag{5.25}$$

（3）如果 $cwnd_{i_1}^0 > ssthresh$ 且 $a_1 < ssthresh$，i_1 个数据包的传输正处于慢启动阶段，

当拥塞窗口大小超过 $ssthresh$ 时进入拥塞避免阶段。慢启动阶段数据包一共刚发送 r_{ss} 轮,通过解不等式方程

$$a_1 \cdot 2^{r_{ss}-1} \leqslant ssthresh \leqslant a_1 \cdot 2^{r_{ss}} \tag{5.26}$$

推导得到

$$r_{ss} = \left\lceil \log_2 \frac{ssthresh}{a_1} \right\rceil \tag{5.27}$$

第 $r_{ss}+1$ 轮开始进入拥塞避免阶段,此时拥塞窗口大小为 $a_1' = ssthresh + 1$, i_1 个数据包经过慢启动阶段后还有 $i_1' = i_1 - a_1 \cdot (2^{r_{ss}} - 1)$ 个数据包进入拥塞避免阶段,还需要 r_{ca} 轮传完:

$$r_{ca} = \left\lceil \frac{\sqrt{4a_1'^2 - 4a_1' + 1 + 8i_1'} + 1 - 2a_1'}{2} \right\rceil \tag{5.28}$$

此时 r_1 和 $n_{\max}(i_1)$ 为

$$r_1 = r_{ss} + r_{ca} \tag{5.29}$$

$$n_{\max}(i_1) = a_1 \cdot 2^{(r_{ss}-1)} + \frac{(2(ssthresh + 1) + r_{ca} - 1) \cdot r_{ca}}{2} \tag{5.30}$$

5.3.2.3 参数 N_1 的估计

进入 $[t, t']$ 后,i_1 是第一个发生丢包的位置,而 i_1 所在的拥塞窗口 $cwnd_{i_1}^0$ 内还可能发生丢包,丢包数目记做 $nloss_1$。根据 TCP Reno,这 $nloss_1$ 个丢包经过快速重传或者超时重传将最终恢复,恢复的时刻记做 t_1。实际上一旦给定了一组 $(i_1, nloss_1)$ 后 subflow$_0$ 上用于恢复丢包所需要的一系列 TCP 操作也随即确定,也就是说这些操作与 $nloss_1$ 个丢包所在丢包位置无关。在 $[t, t']$ 内 subflow$_0$ 上成功发送的数据包数目即为 N_1。N_1 是一个在计算 $E(N_{\text{total}})$ 过程中的中间变量。

接下来引入几个新的参量。r_1 轮拥塞窗口(即 i_1 所在的拥塞窗口)大小为 $cwnd_{i_1}^0$,接下来新一轮的拥塞窗口大小记为 $cwnd_{i_1}^1$,在 $cwnd_{i_1}^1$ 中发送的新的数据包数目记做 $nrnd_{i_1}^1$,$cwnd_{i_1}^0$ 中成功发送的数据包数目记做 $ndup_{i_1}^1$,这几个参量之间的关系有

$$cwnd_{i_1}^1 = cwnd_{i_1}^0 \tag{5.31}$$

$$nrnd_{i_1}^1 = cwnd_{i_1}^0 - n_{\max}(i_1) + i_1 - 1 \tag{5.32}$$

$$ndup_{i_1}^1 = cwnd_{i_1}^0 - nloss_1 \tag{5.33}$$

由于 $nloss_1$ 个丢包可以通过快速重传或超时重传得到恢复,以下分两种情况讨论,并得到 N_1 的估计:

(1) 如果 $ndup_{i_1}^1 \geqslant 3$,那么成功发送的数据包多于 3 个,这些成功发送的数据包均会触发接收端返回对 i_1 位置数据包的重复 ACK,3 次重复 ACK 触发快速重传恢复丢包,

此时得到

$$t_1 = t + (r_1 + 1) \cdot rtt_0 \tag{5.34}$$

$$N_1 = n_{\max}(i_1) + nrnd_{i_1}^1 \tag{5.35}$$

快速重传恢复丢包的过程中，每一次丢包拥塞窗口减半。恢复 $nloss_1$ 个丢包后 subflow$_0$ 上 TCP 拥塞窗口减小为 $a_2 = \max\{2, cwnd_{i_1}^1/2^{nloss_1}\}$。

（2）如果 $ndup_{i_1}^1 < 3$，发送端将无法接收到足够数目的 ACK，导致超时重传，subflow$_0$ 上超时重传的平均时延记为 $E(TO_0)$，此时

$$t_1 = t + r_1 \cdot rtt_0 + E(TO_0) \tag{5.36}$$

$$N_1 = n_{\max}(i_1) + nrnd_{i_1}^1 \tag{5.37}$$

超时重传后 subflow$_0$ 上 TCP 拥塞窗口减为 1，即 $a_2 = 1$，并进入慢启动。

$[t_1, t']$ 内 subflow$_0$ 上初始窗口大小即为 a_2，同理，可以计算得到中间变量 N_2，依次类推。

5.3.2.4　$E(N_{total})$ 的计算

如图 5.12 所示，t_1 时刻开始 subflow$_0$ 进行新一轮数据包的发送，此时窗口大小为 a_2，i_2 是 $[t_1, t']$ 内第一个丢包发生的位置，$nloss_2$ 是在 i_2 发生丢包时刻拥塞窗口 $cwnd_{i_2}^0$ 内发生丢包的数据包数目，从 t_1 到丢包恢复时刻 t_2 一共发送的数据包数目记为 N_2。同理，依次类推可以得到 $N_3, N_4, \cdots, N_l$，直到满足

$$t_l \leqslant t', \quad t_{l+1} > t' \tag{5.38}$$

若已知第一个发生丢包的位置 i_k 和同一轮发送的拥塞窗口内发生丢包数目 $nloss_k$，即给定参量 $(i_k, nloss_k)$，N_k 是一定的。$nloss_k$ 个丢包可以在拥塞窗口 $cwnd_{i_k}^0$ 内任何位置发生，该概率记为 P_k：

$$P_k = C_{cwnd_{i_k}^1}^{nloss_k} \cdot p_0^{nloss_k} \cdot (1 - p_0)^{N_k - nloss_k} \tag{5.39}$$

在 $[t, t']$ 内对于一组给定的 $(i_1, nloss_1), (i_2, nloss_2), \cdots, (i_l, nloss_l)$，依次计算出 N_1，$N_2, \cdots, N_l$，故 N_{total} 以及 N_{total} 所对应事件的概率 P 可以表示为

$$N_{total} = N_1 + N_2 + \cdots + N_l \tag{5.40}$$

$$P = \prod_{k=1}^{l} P_k \tag{5.41}$$

若 $(i_1, nloss_1), (i_2, nloss_2), \cdots, (i_l, nloss_l)$ 是一组随机变量，每一组确定的值对应了某个特定 N_{total} 值，对所有的 N_{total} 求统计平均得

$$E(N_{total}) = \sum_{nloss_1 \cdots nloss_l, i_1 \cdots i_l} P \cdot N_{total} \tag{5.42}$$

这里 $E(N_{total})$ 是对 $[t, t']$ 内 subflow$_0$ 所有可能的传输事件的统计平均，与传统的 FPS 算法相比更接近真实 N 值，更好地适应丢包环境，并且在丢包率为 0 的环境中也能自动回

退到 FPS。subflow$_1$ 从发送缓存中的第 $E(N_{total})+1$ 个数据包依次取包直到填满其 TCP 发送窗口。由于丢包事件的随机性，F^{2}P-DPS 并不能提供非常精准的估计，但是仍然可以在一定程度上提升丢包环境下一个 MPTCP 连接的吞吐量，并且减小接收缓存的占用率。

值得注意的是，F^{2}P-DPS 同样适用于子流数多于 2 的 MPTCP 连接，此时 N 值是 $[t, t']$ 内其他所有子流进行 TCP 建模估计得到 $E(N_{total})$ 的总和。各子流建模估计 $E(N_{total})$ 的方法与本小节所述的方法无异，不再赘述。

5.3.3　性能评估

IETF MPTCP 小组提供了 NS3(Network Simulator) 中的 MPTCP 代码(http://code.google.com/p/mptcp-ns3/)。这部分代码的适用平台是 Ubuntu10.04 + NS3.6。我们的仿真是在 NS3 中实现 FPS 和 F^{2}P-DPS 两种调度算法，从 MPTCP 吞吐量和乱序数据包占用接收缓存大小等几个方面完成对比实验。

5.3.3.1　仿真场景和参数

仿真场景中，通信终端间使用 MPTCP 协议建立了包含 2 条 TCP 子流的 MPTCP 连接，这两条子流分别记为 subflow$_0$ 和 subflow$_1$。每条子流的时延、带宽、丢包等路径参数不同，如表 5.1 所示，即为 subflow$_0$ 和 subflow$_1$ 的路径参数配置，其时延分别为 50 ms，250 ms。仿真中，subflow$_1$ 的随机丢包率设为 0.1%，而 subflow$_0$ 的随机丢包率设为 0.1%～5% 不等以模拟不同程度的丢包环境。注意，这里设置的丢包率一旦设置后在整个仿真时间内保持不变，即 subflow$_0$ 上设置的多组丢包率并不意味着 subflow$_0$ 的丢包率在一次仿真过程发生从 0.1% 到 5% 的变化。

另外，TCP 层最大数据段大小 MSS 设为 1 400 Bytes，各子流共享接收缓存的大小设置为 46 MSS(≈65 535 Bytes)。发送端发送 10 MB 数据给接收端。仿真中 MPTCP 每条 TCP 子流使用独立的拥塞控制算法。

表 5.1　F^{2}P-DPS 仿真参数

	subflow$_0$	subflow$_1$
路径时延	50 ms	250 ms
路径带宽	5 Mbps	2 Mbps
路径丢包率	0.1%～5%	0.1%
数据包大小	1 400 Bytes	400 Bytes
拥塞控制算法	TCP Reno	TCP Reno

5.3.3.2　仿真结果和性能分析

记录 MPTCP 发送端发送 10 MB 数据给 MPTCP 接收端的时间，使用 10 M·8/ *transfertime* 来计算得到该两个子流 MPTCP 连接的吞吐量（Mbps）。图 5.13 是在仿真场景中分别使用 RR，FPS 和 F^2P-DPS 三种调度策略时吞吐量的对比图，横坐标是 $subflow_0$ 的丢包率，其中 RR（Round Robin）代表没有调度时的吞吐量曲线。随着丢包率的增加三种调度策略的吞吐量都下降，这是因为丢包率越大任何预测调度算法的准确率都会越低。即便如此，图 5.13 所示吞吐量对比结果显示 F^2P-DPS 的吞吐量始终最大。

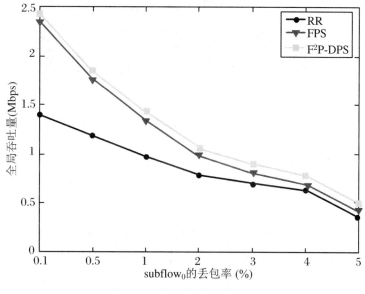

图 5.13　吞吐量对比仿真图

　　尽管 MPTCP 各 TCP 子流使用独立的拥塞控制算法，MPTCP 的吞吐量仍无法达到两条路径的吞吐量之和，这是由丢包率引起的，从 TCP 建模过程可以知道在有丢包的情况下，TCP 拥塞窗口从长期角度看会维持在一个稳定的水平，故而此时吞吐量是受到了丢包率的影响，并不能达到路径带宽大小。另外，也同样不能忽略接受缓存大小以及路径不对称性对吞吐量的影响。这里，仿真场景控制了接收缓存这个变量，验证预测调度算法有助于减小不对称路径对吞吐量的影响。

　　图 5.14 是相比较 FPS 而言 F^2P-DPS 的吞吐量增益，其计算公式为

$$throughput gain = \frac{throughput_{F^2\text{P-DPS}} - throughput_{FPS}}{throughput_{FPS}} \tag{5.43}$$

F^2P-DPS 的吞吐量增益最大可达到 15%，在 $subflow_0$ 的丢包率为 5% 时达到。这也说明 F^2P-DPS 对于有丢包的环境有更好的稳定性，虽然仍然面临预测不准的问题，但是已经是一种能够适应丢包的比较好的调度策略。

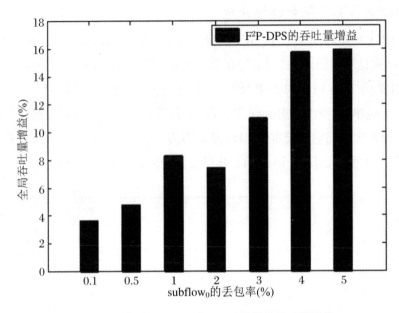

图 5.14   相比于 FPS,F^2P-DPS 获得的吞吐量增益

MPTCP 协议规定数据包必须连接级别序列号连续后才能递交应用层,乱序数据包在到达接收端后若小序列号数据包还未到达则需要在接收缓存中等待。仿真中每 100 ms 记录一次接收缓存中存储的乱序数据包数目。故而,对于每次仿真时间结束后将会得到一组乱序数据包数目值,对其求平均和求方差即得到图 5.15 和图 5.16,横坐标是 $subflow_0$ 的丢包率。由图 5.15 可知,与 FPS 相比,F^2P-DPS 的乱序数据包数目较少,这意味着接收缓存阻塞次数也较少,故而发送窗口阻塞减少发送速率得到提升。但随着 $subflow_0$ 上丢包率的增大,两种算法的乱序数据包数目均呈现上升趋势。原因很简单,随着丢包率的上升预测算法的准确度都将大打折扣,不过 F^2P-DPS 的优势还是显而易见的。图 5.16 是乱序数据包数目的方差柱形图,从该图中可以看出 F^2P-DPS 不仅乱序包数目较少,而且在均值附近的扰动变化也较小。

乱序数据包在接收缓存中等待的时延越长,数据包端到端时延也越长,这将直接导致连接吞吐量下降。故而乱序数据包在接收缓存中的等待时延也是一个度量维度。设定 $subflow_0$ 和 $subflow_1$ 的丢包率分别为 1% 和 0.1%,图 5.17 记录 FPS 和 F^2P-DPS 两种调度策略下每个数据包在接收缓存的等待时延,图中显示 F^2P-DPS 的乱序包等待时延较小。图 5.18 中 $subflow_0$ 的丢包率从 0.1% 到 5% 变化,记录了不同丢包率时在 $subflow_0$ 和 $subflow_1$ 上调度的数据包数目。一共 10 MB 的数据,换算得到数据包数目为

$$\frac{10 \cdot 1\,024 \cdot 1\,024}{1\,400} = 7\,490 \tag{5.44}$$

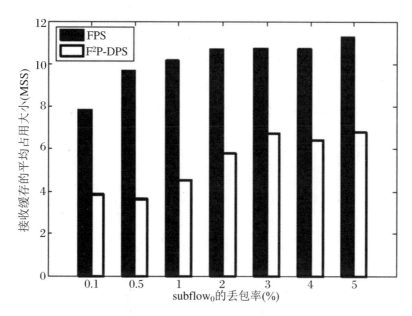

图 5.15 乱序数据包占用接收缓存大小比较

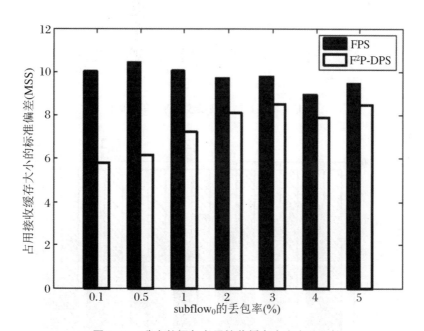

图 5.16 乱序数据包占用接收缓存大小方差比较

也就是 10 MB 的数据如果都以 TCP 最大分段(MSS)大小的数据包发送时可以发送7 490 个包,由于发送缓存大小并不是 MSS 的整数倍,发送缓存的最后一个包的大小可能会小于 1 个 MSS 的大小,故而 10 MB 数据对应的数据包数目大于 7 490 个(如图 5.18 所示)。这 7 490 个数据包将在两条子流上调度,$subflow_0$ 的丢包率逐渐增加到超过 $subflow_1$ 上的丢包率时,FPS 调度给 subflow$_1$ 的数据包数目仍然大大少于调度给 subflow$_0$ 的数据包数目。简单来说,FPS 更器重 RTT 这个参数,看好 RTT 小的路径。F^{2}P-DPS 考虑到了丢包率的因素,较为均衡地调度数据包。对比来看,每种丢包率设置下,F^{2}P-DPS 调度给 subflow$_1$ 更多的数据包,而图 5.13 又明显地说明 F^{2}P-DPS 获得的吞吐量更大,故而 F^{2}P-DPS 是一种既能提供负载均衡又能提升 MPTCP 吞吐量的方案。

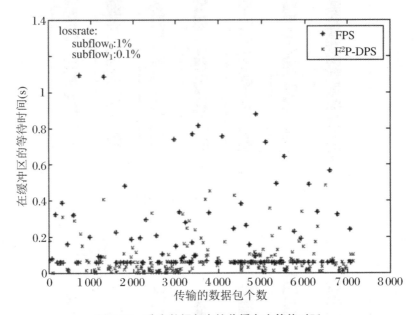

图 5.17　乱序数据包在接收缓存中等待时延

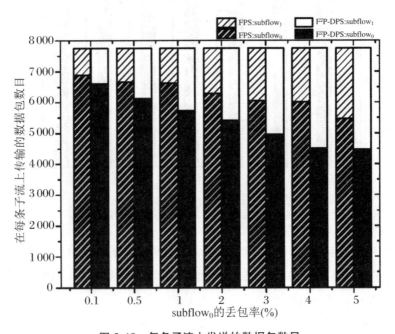

图 5.18　每条子流上发送的数据包数目

5.4 基于 TCP SACK 反馈的数据包调度算法(OCPS)

5.4.1 问题描述

记 N 是本子流在发送数据之前估计得到的需要预留给其他子流的数据包总数,则 N 是预测调度算法的一个关键参数。既然预测调度算法的 N 的值是估计的,那么一定面临估计不准确的问题,N 可能比实际值偏大或者偏小。这个问题显而易见,但是发送端的通常做法却很少考虑实际情况,只根据一段时间统计的丢包率 p 和往返时延 RTT 做出当时的计算,每一轮计算之间相互独立。故而在网络环境稍有扰动的情况下,由于发送端不能迅速地得到相应有效的参数 p 和 RTT,预测调度算法的性能会急剧下降。针对该问题,又有作者提出了适用于 MPTCP 的反馈调度算法 OCPS(Offset Compensation based Packet Scheduling)(Ni et al.,2015),该算法利用 TCP SACK 反馈,在预测调度算法的基础上对 N 值进行进一步调整。

MPTCP 中的确认机制与 TCP 中有所差异。MPTCP 同时使用两种确认机制来实现可靠传输,分别是:

(1) DATA_ACK,连接级别确认,也是累积确认(CumACK)。发送端接收到 DATA_ACK 后认为小于 ACK 序列号的数据包均已成功接收,发送端以此为信号进行连接级别窗口的滑动。接收到 DATA_ACK 后连接级别窗口范围变为 $[data\_ack, data\_ack + rwnd]$。其中,$rwnd$ 是在 DATA_ACK 中携带的接收缓存剩余大小。

(2) TCP SACK,如果接收端存在乱序则子流上返回 TCP SACK,其是子流 ACK (SUBFLOW_ACK),subflow$_i$ 以 TCP SACK 为信号进行子流窗口的滑动,窗口范围变为

$$[subflow\_ack_i, subflow\_ack_i + rwnd_i]$$

其中,$rwnd_i$ 是 subflow$_i$ 上收到的 TCP SACK 携带的接收缓存剩余大小,$subflow\_ack_i$ 为 subflow$_i$ 上收到 TCP SACK 中包含的确认号。子流窗口内的数据包序列号不能超出连接级别发送窗口的序列号范围。TCP SACK 选项携带接收端存储的连续数据段的左右沿序列号,故发送端可以获知哪些数据包还未到达接收端。后面将未到达接收端的数据包的序列号称为序列号空洞,这些数据包的缺失造成了接收端序列号不连续。

OCPS 根据 TCP SACK 获知当前接收端的序列号空洞,并以此推断某条子流上一轮预测的 N 值偏大还是偏小,继而在下一轮调度时进行适当修正。OCPS 的基本架构图如图 5.19 所示,在发送端增加调度反馈功能用于处理每条子流上返回的 TCP SACK 消息。

从图中可以看出,OCPS 算法是在基础的预测调度算法（FPS,F^2P-DPS）之上进一步计算的修正算法。

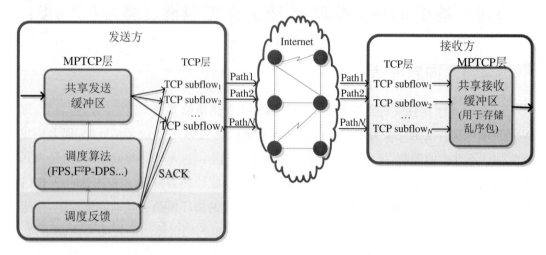

图 5.19　OCPS 基本框架

5.4.2　反馈机制下的两种情形讨论

同样以包含两条 TCP 子流的 MPTCP 连接为例。如图 5.20 所示,假设两条子流分别为 subflow$_i$ 和 subflow$_j$,rtt,p 分别为丢包率且 $rtt_j > rtt_i$,故而 subflow$_j$ 上发送数据包时（后面称为调度时刻）,需要使用预测调度算法计算在该数据包到达接收端前 subflow$_i$ 上可以发送的数据包数目 N,并将 N 个数据包预留给 subflow$_i$ 发送,subflow$_j$ 取第 N 个包以后的数据包。调度时刻是指某条子流在发送数据包时需要使用预测调度算法进行计算,为其他子流预留数据包的时刻。

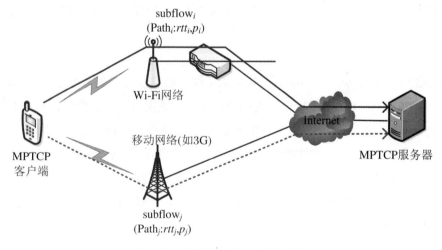

图 5.20　两条子流的 MPTCP 场景

MPTCP 使用双序列号,分别是连接级别序列号(DSN)和子流级别序列号(SSN)。发送的数据包中会通过 DSS 选项携带双序列号信息(DSN,SSN)指明当前序列号。ACK 消息中亦携带双序列号信息(DSN,SSN),分别表示接收端在连接级别和子流级别上希望接收的下一序列号值。在如图 5.20 所示的场景中,假设 DSN 始于 0,subflow$_i$ 和 subflow$_j$ 的 SSN 分别始于 10 831 和 566,TCP 数据包的大小为 1 400 Bytes。这样的序列号取值可以保证在一定范围内 DSN 和 SSN 以及各子流 SSN 之间序列号不会重叠。接收端可以有效区分连接级别和子流级别的序列号,以及不同子流间各自的序列号。

OCPS 根据 TCP SACK 可以获知当前接收端的序列号空洞,并以此推断某条子流上一轮预测的 N 值偏大还是偏小,继而在下一轮调度时进行适当修正。接下来说明 N 值偏大和偏小的两种情形。

1. 情形一:N 值偏大

在 subflow$_j$ 的调度时刻发送端预留过多的数据包给 subflow$_i$,即预测估计得到的 N 较实际值大,subflow$_j$ 上发送的数据包必须在接收端等待。

如图 5.21 所示,假设在 subflow$_j$ 的调度时刻 subflow$_i$ 和 subflow$_j$ 的拥塞窗口大小分别为 2 和 3,且处于拥塞避免阶段,每接收到一个 ACK 拥塞窗口增 1/$cwnd$。从图中可知,subflow$_j$ 上发送的数据包紧接着 subflow$_i$ 上的 5 个数据包到达接收端后到达,故实际 N=5。

由于预测算法的偏差,假设此时发送端估计得到 N=7,也即预测 N 值较实际值偏大,subflow$_j$ 在调度时刻预留 7 个数据包给 subflow$_i$,而自己则从发送缓存中取第 8,9,10 个数据包发送,相应的序列号为(9 800,566)、(10 200,1 966)、(11 600,3 366)。subflow$_i$ 依次从发送缓存取第 1～5 个数据包发送,这 5 个数据包到达接收端后,MPTCP 将这 5 个数据包依次交付给应用层并返回累积确认(CumACK)。之后 subflow$_j$ 上发送的 3 个数据包到达接收端时 DSN 不连续,故接收缓存需存储 3 个乱序包,并触发 TCP SACK。

以序列号为(9 800,566)的数据包触发的 SACK1 为例说明。其中,ACK 域(7 000,1 966)指明此时连接级别和子流级别希望接收的下一序列号。连接级别在接收到 subflow$_i$ 发送的 5 个数据包后希望接收的下一序列号为 0 + 1 400 · 5 = 7 000,而 subflow$_j$ 子流级别在收到数据包(9 800,566)后下一个希望收到的序列号更新为 566 + 1 400 = 1 966。SACK1 还指明了接收缓存中连续数据段的左右沿序列号值,分别为(9 800,566)和(10 200,1 966),也即此时接收端只有一个乱序包(9 800,566)。

直到 subflow$_i$ 上发送的(8 400,19 231)到达接收端后接收缓存中的 DSN 才连续,此时接收端将已连续的数据包交付给应用层。并返回累积确认 CumACK。

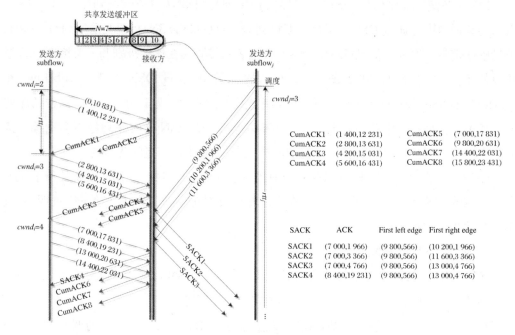

图 5.21　情形一：N 值偏大

2. 情形二：N 值偏小

在 subflow$_j$ 的调度时刻发送端预留过少的数据包给 subflow$_i$，即预测估计得到的 N 较实际值小，subflow$_i$ 上发送的数据包必须在接收端等待。

如图 5.22 所示，假设在 subflow$_j$ 的调度时刻 subflow$_i$ 和 subflow$_j$ 的拥塞窗口大小分别为 2 和 3，且处于拥塞避免阶段，每接收到一个 ACK 拥塞窗口增加 $1/cwnd$。从图中可知，实际 $N = 5$。

由于预测算法的偏差，假设此时发送端估计得到 $N = 3$，也即预测 N 值较实际值偏小，subflow$_j$ 在调度时刻预留 3 个数据包给 subflow$_i$，而自己则从发送缓存中取第 4，5，6 个数据包发送，相应的序列号为（4 200,566）、（5 600,1 966）、（7 000,3 366）。subflow$_i$ 依次从发送缓存取第 1～3 个数据包发送，这 3 个数据包到达接收端后，MPTCP 将这 3 个数据包依次交付给应用层并返回累积确认 CumACK。而后 subflow$_i$ 发送图 5.22 中所示的第 7，8 个数据包，对应序列号分别为（8 400,1 031）、（9 800,16 431），它们到达接收端时 DSN 不连续，故接收缓存需存储这 2 个乱序包，并触发 TCP SACK。这里以图 5.22 中 SACK2 为例再次说明 SACK 机制携带的信息。SACK2 是由 subflow$_i$ 上序列号为（9 800,16 431）的数据包触发，ACK 域为（4 200,17 631），对应希望接收的连接级别和子流级别序列号，SACK2 还指明了接收缓存中连续数据段的左右沿序列号值，分别为（8 400,15 031）和（10 200,17 831）。此时接收端有 2 个乱序包（8 400,15 031）、（9 800,16 431）。

直到 subflow$_i$ 上序列号为(7 000,3 366)的数据包到达接收端后接受缓存中的 DSN 才连续,接收端将已连续的数据包交付给应用层,并返回累积确认 CumACK。

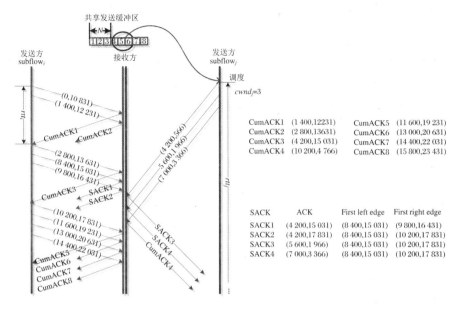

图 5.22　情形二:N 值偏小

5.4.3　算法设计

5.4.3.1　参数说明

在介绍反馈调度算法 OCPS 之前需要介绍 5 个参数,并引入主子流和从子流的概念。

N_k:调度时刻 subflow$_k$ 使用预测调度算法(FPS、F^{2}P-DPS 等)计算得到的预留给其他子流发送的数据包数目,subflow$_k$ 从发送缓存中第 N_k+1 个数据包开始取。

a_k:上一轮调度 N_k 偏大时的修正因子,为负数。

$athresh_k$:是指数减小还是线性减小 a_k 的分界阈值。

b_k:上一轮调度 N_k 偏小时的修正因子,为正数。

$bthresh_k$:是指数增加还是线性增加 a_k 的分界阈值。

主子流和从子流:对于 subflow$_k$ 而言,RTT 比 subflow$_k$ 的 RTT 大的子流均为 subflow$_k$ 的主子流,而 RTT 比 subflow$_k$ 的 RTT 小的子流为从子流。主子流和从子流只是为了算法说明方便而引入的两个概念,并没有实际意义。

5.4.3.2　算法步骤

以 5.4.2 小节中所述两种情况进行说明送端如何根据接收到的 SACK 来推断上一

轮调度计算得到的 N 值是偏大还是偏小,并进行进一步调整。

情形一中,如图 5.21 所示,发送端接收到 subflow_j 的 SACK 时可知此时接收缓存已收到和未收到的数据包,进而可知 subflow_j 内没有任何丢包导致的乱序,乱序发生于子流间,由错误的调度预测导致。发送端通过比较 SACK 指示的接收缓存的序列号空洞和发送缓存中已发送的数据包序列号,知道空洞内的数据包曾发送于 subflow_i,而 subflow_i 是 subflow_j 从子流,从而判定 subflow_j 上一轮调度时计算得到的 N_j 值偏大。下一轮 subflow_j 开始发送数据时在 N_j 的基础上进行一定的修正 $N'_j = N_j + a_j, a_j < 0$,且 a_j 需要进行更新以便下一次使用,更新法则是:

$$\begin{cases} a_j = 2a_j, & a_j > athresh_j \\ a_j = a_j - 1, & a_j \leqslant athresh_j \end{cases} \tag{5.45}$$

情形二中,如图 5.22 所示,发送端接收到 subflow_i 的 SACK1 时可知序列号空洞内的数据包发送于 subflow_j,又 subflow_i 是主子流,从而判定 subflow_j 上一轮调度时计算得到的 N_j 偏小。下一轮 subflow_j 开始发送数据时在 N_j 的基础上进行一定的修正 $N'_j = N_j + b_j, b_j > 0$,且 b_j 需要进行更新:

$$\begin{cases} b_j = 2b_j, & b_j < bthresh_j \\ b_j = b_j + 1, & b_j \geqslant bthresh_j \end{cases} \tag{5.46}$$

如果 N 值从偏大变为偏小,也即从情形一变为情形二时阈值 $athresh_j$ 减为 a_j 的一半,修正因子 a_j 清 0,反过来 N 值从偏小变为偏大时阈值 $bthresh_j$ 减为 b_j 的一半,修正因子 b_j 清 0。两种情形的状态转移图如图 5.23 所示。实际上修正因子的更新规则参考了 TCP 拥塞窗口的更新规则,以阈值为界,先指数变化后线性变化,从而逐渐逼近乱序上限。

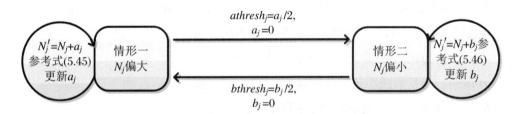

图 5.23　N_j 偏大和偏小两种情形的状态转移图

通用 OCPS 算法的伪代码如图 5.24 所示,该算法适用于子流数目多于 2 的场景,通用 OCPS 算法步骤如下:

(1) 发送端根据 TCP SACK 判断序列号空洞内的数据包是否调度给 subflow_k 的从子流发送。通过基本的预测调度算法 subflow_k 上一轮调度时刻将发送缓存的前 N_k 个数据包留给其从子流,从第 $N_k + 1$ 个数据包开始取出发送。如果序列号空洞的数据包调度给了 subflow$_k$,这表明当 subflow$_k$ 上发送的数据包已到达接收端时预留给其他从子流的小序列号数据包还未到达,故而上一轮调度 subflow$_k$ 上的 N_k 偏大。subflow$_k$ 下一轮调度时 N_k 需要使用 a_k 修正。

(2) 发送端根据 TCP SACK 判断序列号空洞内的数据包是否调度给 subflow$_k$ 的主子流 subflow$_l$ 发送。如果是,那么对于 subflow$_l$ 而言上一轮预测值 N_l 小于实际值,这才导致了 subflow$_k$ 上的大序列号数据包到达了接收端而其主子流上发送的小序列号数据包还未到达。subflow$_l$ 下一轮调度时 N_l 需要使用 b_l 修正。

如果 subflow$_k$ 连续几轮调度值 N_k 都偏大,那么 a_k 按照式(5.45)所示更新规则先指数减后线性减。一旦某个 SACK 指示 subflow$_k$ 的 N_k 偏小,$athresh_k$ 减半,a_k 清 0。同理如果 subflow$_k$ 连续几轮调度值 N_k 都偏小,那么 b_k 按照式(5.46)所示更新规则先指数增后线性增,直到某个 SACK 指示 subflow$_k$ 的 N_k 偏大,此时 $bthresh_k$ 减半,b_k 清 0。

Algorithm 1 OCPS Algorithm Description

```
1:  if some holes belong to subflow_k's slave-subflows then
2:      if Continuously indicating N_k is too large then
3:          if a_k > athresh_k then
4:              exponentially decrease a_k (a_k = 2a_k);
5:          else
6:              linearly decrease a_k (a_k = a_k - 1);
7:          end if
8:      else
9:          halve bthresh_k (bthresh_k = b_k/2) ;
10:         clear b_k (b_k = 0);
11:     end if
12: end if
13: if some holes belong to subflow_k's master-subflows then
14:     for each subflow_l in subflow_k's master-subflows do
15:         if Continuously indicating N_l is too small then
16:             if b_l < bthresh_l then
17:                 exponentially increase b_l (b_l = 2b_l);
18:             else
19:                 linearly increase b_l (b_l = b_l + 1);
20:             end if
21:         else
22:             halve athresh_l (athresh_l = a_l/2);
23:             clear a_l (a_l = 0);
24:         end if
25:     end for
26: end if
```

图 5.24 OCPS 算法伪代码

5.4.4 性能评估

5.4.4.1 仿真场景和参数

本小节在 NS3 中仿真实现了 OCPS，采用的基础预测调度算法是 FPS 和 F^2P-DPS，并在这两种预测调度算法之上使用 OCPS 来实现进一步的性能提升。

文中搭建的仿真场景如图 5.25 所示，MPTCP 客户端和服务器端间的 MPTCP 连接有两条子流，记为 $subflow_0$ 和 $subflow_1$，分别使用不同的路径$path_A$和$path_B$。UDP 客户端和服务器端间产生 UDP 数据流，在瓶颈链路处与 MPTCP 数据流竞争带宽。$R_{i,j}$是各个路径上的路由器。$i=1$ 表明路由器位于$path_A$，$i=2$ 表明路由器位于$path_B$。每条路径上都有两个路由器，$R_{i,1}$和 $R_{i,2}$之间是路径的瓶颈链路。OCPS 仿真的基本参数设置如表 5.2 所示。$path_A$ 的瓶颈链路带宽为 2 Mbps，传输时延为 50 ms，随机丢包率可以为 0.5%～5%不等，$path_A$ 代表一条 Wi-Fi 链路。所在的路径 $path_B$ 的瓶颈链路带宽为 387 Kbps，传输时延为 200 ms，代表一条 3G 链路。由图 5.25 所标示的路径参数可知 $path_A$ 和$path_B$ 两条路径的总时延分别为 150 ms 和 300 ms。

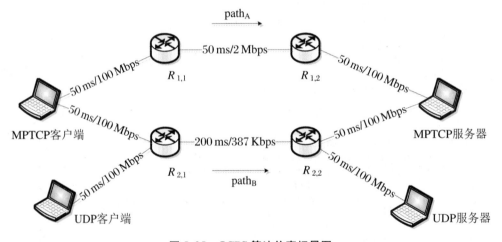

图 5.25 OCPS 算法仿真场景图

表 5.2 OCPS 仿真参数

	MPTCP 连接		UDP 背景流
	$subflow_0$	$subflow_1$	
时延	150 ms	300 ms	300 ms
瓶颈链路带宽	2 Mbps	387 Kbps	384 Kbps
路径丢包率	0.5%～5%	0	
数据包大小	1 400 Bytes	1 400 Bytes	1 024 Bytes
拥塞控制机制	RTT-Compensation		

各瓶颈路由器上的最大队列长度设为 100 个数据包,并使用弃尾丢包模型。TCP 的 MSS(Maximal Segment Size)设为 1 400 Bytes,即 MPTCP 连接中传输的数据包的大小为 1 400 Bytes。MPTCP 共享接收缓存大小设为 100 MSS(≈136 KB)。MPTCP 使用基于 RTT 补偿(RTT-Compensation)的拥塞控制算法,这是一种耦合拥塞控制算法,并且广泛地用于 MPTCP 的实际部署中,能够提供较好的网络公平性。仿真过程中,MPTCP 数据流的持续时间是 0~80 s,而 UDP 背景流在 20~40 s 时加入。UDP 数据流使用均匀分布发生器产生,连续数据包间隔时间为 0.01 s。另外 UDP 数据包的大小设为 1 024 Bytes。

5.4.4.2　仿真结果和性能

由于路径质量时刻变化,一共进行了 100 次仿真实验获取 100 次样本数据,通过对所有样本求平均得到最终的结果,仿真结果主要从 MPTCP 吞吐量和乱序包数目两方面展示。

图 5.26 是吞吐量对比曲线。其中 FPS-OCPS 和 F^2P-DPS-OCPS 分别表示在调度算法 FPS 和 F^2P-DPS 基础之上进一步使用 OCPS 算法后得到的结果。从 MPTCP 吞吐量的角度可以得到,F^2P-DPS 算法优于 FPS,并且使用了 OCPS 后两种预测调度算法的性能均有所提升。在 20~40 s 时,MPTCP 吞吐量下降,这是因为在 20~40 s 时 UDP 背景流加入与 MPTCP 数据流竞争 $path_B$ 的瓶颈链路带宽,数据包需在瓶颈路由器中排队等

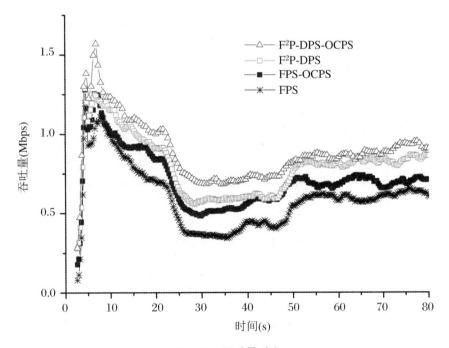

图 5.26　吞吐量对比

待,故而造成了 MPTCP 吞吐量的下降。另外,从图 5.26 中也可以发现,在两种预测调度算法的基础上使用了 OCPS 后,与各自对应的基础的预测调度算法相比,FPS-OCPS 在加入 OCPS 后产生的吞吐量增益比 F^2P-DPS-OCPS 更明显。这从侧面反映出了由于 FPS 对于丢包环境的适应能力差,其性能的提升空间也更大。

接下来,图 5.27 是 MPTCP 共享接收缓存中乱序数据包数目的对比。图 5.28 与图 5.27 有一定的对应关系,该图四种仿真方案中乱序数据包数目由大到小排序是 F^2P-DPS-OCPS,F^2P-DPS,FPS-OCPS,FPS。无论是 FPS 还是 F^2P-DPS,在使用了 OCPS 后乱序数据包均减少。乱序数据包减少意味着按序到达的数据包变多,即预测的准确性增加,数据包的端到端时延便相应减少,最终表现为 MPTCP 的吞吐量提升。仿真时间 20~40 s 时,同样由于 UDP 背景流与 MPTCP 数据流在path_B 的瓶颈链路处竞争带宽,数据包需在瓶颈路由器中排队等待,造成了 MPTCP 性能下降,体现在图 5.27 中即乱序数据包数目增加。

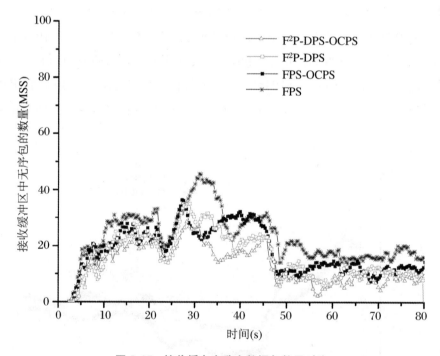

图 5.27　接收缓存中乱序数据包数目对比

图 5.28 是吞吐量随 $subflow_0$ 丢包率变化的曲线。随着丢包率的增大,各方案的吞吐量都下降。因为随着丢包的增多,估计的准确性下降,反馈机制也无法做到尽善尽美的补偿,所以必然造成吞吐量下降。不过,该图中还是显示出使用了 OCPS 后调度算法的优越性,即与不使用反馈的预测调度算法相比,使用了 OCPS 后的预测调度算法的吞吐量都有一定程度的提升,且 FPS-OCPS 比 F^2PDPS-OCPS 的性能提升更加明显。

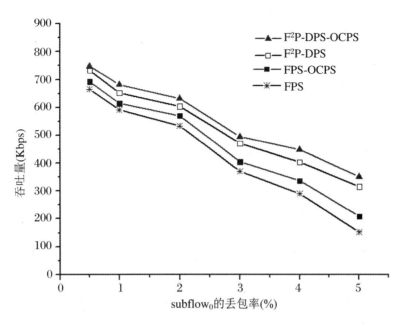

图 5.28 吞吐量随 subflow$_0$ 丢包率变化曲线

MPTCP 共享接收缓存对于 MPTCP 的吞吐量的影响是非常显著的(Raiciu et al.,2012)。接收缓存越大发生缓存阻塞的概率就越小,那么每条子流窗口的滑动就越平滑,吞吐量也就得到了提升。图 5.29 是 MPTCP 吞吐量随接收缓存大小变化的结果,设接收缓存最小值为标准 TCP 时的接收缓存大小 64 KB,最大值设为 400 KB。仿真结果表明

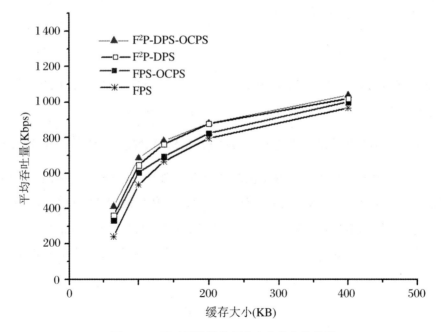

图 5.29 吞吐量随接收缓存大小的变化曲线

随着接收缓存的增大,MPTCP 的吞吐量也随之增大,不过斜率越来越小。这是因为随着接收缓存的增大,接收缓存对 MPTCP 吞吐量的限制作用越来越小,故斜率也逐渐减小。如果假设接收缓存无穷大,无数乱序包都可以得到存储,那么接收缓存将不再对 MPTCP 吞吐量有任何的限制作用。

5.5　基于瓶颈公平性的前向预测调度算法(SB-FPS)

5.5.1　问题描述

为了解决 MPTCP 默认调度算法 LowRTT 带来的接收端乱序问题,调度机制应该在特定的路径上合理地分配每个数据包,以确保数据包按顺序到达。在这一部分中,在第 4 章提出的 SB-CC 算法的基础上,文献(Wei et al.,2020)进一步提出了一种新的基于瓶颈公平性的前向预测调度算法 SB-FPS,以解决考虑瓶颈公平性情形下的数据包乱序和不必要的重传问题。这种调度方式可以提高异构网络下的吞吐量,尤其是实时吞吐量。

对于正在调度的子流,SB-FPS 会考虑共享瓶颈识别方案判定的瓶颈集合,并根据检测结果来预测在其他更快的子流上发送的数据量 M,这个过程需要考虑子流所处的瓶颈集合,因为不同的瓶颈集合拥塞控制窗口增长率不同。然后,较慢的子流会间隔数据量 M 发送数据,以使所有数据有序到达接收端。

5.5.2　算法设计

下面介绍 SB-FPS 调度算法的具体设计。假设一个 MPTCP 连接具有 n 条子流,这些子流按照 RTT 从小到大进行排序:$rtt_1 \leqslant \cdots \leqslant rtt_j \leqslant \cdots \leqslant rtt_n$。

当子流 j 空闲并开始准备发送新的数据包时,SB-FPS 会预测 $\frac{rtt_j}{2}$ 期间,所有 RTT 小于 rtt_j 的子流可以传输的总的数据包 M 的数量。如图 5.30 所示,假如在较快的子流上调度的序列号从 SEQ_1 开始,然后子流 j 从发送缓冲区跳过 M 数据包,并从序列号 $SEQ_2 = SEQ_1 + M$ 取数据包开始发送,直到其发送窗口已满。不断地重复此步骤,直到发送端所有的数据包发送完成,此时接收端可以在所有子流上几乎同时完成调度数据包的接收。

令 M_r 为 $\frac{rtt_j}{2}$ 期间每个子流 r 可以传输的数据包数目。如果 $j=1$,意味着子流 j 就是最快的子流,那么 $M=0$。对于子流 $j>1$ 来说,其需要跳过的总的数据包数目

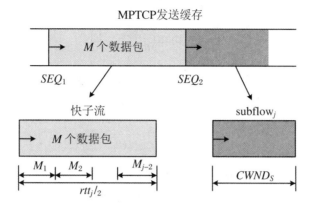

图 5.30　SB-FPS 数据调度算法示意图

$$M = \sum_{r=1}^{j-1} M_r \tag{5.47}$$

接下来估算每个子流 r 的 M_r。子流的拥塞控制窗口是根据 SB-CC 算法变化的，因此不同共享瓶颈集中子流的窗口增长速率是不同的。在共享的瓶颈集合中，子流窗口的增长是耦合在一起的，每个 RTT 期间每个子流 r 的拥塞控制窗口增长为 $w_r \cdot \min\left(\dfrac{a}{w_{bs}}, \dfrac{1}{w_r}\right)$，少于一个增长单位。因此，共享瓶颈集中的子流的拥塞控制窗口需要多个 RTT 才会增长一个单位，而不在瓶颈集合内部的独立子流只需要一个 RTT，其拥塞控制窗口就能增长一个单位。SB-FPS 会根据 SB-CC 算法下子流拥塞控制窗口的变化，准确计算数据包 M 的数量，以使所有这些数据包按顺序到达接收端。这是 SB-FPS 的数据包分配的主要思想。根据文献（Liu et al.，2015），当子流 j 要被调度时，根据子流 r 在瓶颈集内外的情况，可以计算 M_r。

当子流 r 在瓶颈集合 bs 内时，以慢子流为基准估计其更快子流在 $\dfrac{rtt_j}{2}$ 时间内应该传输的数据包的轮数。这里需要考虑子流 r 所处的瓶颈集合，根据子流 r 的窗口变化规律估计该子流 r 实际能传输的数据包数目。

当发送方在子流 r 上收到 ACK 时，在拥塞避免阶段拥塞控制窗口的增加如等式 $w_r = w_r + \min\left(\dfrac{a}{w_{bs}}, \dfrac{1}{w_r}\right)$ 所示，其中各项的定义与 4.6.4 小节一致。因此，经过一个 RTT 之后，在没有丢包的情况下，子流 r 的拥塞控制窗口的增加为

$$w_r \cdot \min\left(\frac{a}{w_{bs}}, \frac{1}{w_r}\right) = \min\left(\frac{a \cdot w_r}{w_{bs}}, 1\right) \tag{5.48}$$

由于一个 RTT 期间瓶颈集合中子流的增长小于一个单位，因此瓶颈集合内部的子流需要一定数量的 RTT 才能将其拥塞控制窗口增加一个单位。记子流 r 的拥塞控制窗

口要增加一个单位所必需的时间为 m_r 轮 RTT,而 m_r 可以由如下公式计算:

$$m_r = \max\left(\frac{w_{bs}}{a \cdot w_r}, 1\right) \tag{5.49}$$

其中 $a = \beta_r \hat{w}_{bs} \dfrac{\max_r \hat{w}_r / rtt_r^2}{(\sum_r \hat{w}_r / rtt_r)^2}$。在 $\dfrac{rtt_j}{2}$ 期间,子流 r 能够传输数据的轮数为

$$lambda = \frac{rtt_j/2}{rtt_r} \tag{5.50}$$

其拥塞控制窗口每 m_r 个 RTT 时间增加一个单位。因此可以计算子流 r 在 $\dfrac{rtt_j}{2}$ 期间可以传输的数据包数量为

$$M_r = \frac{\lambda}{2} \cdot (2w_r + \lambda/m_r - 1) \tag{5.51}$$

当子流 r 是一个独立的子流时,在 $\dfrac{rtt_j}{2}$ 期间分配给子流 r 的数据包可以简单地计算为

$$M_r = \frac{\lambda}{2} \cdot (2w_r + \lambda - 1) \tag{5.52}$$

5.5.3　性能评估

本小节介绍了作者是如何使用仿真工具 NS3 来评估前面提出的数据调度机制 SB-FPS 的。仿真所使用的 MPTCP NS3 代码基于 Google MPTCP Group 提供的源码。作为对比,我们实现了 LowRTT 以及传统的前向预测调度算法 FPS 这两种调度机制。FPS 和 SB-FPS 之间的主要区别在于每个子流上调度值的估计。在这一小节中,拥塞控制算法被统一为 SB-CC,因此最终的测试结果只与调度算法的性能有关。

仿真场景如图 5.31 所示。在 MPTCP 客户端(C_0)和服务器(S_0)之间建立了三条子

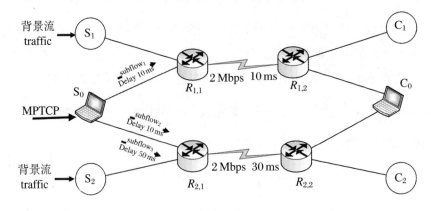

图 5.31　仿真拓扑

流,subflow$_2$ 和 subflow$_3$ 共享瓶颈,而 subflow$_1$ 独立运行。subflow$_1$ 具有 2 Mbps 带宽和 20 ms 延迟,而 subflow$_2$ 和 subflow$_3$ 的延迟分别为 10 ms 和 50 ms。在客户端(C_1, C_2)与服务器(S_1, S_2)之间生成 TCP 和 UDP 的混合流来作为背景流量,从而构造出更真实的仿真环境。背景流量与 MPTCP 流在瓶颈处互相竞争。

subflow$_2$ 和 subflow$_3$ 共享 2 Mbps 带宽和 30 ms 延迟的瓶颈。两个子流的总延迟分别为 40 ms 和 80 ms。

图 5.32 显示了在给定的非对称链路情况下,MPTCP 不同调度算法在改变传输文件大小时的吞吐量性能。如图所示,LowRTT 的性能最差,且与传输文件大小无关。原因是所有通过快速路径传输的数据包必须等待从慢速路径传输的数据包,快速路径中子流的性能会被慢速路径中子流影响。FPS 根据估计的 RTT 的比率和当前窗口大小来调度数据包,它可以更合理地使用快速路径和慢速路径,因此 FPS 在吞吐量方面始终优于 LowRTT。由于 SB-FPS 提供了更细粒度的调度机制,可以更准确地估计调度值 M,因此 SB-FPS 的性能比 FPS 更好。从上述的实验结果可以观察到:① 与其他调度算法相比,SB-FPS 具有最高的传输吞吐量;② 吞吐量受乱序接收的影响很大。

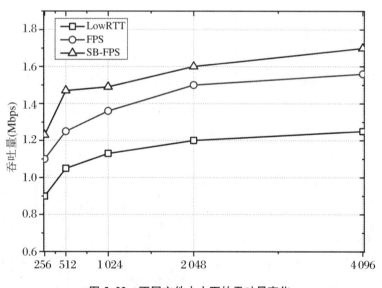

图 5.32　不同文件大小下的吞吐量变化

接下来的实验研究缓冲区大小对吞吐量的影响。图 5.33 给出了在给定的测试场景中 MPTCP 不同调度算法在改变接收端缓存大小时的吞吐量变化。当接收缓存较小时,MPTCP 的吞吐量将受到严重影响。随着接收端缓存的增加,MPTCP 的吞吐量在一开始迅速增长,而后增速越来越慢。当接收端缓存足够大以容纳所有接收到的包时,吞吐量将不再增加,由接收端缓存阻塞引起的重传将大大减少。从图中可以看出,SB-FPS 通过更精准地估计子流窗口的变化,并根据子流的窗口变化调整每个子流数据包的调度数量,相对于 LowRTT 和 FPS 提升了整体的吞吐量。

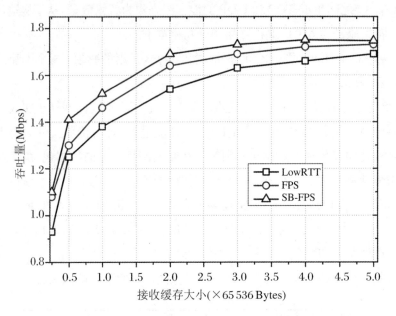

图 5.33　不同接收端缓存大小下的吞吐量变化

进一步地,在该测试场景中,统计了 MPTCP 不同调度算法下接收端的乱序包数目。如图 5.34 所示,随着接收端缓存大小的增加,接收端乱序包数目也在增加,但是 SB-FPS 算法的乱序包数目远小于使用 LowRTT 和 FPS 时的乱序包数目。

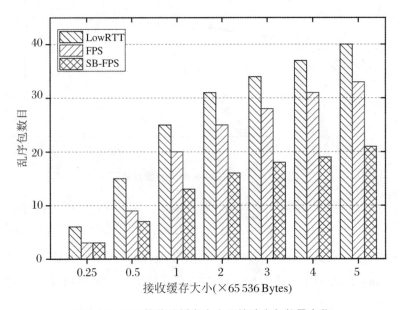

图 5.34　不同接收端缓存大小下的乱序包数量变化

通过以上的实验可以看出,相较于传统预测算法,SB-FPS 通过精细的调度策略在提升了吞吐量的同时还抑制了乱序包数目的增加。

5.6 基于 MPTCP-BBR 的数据调度算法

5.6.1 问题描述

在 4.5.3 小节 MPTCP-BBR 拥塞控制算法的基础上,本书作者进一步提出了一种新的调度算法(Wei et al.,2020)。现有的预测调度算法,如 BLEST(Ferlin et al.,2016),都是以窗口的增长规律为依据,进行每条子流调度数据的预先分配的。这种预测调度算法在底层拥塞控制算法变成 MPTCP-BBR 拥塞控制算法之后将不再适用。因此为了解决乱序问题,以提高无线异构场景下 MPTCP 的传输性能,需要设计新的预测调度算法。

在设计调度算法时,本方案充分考虑了不同业务的属性,比如大流和小流。参考(Hong et al.,2012;Munir et al.,2013;Alizadeh et al.,2013;Munir et al.,2017),将数据量小于 100 KB 的流作为小流,而数据量大于 100 KB 的流认为是大流,一般来说小流对低时延要求更高,而大流对带宽要求更高。

在网络异构的场景中,由于不同子流之间的性能不均衡,分配给不同子流的数据将有较大概率无法按序到达接收端,从而造成了接收端缓存数据包乱序的问题。随着子流性能差异的增加,MPTCP 的性能将严重下降,对于小流来说尤其如此(Kheirkhah et al.,2015;Hunger,Klein,2016;Frömmgen et al.,2016;Dong et al.,2018;Xing et al.,2020)。比如错误地将序列号小的数据包调度到慢子流上,那么通过快子流传输的序列号较大数据包要等待慢子流数据包到之后才能被上层应用提取,这会严重影响应用层数据的收发,进而影响业务传输的完成时间。为了实现大流的高带宽和小流的低延迟,在本节介绍的方案中,数据调度的过程被分为两个阶段,分别是冗余传输阶段和精细调度阶段。

5.6.2 算法设计

在数据发送的初始阶段,如图 5.35 所示,发送端在异构网络中通过多条路径冗余地发送数据包。尽管 Wi-Fi、以太网和 LTE 等接入方式具有不同的链路带宽、延迟和丢包率,但 BCCPS 在不同的子流上发送相同的数据包的方法能保证在现有尽力而为网络中最大可能地实现最低延迟。对于小流来说,这个过程是非常重要的,因为小流的数据量小,整个发送过程可能也就是几轮 RTT,如果在其中的一轮发生丢包,重传所需的时间将会大大延长小流的完成时间。参考文献(Kheirkhah et al.,2015;Hunger,Klein,2016;Frömmgen et al.,2016;Dong et al.,2018;Xing et al.,2020),将小于 100 KB 的流作为小流,即将 100 KB 设置为冗余模式的阈值。这个阈值很小,所以整个冗余传输的过程不会浪费太多带宽。同时,它还可以为第二阶段测量必需的网络参数(BtlBW 和 RTT)。

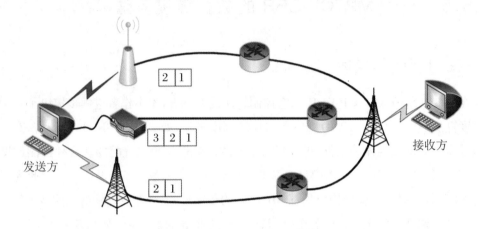

图 5.35　在传输初始阶段使用冗余数据包传输以减少延迟和抖动

在数据发送的第二阶段,发送端根据路径质量在多条路径上精细地分配数据包。该算法的思想是,在子流上调度比当前可发送窗口更多的数据,因此会在发送端形成队列。对于队列中的每个数据包,调度算法根据其到达时间以 FIFO 顺序选择适当的子流进行传输。如图 5.36 所示,假设有数据需要分配给 subflow$_f$ 和 subflow$_s$。如果更快的子流 subflow$_f$ 当前可用,则可以简单地将数据包分派到该子流。随着快子流上未发送数据包的增加,新数据包等待发送的时间将增加。若快子流上没有可用的发送窗口并且数据包通过慢子流 subflow$_s$ 可以更快地到达,则通过 subflow$_s$ 来发送数据包。

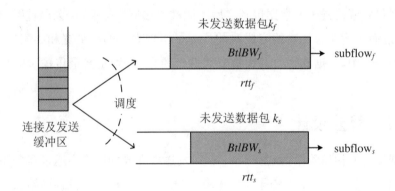

图 5.36　基于前向预测算法进行数据分配

因此当要调度连接级别的数据包时,该算法会估计数据包在每个子流 r 的到达时间

T_r,选择每次到达时间最早的子流。T_r 是两个主要延迟的总和:子流 r 上的网络传输延迟 T_{net}^r 和在发送端缓存排队引入的延迟 T_{wait}^r。这些值可以按照下面公式计算得出:

$$T_r = T_{net}^r + T_{wait}^r \tag{5.53}$$

$$T_{net}^r = \frac{rtt_r}{2} + q_r \cdot rtt_r \tag{5.54}$$

$$T_{wait}^r = \frac{k_r}{BtlBW_r} \tag{5.55}$$

其中,q_r 表示子流 r 上的丢包率。当发送端检测到丢包事件时,它将更新丢包率,并重新预测到达目的地的时间。在 T_{net}^r 的计算过程中,可以假设丢失的数据包可以通过一次重发成功到达接收端。T_{wait}^r 与尚未安排的数据包有关。为了使不同子流上的数据同时到达接收端缓冲区,快速子流将被调度用于更多数据,因此需要估计快速子流上的等待时间。T_{wait}^r 的计算是基于子流的 $BtlBW_r$ 和未发送的排队数据包的数量 k_r 执行的。最终,数据将被调度在 T_r 最小的子流上。

5.6.3 性能评估

作者将基于 MP-BBR 的新调度算法与 RR 和 LRF 进行比较。在这部分比较中,BCCPS(MP-BBR 与新的调度算法)、MPTCP-BBR-RR 和 MPTCP-BBR-LRF 都采用 MPTCP-BBR 作为拥塞控制算法。BLEST 作为一种在 AIMD 拥塞控制算法基础上的预测调度方案,在预测每个子流的吞吐量时依赖于多个调度周期的窗口变化,不能应用于 MPTCP-BBR。因此仅在乱序包数目方面比较了 BCCPS 和 MPTCP-BLEST。

首先测试了共享瓶颈场景下的性能,我们比较了不同方案(以最佳单路径 BBR 为基准,也就是理论值)下不同大小的文件的下载完成时间。在图 5.37 中,观察到数据量和路径异构性对调度算法的性能有显著影响。图 5.37(a)显示当数据量小于 100 KB 时,最佳单路径 BBR 优于 MPTCP-BBR-RR 和 MPTCP-BBR-LRF,因为丢包对小流的完成时间有很大的影响。与 MPTCP-BBR-RR 和 MPTCP-BBR-LRF 相比,BCCPS 通过冗余包传输避免了启动阶段由于丢包而造成的低传输速率和长完成时间。当数据量大于 100 KB 时,三种调度算法的性能几乎与最佳单路径 BBR 相同,BCCPS 的性能最高。图 5.37(b)显示出了当子流的 RTT 不同时这些调度算法的性能。BCCPS 仍然执行得最好,因为其能在两条路径上根据子流的探测带宽和 RTT 精确地分配数据包。

在非共享瓶颈的情况下,本实验首先在 MPTCP 客户端(C_0)和服务器(S_0)之间传输一个大小为 100 KB 的小文件,以评估在有丢包网络中各个调度算法传输小流的性能。然后再进行大文件传输,观察吞吐量和乱序数据包数目。

在 4.5.4 小节的如图 4.46 所示的非共享瓶颈场景中,SF0 和 SF1 的丢包率分别被设置为 0.1% 和 0.5%。然后通过两条不相交的路径交换 100 KB 数据，它们与动态背景流量竞争。从图 5.38 中可以看到 BCCPS 的性能优于 MPTCP-BBR-RR 和 MPTCP-BBR-LRF，在该场景下动态的背景流和丢包会严重影响小流的完成时间，BCCPS 通过冗余传输减少了由丢包导致的数据的重传，实现了传输性能的提升。该结果与共享瓶颈方案中测得的结果一致，证明 BCCPS 减少了小流的完成时间。

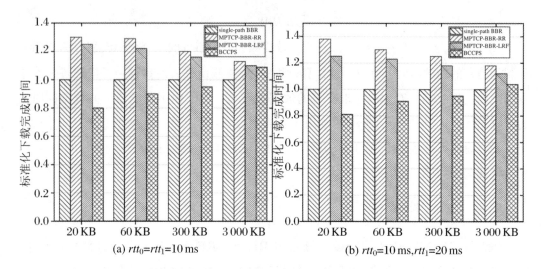

图 5.37   在共享瓶颈的场景下的下载完成时间

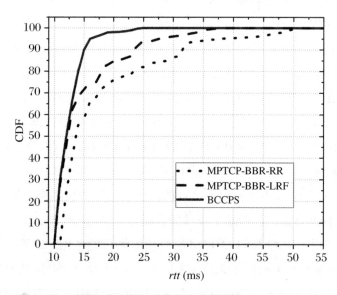

图 5.38   在不共享瓶颈的场景下不同调度算法的 CDF 曲线

图 5.39 显示了当 SF0 和 SF1 的延迟被设置为 10 ms 时，对应于不同链路丢包率的传输吞吐量的结果。我们可以发现 MPTCP-BBR-RR 和 MPTCP-BBR-LRF 的行为几乎

相同。可以看到,无论丢包率如何,BCCPS 的效果都最佳,原因是 BCCPS 根据每个子流的完成时间准确地将数据分配给每个子流,从而使每个子流的性能最大化,并使其性能优于 MPTCP-BBR-RR 和 MPTCP-BBR-LRF。

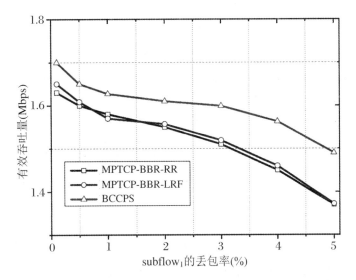

图 5.39 在不共享瓶颈的场景下吞吐量随着丢包率的变化示意图

图 5.40 给出了在非共享瓶颈场景下,随着 SF1 的传输时延的变化规律,MPTCP 获得的总吞吐量的变化规律。很明显,随着 SF1 传输时延的增加,所有算法的性能都会下降。这是因为随着时延的增加,SF1 的传输性能下降,同时链路也变得更加不对称,整体

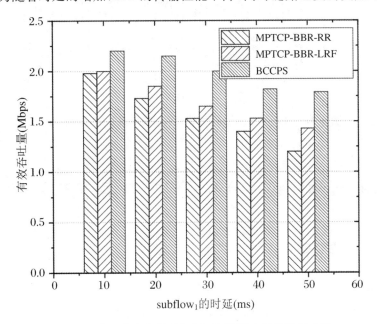

图 5.40 在不共享瓶颈的场景下不同调度算法的吞吐量

的传输效果随之恶化。然而,也可以看到,随着可用路径差异的增加,BCCPS 相对于 MPTCP-BBR-RR 和 MPTCP-BBR-LRF,优势变得更加明显,因为调度算法能够有效地在路径差异明显的情况下优化总的吞吐量。

不同调度算法的接收端乱序包数目如图 5.41 所示。MPTCP-BBR-RR 和 MPTCP-BBR-LRF 由于没有考虑链路质量,在接收端产生了比 MPTCP-BLEST 和 BCCPS 更多的乱序包。MPTCP-BLEST 和 BCCPS 根据路径状态定期估计可用的传输容量,并根据预测的到达时间分配数据包。由于 MPTCP-BLEST 不考虑丢包的影响,因此当链路出现丢包时,CWND 估计是不准确的,进而导致数据分配出现问题。然而,在这种网络场景中,BBR 可以更准确地估计网络带宽,BCCPS 能够基于 BBR 探测到的准确带宽预测数据包在每个子流上的到达时间。因此,BCCPS 能够更准确地将数据包分配到不同的子流,从而减少接收端乱序包的数目。

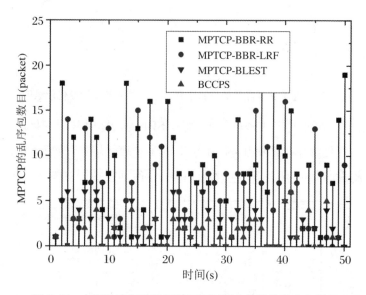

图 5.41　在不共享瓶颈的场景下不同调度算法的乱序包数目

5.7　基于预测缓存分割的流控方案(PBD)

5.7.1　问题描述

作为 TCP 的扩展和延伸,MPTCP 继承了 TCP 中相应的流控机制。为防止发送端发送数据过快而导致接收端的数据溢出,接收端会在返回 ACK 中携带当前空余的缓存空间 $rwnd$ 的大小,TCP 的发送窗口同时受到发送端拥塞窗口和接收端通告窗口两方面

的制约:

$$send\_window = \min(cwnd, rwnd) \tag{5.56}$$

其中,$cwnd$ 是拥塞窗口,$rwnd$ 是接收窗口,TCP 的发送窗口不能超过拥塞窗口和接收窗口中的最小值。

在 MPTCP 的机制中,接收缓存是共享的,接收端通告总体的缓存余量 $rwnd$,子流 i 的发送窗口受到发送端子流级别的拥塞窗口和接收端连接级别的通告窗口两方面的制约(子流 ACK 携带 $rwnd$,接收缓存是共享的,接收端的 ACK 携带的接收窗口 $rwnd$ 不分子流):

$$send\_window_i = \min(cwnd_i, rwnd) \tag{5.57}$$

当 subflow$_i$ 发送数据时,需要受到子流级别发送窗口的制约:

$$send\_data_i = send\_window_i - outstanding_i \tag{5.58}$$

其中,$cwnd_i$ 是 subflow$_i$ 拥塞窗口,$rwnd$ 是总体的通告窗口,subflow$_i$ 的发送窗口不能超过 $cwnd_i$ 和 $rwnd$ 中的最小值,同时 subflow$_i$ 的发送窗口不能超过连接级别的发送窗口。$outstanding_i$ 是 subflow$_i$ 上未确认的数据量(子流级别),$send\_data_i$ 是子流上能够继续发送的数据量。

当多条子流共用一个接收缓存时,接收窗口不作区分,子流之间相互竞争和影响,这会导致子流间的负载不均衡和乱序问题的加剧,进一步会导致整体吞吐量的下降。

SCTP 的改进方案 CMT-SCTP 中曾提出过分割接收端缓存的流控方案。CMT-SCTP 中调整流控的基本思想是,各条路径均分接收缓存的剩余可用空间,以避免子流之间互相恶性竞争导致整体性能下降。然而,CMT-SCTP 的流控方案中只是简单地按照子流的数量将缓存空间平均地分配给各个子流,没有考虑子流之间的不对等情况,因而并不能很好地适应实际的网络情况。

5.7.2　算法设计

为了避免子流之间相互影响,需要对每条子流进行合理的流量控制。本小节介绍的一种基于接收端缓存分割的 MPTCP 流量控制算法(PBD),由本书作者在 2017 年提出(Han et al.,2017),成书时做了一些必要的修改。该算法通过预测各子流上的缓存占用量来分配接收端缓存,从而进一步对每条子流进行单独的流量控制。算法主要分为三部分:① 发送端估计每条子流上的缓存占用量并分配缓存;② 统计子流上连接级别未被 ACK 的数据,根据剩余缓存容量分配接收窗口;③ 利用分割后的接收窗口对每条子流进行独立的流量控制。

PBD 是一种 MPTCP 子流级别的流控方案,它通过对接收端缓存进行分割,对每条子流进行单独的流量控制,能够避免因子流间相互影响而导致的资源利用率下降;同时

PBD 会对产生过多乱序包的子流的发送速率进行限制,从而降低接收端乱序的发生概率,提升吞吐量。PBD 各步骤的详细解释如下:

1. 发送端估计子流在接收端的平均缓存占用量并分配缓存

发送端首先估计各条子流在接收端的平均接收缓存占用量:

$$buf_i = acwnd_i \times \left(\frac{rtt_{max}}{2 \times rtt_i} + 1 \right) \tag{5.59}$$

其中,buf_i 是每条子流上估计的平均缓存占用量,rtt_{max} 为 n 条子流中的最大的 RTT 值。$acwnd_i$ 是子流 i 上平滑后的拥塞窗口大小,每当 $cwnd_i$ 发生变化时,$acwnd_i$ 更新:

$$acwnd_i = (1 - \beta) \times acwnd_i + \beta \times cwnd_i \tag{5.60}$$

其中,$cwnd_i$ 是子流 i 的拥塞窗口大小,β 是更新的参数值,可以根据需要调整,默认取 1/8。

在得到子流的平均缓存占用量的估计值后,按照子流的平均缓存占用量的比例来分配各条子流可使用的接收端缓存大小,分配的缓存由下式确定:

$$B_i = recvbuffer \times \frac{buf_i}{\sum\limits_{i=0}^{n} buf_i} \tag{5.61}$$

其中,buf_i 为每条子流上估计的子流在接收端平均接收缓存占有量,接收端缓存的大小 $recvbuffer$ 在连接建立时会由接收端通告发送端。B_i 是 $recvbuffer$ 按照 buf_i 的比例分配给各子流的缓存大小,即每条子流实际可使用的接收端缓存大小。

总结一下,引入平滑后的拥塞窗口值,并且根据子流上的参数估计子流的缓存占用量,充分考虑了不同子流的特性,使得资源分配更加合理,同时能够根据环境自适应地调整,更加适合实际网络环境。

2. 根据剩余缓存容量分配接收窗口

发送端统计每条子流上连接级别未被确认的数据量,发送端根据不同子流上乱序数据包的情况分配接收窗口剩余缓存余量。

$$rwnd_i = \begin{cases} 0, & B_i \leqslant unordered_i \\ rwnd \times \dfrac{B_i - unordered_i}{\sum\limits_{i/B_i - unordered_i > 0} B_i - unordered_i}, & B_i > unordered_i \end{cases} \tag{5.62}$$

其中,$rwnd_i$ 是发送端分配给子流 i 的缓存空间剩余量,即子流级别的接收窗口大小,$rwnd$ 是接收端在连接级别 ACK(DATA_ACK)中通告的接收窗口缓存余量,即连接级别的接收窗口。$unordered_i$ 为子流 i 上连接级别未被确认的数据量,如果 $B_i \leqslant unordered_i$,则认为该子流上占用了过多的缓存空间,应该暂缓该子流上的数据发送,即令 $rwnd_i = 0$。

3. 对子流进行单独的流量控制

子流 $subflow_i$ 的发送窗口受到发送端子流级别的拥塞窗口和分割后的接收窗口两方面的制约,同时子流级别发送窗口不能超过连接级别发送窗口,即需要满足下式:

$$send\_window_i = \min(cwnd_i, rwnd_i) \tag{5.63}$$

当 $subflow_i$ 发送数据时,$subflow_i$ 上能够需要继续发送的数据量 $send\_data_i$ 如下:

$$send\_data_i = send\_window_i - outstanding_i \tag{5.64}$$

其中,$outstanding_i$ 是 $subflow_i$ 上未进行 ACK 的数据量。

由分割后的接收窗口控制每一条子流的流量,使得资源的分配更加合理,子流之间不会互相干扰,能够更好地实现负载均衡。同时,当子流上出现大量乱序包时,限制该子流上发送的数据包数量,直到乱序包数目减少。该操作有助于降低乱序包的发生概率,从而提高总体吞吐量。PBD 方案不改变拥塞窗口大小,当子流上连接级别乱序包减少后能够快速恢复到正常的吞吐量,对网络有较好的适应性。

5.7.3　性能评估

5.7.3.1　仿真场景

仿真场景如图 5.42 所示,MPTCP 连接一共有两条子流,分别为 $subflow_0$ 和 $subflow_1$。每条子流的时延、带宽、丢包等路径参数不同,本小节介绍的仿真场景参数配置如下:

$subflow_0$ 和 $subflow_1$ 的带宽分别为 5 Mbps 和 10 Mbps。$subflow_1$ 的时延为 50 ms,随机丢包率设为 0.1%,而 $subflow_0$ 的时延为 10~50 ms 不等,随机丢包率设为 0.1%~5% 不等以模拟不同的环境。TCP 层最大数据段大小(Maximal Segment Size,MSS)设为 1 400 Bytes,各子流共享接收缓存的大小设置为 $2 \times 65\,536$ Bytes(因为有 2 条子流),单条 TCP 流的接收缓存大小为 65 536 Bytes。

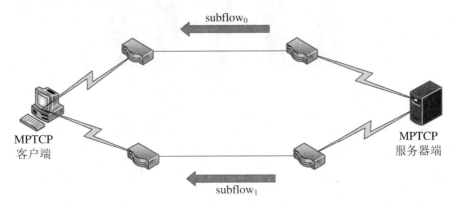

图 5.42　仿真拓扑

5.7.3.2 仿真结果

设置 subflow$_0$ 的时延为 20 ms，丢包率为 0.1%，接收缓存大小为 65 536×2 Bytes，发送端一共发送 10 MB 数据，并对记录数据传输时间和子流上传输的数据量进行对比分析。

由于路径时延、丢包率和接收缓存大小的不同都会导致不同的结果，所以这里的仿真通过控制不同的变量，例如时延、接收缓存大小来对不同场景进行模拟。

1. 时延不同的场景

路径时延不同是导致 MPTCP 接收端乱序问题的一个主要因素，不同子流间路径时延差距越大，接收端缓存中的乱序情况将会越严重，则更容易引发头阻塞问题，导致总体吞吐量下降。控制路径时延为一个变量，保证其他参数不变，subflow$_0$ 的路径时延从 10 ms 变化到 50 ms，记录总体吞吐量和接收端平均乱序包数量。其中 subflow$_0$ 的丢包率设置为 1%，接收缓存大小设置为 65 536×2 Bytes。

图 5.43 显示了不同的时延条件下 MPTCP 总体吞吐量的对比，柱状图中的两种形状分别对应原始的 MPTCP 吞吐量和使用了缓存分割方案之后的 MPTCP 吞吐量。随着时延的增加，两条 MPTCP 的总吞吐量都有所下降，但是使用了缓存分割方案之后总体吞吐量总优于原始 MPTCP 的吞吐量。

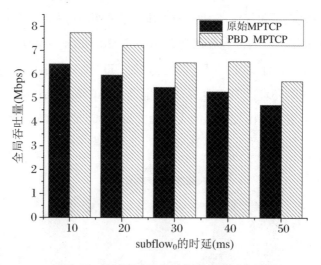

图 5.43　随时延变化的总体吞吐量对比图

图 5.44 显示了不同的时延条件下 MPTCP 接收端缓存乱序包数量，柱状图中的两种形状分别对应原始的 MPTCP 和使用了缓存分割方案之后的 MPTCP 的乱序包数量。随着时延的增加，乱序包数量都有所减少，这是因为两条子流的时延逐渐接近，使得由于时延不同而导致的乱序问题大大减少。此外，相较原始方案，在使用了缓存分割方案之后

乱序包数量在各种时延条件下也有所下降。

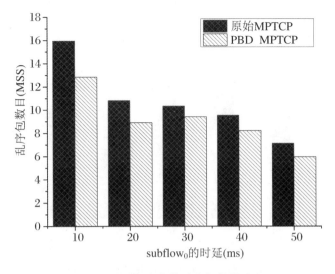

图 5.44　随时延变化的乱序包数量对比图

图 5.45 显示了不同时延条件下原始的 MPTCP 的 $subflow_0$ 和 $subflow_1$ 吞吐量,图 5.46 显示了不同时延条件下使用了缓存分割方案之后的 MPTCP 的 $subflow_0$ 和 $subflow_1$ 吞吐量。对比图 5.45 和图 5.46 可以发现:使用缓存分割方案之后,$subflow_0$ 上的吞吐量并没有明显减小,而 $subflow_1$ 上的吞吐量明显增加,这说明 $subflow_0$ 获取的接收缓冲区份额是多余的,而缓存分割方案实现了对接收缓冲区份额的更合理分配,从而提高了总体吞吐量。

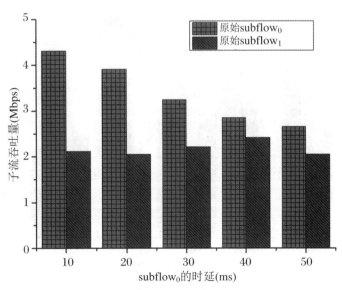

图 5.45　原始 MPTCP 子流吞吐量对比

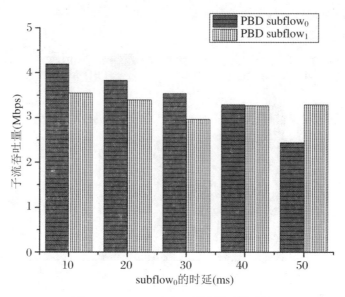

图 5.46   PBD MPTCP 子流吞吐量对比

2. 丢包率不同的场景

在实际网络中,无线链路往往会因为链路原因产生随机的丢包,这也使得吞吐量下降。考虑到这一特性,接下来控制路径随机丢包率为一个变量,保证其他参数不变,$subflow_0$ 的丢包率从 0.1% 变化到 5%,记录总体吞吐量和接收端平均乱序包数量。其中 $subflow_0$ 的路径时延设置为 20 ms,接收缓存大小设置为 65 536×2 Bytes。

图 5.47 显示了不同的丢包率下 MPTCP 总体吞吐量,柱状图中的两种形状分别对应原始的 MPTCP 吞吐量和使用了缓存分割方案之后的 MPTCP 吞吐量。随着时延的增

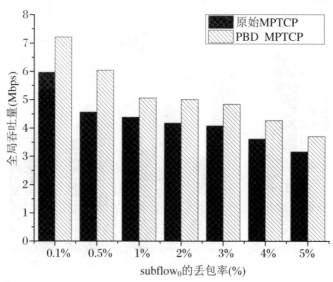

图 5.47   随丢包率变化的总体吞吐量对比图

加,两条 MPTCP 的总吞吐量都有所下降,因为丢包会对子流上的传输性能造成很大的影响。从图中可以看到,PBD 方案的总体吞吐量仍始终高于原始的 MPTCP。

图 5.48 显示了不同的丢包率下 MPTCP 接收端缓存乱序包数量,柱状图中的两种形状分别对应原始的 MPTCP 和使用了缓存分割方案之后的 MPTCP 的乱序包数目。如图所示,在使用了缓存分割方案之后,乱序包数量也有所下降。

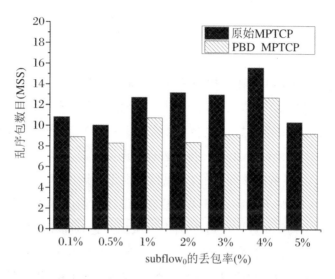

图 5.48   随丢包率变化的乱序包数量对比图

图 5.49 显示了不同的丢包率下 MPTCP 不同子流的吞吐量,柱状图中的四种形状分别对应原始的 MPTCP 的 $subflow_0$ 与 $subflow_1$ 的吞吐量和使用了缓存分割方案之后的

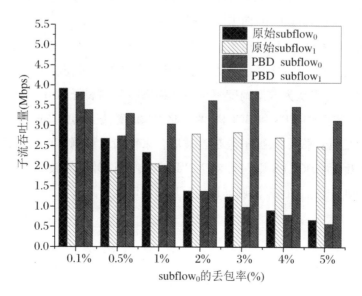

图 5.49   子流吞吐量对比图

MPTCP 的 subflow$_0$ 与 subflow$_1$ 的吞吐量。使用了缓存分割之后,时延较大的了流 subflow$_1$ 的吞吐量明显高于不使用缓存分割时的吞吐量,同时 subflow$_0$ 的吞吐量并没有明显减少,这说明缓存分割方案既保证了子流间的负载均衡,又提高了总体吞吐量,网络资源也得到了更充分的利用。

5.8　本章小结

本章主要介绍了 MPTCP 在使用多条处于不同网络状态的子流过程中常见的数据包乱序问题。在多路径传输时,数据包从不同时延和带宽的子流上发送,因此难以保证它们按序到达。而过多的乱序数据包会导致缓冲区占用甚至导致丢包重传等问题。因此,乱序包问题是一个限制了 MPTCP 传输表现的重要因素,亟须解决。

本章中,我们给出了解决该问题的常见思路,即设计调度算法以尽力保证数据包按序到达接收端。我们介绍了多种基于这种思想而设计的调度算法,例如,FPS 调度算法基于路径时延与吞吐量预测数据包到达时间,并根据到达时间发送数据包以保证其按序到达;而 F^{2}P-DPS 在此基础上更进一步,将子流的网络特性和丢包率考虑在内,用网络建模的方法估计数据包的到达情况以求更精确的数据调度;OCPS 除了基于发送端测量的网络状况以外,还依据接收端的反馈来更快更精确地适应网络变化。

除了这个常见思路以外,也有研究者认为子流间共享接收缓存是造成缓存区被不合理占用的原因之一。因此,CMT-SCTP 流量控制给各条路径均匀地分配缓存以更加避免一条子流对缓冲区的过度占用;而 RSPL 更进一步,基于各路径的实际需求,更加合理地分配缓冲区,提高缓冲区整体利用效率。PBD 算法通过预测各子流上的缓存占用量来分配接收端缓存,从而进一步实现了对每条子流进行单独的流量控制。

此外,也有研究者认为数据调度不应该与拥塞控制割裂开,而应该将两者结合起来设计,本章中介绍了 SB-FPS 和 BCCPS 两个此类型的算法。其中,SB-FPS 基于其对应拥塞控制算法的瓶颈公平性,根据子流是否被耦合来精确地预测其可发送的数据量,并据此进行数据调度;而 BCCPS 则是针对 MP-BBR 专门设计的调度算法,它在协同 MP-BBR 共同工作时,比现有的预测调度算法更加精确可靠。

第 6 章

MPTCP 协议代理和锚定点

6.1 兼容性考虑和部署问题

6.1.1 兼容性问题

目前有许多多宿主(multihoming)协议,MPTCP 与其中的 SHIM、HIP、Mobile IPv6 会在一定程度上产生冲突,因此当使用 SHIM、HIP、Mobile IPv6 时不能使当前的 MPTCP 很好地发挥作用,所以只能考虑不采用 MPTCP。

API 开发者可能都希望能够整合 SCTP 和 MPTCP 的 API 以提供一个统一的接口,但是 MPTCP 提供的服务与 SCTP 大不相同,无法将 SCTP API 函数直接映射到 MPTCP,而且 MPTCP 协议栈也并不支持 SCTP socket 接口函数。SCTP 与 TCP 就存在无法兼容的问题,而 MPTCP 则是在考虑与 TCP 能够兼容的基础上进行设计的。因此,整合 SCTP 和 MPTCP API 想法不太实际。进一步地,MPTCP 与其他多宿主机协议的兼容性也需要注意。

6.1.2 MPTCP 实际部署

MPTCP 使用扩展选项并在双端采用加速特性,导致在实际部署中需要大范围修改现有设备,使得 MPTCP 实际部署成为一大问题。例如,在实际使用中,MPTCP 需要用户和服务器的双端内核支持,这意味着服务器和用户均需大量更换系统。另外,在现有网络中存在大量中间件如网关、防火墙等,而对于使用 TCP 扩展选项实现的 MPTCP 来说,其很大一部分功能需要通过对网关和防火墙修改来实现。以上问题阻碍了 MPTCP 的实际使用和部署。解决此问题的关键在于如何在对节点做较少修改的情况下,让 MPTCP 实际运作起来,让用户侧和服务侧同时获得 MPTCP 服务。

为了解决 MPTCP 在实际部署中面临的问题,本章主要研究在现有 TCP 网络环境中,如何逐步将 MPTCP 协议以较小的代价融入已有网络设备中。研究发现通过代理的方式不仅可以实现 MPTCP 协议实际应用,而且能够改善原有网络传输效率,因此添加

MPTCP 代理是解决 MPTCP 实际部署的不错选择。下面介绍现有的 MPTCP 代理方案，包括协议工作方式、工作场景以及学术界关于 MPTCP 代理的相关研究工作。

基于现有问题，有多种 MPTCP 的实际部署方案（Peng et al.，2016；Detal et al.，2013；Hampel et al.，2013），亦有研究人员基于现有部署方案（Okada et al.，2015）提出了代理拥塞调度算法。文献（Detal et al.，2013；Xue et al.，2013；Zee，2000）均通过修改协议栈的方式，在协议中添加显示通告信息，在终端通过识别代理选项实现 MPTCP 代理。Peng 等人的方案（Peng et al.，2016）在 MPTCP 协议中添加代理地址选项，通告中间代理目的服务器地址，以实现 MPTCP 的中间代理（Detal et al.，2013），此方式传输效率比显式代理高，但此方式对 MPTCP 协议做了修改，在实现中需要大规模修改现有设备。Paasch 等人的研究基于现有 MPTCP 协议标准，实现一种对用户透明的 MPTCP 轻代理，并以隐式代理的方式实现了 MPTCP 的移动切换功能。

另外，基于现有 MPTCP 代理部署方案，Okada 等人提出了 MPTCP 代理中的调度算法，基于连接在代理处存在两端连接不对等的情况，提出了对两端数据转发的数据调度分配算法。在文献（Chung et al.，2017；Chen et al.，2017）中，作者对 MPTCP 以代理的方式进入 3G、4G 做了理论分析，并进行实验收集实测数据，验证了该方式的实际可行性，并且目前已有公司将代理产品作为商品流通。

6.2　MPTCP 协议代理和锚定点技术的研究背景

MPTCP 的使用前提是端系统具备多接口，同时支持新协议 MPTCP。虽然市场上越来越多的新终端设备支持多种接入方式，但是大多数终端依然只有一个接口，而且不支持 MPTCP。为了增强 MPTCP 部署，使更多的单穴终端享用多路径通信，同时也为了后续研究移动性，MPTCP 工作组讨论了代理和锚定点的实现问题。当前相关的草案如表 6.1 所示。

1. MPTCP-capable 单穴主机

IETF 个人草案（Winter et al.，2016）讨论了支持 MPTCP 的单穴主机如何进行 MPTCP 通信的场景。如图 6.1 所示，在给定的场景下，网关（或者路由器）与两个 ISP 和一个 DHCP 服务器相连。主机运行支持多路径的 IP 栈，但只有一个接口与网关（或路由器）相连。通过新增两个 DHCP 选项，让 DHCP 为单穴主机分配两个 IP 地址，从而让主机在不修改 MPTCP 部署的前提下，充分利用网关（或路由器）的两个接口。

表 6.1 IETF MPTCP proxy 和 anchor 相关 RFC 和草案一览表

草案	名称	组织机构	时间
[draft-hampel-mptcp-proxies-anchors-00] (Hampel，Klein，2012)	MPTCP Proxies and Anchors	Alcatel-Lucent	2012.2.8
[draft-ayar-transparent-sca-proxy-00] (Ayar et al.，2012)	A Transparent Performance Enhancing Proxy Architecture To Enable TCP over Multiple Paths for Single-Homed Hosts	Technical University Berlin	2012.2.17
[draft-xue-mptcp-tmpp-unware-hosts-02] (Xue et al.，2013)	TMPP for Both Two MPTCP-unaware Hosts	USTC	2013.6.20
[RFC 8041] (Bonaventure et al.，2017)	Use Cases and Operational Experience with Multipath TCP	UCL	2017.1
[draft-wr-mptcp-single-homed-07] (Winter et al.，2016)	Multipath TCP Support for Single-homed End-systems	NEC Laboratories Europe	2016.4.21

图 6.1 单穴 MPTCP-capable 主机场景

这篇草案首次考虑了如何让单穴主机使用多路径连接通信,考虑的场景比较受限,前提是此单穴主机支持协议 MPTCP,然而实际中更普遍存在的是不支持 MPTCP 的单穴主机。之后的两篇草案都考虑了这种更通用的场景,并给出了相应的解决方案。

2. MPTCP-uncapable 主机

技术一:MPTCP 代理和锚定点。

在基本的 MPTCP 设计中,主机只有在自己的通信对端也支持 MPTCP 时,才能使用

MPTCP,这很不利于 MPTCP 的大范围部署。移动客户端和网络中服务器的交互主导了无线网络中的业务,这种情况下实现大规模部署就更加困难。由于移动设备的生存期很短,内核更新很快,所以在移动设备上可以很快地实现 MPTCP 部署,但是应用程序服务器通常很难保持同样的进度。此外,MPTCP 为移动用户带来的好处比为应用服务提供者更明显,所以现在一般的服务器都不支持 MPTCP。

为了解决部署问题,文献(Hampel,Klein,2012)引入了 MPTCP 代理和锚定点。MPTCP 代理位于网络中,代替不支持 MPTCP 的通信对端(比如应用服务),为 MPTCP 主机(比如移动设备)提供 MPTCP 支持。由于 MPTCP 代理基本上会由网络运营商(而不是应用服务提供商)提供,所以代理可以为多种应用提供支持。同时,部署 MPTCP 也会为网络运营商带来收益,MPTCP 可以使网络运营商提供的服务更加优质,从而使运营商可以从中获取相应的费用。MPTCP 锚定点是另一种 MPTCP 网络功能,它的主要目的是支持端到端多路径连接。锚定点的作用像是一个子流中继,为不能享有直接可达性的两个端主机提供帮助,让它们建立子流。比如端主机使用不同的 IP 协议,或是主机在移动场景下先断后合(break-before-make)事件导致失去了端到端连接。锚定点功能对运行在支持 MPTCP 的移动或多穴设备上的 P2P 应用程序尤其有帮助,比如音频视频通信。

技术二:透明的性能增强代理架构。

文献(Ayar et al.,2012)与 Hampel 等人考虑的场景相同,都是端主机不支持 MPTCP 时如何进行多路径通信。不同的是,Hampel 等人的文章是在 MPTCP 架构基础下研究的,提供代理和锚定点,也是为了帮助端主机建立起 MPTCP 连接;而 Ayar 等人则是用了一个新的架构 SCA(Splitter and Combiner Architecture),让没有 MPTCP 能力的单穴主机通过使用接入网中部署的性能增强代理(Performance Enhancing Proxy,PEP)来获得多路径的好处。

SCAP(SCA Proxy)用一种对端主机完全透明的方法充分地使用了多条路径。由于 SCAP 的存在对 TCP 节点是透明的,所以可以部署在 Internet 中,或是端系统中。SCAP 的应用场景和在网络中的位置分别如图 6.2 和图 6.3 所示。SCA 是在接入点或路由器上做多路径路由,接入点有很多网关接入 Internet。

SCA 和 MPTCP 的区别为:

(1) SCA 进行的是"在子流粒度上的多路径路由",MPTCP 是"多路径传输"。

(2) SCA 通过设置数据包的 IP 和端口号,将数据包引导到不同的路径上;MPTCP 也对每条路径使用分离的序列号空间以及独立的 TCP 信令。

(3) SCA 比 MPTCP 简单,但是与中间体兼容性不好。

SCA 和 MPTCP 的相同点为:

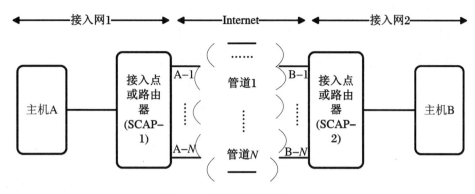

图 6.2　多接入网络中的 SCAP

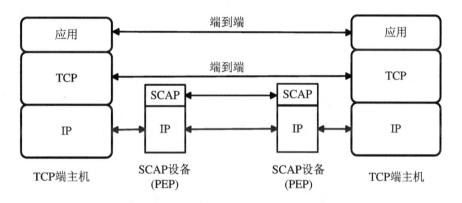

图 6.3　在 TCP 端主机之间 SCAP 作为 PEP

（1）两种方法都在 L3 实现。

（2）两种方法都可以在端主机、代理或是二者的结合体上实现。

（3）两种方法都支持代理探究。

SCAP 要保证完全透明，端主机不需要被配置为能找到 SCAP，但是 SCAP 必须要找到与自己合作的 SCAP。两个 SCAP 之间采用多管道技术。

由于该技术独立于协议 MPTCP，与 MPTCP 工作组之前的工作不统一，所以本书不将此作为参考。而技术一完全在 MPTCP 架构下新增功能体，保证了整个工作的完整性，所以本书将在技术一的前提下补充新场景进行研究。

此外，RFC 8041（Bonaventure et al.，2017）中提到了目前使用和测试的几种场景。

第一种应用场景是一个支持 MPTCP 的客户端跟一个常规 TCP 服务器进行通信，一个典型的例子是手机端利用 3G 和 Wi-Fi 接口同时进行通信。这种场景下有多种代理方式可以选择：

（1）HTTP 代理部署在 MPTCP-capable 服务器端能够使手机访问常规 web 服务器，但是显然，这种方案只适用于基于 HTTP 的应用。

（2）Multipath TCP-specific proxies 方案能够将任意 MPTCP 连接转换成标准 TCP 连接。这个方案利用 SOCKS 协议，SOCKS 协议通常用于企业网络中，它能够使企业内部用户与外部服务器通信。为实现上述功能，客户端打开一个 TCP 连接到 SOCKS 服务器并由 SOCKS 服务器将信息传递到最终目的地。如果客户端和 SOCKS 服务器都能使用 MPTCP，即使目的端不支持 MPTCP，客户端和 SOCKS 服务器仍能使用 MPTCP 传输数据。在 IETF'93 会议上，韩国电信宣布，他们已经于 2015 年 6 月在智能手机上提供使用 MPTCP 的商业服务。手机可以通过 SOCKS 代理服务器与传统 TCP 服务器通信，手机与代理服务器之间使用 MPTCP 提高吞吐量，这使其吞吐量最高可达 850 Mbps。

另外一种应用场景是 MPTCP 应用在网络中的 middleboxes 里。各种网络运营商正在讨论和评估混合接入网络的解决方案（Mamouni et al. ,2015）。这种网络状态通常出现在网络运营商控制两种不同的接入网技术（例如有线网络技术和蜂窝网络技术）并想联合使用它们以提高终端用户获得的带宽的场景下。当客户端创建一个正常的 TCP 连接，它被混合处理单元（HPCE）拦截并且转换成 MPTCP 连接，进而可以使用所有可用的接入网络（例如 DSL 和 LTE）。混合访问网关（HAG）则相反，确保服务器端看到的是一个正常的 TCP 连接。为了在混合网络中使用 MPTCP，目前的一部分解决方案讨论了基于 HCPE 和 HAG 实现 MPTCP 的方法，另外一部分解决方案依赖 HCPE 和 HAG 之间的通路来实现。

6.3 节将进一步介绍技术一给出的代理和锚定点解决方案。

6.3 MPTCP 协议代理和锚定点的基本定义

6.3.1 应用场景和工作方式

代理适用于只有一个主机支持 MPTCP 的情况，如图 6.4 所示，它可以让 MPTCP 主机与非 MPTCP 主机用 MPTCP 的方式通信。代理在连接建立时引入，在连接的整个生存期内都要保持有效。

锚定点适用于两个主机都支持 MPTCP 的情况，如图 6.5 所示。当端主机之间的直接交互失败时，锚定点为 MPTCP 连接建立子流，克服本地 IP 受限问题，在"break-before-make"移动事件中保证连接的健壮性。锚定点在连接的生存期内可以任意释放和加入。

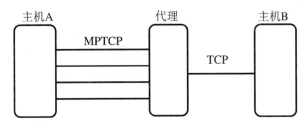

图 6.4　使用 MPTCP 代理将连接分离成两部分

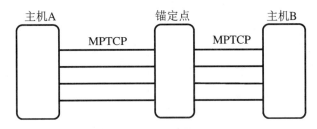

图 6.5　使用锚定点将连接分离

典型的锚定点应用场景为,两个主机都处于移动状态中,并因为移动切换了新地址;或是一个主机处于移动状态,使用了新地址,与另一个主机通信被防火墙阻挡。锚定点的作用有两方面:一是转换地址、端口;二是更改数据包的选项。锚定点和代理尤其适合无线接入环境,它们的功能实体可以位于同一个网络节点上。

从工作方式上,可以将 MPTCP 代理和锚定点分成两类:

1. 隐式的(IMPLICIT)

代理和锚定点位于直接路由路径上,自己就可以对数据包进行获取和更改,所以不需要显式的信息。

2. 显式的(EXPLICIT)

代理和锚定点没有位于直接路由路径上,需要一些显式的信息把代理和锚定点引入通信两端的连接中。

6.3.2　显式代理

如图 6.6 所示,与隐式代理相同,使用显式的 MPTCP 代理(Explicit Proxy)时,连接也被分离为 MPTCP 部分和 TCP 部分。

使用显式代理建立连接时,应考虑三种信令:带内 MPTCP 信令、带外 MPTCP 信令以及独立信令。这里给出带内信令的详细做法,如图 6.7 所示。

相关补充说明:

(1) 网络中已经有这个功能实体(保持有 A 的认证信息,可以为 A 提供 proxy/

anchor 服务）。

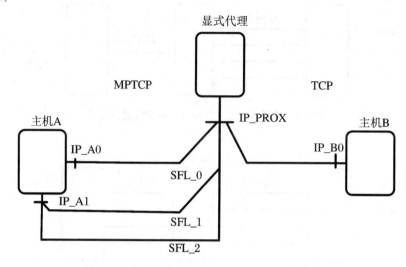

图 6.6　使用显式代理的 MPTCP-TCP 分离连接

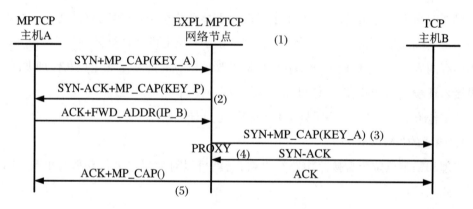

图 6.7　显式代理连接建立（in-band MPTCP 信令）

（2）此时还没有发送 proxy 标记，因为它不知道是否要为 A 提供代理服务。

（3）这里的地址是 Explicit MPTCP 节点的地址。

（4）收到的是 SYN-ACK，说明主机 B 是 TCP 主机，这时就知道自己要做 proxy。到这一步，才开始准备执行 proxy 功能。

（5）MP_CAPABLE 加有 PROXY 标记，从这个标记中，A 就知道 B 没有 MPTCP 功能。

6.3.3　隐式代理

如图 6.8 所示，使用隐式的 MPTCP 代理（Implicit Proxy）时，整个连接被分离为 MPTCP 部分和 TCP 部分。

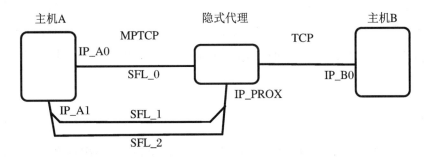

图 6.8　使用隐式的 MPTCP 代理进行 MPTCP-TCP 分离连接

根据连接发起者是否支持 MPTCP,采用隐式代理建立连接的情况稍有不同。两种情况的发起过程分别如图 6.9 和图 6.10 所示。

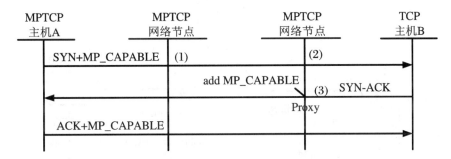

图 6.9　使用隐式代理的 MPTCP 连接建立(由 MPTCP 主机发起)

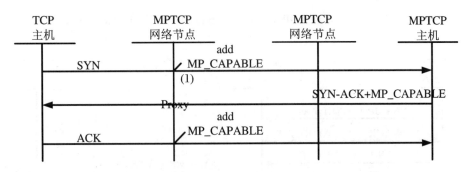

图 6.10　使用隐式代理的 MPTCP 连接建立(由 TCP 主机发起)

由支持 MPTCP 的主机建立连接时使用隐式代理的相关补充说明:

(1) 保留下主机 A 的一些信息:IP 地址、端口号以及 MP_CAPABLE 选项中的密钥。

(2) 保留 A 的 IP 地址、端口号以及 MP_CAPABLE 选项中的密钥。

(3) 会识别 SYN-ACK,然后检查 MP_CAPABLE。

由不支持 MPTCP 的主机建立连接并使用隐式代理时的相关补充说明:

如果简单地添加 MP_CAPABLE 选项,可能会有问题。比如导致两个 TCP 主机都通过 proxy 进行 MPTCP 连接。为了避免这样,引入了一个选项。相关数据包(用于确认是否支持 MPTCP)经过代理节点时,如果是代理添加的 MP_CAPABLE 选项,就要设置proxy 标记。

6.3.4　显式锚定点

图 6.11 给出了显式 MPTCP 锚定点(Explicit Anchor)在 MPTCP 连接中的位置。连接建立的方式也有三种,这里只考虑带内信令(要包含认证信息和通信对端的位置信息)的方式,相应的过程如图 6.12 所示。

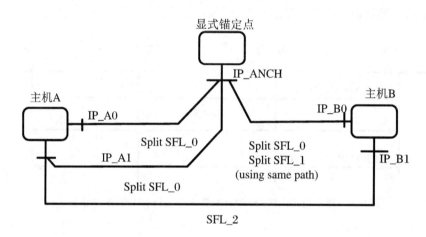

图 6.11　使用显式 MPTCP anchor 进行 MPTCP-TCP 分离连接

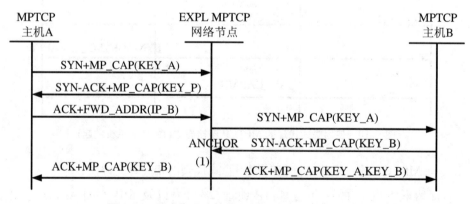

图 6.12　显式代理连接建立(in-band MPTCP 信令)

相关补充说明:

收到 SYN-ACK ＋ MP_CAP(KEY_B)后,得知主机 B 支持 MPTCP,所以 MPTCP网络节点知道自己可以用作 anchor。

另外如果主机 B 不支持多路径，可以由隐式代理提供帮助。

6.3.5　隐式锚定点

图 6.13 给出了隐式 MPTCP 锚定点（Implicit Anchor）在 MPTCP 连接中的位置，原有连接被分离为两段 MPTCP 部分。

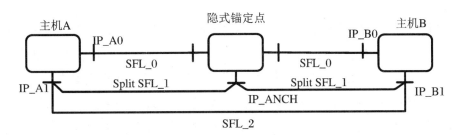

图 6.13　使用 MPTCP anchor 进行 MPTCP 连接

使用隐式锚定点时，主机 A 需要知道锚定点的存在，主机 B 也需要知道（否则，B 收到从锚定点转发来的数据包时，会把锚定点的地址当成 A 的地址）。SYN 数据包的 MP_JOIN 选项中需要包含 ANCHOR 标记。这样可以告知 B，数据包首部的源地址属于锚定点，与 MP_JOIN 选项中携带的地址 id 是无关的。

使用隐式锚定点建立 MPTCP 连接的方式可以参照隐式代理建立 MPTCP 连接的方式。

6.3.6　目前 MPTCP 代理的待研究内容

为了增进 MPTCP 的部署，以及适应移动环境和数据中心的需求，MPTCP 工作组引入了代理的研究，工作组成员提出了相关草案，第 83 次 IETF 会议中，工作组根据端主机是否支持 MPTCP，将此研究内容分为三种情况：

（1）两个端主机中，一台主机具备 MPTCP 功能，另一台主机不具备 MPTCP 功能，代理为不具备 MPTCP 功能的端主机提供多路径支持。

（2）两个端主机都具备 MPTCP 功能。两个移动主机同时移动或其中的一个端主机位于防火墙后面时，MPTCP 锚定点使得会话连续。

（3）两个端主机都不支持 MPTCP，代理之间创建多条路径。

草案（Hampel，Klein，2012）还没有完成上述三种情况的研究，存在的问题为：

当两个主机都不支持 MPTCP 时，隐式的 MPTCP 节点就不会提供代理服务。也就是说，此草案给出的方案不能解决两个通信主机都为 TCP 主机时的情况。

此草案没有给出已有的两种情况下数据传输的详细过程。由于代理和锚定点是连接的一个分离点,所以在转发数据包时需要进行 IP 头和 TCP 头的处理;代理和锚定点不是整个数据传输过程的终点,所以在确认时要考虑连接级别和子流级别如何进行的问题。

在现实应用中,存在这样的情况:位于移动接入网络中的两个主机进行通信,主机没有 MPTCP 功能,但是移动接入网关向网络侧具备 MPTCP 功能,或是网络中的某个网元具备多路径支持。此种场景对应于第三种情况。

如果将这种代理部署在接入网络中,让接入网关提供多径功能。MPTCP 为网络侧的功能,具备终端无关性的特点。这样可以使不支持 MPTCP 的传统终端也能享受到 MPTCP 带来的性能提升,并且这种方法简单易行,只需边缘设备提供支持。

另外当前网络的主要瓶颈位于接入侧进入核心网的部分。核心网内部性能很好,回程链路受限。所以多径越早汇聚越好,同理,越晚拆开也越好。因此可以将代理部署在运营商内部的网元上。这样便于运营商灵活地管理网络,根据 QoS 需求为用户在多径上分配带宽,同时也便于运营商计费。

6.4　支持双 TCP 协议终端的新型代理机制

上一节中给出的 MPTCP 代理适用于只有一个主机支持 MPTCP 的情况,锚定点适用于两个主机都支持 MPTCP 的情况,对于端主机均不支持 MPTCP 的情况,上一节中并没有给出相应的解决方案。本书作者所提交的 IETF 个人草案(Xue et al.,2013)中提出了一种新型代理机制。TMPP 是一种新型代理,可以使两个不支持 MPTCP 的端主机之间使用多路径连接进行通信。本节首先简单介绍 TMPP,其次描述 TMPP 的应用场景,接着给出 TMPP 代理的具体操作,最后讨论 TMPP 的技术点和优势。

6.4.1　TMPP 定义

为使两个不支持 MPTCP 的端主机使用多路径连接进行通信,本小节将介绍一种新型代理方式,即 TMPP(Transparent MPTCP Proxy)。TMPP 在连接中所处的位置如图 6.14所示,每个在网络中的 MPTCP 节点都部署 TMPP,端主机与 TMPP 相连接。两个 TMPP 之间建立多条路径,将连接分离成 TCP、MPTCP、TCP 三部分。TMPP 代替非 MPTCP 主机执行多路径传输,在转发信息时需要转换地址端口,插入或修改 MPTCP 选项,并修改序列号。

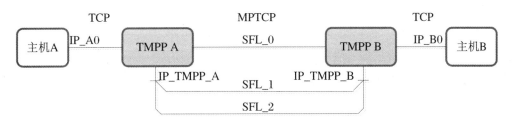

图 6.14 使用 TMPP 将连接分离成三部分

6.4.2 应用场景

TMPP 的设计旨在解决一类问题,即帮助接入网络中不支持 MPTCP 的主机同时使用多条路径进行通信。根据 TMPP 所处的位置,可以将应用场景分为两类:一类是只在接入网中使用 TMPP;另一类是在接入网和运营商网络内部都使用 TMPP。

6.4.2.1 TMPP 位于接入网

实际应用中,通信终端一般都通过某种接入设备与网络互连,比如调制解调器、接入网关、无线路由器等。当接入设备由某个场所专用时,接入设备与端主机之间的链路有足够的带宽。此时将 TMPP 功能置于接入设备,由接入设备向网络侧提供 MPTCP 支持,就可以帮助两个位于接入网的非 MPTCP 端主机建立起 MPTCP 连接。多径连接的起始和终结都位于接入设备(如图 6.15 所示)。

图 6.15 仅由接入设备实现 TMPP 的应用场景(以接入网关为例)

根据接入设备对传输方式的支持,TMPP 面向网络侧的多路径既可以使用同一种传输方式,也可以使用多种传输方式。

1. TMPP 面向网络侧使用同一种传输方式

比如向家庭使用的调制解调器加入 TMPP 功能,并将电话线接口增加为多个后,就可以将多条 ADSL 线路聚合起来。若原 ADSL 线路支持 24 Mbps 的下行速率,聚合五条线路后即达到百兆速率,由此可为家庭主机提供更大的带宽。

TMPP 的好处在此显而易见,虽然端主机与调制解调器之间依然保持原有的单径连接,却可以通过 TMPP 享有大于单条 ADSL 线路的带宽。

使用此种方式时需要考虑一个问题,即多号接入可能给用户带来较高的费用开销。

接入设备的网络侧使用同一种传输方式时,多号接入的提供者为同一运营商。由于增多 TMPP 部署可以为用户提供更多潜在的带宽,产生更大的业务流量,带来更好的经济效益,所以运营商可以提供鼓励性的计费方式。

2. TMPP 面向网络侧使用多种传输方式

随着社会公共设施的完善,一些城市的公交车配备了移动终端无线接入服务,乘客可通过手持设备免费享用 Wi-Fi 接入。当使用网络的乘客数量过多时,单一的车载路由器不能提供充足的带宽,当前运营商预先通过安放多台无线路由器解决此问题。

这时可以在公交车的车载无线路由器中配备 TMPP 功能,无线路由器向网络侧接入多个运营商网络,使用多种移动接入方式,聚合多条传输路径。由于公共设施不存在用户费用开销的问题,所以可以最大限度地借用技术支持提升带宽。可见 TMPP 面向网络侧使用多种传输方式时,比较适合用于对用户免费的公共服务。

仅在接入网使用 TMPP 时,针对端主机不支持 MPTCP 的情况,只需让接入设备提供多路径功能,端主机和接入设备之间依然按照常规 TCP 连接进行通信。MPTCP 在此类应用场景中体现的是网络侧功能,与终端无关,却可以使不支持 MPTCP 的传统终端享受到 MPTCP 带来的性能提升。这种场景下 TMPP 功能的植入简单易行,只需边缘设备支持即可,但是需要考虑多签约问题。

6.4.2.2　TMPP 位于接入网和运营商网络内部

从架构上看,当前网络由接入网和骨干网组成。由于骨干网一般采用光纤结构,传输速度快,所以接入网便成为整个网络系统的瓶颈。6.4.2.1 小节中当接入链路受限,提供有 TMPP 功能的接入设备时,多路径连接的起始点和终结点都在接入设备,即在接入网进入骨干网的部分以及穿过骨干网的整个过程中,都使用了多路径。然而这两部分中,只是前者性能受限。所以多路径应该尽早汇聚,尽晚拆开。由此考虑将连接分离点 TMPP 置于运营商内部网元上,比如 P-GW。

1. 发送方或接收方一端受限

当接入网中的一台端主机与网络内部的一台主机进行通信时,网络内部的主机直接享有高带宽连接,接入网中的主机通过接入设备与网络相连,受到了带宽限制。这时只需为接入网中受限的路径提供多路径服务,多路径的两个终结点为接入网关和 P-GW,如图 6.16 所示。在 6.4.2.1 小节的基础上,由运营商提供具备 TMPP 功能且统一管理的 P-GW。

2. 发送方和接收方都受限

当两台端主机都位于链路性能受限接入网时,应在双方各自受限的接入网络部分使用多路径功能。这时可以设置四个连接分离点,分别位于两个接入设备和两个运营商

P-GW(如图 6.17 所示),即相比于 6.4.2.1 小节,运营商为通信双方分别提供了一个 TMPP 功能实体。

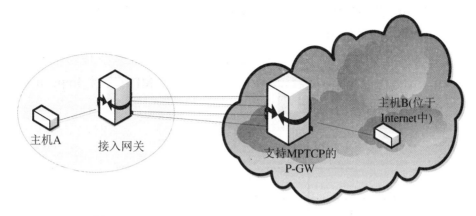

图 6.16　TMPP 位于 P-GW 且端主机一方受限的应用场景

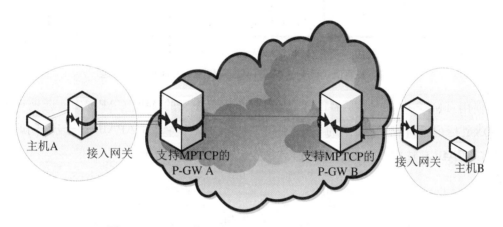

图 6.17　TMPP 位于 P-GW 且端主机双方受限的应用场景

在运营商网络内部提供 TMPP 功能实体,将多路径连接终结在进入骨干网之前,既符合实际网络的链路受限情况,又方便了运营商管理网络。运营商可以根据 QoS 需求为用户在多径上分配带宽,同时也便于计费。

6.4.3　TMPP 操作

6.4.3.1　TMPP 连接建立过程

IETF 草案(draft-hampel-mptcp-proxies-anchors-00)(Hampel,Klein,2012)研究了 Proxy(代理)和 Anchor(锚定点)在 MPTCP 中的使用,Proxy 针对两个通信主机一个为 MPTCP 主机、另一个为 TCP 主机的情况,将连接分离成 MPTCP 部分和 TCP 部分。 Anchor 针对两个通信主机都为 MPTCP 主机的情况,将连接分离成两个 MPTCP 部分。

　　在该草案中,当网络中存在隐式的 MPTCP 节点时,如果 TCP 主机发起连接(如图 6.18所示),SYN 经过一个 Implicit MPTCP 节点,就会被添加 MP_CAPABLE 选项,而且 PROXY FLAG 也会被置位。其他的 Implicit MPTCP 节点接收到此 SYN 时,检测到 MP_CAPABLE 选项中有 PROXY 标记,在后续到来的 SYN/ACK(收到的是 SYN/ACK,而不是 SYN/ACK + MP_CAPABLE,表明另一个主机也不支持 MPTCP)中就不会添加 MP_CAPABLE 选项。这样,当两个主机都不支持 MPTCP 时,Implicit MPTCP 节点就不会提供代理服务。

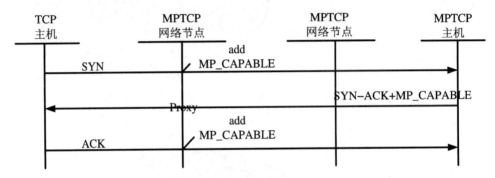

图 6.18　使用隐式代理的 MPTCP 连接建立(由 TCP 主机发起)

　　使用 TMPP 时,只需要做简单的更改:发现 SYN 的 MP_CAPABLE 选项中有 PROXY 标记后,在后续到来的 SYN/ACK 中继续添加 MP_CAPABLE 选项,同时将 MP_CAPABLE 选项中的 PROXY FLAG 置位,如图 6.19 所示。

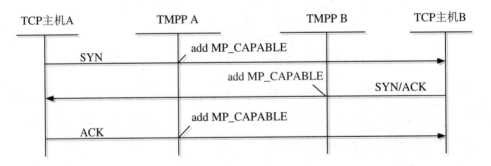

图 6.19　TCP 主机通过 TMPP 建立 MPTCP 连接的信令流程(in-band)

　　具体的 TCP-MPTCP-TCP 连接方式建立信令如下所述。

1. SYN

　　一个不支持 MPTCP 的主机(图 6.19 中的 TCP HOST A)发起连接时,会发送一个 TCP SYN 数据包。位于通信路径上的 TMPP 会发现此数据包,并将主机 A 和对端主机 B 的位置信息缓存起来。TMPP 基于此位置信息识别与拦截对端主机的 SYN-ACK 数据包和连接建立之后的数据包。在 SYN 数据包的传输过程中,TMPP 不会更改数据包中的位置信息。

距离主机 A 最近的 TMPP(图 6.19 中的 TMPP A)负责初始化多路径支持。TMPP A 发现来自主机 A 的 SYN 数据包中没有 MP_CAPABLE 选项,会为 SYN 数据包增添 MP_CAPABLE 选择,并将 PROXY FLAG 置为 1(表明 MP_CAPABLE 选项是由代理添加的),然后转发给主机 B。

与主机 A 的 TMPP A 一样,在对端主机 B 侧,也有一个 TMPP(图 6.19 中的 TMPP B)为主机 B 提供多路径服务。TMPP B 会比主机 B 先收到 SYN 数据包,当发现 PROXY FLAG 位为 1 时,就得知主机 A 是不支持 MPTCP 的,路径上一定有一个 TMPP 为主机 A 服务。也就是说,TMPP B 得知了 TMPP A 的存在。接着,TMPP B 缓存下两个通信主机的位置信息,然后将 SYN 数据包转发给主机 B。

2. SYN-ACK

主机 B 收到 SYN 数据包后,会发出 SYN-ACK 数据包。TMPP B 收到此 SYN-ACK 数据包后,为主机 B 创建密钥,连同 MP_CAPABLE 选项(同时 PROXY FLAG 设置为 1)一起插入 SYN-ACK 数据包中,然后转发给下一个节点。

SYN-ACK 数据包经过 TMPP A 时,TMPP A 发现代理标记后,会缓存下密钥,用于子流建立。

3. ACK

TMPP A 收到来自主机 A 的 ACK 响应后,依然需要为 ACK 数据包添加 MP_CAPABLE 选项(同时 PROXY FLAG 设置为 1)。另外,TMPP A 需要为主机 A 生成密钥,这个密钥会被 TMPP B 获取。

6.4.3.2　TMPP 子流管理

TCP-MPTCP-TCP 连接方式建立后,两个 TMPP 将连接分割成两个 TCP 连接部分和一个 MPTCP 连接部分,两个 TMPP 成为后面所有新建子流的端节点。新子流的建立都由 TMPP 发起。

鉴于子流管理的需求,为了防止新子流建立时 TMPP 向端主机(不支持 MPTCP 的主机 A 或者主机 B)发起添加子流的请求,两个 TMPP 需要互相知道对方的存在,以及对方的地址信息。为此,在 TMPP 向 SYN、SYN/ACK 和 ACK 数据包中插入 MP_CAPABLE 选项时,采用了添加 PROXY FLAG 置位的方式来标志 TMPP 是否做了相关操作。TMPP 收到有 FLAG 标记的数据包时,就会知道对方的存在。

从连接建立的流程可以看到,连接刚刚建立后,两个代理通过 PROXY 标记,知道了对方的存在,但是还不知道对方的地址信息。因此代理需要通过使用 ADD_ADDR 通告自己的地址。这里沿用 IETF 草案(Hampel,Klein,2012)的做法,使用 ADD_ADDR 选项通告地址。

在基本的 MPTCP 中,ADD_ADDR 选项携带了即时子流建立请求,这个请求的目的是允许反向创建子流(比如对端主机位于防火墙后面)。为了区分这种基本的 ADD_ADDR 选项应用,TMPP 使用此选项进行地址通告时,需要添加 JOIN FLAG。只有在 JION FLAG 被标记时,ADD_ADDR 选项才被认为是子流创建请求。

IETF 草案(draft-ayar-transparent-sca-praxy-oo)(Ayar et al.,2012)指出,MPTCP 选项的传输并不是非常可靠的,所以 ADD_ADDR 选项有可能丢弃。这样一来,TMPP 有可能不能相互获知地址信息。因此,还需要另外一个新的选项 SEEK_ADDR 来通告地址。SEEK_ADDR 选项格式如图 6.20 所示,Version 区域为 IP 版本。

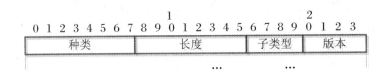

图 6.20　SEEK_ADDR 选项

6.4.3.3　TMPP 的数据传输

1. 数据传输流程

数据传输流程如图 6.21 所示,具体过程表述如下:

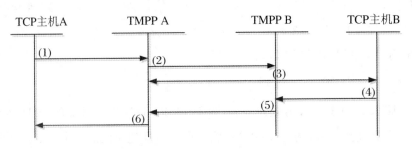

图 6.21　数据传输流程

(1) 主机 A 向主机 B 发送一个数据包,IP 头中有 A 和 B 的地址,TCP 头中有 A 和 B 的端口号以及序列号 SN。

(2) TMPP A 收到主机 A 发送来的数据包后,为其分配 TMPP A 和 TMPP B 之间 MPTCP 连接的传输子流,并更换 IP 头和 TCP 头(主要是位置信息和序列号的更改,后面有详细说明,TMPP 子流 TCP 首部格式如图 6.22 所示)。

(3) TMPP B 收到从 TMPP A 发送来的数据包后,在子流级别上给出确认,发送 ACK 给 TMPP A(ACK number 是子流级别上的)。

(4) 同时,TMPP B 将数据包的地址端口信息复原为主机 A 发送的数据包的信息,去掉 MPTCP 选项内容,然后将此数据包发送给主机 B。

(5) 主机 B 收到数据后,回应 ACK。

(6) TMPP B 收到此 ACK,向 TMPP A 发出连接级别的确认。

(7) TMPP A 收到连接级别的确认后,向主机 A 发送 ACK。此 ACK 中使用的是主机 B 的信息。

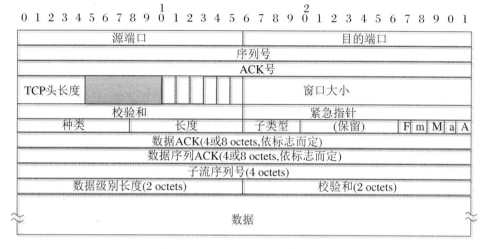

图 6.22　TMPP 子流 TCP 首部格式

由于网络设备的缓存容量限制,不要求 TMPP 缓存收到的数据包。如果图 6.21 中的 TMPP B 没有收到来自主机 B 的 ACK 响应,连接发起者就需要重传数据包。

2. 数据映射设计

在数据传输流程的第二步,TMPP A 收到来自主机 A 的数据包,需要更改 TCP 头,创建 MPTCP 数据包。此操作包括添加 MPTCP 选项区域,计算图 6.23 中圈记的序列号。新 TCP 头中的 SN 和 MPTCP 选项中的 Subflow Sequence Number 为子流的 SN,此 SN 要单独计数;MPTCP 选项中的 Data Sequence Number 为原 TCP 流的 SN。TCP head length 重新设置。TMPP 要维护此转换关系。

TMPP B 收到 TMPP A 发来的数据包时,要将 MPTCP 数据包更换为 TCP 数据包。此操作包括去掉 MPTCP 选项区域,还原 TCP 头的序列号。TCP 头中的序列号设置为收到的 MPTCP 数据包中 Data Sequence Number 值。

3. 地址维护

MPTCP 代理还需要具备的功能是地址信息维护。在图 6.19 中,子流都需要由 TMPP 创建。TMPP 之间要相互通告 IP 地址。像 NAT 一样,TMPP A 从主机 A 收到数据包时,会为其分配 TMPP A 和 TMPP B 之间用于此连接的子流,除了数据映射设计中所述的序列号更改外,还需要进行地址信息的更改和维护。

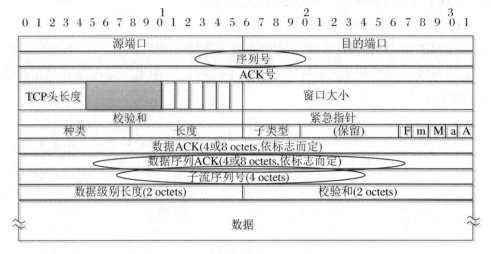

图 6.23   TMPP 收到来自主机的数据包时需要更改的数据序列号区域

在 TMPP A 处,地址和端口信息分别更换为传输子流在 TMPP A 和 TMPP B 两端的 IP 地址和端口号;在 TMPP B 处,地址和端口信息再换回主机 B 的地址和端口信息。因此,TMPP A 和 TMPP B 需要维护一个连接中,端主机的 IP 地址和端口信息与 TMPP 调用子流时使用的 IP 地址和端口信息。

另外还可以通过使用隧道来进行地址维护,如图 6.24 所示。这时,TMPP 不需要维护地址转换关系,TMPP B 收到 TMPP A 发来的数据包时,只需去掉 TMPP A 封装的头即可。

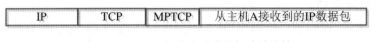

图 6.24   TMPP 间使用隧道进行地址维护

6.4.4   针对 TMPP 的讨论

6.4.4.1   TMPP 的技术关键点

(1) 多路径 TCP 部署架构,MPTCP 接入代理和 MPTCP 网关代理可以将 TCP 连接分割成子连接。

(2) 在 MPTCP 框架下,使用 TMPP 让两个不支持 MPTCP 的主机使用多路径进行通信。① 连接建立:TMPP 负责为来自端主机的数据包添加 MP_CAPABLE 选项及其标记。② 子流管理:连接建立之后,两个 TMPP 相互之间要使用 ADD_ADDR 进行地址通告子连接的建立由 TMPP 发起并建立。③ 数据传输:数据传输中,TMPP 在进行数据包转发时,要更改 IP 头和 TCP 头,尤其是新 TCP 头的 SN 和 MPTCP 选项中的 Subflow

Sequence Number 为子流的 SN,此 SN 是单独计数的;MPTCP 选项中的 Data Sequence Number 为原 TCP 流的 SN。TMPP 需要建立 TCP 连接和 MPTCP 连接之间 IP 头和 TCP 头的转换关系。在数据包确认时,TMPP 在收到数据包后,应该立即给出子流级别的确认,而连接级别要在收到端主机的确认后进行。

(3) 在运营商网络内部部署 TMPP 时,此功能在 P-GW 中实现。

6.4.4.2　效果分析

TMPP 可以在 MPTCP 的架构下,为两个不支持 MPTCP 的端主机提供多路径支持,由此享受多路径带来的好处:增强连接可靠性,提高资源利用率,从而提升网络的容量。

同时,TMPP 部署起来也很灵活,既可以部署在接入网,又可以位于运营商网。当 TMPP 部署在接入网络中(比如接入网关)时,只要网络接入设备支持即可,让 MPTCP 功能与终端无关;当 TMPP 部署在运营商网络中(比如 P-GW)时,一方面,易于运营商在网络内部根据 QoS 需求分配资源;另一方面,这种汇聚拆分方法是符合网络状况的。核心网有足够的带宽,在核心网采用常规的单径传输,回程链路部分存在瓶颈,在回程链路借助多径传输提高性能。

6.5　显隐式混合双代理架构

6.5.1　设计思想

为了实现用户的 MPTCP 服务,需要同时在用户侧与服务器侧做部署:一是在服务器侧通过云代理方式实现服务器侧的 MPTCP 支持,由于云服务的特性,选用协商的特定显式代理协议与用户交互,通过提供的云服务用户可获得 MPTCP 服务支持;二是在用户网关处通过协议转换实现 MPTCP 隐式代理,用户向云发送的请求将强制转换为 MPTCP 协议请求,建立的连接将强制转换为 MPTCP 连接。因此,上述问题将分为两个步骤完成。

6.5.1.1　总体架构

由上述思想,MPTCP 双代理服务过程为,用户通过特定协议向云服务器发起代理请求,并与云服务器建立连接;连接经过网关,网关隐式代理将连接转换为 MPTCP 连接,并利用连接网关的多条链路与外部通信;云服务器收到 MPTCP 连接请求建立 MPTCP 连接并通过该连接从用户接收数据和向用户发送数据。

MPTCP 代理整体结构如图 6.25 所示,用户连接外部网络通常均需通过特定的本地网关,网关还存在 NAT 等中间服务,在网关处布置 MPTCP 隐式代理功能,代理识别用户请求的传输协议,修改数据包进行协议转换,修改过的协议包再到达云服务器形成用户到云代理服务器之间的混合连接方式,用户到网关为 TCP 流而网关到云服务器为MPTCP 流。

该系统包括两个部分:一是部署在云服务器上的显式代理,该显式代理通过显式代理协议建立两段连接,连接用户与云代理服务器、云代理服务器与目的服务器;二是部署在网关上的 MPTCP 隐式代理,隐式代理对用户透明,通过修改数据包的方式将 TCP 连接转换为 MPTCP 连接。在这个过程中,对用户来说建立了一个与服务器之间的 TCP 连接,而对云代理服务器来说建立了一个与用户之间的 MPTCP 连接。下面分别阐述显式代理和隐式代理的基本原理和设计依据。

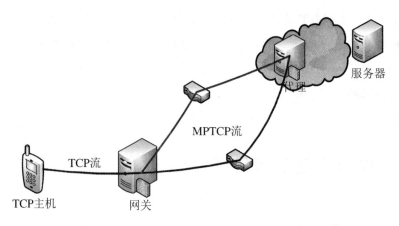

图 6.25　MPTCP 双代理总体结构图

6.5.1.2　MPTCP 双代理需求分析

MPTCP 代理使用场景为用户与服务器仅有一端支持 MPTCP 协议,通过代理的方式使未支持 MPTCP 协议的一端获得 MPTCP 服务。而双代理使用在用户与服务器均不支持 MPTCP 时,通过双代理方式可获得 MPTCP 服务支持。

根据此设计结合实际应用需求,应关注以下几个问题:① 兼容性。MPTCP 从提出以来,越来越受到企业的重视,部分移动设备与内容服务器提供了系统对于 MPTCP 协议的支持。另外某些应用服务并不需要 MPTCP 提供的支持。因此代理需对用户请求进行区分,当用户与服务器均支持 MPTCP 时无须使用代理模式。② 高效率。MPTCP协议使用多条路径协同传输,其总传输效率应不低于任何一条路径单独传输的效率。③ 轻量化。家庭与企业用户数量庞大,部署方式要尽可能简易,减少在用户或服务器上的修改,从这个角度我们希望实现用户即连即用无须进行任何修改。

6.5.2　MPTCP 双代理设计依据

关于 MPTCP 隐式代理的 IETF 个人草案标准(Hampel, Klein, 2012)由 Hampel 等人于 2012 年提出,所提出代理通过中间件的形式,实现对用户透明的 MPTCP 代理。相对于隐式代理,显式代理协议使用广泛。SOCKS5(Protocol for Sessions Traversal Across Firewall Securely v5)协议(Leech et al. , 1996)是使用最广泛的应用层代理协议之一,SOCKS5 协议部署在用户主机与代理服务器之间,使用 TCP 协议建立代理连接,在代理过程中,用户和 SOCKS5 代理服务器之间通过 TCP/IP 协议进行通信,用户端根据协议标准将连接请求发送至 SOCKS5 代理服务器,然后再由 SOCKS5 代理服务器将请求转发给真正的服务器。

6.5.2.1　SOCKS5 协议

在 SOCKS 协议代理服务中,一次代理首先需要客户端向代理服务器发送代理服务请求,建立代理连接。连接建立过程中,为保证代理安全,需进行版本协商和代理认证。最后验证转发请求,代理服务器检查这个请求,根据结果,选择建立或拒绝连接。

1. 协商版本与认证方法

图 6.26 为 SOCKS5 代理协议协商版本和认证方法协议栈。其中 Version 标志 SOCKS 协议版本号,SOCKS5 协议为第五代 SOCKS 协议,版本号为 5。版本协商字段中,NMETHODS 标志可选认证方式的数量,代表接下来 METHODS 中包含的认证方法数量。METHODS 标志具体认证方法的编号。通过 NMETHODS 和 METHODS 客户端向服务器询问可用认证方法。在服务侧,认证方法响应包含一个 METHOD,代表服务器选择的当前认证方法,并通告客户端进行下一步认证。如表 6.2 所示,当前被定义的 METHOD 值包括六种:

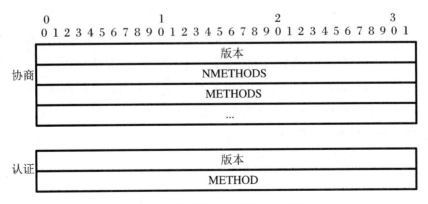

图 6.26　协商版本和认证方法结构

表 6.2 SOCKS5 协议认证方法表

类型号	名称	认证方法
0x00		无验证需求
0x01	GSSAPI	通用安全服务应用程序接口
0x02	USR/PWD	用户名密码验证
0x03	IANA ASSIGNED	0x03-0x7F IANA 分配
0x80	RESERVED	0x80-0xFE 位保留字
0xFF	NO ACCEPTABLE	无可接受认证方法

认证方法可参考当前方法列表,使用已有方法与当前通信协议。一般情况下,在 SOCKS5 代理服务中使用用户名和密码的认证方法。

2. 客户代理请求

当方法选择完毕,客户端将发送请求细节。SOCKS 请求结构如图 6.27 所示。

```
0                   1                   2                   3
0 1 2 3 4 5 6 7 8 9 0 1 2 3 4 5 6 7 8 9 0 1 2 3 4 5 6 7 8 9 0 1
┌─────────────────────────────────────────────────────────────┐
│                    VER(版本, Version)                          │
├─────────────────────────────────────────────────────────────┤
│                          CMD                                   │
├─────────────────────────────────────────────────────────────┤
│                    RSV(保留, Reserved)                         │
├─────────────────────────────────────────────────────────────┤
│                          ATYP                                  │
├─────────────────────────────────────────────────────────────┤
│              DST.ADDR(1-4 Bytes, 目标地址)                     │
├─────────────────────────────────────────────────────────────┤
│              DST.PORT (2 Bytes, 目标端口)                      │
└─────────────────────────────────────────────────────────────┘
```

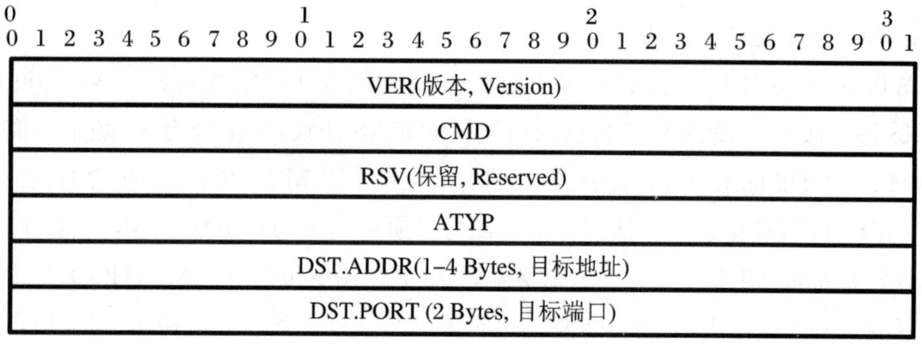

图 6.27 SOCKS 请求结构

如图 6.27 所示,SOCKS 代理重点在于通告代理服务器客户端所需内容服务器地址,由服务器决定是否建立代理服务,若由服务器返回成功代理消息,将进入内容请求阶段。如表 6.3 所示,其中 VER 标志 SOCKS 协议版本号。CMD 为当前请求类型,分为三种:① 连接请求;② 绑定请求;③ UDP 关联。RSV 为服务器填充返回信息保留字。ATYP 标志希望代理的内容服务器的地址类型,包括:① IPv4 地址;② 域名;③ IPv6 地址。最后则是与地址类型相符的地址和端口号。

表 6.3　SOCKS 请求结构方法表

类型	名称	方法
VER	版本号	0x05
CMD	请求类型	0x01 连接请求 0x02 绑定请求 0x03 UDP 关联
RSV	保留	
ATYP	地址类型	0x01 IPv4 地址 0x03 域名 0x04 IPv6 地址
DST. ADDR	目的地址	
DST. PORT	目的端口号	

在地址域中,ATYP 标志地址的类型,不同类型采用不同的地址表示方法,当使用 IPv4 地址作为目的地址时 DST. ADDR 包含 4 个 8 位字节存储目的地址;使用域名作为目的地址时,DST. ADDR 包含两个部分,第一部分包含 1 个 8 位字节表示域名长度,之后包含该长度的字符串;当使用 IPv6 地址作为目的地址时,使用 16 个 8 位字节存储目的地址。

3. 服务器响应

SOCKS 服务器连接建立后,客户端将发送代理请求,此时服务器等待用户请求并完成请求评估,返回相应的请求响应。

如图 6.28 所示,在一次服务器响应中包括 REP 标志请求结果及错误原因,若成功,则返回成功建立连接的服务器地址和端口。响应结构方法如表 6.4 所示。在请求结构中可以知道一次 TCP 请求可分为连接和绑定两种请求。

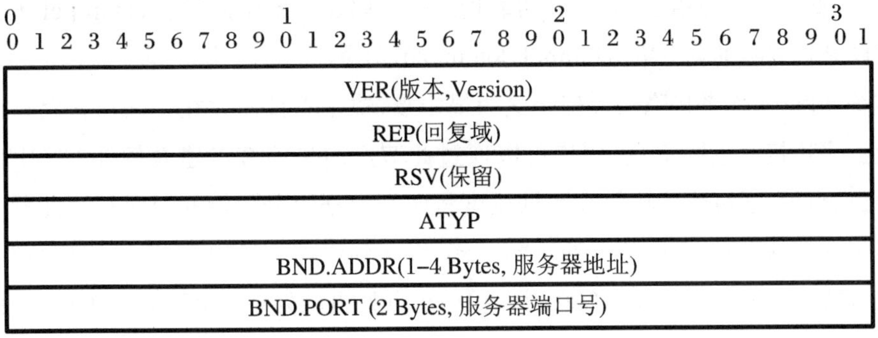

图 6.28　SOCKS5 请求响应结构

表 6.4 SOCKS5 请求响应方法表

类型	名称	方法
VER	版本号	0x05
REP	响应类型	0x00 成功 0x01 SOCKS 服务器错误 0x02 违反规则 0x03 网络未知 0x04 主机未知 0x05 拒绝建立连接 0x06 TTL 为 0 0x07 无效命令 0x08 地址类型错误
RSV	保留	0x00
ATYP	地址类型	0x01 IPv4 地址 0x03 域名 0x04 IPv6 地址
BND.ADDR	服务器地址	与地址类型相符的地址
BND.PORT	服务器端口号	

在连接请求的回应中,如表 6.4 所示,BND.PORT 标志连接在服务器侧的本地端口号。BND.ADDR 标志与服务器端口号绑定的 IP 地址。因为 SOCKS 服务器常常有多个地址,因此此地址与客户端连接 SOCKS 服务器所用地址可能不同。但我们也可以令回应消息返回与客户端请求的 SOCKS 服务器地址相同以便后续分析处理。

6.5.2.2 隐式代理设计依据

MPTCP 协议要求通信双方均支持 MPTCP 协议服务,同时由于该协议基于 TCP 扩展选项,因此在实际使用中,大部分功能均会受到限制。鉴于此问题,Hampel 等人提出了 MPTCP 代理标准化草案(Hampel,Klein,2012)。

在该文献中,作者将隐式代理定义为锚定点,锚定点被安放在一条连接路径的某个节点上。当连接经过锚定点,用户可以通过此节点向目的节点建立额外的 MPTCP 子流,在锚定点处,通过连接映射和数据调度将两端数据包分别转发至对端。此种方式在维持一个连接的同时,在锚定点处分割子流,以达到代理的目的,由于子流的分割,在锚定点处维持子流映射及地址端口映射。在锚定点处也能处理 MPTCP 选项或转发、过滤数据包。

　　如图 6.29 所示,锚定点可能拥有多个地址,在一次连接建立过程中,地址的通告可附于连接建立中,通过 MPTCP 地址选项通告锚定点地址,主机地址可由分析数据包获得。此时锚定点两端均为 MPTCP 主机,通过通告锚定点地址建立代理,可增加通往对端主机的子流数量。这种情况下,主机本身也支持 MPTCP 协议,在用户的所有连接中,某些子流也可能未经过锚定点。由于锚定点所处位置未知,上述问题也可能分为两种情况,初始连接建立的第一条子流就经过锚定点的情况,主机将以连接建立的方式与锚定点交互,此时锚定点可通过连接建立过程获得主机的所有连接相关信息,因此锚定点可任意加入和修改数据包信息并完成 MPTCP 代理功能。而若锚定点不在连接建立的第一条子流上,则需显式通告锚定点位置。

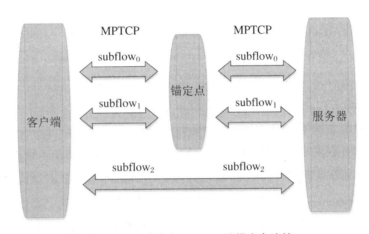

图 6.29 两端均为 MPTCP 端锚定点连接

　　另一种情况存在于其中一端无法提供 MPTCP 协议支持。如图 6.30 所示,在服务器无法提供 MPTCP 协议支持时,用户无法使用 MPTCP 协议与服务器建立多条连接。此时锚定点必须作为一个协议转换系统,维持两端不同连接的同时,完成从单连接到多连接及多连接到单连接的转换。锚定点通过对经过隐式代理的数据包进行修改完成代理。其既可以在两个主机之间代理,也可以在主机与代理之间使用,无须对两端主机做修改,也无须对现有协议做新的改动,当连接请求经过锚定点时,即可实现 MPTCP 协议代理。

　　由此标准,研究人员在文献(Deng,Liu et al.,2014;Bonaventure et al.,2017)中对隐式代理在网络中的使用场景进行了分析。在现有环境中,随着无线网络覆盖不断增加,越来越多多宿主无线设备出现。因此可以看到,无线接入网络中的设备是 MPTCP 代理的主要受用对象。一种可行的部署场景是将代理部署在无线接入网的中心路由上,通过代理同时使用不同的 3G 和 4G 网络,而在 3G 和 4G 网络中,不同的运营商之间的网络使用不同的频段,可以在同一设备上同时使用。另外 3G 和 4G 移动网络本身的中心架构、安全保障、收费机制均可直接作用在代理上。从网络技术角度,由于大范围的无

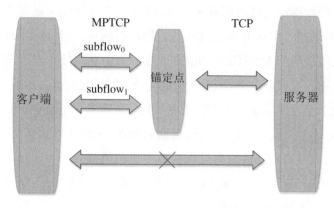

图 6.30   一端 MPTCP 端锚定点连接

线网络覆盖,使用 MPTCP 代理可使得主机通过不同的网络包括 3G/4G,Wi-Fi 建立多径连接,提高网络传输效率。由于使用隐式代理建立代理,大大简化了信令的交互和设备的修改。在此种场景中,隐式代理与显式代理应是并用的,对于任何配置方案需要对MPTCP 主机做适当配置以便其可同时使用显式代理与隐式代理。

还有一种情况是使用在 ISP(Internet Service Provider)数据中心中。本地 ISP 通常在其域内为大型互联网内容提供商建立本地数据中心设施,以便在本地提供用户请求,从而增强用户体验以缩短端到端延迟时间并降低不必要的跨 ISP 对等流量。因此通过在 ISP 本地数据中心的入口处部署 MPTCP 代理,可以帮助在数据中心内的各种互联网内容提供商在有需要的时候为本地用户获得增强的用户体验,而无须手动升级他们的服务器。

6.5.3   双代理功能模块设计

本小节主要考虑功能模块结构的设计,根据上述章节设计思想,可以将整体系统分为两部分:一部分为位于云服务器上的显式代理部分;另一部分为位于用户侧本地网关的隐式代理部分。两个部分协同工作完成 MPTCP 的代理功能。在一次内容请求中,用户首先通过用户终端上的显式代理客户端向代理服务器端发起代理请求,由于用户终端无 MPTCP 支持,该请求为 TCP 请求。当经过用户网关隐式代理时,该请求将被代理识别,并转换为 MPTCP 请求。当请求到达云服务器时,服务器将通过显示代理协议建立与用户之间的代理服务,并由代理服务器向内容服务器发起连接获取内容。整个过程中,用户对外发起一个 TCP 连接,代理服务器向用户建立一个 MPTCP 连接,这两个连接由本地网关进行协议转换,且该协议转换过程对用户不可见。因此云服务器采用MPTCP 连接方式向用户发送数据,此连接经过网关被转换为 TCP 连接送到用户一侧。

6.5.3.1 功能结构和工作方式

虽然 MPTCP 能够通过聚合多条路径的带宽资源提高传输效率和连接健壮性,但 MPTCP 被提出之后并没有很快得到实际应用,原因是协议设计本身增加了部署难度,客户端和服务器端需要更改内核才能支持 MPTCP 通信,这种大规模的设备修改在实际应用中是难以实现的。因此我们引入 MPTCP 代理,希望通过协议转换方式为未部署协议的设备提供 MPTCP 服务支持。通过 MPTCP 代理实现带宽聚合,为用户提供更高质量的网络服务。为了实现此部署任务,应考虑如下问题:

本系统的应用场景应为个人手机或电脑,用户设备可能未安装或已安装 MPTCP 协议,服务用户的网关连接多个网络接口。在此场景下,应能有效地利用私人网关的多个接口,并充分发挥 MPTCP 的可靠传输协议的强化作用。本系统使用云服务器作为服务器侧代理节点,考虑到云服务的特性,这使得我们需要一套与云服务器通信的应用为设备服务。考虑到用户网关可能连接多台设备,应提高系统的处理效率,在网关处理能力一定的情况下,保证网络传输效率达到一般用户网关需求。依据这些问题,下面设计了代理的实现框架。

如图 6.31 所示,在服务器一侧,由于内容提供商的多样性,为了保证服务侧无部署的 MPTCP 协议支持,我们考虑使用私有云作为加速服务节点,以显式代理的形式为用

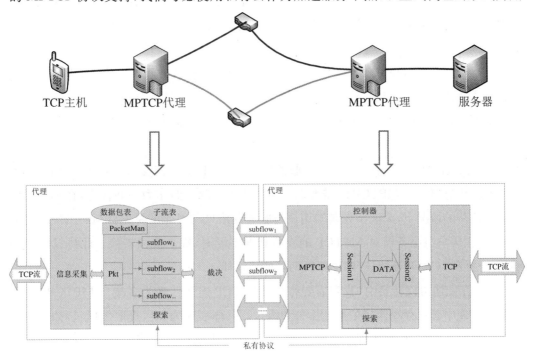

图 6.31 MPTCP 双代理总体结构示意图

户提供代理服务。这样在本地支持 MPTCP 协议的情况下，即使服务器不支持 MPTCP 协议也可达成多径链路的使用。在现有实现中，苹果 IOS 7 中 Siri 云服务即是使用此种云部署方案，为用户提供 MPTCP 服务支持的。当私有云支持 MPTCP 协议时，通过代理可以将连接分为用户-云、云-服务器两段连接，由代理云服务器直接为用户提供 MPTCP 支持。

在用户一侧，由于设备的多样性导致 MPTCP 部署困难，我们考虑在网关处加入新的功能以支持协议的使用。当用户未进行 MPTCP 部署时，通过网关处代理的功能，为用户提供透明的 MPTCP 代理服务。在网关代理的设计中，若使用如云部署中的应用层显式代理，将大大降低网络传输效率，这无法达到 MPTCP 强化网络传输的最初目的。另外，考虑到用户到本地网关的链路较短，且通常情况下为固定网关，因此将网关代理设定为隐式代理，使用非显式通知的透明代理方式，通过 TCP-MPTCP 的协议转换，高效地实现传输中连接的转换。

在隐式代理的设计中，对于用户的设备不确定性，考虑使用触发式代理服务，通过内核调用截获数据包，提取分析并对不同用户-服务器通信方式提供不同的代理服务器，当用户和服务器均支持和不支持 MPTCP 协议时，将取消对此链路的数据包截获，不提供代理服务直接转发数据包。当用户和服务器只有一端支持 MPTCP 时，我们将为此端实现相应的 MPTCP 支持服务。在服务器一侧将提供私有云的显式代理服务，这不仅有助于网络及设备管理，同时也有助于用户-云传输性能的评估，以为用户选择私有云而服务。

上述设计基于对现有 MPTCP 协议的了解和研究，通过中间件的方式，为用户和服务器提供 MPTCP 支持服务。在实际实现中，我们要满足实际通信中系统与现有 MPTCP 协议的主要功能兼容，对 TCP 用户或 TCP 服务器提供 MPTCP 协议支持。主要技术难点如下：

（1）在实际使用中，由于用户侧和服务器侧对 MPTCP 功能支持的未知，当用户侧支持 MPTCP 与不支持 MPTCP 时需考虑不同的代理状况。而作为中间代理，在不考虑增加通信负荷的情况下，无法预先获知用户与服务器信息。因此需要先行判断用户的传输属性，并在用户与服务器对 MPTCP 的支持状况不同时，提供协议转换。此协议转换需满足原协议（TCP）和新协议（MPTCP）两者的协议栈。

（2）在上述协议转换中，我们需要将单接口 TCP 连接转换为多接口 MPTCP 连接，因此在实现中必然存在连接信息的拆分和组合。具体表现为如何提取数据包，如何从数据包中提取连接信息，如何标志连接信息，以及如何将改动的连接信息以选项的方式发送出去。

（3）通过 netfilter 接口将数据包提取到用户态，可以在对数据包做相应处理后再通过该接口返回内核态,但该接口在实际使用中存在问题。这是由于 netfilter 将数据包返回的位置放在提取数据包的位置之后,这意味着当数据包从进入计算机的位置被提取时,将无法将之放到其他连接的转发功能块中去,这与代理要实现的先分析再转发功能相违背。为此我们要实现数据提取后,能将数据放回内核特定位置中去。

(4) 当使用多个云服务器为用户提供代理服务时,我们需要为用户提供云代理服务器性能信息,MPTCP 同时使用多个接口维护多条链路,如何准确地描述用户到代理,代理到服务器之间的链路性能是需要考虑的问题,这与 MPTCP 的拥塞控制和数据调度密切相关。由于云服务器服务方式的限制,云代理的实现方式应选择应用层显式代理。

6.5.3.2　隐式代理需求分析

依据系统需求分析,隐式代理需完成的功能有:① 代理模式的判断;② 连接子流的建立;③ 连接子流的管理;④ 数据包的管理。

1. 代理模式的判断

在实际使用中,使用场景未必为系统设计的理想场景,而作为中间代理,在不考虑增加通信负荷的情况下,无法预先获知用户与服务器信息。因此需要先行判断用户的传输属性,考虑我们的系统作用是为用户提供 MPTCP 服务支持,因此当用户具有 MPTCP 服务功能时,无须使用代理方式为用户传输添加 MPTCP 服务,即使用正常网关的转发功能。而若用户所请求服务器未提供 MPTCP 服务支持,且用户未使用云服务提供 MPTCP 代理,此时即使隐式代理提供服务也无法建立完整的 MPTCP 连接,因此关闭代理功能,只提供一般的转发服务,此时用户直接与服务器使用 TCP 连接通信。

如图 6.32 所示,根据 TCP 连接建立原理,在第一次连接建立时,将进行连接建立的三次握手,第一次握手由用户发送连接请求同步 SYN 包,该请求到达服务器将返回服务器响应,若连接可行将返回 SYNACK 包作为回应,最后由用户返回 ACK 包应答。根据此前章节描述可知,此过程与 MPTCP 连接建立相似,区别在于 MPTCP 三次握手数据包中均包含 MPTCP 特殊选项。因此通过识别三次握手数据包类型可判断用户和服务器是否支持 MPTCP 协议:① 当提取到 SYN 包时判断 SYN 包中是否包含 MP_CAP 选项,若包含,则关闭对此连接代理,若不包含,说明用户为普通 TCP 用户,进入第二步;② 添加 MPTCP 选项转发数据包并等待服务器响应,若响应数据包 SYNACK 包含 MPTCP 选项,则进入代理模式,若响应数据包 SYNACK 不包含 MPTCP 选项,则代表服务器不支持 MPTCP 协议,同样进入转发模式关闭对此连接的代理。

2. 连接子流的建立

上一小节已经提到 TCP 连接的建立与 MPTCP 连接的建立相似,通过三次握手协商建立连接,但相比 TCP 连接的建立,MPTCP 连接新添了标志 MPTCP 连接建立的 MP_

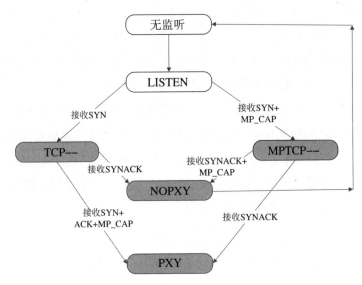

图 6.32　代理模式判断流程图

CAP 选项,因此在连接建立过程中,需要提供 MPTCP 选项添加功能,由用户发往服务器的 TCP 数据包未包含 MPTCP 选项,需要在 TCP 扩展选项中加入相应 MPTCP 选项。另外 MPTCP 建立连接后,需要建立新的子流 TCP 连接以完成多条路径的同时使用,由于用户未提供支持,只能由代理来完成连接中新子流的建立。

如图 6.33 所示,为了使用户支持 MPTCP,首先要进行协议栈的修改转换。对比 MPTCP 协议栈与 TCP 协议栈,我们知道 MPTCP 作为一种 TCP 扩展协议,其特殊功能由 TCP 扩展选项实现。将 TCP 的三次握手、四次挥手变为多子流的三次握手和四次挥手。

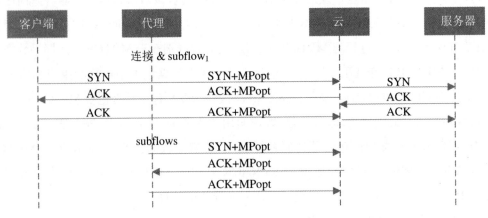

图 6.33　TCP-MPTCP 隐式代理连接建立过程

在经过判断需要对用户作协议转换时,通过对 MPTCP 选项的添加和删除,以及新

数据包的建立和发送,达到一侧 TCP 一侧 MPTCP 的实际目的。具体来说,在连接建立过程中,需要包含如下操作:

(1) 在 TCP 首个请求包中,添加 MP_CAP 选项,生成相应 MPTCP 特有的 SYN 序列号并转发出去,以此模拟 MPTCP 连接的建立。

(2) 在接收到对端返回的连接请求后,去除 MPTCP 相应选项并转发给用户侧。同样在第三次握手中将再添加相应 MPTCP 选项并交给 MPTCP 对端。

(3) TCP 端无 MPTCP 支持,因此需要由代理来主动发起子流连接,使用代理处保留的连接信息,通过 MPTCP 子流建立方式,向服务器发起新的子流连接。

3. 连接子流的管理

当连接建立完毕时,代理自主建立新的子流。为了管理不同的连接和子流需要建立连接跟踪体系。在 Linux 中,连接的标志是通过连接跟踪模块来实现的,开发者在内核中为不同的协议申请不同的协议号,并为不同的协议注册不同的唯一标志元组,将该元组作为关键字,可实现对特定连接信息的查询和修改。在我们的代理中,考虑使用相同的方式以链式 hash 表的方式存储连接跟踪信息。我们需要同时处理 TCP 连接和 MPTCP 连接的信息,对于 TCP 连接采用已有标志方法,对于 MPTCP 协议增加连接号和子流号来标志子流归属,便于查询。

因此连接跟踪包含三个部分:① 连接类型标志该 TCP 连接为连接或子流,若为连接则记录连接号,若为子流则记录其所属连接的连接号和子流号;② 四元组标志具体的一条 TCP 流,记录连接或子流的四元组;③ 子流当前状态。如表 6.5 所示,以此方法标志连接可实时通过数据包包含的四元组分析所属连接,也可通过连接查询所包含的子流。

表 6.5 连接与子流跟踪记录表

连接号	子流号	Src_ip	Dst_ip	Src_port	Dst_port	Stat
0	N\A	Ip0	Ip1	Prt0	Prt1	Establish
0	0	Ip0	Ip1	Prt2	Prt1	Establish
0	1	Ip2	Ip1	Prt3	Prt1	Establish
0	2	Ip3	Ip1	Prt4	Prt1	SYNSENT

在我们的实际场景中,由于有 MPTCP 云代理的存在,我们总是有请求从 TCP 一侧发起,由服务器侧接收,因此在代理中,我们的代理总是相当于 TCP 连接中的服务器侧和 MPTCP 连接中的用户侧。因此相比于 TCP 状态机制,我们需要在隐式代理上实现的是相应的服务器侧状态和 MPTCP 中用户侧状态。

如图 6.34 所示,在连接建立时我们的代理作为中间件实现 TCP 用户与 MPTCP 服务器的三次握手,当代理识别到 SYN 包的到达,先判断用户是否支持 MPTCP 协议,以判断连接属性,通过连接属性选择不同的操作。而这些都是通过判断 SYN 包和对端返回的 SYN/ACK 包来确定的,若 SYN 和 SYN/ACK 均携带或均不携带 MP_CAP 选项,则代理无须工作,只作为中间转发节点,若只有一端支持 MPTCP,则代理作为中间代理为用户实现 MPTCP 代理功能。在连接建立后的一些额外选项,如 ADD_ADDR,通告双方的其他 IP 地址,REMOVE_ADDR,移除某个已有地址,在代理中,地址的通告将在连接建立完成后进行,这将通过额外的数据包的形式通知 MPTCP 对端,并且代理不主动移除 IP 地址。

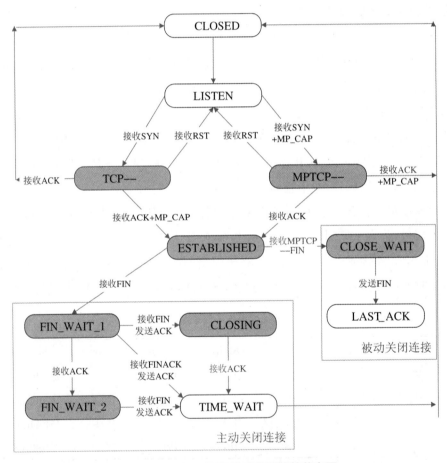

图 6.34 TCP-MPTCP 隐式代理连接状态图

当连接建立完成进入 ESTABLISHED 状态,此时为数据传输状态。根据图中所示,为实现 MPTCP 与 TCP 之间的数据映射,我们将 TCP 数据序列号直接作为 MPTCP 连接数据序列号,这不仅在实现上较为简略,同时也减少了代理的计算压力。这意味着,我们将 TCP 序列号选项直接拷贝到 MPTCP 序列号选项 DSS 中的序列号上,同样地,对于反向的数据,我们直接通过 MPTCP 连接中的数据序列号来判断对应的 TCP 数据。对于子流管理我们将完全沿用 TCP 状态机制,直接使用 TCP 连接传输方式,在数据传输上 MPTCP 队列中的数据将通过数据调度,进入不同的子流中,即一个数据序列号对应一个子流序列号。

在连接关闭时,我们将 MPTCP 连接关闭信号 FIN 和返回信号 ACK 直接映射到 TCP 的关闭信号 FIN 和 ACK 上。MPTCP 同时支持连接快速关闭的功能,而这里我们将之映射为 TCP 中的 RST 选项。

在 TCP-MPTCP 转换中,由于 MPTCP 使用多条 TCP 连接作为 MPTCP 的子流连接,因此存在代理需要对一端维护单连接,对另一端维护多条连接的可能。因此在代理处除了维护两种连接状态(MPTCP 连接状态和 TCP 连接状态)之外,还包括新数据包的生成和数据包的更换连接的操作。因此要考虑如下几个问题:

(1) 由服务器侧发往用户的数据包可直接根据连接映射投递到用户侧的一条连接上,但在保持对用户透明的基础上,由用户发往服务器的数据包如何从单连接映射到多连接上。

(2) 在 Linux 系统中使用 NAT 功能实现地址映射,分为 SNAT(源地址映射)和 DNAT(目的地址映射),但在代理中还可能存在单址对多址的 SNAT 以及多址对单址的 DNAT。

4. 数据包的管理

在 TCP 协议中,数据的管理是通过为数据包添加有序的数据序列号完成的。在一次传输中,为每个数据包添加相应的传输内容,并标记对应数据序列号,当数据包到达服务器时,服务器对数据包序列号进行检查,以确保内容到达顺序正确能重组原内容。在 MPTCP 中由于内容拆分后将通过不同的 TCP 子流传输,而不同 TCP 子流拥有自己的 TCP 数据序列号,为了保证连接层面的内容可靠,在 MPTCP 中数据的管理包括连接序列号和子流序列号,连接序列号与 TCP 协议中数据序列号相同,用于表示内容拆分前的顺序;而子流序列号用于标志从连接发送队列中提取到当前子流的顺序序列。

而在我们的代理中,用户侧和服务器侧将保持不同的连接状态,因此将存在两种数据的管理方式。当通过隐式代理实现的协议转换连接成功建立时,进入数据传输阶段。在此阶段,代理需同时维护 TCP 与 MPTCP 二者的数据序列。如图 6.34 所示,具体功能要做到:

(1) 当数据包从 MPTCP 一侧送往 TCP 一侧,将多条路径的 MPTCP 序列号映射到一条路径 TCP 序列号。

(2) 当数据包从 TCP 一侧送往 MPTCP 一侧,将 TCP 序列号映射到 MPTCP 连接相应路径上的子流序列号。

当 ACK 返回时,需要通过缓存,找到相对应的子流并将 ACK 投放到相应子流的功能块上去。

6.5.4　双代理实现与部署

上一小节对设计方案进行了分析,平台实现包含了隐式代理的实现与云服务器显式代理的部署实现。基于云代理的特性,在云代理部署显式代理并为云服务器安装 MPTCP 内核,实现与隐式代理之间的链路信息交互。隐式代理部分则需实现 MPTCP 相应的特殊功能,包括连接子流建立、数据管理传输、连接子流关闭等,另还需包含数据重传、多址映射等其他功能。

在系统实际工作过程中,用户请求将通过网关,进入网关隐式代理,经过代理各个模块处理,转发或丢弃,若转发将到达云代理服务器,在云代理服务器通过显式代理方式与用户建立代理连接,并由云代理服务器向内容服务器发起内容请求,最后将内容通过网关发送给用户。本小节详述代理的实现方式和实现结构,具体实验场景的设计与平台的部署,并在本地做平台的功能验证实验。

6.5.4.1　隐式代理实现结构

根据隐式代理设计,其模块实现如图 6.35 所示。

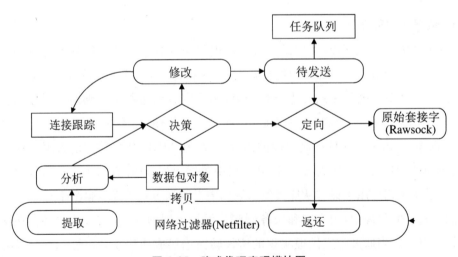

图 6.35　隐式代理实现模块图

(1) 包头分析模块,TCP 头和 IP 头分析,MPTCP 选项的分析。由于隐式代理的工作方式是通过分析数据包,达到对数据包的重定向,因此需分析数据包包头。分析模块连接提取模块和决策处理模块。

(2) 决策模块,通过对当前数据包和当前连接状态的分析,知道协议修改模块作出对数据包和连接的修改,并完成数据包投放。

（3）包头修改，TCP 头和 IP 头的修改，MPTCP 选项的创建、修改和删除，即代理中协议修改模块（包括创建和删除）。通过对数据包和当前连接状态的分析，作出决策交由修改模块修改数据包和连接状态，并将数据包投放出去。

（4）连接跟踪模块，连接跟踪模块负责维护连接状态。连接跟踪负责从数据包获取连接的状态，与数据包选项共同决策数据包处理方式，并在数据包通过后接收和修改连接状态。作用在 MPTCP 协议中则包含连接状态和子流状态两种状态。

（5）数据重传模块，由于用户无 MPTCP 协议支持，因此子流的创建将完全由代理来完成。代理通过模拟 MPTCP 客户端创建子流的过程向服务器发起创建请求，因此该请求的重传需由代理来完成。由于在用户和服务器侧均有真实的连接，因此数据的重传将无须交由代理处理，这么做也是为了降低代理的处理负担，提高代理的处理效率。

（6）数据映射模块，代理实现由单连接到多连接的转换，存在单对多 SNAT 问题。当数据从用户经过代理去往服务器，需要通过连接状态作相应协议的数据序列号映射，同时根据连接对应接口，实现单对多 SNAT。

在代理实现中，根据一般协议处理方式，使用 netfilter 加 raw socket 框架作为代理的数据包出入口，并通过 select 的方式实现异步实时任务队列的处理框架，以数据包包头和连接跟踪模块作为核心数据结构贯穿整个处理流程。

（1）netfilter 框架是 Linux 操作系统实现的一套网络传输管理系统，该系统为上层提供系统调用，实现在网络传输中对数据包的监控。如图 6.36 所示，netfilter 框架的架构实现在系统网络架构中，在 PREROUTING、LOCAL_IN、FORWARD、LOCAL_OUT、POSTROUTING 五处放置了钩子函数（HOOK），在每个钩子函数上提供回调函数作为用户接口。我们的实现中，通过 netfilter 框架实现数据的内核态-用户态的转变，并通过其返回接口，实现数据包的修改与投递。对于一些特殊数据包，则由 raw socket 方式实现数据包的直接投递。raw socket 是原始套接字，通过原始套接字可以接收处于

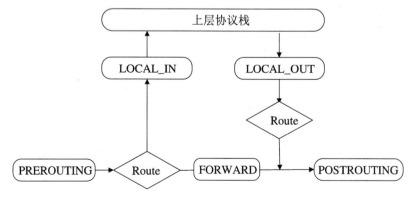

图 6.36　netfilter 框架钩子图

不同层次的数据包,有四种方式可以创建这种 socket,分别对应计算机网络前四层。我们使用网络层形式的原始套接字实现数据包的直接投递。

(2) select 函数是 Linux 系统提供的网络接口,该接口允许进程同时等待多个事件,当某个事件被触发或发生超时时,函数将通知应用此次事件。select 多用在多路输入输出中,我们使用 select 实现对数据包的到达处理,并使用基于时间的排序树的任务队列,实现任务调度和定时任务处理。在连接管理中,若数据包出现重传,则产生定时任务,此时创建定时任务交由任务队列调度;当连接需要关闭时,需要创建定时关闭任务交由任务队列处理。

(3) 数据包头信息包括 IP 头、TCP 头和 MPTCP 选项。同时数据包头由于可能存在大量修改,还包括数据包控制信息。数据包头主要由 netfilter 提取的数据包拷贝构成,通过分析、决策、修改,完成一个完整的新数据包。连接信息包含连接的基本信息和连接控制信息,连接状态、连接数据状态均是实时变化的,影响整个数据代理过程。

1. 包头分析模块

包头分析模块连接系统入口,通过 netfilter 接口将提取的数据包放入分析函数,数据包分析包括 IP 头分析、TCP 头分析、MPTCP 选项分析和 netfilter 头分析。netfilter 头提供数据包提取的钩子信息和数据包本身的信息;TCP/IP 头中包含大部分无须修改的数据包控制信息,其中四元组将作为连接跟踪的重要信息;MPTCP 选项分析提供对数据包 MPTCP 选项的提取和分析,为不同的选项分配指定的处理接口。

如图 6.37(a)所示,包头分析模块主要由若干 MPTCP 选项分析函数组成,对于 TCP 多数其他选项不做修改,只做平移处理。数据包经过分析函数处理将处理结果以及数据包拷贝放入相应数据包对象中,等待下一步处理。

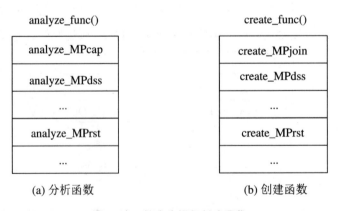

图 6.37　包头分析和创建函数

包头分析模块是整个实现的基础,包括:

(1) 提取分析 MPTCP 选项。MP_CAPABLE 选项在连接建立时使用,连接建立时通过分析数据包的 MP_CAPABLE 选项可判断连接两端对 MPTCP 协议的支持情况,由于代理不进行 SYN 包重传和创建,不处理其密钥。MP_JOIN 选项在子流建立时使用,需分析其包含的子流目的地址,以完成新数据包的创建。MP_DSS 选项用于数据的传输标志,在进行数据序列号映射时,需将数据包 MP_DSS 选项中的连接序列号与子流序列号转换为 TCP 连接中的数据序列号。ADD_ADDR 选项用于主动添加可用地址,分析该地址以完成对服务器多端口的记录。RST 用于对服务器 RST 信号的反应,当检测到 RST 信号需进行一系列子流连接的关闭操作。

(2) 数据包四元组的提取分析。四元组的提取分析主要用于查询数据包所对应的连接与子流,以决策数据包的处理方法。

(3) 数据拷贝。提取的数据包将以拷贝的形式进入数据包对象中,只修改包头而数据部分将直接拷贝到转发数据包中。

2. 决策与修改模块

决策模块是整个系统的核心,决策模块连接包头分析模块和修改模块,通过对包头分析指导修改模块修改数据包,并确定数据包的最终去向。数据包的决策与数据包包头选项、所在连接当前的连接状态、所在连接当前子流的连接状态、连接当前的传输情况、系统当前状态均有关系。数据包决策将在模块中直接调用由分析模块创建和拷贝的数据包,通过调用连接跟踪对象中连接的状态及子流跟踪对象中子流的状态,并查询当前数据包在连接的传输流中的相应位置,最后通过包头修改模块对数据包做相应修改,以使数据包通过网关正常转发出去。

数据包决策分为如下几点:

(1) 代理模式选择。在 MPTCP 协议中规定 MPTCP 连接通信双方均需有相应内核支持,若一方支持 MPTCP 协议而另一方不支持则连接退化为 TCP 连接。此协议支持交互信息中包含表明 MPTCP 的特定选项标志。由于代理是通过为 netfilter 接口设定特定过滤条件以提取相应数据包的,因此可以首先判断代理的工作模式,在无须代理的连接上,删除相应连接的过滤条件,使该连接不受代理控制。

当一条新连接请求经过代理时,代理将通过 netfilter 接口提取其 SYN 请求包,此时需判断用户侧连接请求是否包含 MPTCP 选项,可以通过提取 MP_CAP 选项获得,并记录新连接的请求方式;当从服务器侧接收到一个 SYNACK 响应时,从当前记录连接中找到相应连接,并查询当前连接状态,若当前连接状态为 SYNSENT,则判断当前连接两端是否需使用 MPTCP 代理模式,若 SYNACK 响应与 SYN 请求同时包含 MPTCP 选项或均不包含 MPTCP 选项,则可选非代理模式,不对此连接上的数据包进行提取,若其中一个包含 MPTCP 选项而另一个不包含 MPTCP 选项则使用代理模式,为 netfilter 添加相应规则,提取该连接上的所有数据包。

（2）连接子流定位。MPTCP 连接建立包含三次握手，第一次握手由用户发出，SYN包携带 MPTCP 选项发往服务器，在经过网关后，网关将记录下连接的信息，并在第二次握手判断出连接的代理方式。在第二次握手判断连接代理方式时，我们需要先找出此 SYNACK 包所对应的连接记录，此时需要对数据包做连接子流的选择。在确认代理工作方式以后，对于进入代理的数据包，同样需要首先判断数据包所对应的连接，才能依据当前连接状态对数据包做相应修改与转发。

如图 6.38 所示，我们通过 hash 表的方式存储连接信息，以连接方式和连接四元组方式标志连接，并指向相应的连接跟踪对象，通过连接跟踪对象存储连接的基本信息、传输控制信息、状态信息。当数据包进入系统，首先经过分析模块提取数据包包头选项，若包头包含 MPTCP 选项，可判定此数据包从 MPTCP 服务器发往用户，该数据包应为属于一条子流的数据包。再提取数据包的四元组：目的地址、目的端口号、源地址、源端口号。因此此数据包所属连接方式为子流，四元组为所提取四元组，与连接方式一起构成五元组，通过此五元组可获得 hash 表中指向的连接跟踪对象。此时，数据包完成了从进入系统到定位其所属连接和子流的过程。

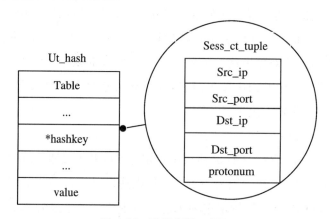

图 6.38　连接跟踪五元组

（3）连接状态变更。在 MPTCP 连接和子流 TCP 连接中，连接控制通过扩展选项完成，因此连接状态会影响数据包的处理方式，数据包也会影响连接的状态变化。当确定数据包所属连接与子流后，提取连接跟踪对象中连接信息，与数据包信息结合决策数据包与连接状态的变化。结合用户侧的 TCP 连接状态与服务器侧的 MPTCP 连接状态，更改代理中的连接状态，因此在代理中连接状态将存在某些不同。

在第一个 SYN 包由用户发往服务器时，我们记录了用户的连接方式，同时记录了连接的起始状态 SYNSENT，当接收到服务发送的 SYN/ACK，此时用户侧连接状态仍为 SYNSENT，为了防止错误的发生，此时加入新状态 SYNSENT1，标志此连接我们期望的下一个数据包应为由用户发往服务器的第三次握手 ACK 包。当第三次握手包从代理发出,连接状态变为 ESTABLISH。若第二次握手中服务器返回 RST,则回到连接关闭状态。

连接处于传输状态时,数据包的传输不影响连接状态,只对连接拥塞调度产生影响。当连接的某一端传输结束,发起 FIN 请求。此时代理将首先收到一条由用户侧或服务器侧发来的 FIN 数据包,通过分析模块提取数据包 MPTCP 选项。

若数据包为 MPTCP 包,则可认为此包为服务器发送的连接关闭请求,此时寻找相应连接,开启每条子流的子流关闭流程,并将数据包修改为发往用户侧的 TCP 连接 FIN 请求,将请求转发至用户侧,此时代理连接状态为 CLOSEWAIT,等待用户侧 FINACK 响应。当用户接收到 FIN 包,用户侧连接状态将变为 CLOSEWAIT 状态,并返回 FINACK 包,当代理收到用户返回响应包,则做相应修改,为每条子流发送相应 FINACK 数据包,并将连接状态变更为 LASTACK 状态,此时连接已基本完成关闭操作。

若数据包为 TCP 包,则可认为此包为用户侧发送的 TCP 连接关闭请求,此时代理启用主动关闭连接流程。首先由用户将 TCP 连接关闭 FIN 请求发送至代理,此时 TCP 用户状态变为 FINWAIT1。代理接收到用户的 FIN 请求,将同时向 MPTCP 连接服务器侧每条子流发起连接关闭请求,并使连接和子流状态设置为 FINWAIT1,当其中一条子流收到 FIN 时,连接状态变为 CLOSING1,并向用户侧发送相应 FIN 包,等待用户 ACK 到达,当用户 ACK 到达将进入 CLOSING2 状态。若该子流发送的数据包为 ACK,则状态变为 FINWAIT2,并向用户发送相应 ACK 包,等待服务器发送 FIN 请求,服务器发送 FIN 请求,直接转发该请求,等待用户返回 ACK,当用户返回 ACK,状态变为 LASTACK,并将此 ACK 发往服务器。整个操作过程,保持 TCP 侧连接状态与 MPTCP 侧连接状态同步,在 TCP 一侧使用 TCP 连接状态描述当前代理连接状态,在 MPTCP 一侧使用 MPTCP 连接状态描述当前代理连接状态。

3. 定时重传模块

数据包重传是 TCP 连接保证其可靠性的重要手段。若数据包发送出去一段时间后仍未收到响应,则认为数据包已丢失,此时将保留的相同内容再发送一遍,产生重传任务。重传任务是一种定时任务,每次丢包将发生重传并确定下一次的重传时间,直到收到对方响应或超出超时重传次数。

定时重传模块的作用是定时任务的处理及数据的定时重传。在系统的工作过程中,从连接建立过程可以看出,当用户申请建立一个新的连接,将由代理实现从用户 TCP 连接到 MPTCP 连接的转换,代理利用网关处多个接口建立 MPTCP 多条子流的连接。因此,子流的建立和控制均由代理完成,代理存在丢包重传问题。在子流建立过程中,若连接建立请求丢失,由于用户侧并不知道由代理发起的 MPTCP 子流建立请求,无法产生

重传,因此需由代理完成,而对于一般数据包的丢失,用户同样会产生相应重传过程,此
类型数据重传无须由代理完成。

在我们的系统中采用任务队列的方式来接收重传定时任务。同时任务队列也能处
理如连接关闭等其他定时任务。如图 6.39 所示,由于定时任务对时间敏感,任务队列采
用以时间为关键词的优先队列结构。当前队列队头为处理时间最靠近的任务,当产生重
传任务时,将任务插入队列并重新以时间进行排序,在每个处理循环中,任务队列的处理
在数据包处理之前。在每个数据包到达,对数据包分析之前,根据当前时间查看任务队
列是否有可处理任务,若有定时任务时间小于当前系统时间,则优先处理定时任务,若当
前队头任务时间大于系统时间,则跳过该步骤直接进入数据包分析过程。

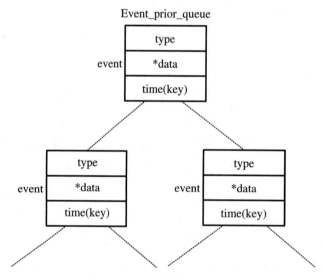

图 6.39　时间的优先任务队列

在计算机领域,优先队列是一种抽象数据类型,使用堆栈或队列的数据结构,其中每
个元素有一个关键字标志元素"优先级"。在优先队列中,高优先级的元素在低优先级的
元素之前被服务。如果两个元素具有相同的优先级,则它们将顺序地进行服务。虽然优
先级队列通常用堆实现,但它们在概念上不同于堆。就像列表可以用链表或数组实现一
样,优先级队列可以用堆或其他各种方法实现,例如无序数组。

有多种方式可以实现优先级队列。例如,可以用未排序的列表存储所有元素,当用
户获取数据时,搜索队列选择优先级最高的元素进行交付,此种方法性能较低。为了提
高性能,优先级队列通常使用堆作为存储结构,为插入和移除提供 $O(\log n)$ 性能,并且最
初构建 $O(n)$。基本堆数据结构的变体(如配对堆或斐波那契堆)可以为某些操作提供更好
的复杂度界限。或者,当使用二叉搜索树时,虽然从现有元素序列构建树需要 $O(n\log n)$ 时
间,但插入和移除操作也需要 $O(\log n)$ 时间;在一般情况下,可能已经可以访问这些数据

结构,例如使用第三方或标准库。在我们的实现中,选择使用具有较高效率的二叉搜索树结构实现任务队列,由于其高效的插入和移除速率,大大降低任务排队处理时间,提高代理处理效率。

4. 数据映射模块

MPTCP 协议中对数据包的序列号标志与 TCP 协议有所不同。在 TCP 协议中为了保证传输的可靠性,只需保障该条连接中序列号有序到达对端,而在 MPTCP 协议中,由于 MPTCP 控制器同时使用多条 TCP 连接,因此为了保证整个连接的可靠性,在保证每条子流 TCP 连接的可靠性同时,还要保证整个 MPTCP 连接层数据序列有序。因此在 MPTCP 协议中,使用连接序列号和子流序列号两个等级的序列号。在我们的系统中,用户侧使用 TCP 协议发起连接,服务器侧使用 MPTCP 协议建立连接。因此存在不同协议的序列号转换问题。

数据包的映射在决策模块之后。数据包通过分析模块可得知其所在的连接与子流。对于到达代理的 TCP 端的每个有效载荷分组,代理必须选择一个子流并执行映射,而对于到达代理的 MPTCP 端的每个有效载荷分组,代理必须依据当前子流序列号向 TCP 连接映射。这里 TCP 序列号 SN 值(记为 sn_{TCP})等于 MPTCP 连接序列号 DSN 值(记为 dsn)减去固定偏移量 $offset_{\text{DSN}}$。由 MPTCP 连接序列号 DSN 到子流序列号 SSN 的映射与数据包的选择有关,并由移动管理决定,数据包的重传通常在与原始传输相同的子流上发送,这避免了 IDS 阻塞。如果原始子流不再可用,则重新发送的分组必须在当前可用的子流上发送。

$$sn_{\text{TCP}} = dsn - offset_{\text{DSN}} \tag{6.1}$$

为了识别重传发生的路径,代理为每条子流建立 SEND 表缓存每个经过代理的有效载荷数据包的子流选择和映射结果。使用线段树的方式存储具有连续的序列号和相同映射关系的映射结果。在连接不做切换时,此方式进行连续存储使得存储数据大大减少。对于 DSN 向 SSN 映射,SSN 空间分配一般应连续进行,即不产生 SSN 间隙。

对于在相反的流动方向上运行的有效载荷数据包,即到达代理的 MPTCP 侧,可以从有效载荷分组中携带的 DSS 选项中检索反向 SSN 到 DSN 映射。实际网络环境中,可能存在中间件重新分割数据包流的情况,DSS 选项可能附加到后面的数据包,导致数据序列号映射与有效载荷的实际 SSN 范围不同步。为了在代理上能决策当前 SSN 序列号映射信息的可用性,MPTCP 允许远程有效载荷发送扩展的 DSN 到 SSN 的映射范围,该范围超出了数据包的有效载荷大小,标志之后一段连续的数据包的序列号范围。此功能被称为批量传输。为了利用批量优化,在代理中为子流建立 RECV 表,代理提取 DSS 映射信息,将其输入子流 RECV 表中,使用此表将数据包标头的 SSN 值反向映射到 DSN 值。通过 DSN 值对应其所标志的数据,派生相关的 SNTCP,将其输入数据包的序列号字段中,更新数据包校验和并转发数据包。

相比于连接序列号与子流序列号的转换,ACK 的序列号转换更加复杂。当新的 TCP 连接 ACK 到达代理以确认之前传递有效载荷时,代理必须先由 ACK 的序列号转换为 DAN 并找到数据对应的子流,创建适当的子流序列号 SAN。由于数据可能由多个连接传输到达代理并转发到 TCP 连接处,TCP 连接确认的数据可能来自不同的子流,此时 ACK 必须分成多个子流 ACK。生成的 DAN 被输入 DSS 选项中,该选项插入数据包报头中。在子流层上,必须为每个子流生成一个子流 ACK,建立对应的 SAN。当有重复 ACK 到达代理时,表示传输出现了拥塞,此时通过子流的 RECV 表可知当前子流未确认序列号,只向未确认序列号大于当前 SAN 的子流发送 ACK。

当代理从 MPTCP 连接端接收到 ACK 数据包时,由于 TCP 数据序列号与 MPTCP 序列号直接的关系可获得对于 ACK 序列号之间的差值。通过数据包携带的 DSS 选项,将 DAN 映射到相应的 TAN 并将其转发到连接的 TCP 部分。

$$an_{\text{TCP}} - dan = sn_{\text{TCP}} - dsn \qquad (6.2)$$

当 TCP 确认中包含 SACK(Selected ACK)时将变得更复杂,SACK 是一个 TCP 的选项,用来允许 TCP 单独确认非连续的片段,用于告知真正丢失的包,只重传丢失的片段。应对此种情况,我们将子流 RECV 表建立为线段树形式,对连续的子流序列号以[SANL,SANR]记录,同时对每条子流有当前已确认的最高序列号 SANhighest。当 TCP 连接有新的 SACK 到达,先完成序列号映射,并将线段合并到线段树中。建立新的 SAN 数据包时,若 TCP 到达的序列号中存在高于子流最高已确认序列号的数值,使用 SACK 的方式将未确认的字段插入数据包的 SACK 选项中。

6.5.4.2 代理存储结构

上述功能的实现中提到多个存储对象,这些对象主要分为两类:一类是连接子流对象,用于分析连接状态和对数据包处理决策。包括分析记录的连接和子流的基本信息,连接与子流数据传输过程中的传输控制信息,及上述提到的子流中存储序列号的 SEND 及 RECV 表。另一类是数据包对象信息,用于存储进入系统的数据包和修改后待发送的数据包。包括 TCP/IP 包头信息、MPTCP 扩展选项及数据包处理决策控制信息。

1. 连接对象与子流对象

在内核中连接子流的记录是通过连接跟踪协议实现从数据包获取连接状态信息。实际使用链式 hash 表以五元组作为 hash 键值。在我们的实现中以相同的方式,使用链式 hash 表存储连接,五元组作为 hash 键值。

如图 6.40 所示,子流对象中包含子流连接基本信息,子流是一条完整的 TCP 连接,包含 TCP 连接的完整状态信息。同时其中五元组作为 hash 键值,实现子流的 hash 查找。子流对象还包含流经子流的数据信息,包括初始序列号计算两端协议序列号差值 offset;最高序列号用于判断新数据包的处理方式以及连接窗口的滑动;两端初始序列号差值用于序列号映射。数据序列号信息用于控制数据的到达和处理方式。由于 TCP 中的 SACK 的存在,子流对象中还包含 SACK 的处理信息,处理 SACK 中存在的多条路径数据问题。为了实现 SACK 功能,在子流对象中添加了数据的查询表 map_recv 和 map_send 记录通过代理接收和发送的数据,通过线段树的方式建立一个有序的序列号表。应答完毕的数据将被删除,当数据累计到一定长度,较小序列号部分将被去除。作用于:① 多个数据包的 SACK 的生成;② 接收的 SACK 通过线段树插入;③ 判断过期的数据包,控制接收速度;④ ACK 通过 DSN 查找数据经过的子流。

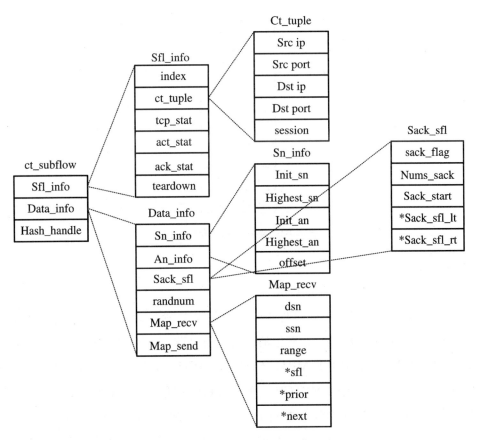

图 6.40　子流跟踪对象结构图

如图 6.41 所示,连接对象在 MPTCP 中主要用于子流的控制和连接级别的数据控制。与子流相同,包含 MPTCP 的各种连接状态信息,以及 MPTCP 特有的多地址、各子流状态、连接建立密钥和 token 等。连接对象同样以五元组的形式存在于 hash 表中。连接对象中数据信息与子流略有不同,初始序列号计算两端协议序列号差值 offset;最高序列号用于判断新数据包的处理方式以及连接窗口的滑动;DSN 为 MPTCP 连接级别序列号,SN 为 TCP 连接级别序列号,与 ct_subflow 中相应描述对应。连接对象中窗口用于显示进入代理的连接速度。

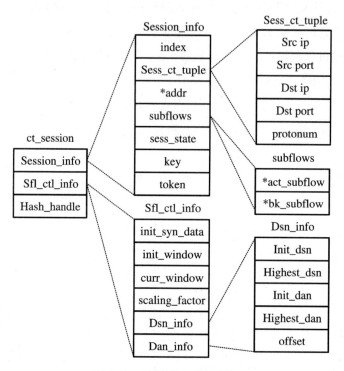

图 6.41　连接跟踪对象结构图

2. 数据包对象

数据包以数据包对象的方式存储。通过数据包分析接口、数据包创建接口和修改接口实现数据包分析和数据包的创建与修改。如图 6.42 所示,数据包对象是数据包的一份复制,通过 ct_packet 来对原数据包的分析进行修改,存储一份包括数据包的 IP 头、TCP 头以及 TCP 扩展选项中的 MPTCP 头的数据信息。数据对象中的 MPTCP 头均由数据包控制信息指导,特定的 MPTCP 选项由分析函数和创建函数处理。其中,数据包控制信息包括钩子 id,通过数据包进入的钩子位置和数据包所处的连接子流状态可以判断数据包的转发方式 fwd_type;四元组记录通过单对多 SNAT 后的最终四元组;verdict 记录数据的修改方式,以决定数据的最终处理方式,其中 verdict 选项为 netfilter 返回函数对应的特定选项,标志数据包返回内核时是丢弃还是其他处理方式。

数据包分析包括 IP 头分析、TCP 头分析、MPTCP 选项分析和 netfilter 头分析。netfilter 头提供数据包提取的钩子信息和数据包本身的信息;TCP/IP 头中包含大部分无须修改的数据包控制信息,其中四元组将作为连接跟踪的重要信息;MPTCP 选项分析提供对数据包 MPTCP 选项的提取和分析,为不同的选项分配指定的处理接口。

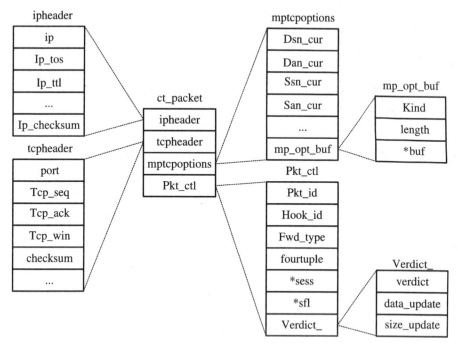

图 6.42 数据包对象结构图

6.5.4.3 代理部署与测试

我们在本地对双代理结构整体方案进行测试,验证网关隐式代理和云显式代理在本地的使用情况,并对整体方案可行性进行实验验证。本地方案使用 Linux 主机作为相关主机,共使用四台主机分别代表用户主机、用户网关、云虚拟机以及服务器。用户位于网关建立的内网之中,无法与外网直接相连,网关、云虚拟机和服务器假设同时位于外网,处于互相可访问状态,如图 6.43 所示。

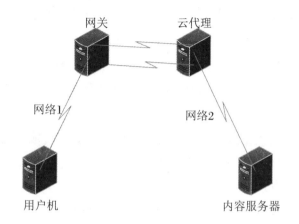

图 6.43 本地双代理测试场景

本地测试采用四台 Linux 主机，分别模拟用户机、网关、云虚拟机、服务器。在用户和网关之间建立内网，在网关、云虚拟机、内容服务器之间搭建多条网络。为了模拟本方案，在网关机中安装并执行隐式代理功能，为网关与云虚拟机之间建立多条链路，云虚拟机与内容服务器之间连接一条链路，云虚拟机安装显式代理，并为云虚拟机配置 MPTCP 协议内核。测试中在服务器上安装内容服务器，并在用户机处向服务器建立连接，获取特定内容。为了检测网关隐式代理的实际工作情况，在日志信息中加入对数据包处理的日志信息，记录日志信息并以表格形式统计数据包的处理过程。

如图 6.44 和图 6.45 所示，我们以时间为单位统计在代理工作时处理过的数据包序列号变化过程，记录每个时隙内最高的已确认序列号，图中横坐标表示时隙号，纵坐标表示已确认序列号。图 6.46 为处理序列号表，均为一次传输在隐式代理记录中由用户已确认的数据包最大序列号。由于测试中时隙固定，而每个数据包序列号的记录跨度代表了当前数据包的大小，因此在单位时间内序列号的变化也可视为传输速率，故从图中也可看出传输速率的变化情况。

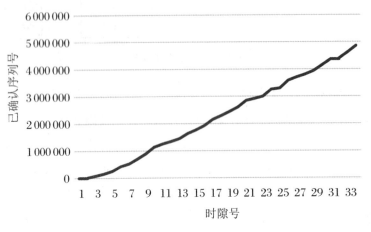

图 6.44　本地测试网关子流序列号变化

图 6.44 为其中一子流在工作过程中处理数据包的过程，从图中可以看出，最开始几个时隙，速率快速上升。到第 11 个时隙，序列号的变化突然变缓，最后以锯齿状平稳传输。符合一般 TCP 协议流的传输过程，这说明代理平滑地处理每个数据包，每个子流均以原本的 TCP 协议工作方式进行传输。

图 6.45 为一次传输中以 20 ms 为时隙，约 3 s 内的数据传输过程。在代理的理想工作方式里，我们将接收到来自多条路径的数据，并将这些数据重新标号转发到连接用户的路径上去，从图中可以看出，每个时隙已确认的数据均保持 TCP 一侧为多条流的总和，这说明代理正确地接收和处理来往的两个协议的数据包。

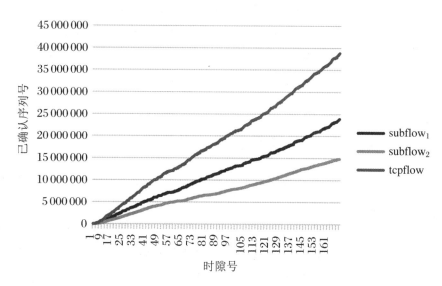

图 6.45 本地测试网关连接与子流序列号变化

从上述测试可以看出双代理在本地环境下工作正常,达到 MPTCP 协议同时作用于多条路径的目的。从图中看出隐式代理所处网关工作正常,在显式代理所处云虚拟机中建立了正常的 MPTCP 连接,并通过此连接将由服务器发送的数据通过 MPTCP 连接转发给网关。隐式代理工作在网关处,通过识别连接双方的工作方式,使用不同的代理工作方式,只有当用户一侧无法支持 MPTCP 协议而服务器一侧支持 MPTCP 协议时,代理才启用协议转换功能。代理自主识别网关多接口,并扩展 SNAT 将由用户传输而来的数据映射到不同的网络接口上。服务器侧由多条路径传输来的数据将汇集到同一接口。平滑的数据转发,对连接的拥塞控制造成的影响较小。

subflow1		subflow2		tcpflow	
181875100	1	2806478567	1	3888006831	1
181876500	1401	2806479967	1401	3888009631	2801
181876500	1401	2806479967	1401	3888012431	2801
181877900	2801	2806482795	4229	3888019459	7029
181879328	4229	2806485595	7029	3888030715	11257
181880756	5657	2806488451	9885	3888046255	15541
181882184	7085	2806491307	12741	3888066079	19825
181883612	8513	2806494163	15597	3888090187	24109
181885040	9941	2806497019	18453	3888118579	28393
181886468	11369	2806499875	21309	3888151255	32677
181887896	12797	2806502731	24165	3888188215	36961
181889324	14225	2806505587	27021	3888229459	41245
181890752	15653	2806508443	29877	3888274987	45529
181892180	17081	2806511299	32733	3888324799	49813

图 6.46 本地测试网关连接与子流序列号

为了将平台使用在实际网络平台中,还需考虑网关与云服务器的网络负载问题。在云服务器上,我们使用显式代理的工作方式,在服务器应用中的实际操作即为接收与转发,对 CPU 消耗较小。在本地网关处使用隐式代理的实现方式,相比于显示代理,隐式代理只对数据进行一次拷贝操作。而一般情况下,数据包中选项大小远小于数据大小,因此实际 CPU 消耗与数据操作次数相关。也就是说,为了达到一般网关所支持的 100～1 000 Mbps 带宽需要配备相应的 100 MHz 和 1 GHz CPU,现有设备完全可以承担此运行负荷。

6.5.5 针对实际网络场景的测试与分析

本小节在 6.5.4 小节本地系统实验的基础上,在实际网络中选择特定的网络场景,对我们实现的平台做实际网络实验验证。在实验中,主要考察:① 代理对不同应用的适应使用情况;② 在实际网络场景下代理平台的传输稳定性。具体操作上,我们选择了阿里云服务器作为云代理平台,并对网络下载业务和直播视频业务做了网络传输实验。通过实验验证了平台对用户的 MPTCP 代理功能,实现了为未部署 MPTCP 协议的用户实现 MPTCP 协议支持的最初目标。

6.5.5.1 云平台测试场景介绍

本方案测试在本地使用一台 Linux 主机建立内网作为网关,多台 Linux 主机作为用户连接由网关建立的内网,如图 6.47 所示,网关通过两张 4G 网卡连接外网,使用 CPU 2.6 GHz 的台式主机。云平台使用基于阿里云平台的云虚拟机,单 CPU 1 GHz。通过两张 4G 网卡均可与云虚拟机建立连接。在云虚拟机中安装 MPTCP 协议内核(由 http://multipath-tcp. org/pmwiki. php/Users/AptRepository 提供),安装 Shadowsocks 代理(由 https://shadowsocks. org 提供)并加入链路探测模块。在网关处安装隐式代理。实际测试分为两个方面:

(1) 内容下载业务测试。使用 Google Chrome 浏览器选择在百度下载中心下载大小不同的文件。使用现有 4G 网卡分别测试在单独使用 TCP 连接的条件下文件下载的传输情况,并对比使用双代理系统下同时使用两张网卡时文件下载的传输性能。

(2) 视频直播流业务测试。使用 Google Chrome 浏览器浏览网页直播软件,观察在视频直播场景下使用双代理系统的传输性能,并分析相比于单一连接传输条件的性能提升情况。

6.5.5.2 下载业务测试

1. 测试场景

在实验中,使用 Linux 主机作为用户机,使用 Google Chrome 浏览器下载数据中心文件。测试中,首先测试各 4G 网卡的传输性能。由于 4G 运营商在不同时段的使用程度不同,所有实验在同一时间段完成,但网络波动不可避免,无法保证网络带宽的完全

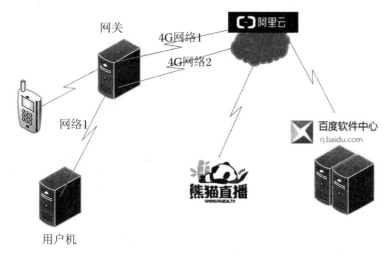

图 6.47   实际网络环境双代理测试场景

稳定。

图 6.48 为在某个时间段,单独测试两张 4G 网卡数据传输最高速率,测试采用两张 4G 无线网卡,分别由用户下载数据中心数据,测试本地与云代理之间的数据传输情况。从图中可以看出 4G 网络 1 最大吞吐量约为 5 MB/s,4G 网络 2 最大吞吐量约为 2.5 MB/s(横轴为时间,纵轴为速率,单位为 KB/s)。

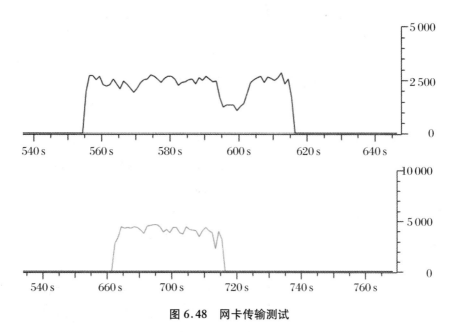

图 6.48   网卡传输测试

2. 测试结果与分析

在同一时间段内,我们分别使用两张 4G 网卡,对同一下载源不同内容进行数据下载,可以得到该卡在下载不同大小内容时的传输情况,用平均下载速率衡量传输性能,其中平均下载速率＝文件大小/传输估算时间。再使用双代理模式,同时使用两张 4G 网卡,使用 MPTCP 代理达到带宽聚合的目的,再对同样的内容进行下载测试,计算其平均下载速率。

如图 6.49 所示,从图中可以看出使用 MPTCP 双代理服务时,对下载速率有明显提升。其中可以看出 4G 网络 2 传输速率稳定,在不同大小数据上平均传输速率基本稳定,而 4G 网络 1 在数据较小时传输速率有明显波动,不排除由于测试时间长,在不同时间导致了速率变化。而聚合带宽也随着 4G 网络 1 的波动而变化,这说明了双代理对不同速率的流也有很好的聚合作用。

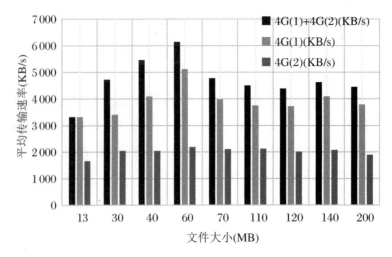

图 6.49　平均传输速率-内容大小图

6.5.5.3　视频业务测试

上述下载测试验证了其传输性能,下面测试其在视频方面的使用。视频业务相比于内容业务主要区别在于视频业务具有实时性,因此视频的传输具有最低带宽需求,不同画质的视频有不同的带宽需求,当传输速度较慢时,可能出现视频的失真,过高的带宽也无法提高当前视频的播放质量。因此,随着视频质量的不断提高,当单网络无法支持视频的带宽需求时,使用 MPTCP 代理可以同时利用多个网络,得到更高的带宽以支持对视频的播放。

实验在本地 Linux 主机使用 Google Chrome 浏览器,浏览器通过双代理接入网络,经过测试访问熊猫 TV 网页,待视频稳定,统计约 1 G 流量视频的播放传输过程和结果。图 6.50 为熊猫 TV 某直播节目传输过程和结果统计图,图 6.50(c)为在隐式代理处统计的每秒流量输入和输出数据,其中大流量均为视频数据,小流量为返回的控制信息。从图中可以看出此直播视频带宽需求约 8 M,总传输速率基本稳定在 1 MB/s 左右;总传输速率由两条子流聚合得到,子流接收视频数据并聚合传输给用户,用户 ACK 由隐式代理通过相应路径返回云服务器。从图 6.50(b)中可以看到通过不同的网卡接收和传输数据。

Amout/Byte	Size/Byte		
141082	1020155192	-PA-	eth2
112407	4496280	--A-	eth2
417982	1939122432	-PA-	lo
416762	25005720	--A-	lo
77113	549325921	-PA-	eth0
141723	8503628	--A-	eth0
69569	458846853	-PA-	eth1
1449	89212	--A-	eth1

(a) 直播效果图　　　　　　　　　(b) 不同网卡播放的传输数据

OUT/KB				IN/KB		IN/KB	
4.26	39.03	0.00	0.00	0.13	0.17	38.56	4.48
47.06	943.15	0.00	0.00	561.76	28.23	375.12	18.62
64.41	1248.19	0.00	0.00	771.25	39.15	464.91	23.68
70.72	1413.20	0.00	0.00	720.26	31.79	679.32	36.74
57.58	1070.97	0.00	0.00	311.92	11.77	748.72	42.52
54.18	1004.97	0.00	0.00	273.78	10.06	721.46	43.57
51.25	993.11	0.00	0.00	367.25	14.52	616.27	34.88
59.90	1097.20	0.00	0.00	344.31	13.57	742.29	42.97

(c) 隐式代理处每秒输入和输出数据量

图 6.50　MPTCP 双代理视频传输

基于视频测试我们可以得出,由于该高清视频直播要求链路传输速率高达 1.4 MB/s,若链路中两条路均只支持 800 KB/s 的传输速率,单独使用任一链路,视频将无法正常播放,而使用双代理进行 MPTCP 代理,同时利用两者带宽即可观看此视频。

6.6　本章小结

本章主要介绍了几种重要的 MPTCP 代理的实现细节及应用场景,并通过实际测试表明可以利用 MPTCP 代理实现 MPTCP 连接并提升传输效率。MPTCP 设计协议要求通信的客户端和主机有 MPTCP 内核支持,这需要大范围修改通信设备,而 MPTCP 代理的出现使得不支持 MPTCP 协议的用户也能使用 MPTCP 传输,获得多径传输的潜在优势。具体而言,针对客户或者主机有一端不支持 MPTCP 服务,或者两端都不支持 MPTCP 服务的情况,本章详细介绍了各种可行的 MPTCP 代理方案,主要有显式代理、隐式代理、TMPP 新型代理及显隐式混合双代理的 MPTCP 代理，其中包括代理方案的应用场景和工作方式、协议实现细节、包处理注意事项及实际部署。通过搭建云平台实际网络场景，我们测试了 MPTCP 代理在内容下载业务和视频流直播业务方面的性能，结果表明，采用 MPTCP 代理对下载速率有明显提升，能显著减少直播视频传输卡顿现象。

总体而言，MPTCP 代理机制不仅大大降低了 MPTCP 部署难度，且依然能发挥 MPTCP 协议聚合带宽的优势，是基于现有网络设备实现 MPTCP 广泛部署的有效选择。

第 7 章

MPTCP 协议安全问题

随着 MPTCP 的广泛应用和普及,其安全性也受到了越来越多的重视。首先,由于一个 MPTCP 连接的底层为多个 TCP 连接,因此 TCP 所面临的威胁对 MPTCP 同样有效。其次,由于 MPTCP 使用了多对网络地址,这也引入了新的威胁。为了保证 MPTCP 的安全使用,其所具有的安全性应该不低于单个 TCP 连接。截至目前,IETF MPTCP 工作组当中有 2 个 RFC 文档(Bagnulo,2011;Bagnulo et al.,2015)讨论了 MPTCP 可能带来的安全威胁。在 MPTCP 协议从草案变成标准(Ford et al.,2013)之前,RFC 6181(Bagnulo,2011)给出了对使用单连接多地址进行数据传输的安全威胁分析,期望借用 SHIM6(Bagnulo,Nordmark,2009)、SCTP(Stewart,2007)、MIPv6(Gundavelli et al.,2008)等中的经验来指导 MPTCP 设计。RFC 6824(Ford et al.,2013)中对这些可能的威胁的解决方案是采用基于交换密钥的安全机制,虽然该机制并不能从根本上解决安全威胁,但胜在具有较高的执行效率。如今 MPTCP 已从草案变成标准,其设计相比之前也更加完善,RFC 7430(Bagnulo et al.,2015)在 RFC 6181 的基础上,对 RFC 6824 指定的策略进行分析,并对 MPTCP 的安全威胁做了进一步的补充,但它保持了之前安全策略的目标,要求 MPTCP 连接的效率不得比任一单条子流的效率还要差。

7.1 安全问题描述

7.1.1 攻击者分类

MPTCP 引入了对每个终端设备同时使用多个地址的支持。但相比单路径 TCP,这也会产生新的漏洞。RFC 6181 中对 MPTCP 的安全问题进行了分析。此文档界定和特征化了这些新的安全漏洞,目的是希望 MPTCP 获得与当前 TCP 相同的安全级别,本文档中执行的威胁分析仅限于每个端点使用多个地址的特定情况。为了方便对安全问题的描述及分析,RFC 7430 根据攻击者攻击的位置及攻击者的行为对攻击者进行了分类,本小节主要介绍各个分类的相关定义,具体的攻击方式会在后面进行介绍。首先介绍第一种分类方式,根据攻击者攻击位置可以将攻击者分为路径外攻击者、半路径中攻击者

和路径中攻击者,以下是相关具体定义:

路径外攻击者(off-path attacker):此攻击者不会出现在 MPTCP 任何一子流建立及传输的整个生命周期中的任何时间,因此攻击者不能窃听 MPTCP 会话的任何数据包。

半路径中攻击者(partial-time on-path attacker):此攻击者会出现在 MPTCP 子流建立或传输的生命周期中的某一时段,因此如果攻击者出现在子流初始化之前或者之后,则其具有窃听或者篡改数据的能力。

路径中攻击者(on-path attacker):此攻击者需要至少出现在某一子流的整个生命周期,其进行攻击的时段既可以在子流初始化之前也可以在子流初始化之后,因此相比前两种攻击者,路径中攻击者具有更广的攻击范围及更强的攻击能力。

接下来根据攻击者的行为对其进行分类,具体定义如下:

被动攻击者(eavesdropper):此攻击者能够截获 MPTCP 会话周期中的部分数据包,但是不具备更改、丢弃或者延迟任何包的能力。攻击者可以出现在子流初始化之前或者之后的任何时段。

主动攻击者(active attacker):相比被动攻击者而言,主动攻击者能够更改、丢弃及延迟 MPTCP 会话周期中任何包,当然此攻击者同样可以出现在子流初始化之前或者之后的任何时段。

基于上面的分类,本小节主要介绍的攻击者有路径中被动攻击者、路径中主动攻击者、路径外主动攻击者、半路径中被动攻击者及半路径中主动攻击者。

7.1.2　攻击类型分析

路径中(on-path)攻击者不会存在于一个连接的全部持续时间内。在现行的单路径 TCP 中,一个路径中的攻击者可以发起很多攻击,包括窃听、连接劫持以及中间人攻击(Man-in-the-Middle Attack,MiTM Attack)等等。然而,路径外的攻击者是不可能进行这些攻击的。除这两种攻击方式以外,如果攻击者只在路径中逗留很短时间,发起攻击后便离开,但是攻击依然有效,这被称为时移攻击(time-shifted attack)。虽然时移攻击在现行的 TCP 中不可能发生,但作者亦将此作为分析的一部分。这是因为我们希望达到的目标是"令 MPTCP 达到与当前 TCP 相同的安全级别",所以我们也会考虑解决一些对 TCP 未表现出威胁而对 MPTCP 可能有所影响的安全问题。而由于路径中攻击对当前的 TCP 也同样起作用,所以路径中攻击不在考虑范围之内。需要指出的是,路径中的攻击在 MPTCP 中会变得很困难,因为攻击者只存在于一条单独的路径中而不能看到全部的数据流。因此,总的来说,RFC 6181 考虑的范围包括路径外攻击和时移攻击。

在以下的分析中,我们假设所有的 MPTCP 都与 TCP 相同,每个端点对应一个地址。这意味着 MPTCP 连接会通过使用 TCP 三次握手来建立,而且像传统的 TCP 一样使用单独的地址对。

用于连接建立的地址具有一个特殊的作用,即被上层当做标识符。在 SYN 数据包中的目的地址是应用程序用来识别通信对端的地址,这个通信对端的地址是通过 DNS 获得的,或者是手动获得的。所以严格来说,连接的发起者并不是很确定它是否与特定的地址建立了通信。如果因为 MPTCP 使用多条网络路径传输的特性,数据包被传输给一个其他的地址,则该 MPTCP 的发起者就相当于受到了欺骗。因此在使用 MPTCP 时需要对常规 TCP 信任模型进行改进,这是因为应用程序除了相信初始建立的地址对是安全的以外,还额外地使用了通信对端提供的新的地址,并且认为这些地址与原始地址是同样可信的。一个应用或者实现如果不能以这种方式信任通信对端提供的地址,就不能安全地使用 MPTCP 的多路径特性。

在三次握手中,与常规 TCP 一样,序列号将在两个端点处被同步。即使数据是在不同路径中交互的,一个 MPTCP 连接也会为数据使用一个单独的序列号,因为 MPTCP 提供有序的字节分发服务。

一旦建立了连接,每个端点通过发送一个包含新地址的控制报文就可以使用 MPTCP(作为 TCP 的拓展选项)为每个端点添加新地址。为了将新地址与一个正在进行的连接关联起来,就需要识别连接。假设连接可以被一个四元组(源地址、源端口、目的地址、目的端口)识别,这样承载着新地址信息的控制报文至少需要包含四元组信息,此信息描述了该地址属于哪个连接。在实际设计时,有两种不同的方式来承载地址信息,分别是显式模式和隐式模式:

(1) 显式模式:控制报文包含了一个地址列表;

(2) 隐式模式:添加的地址被包含在 IP 数据包首部源地址区域中。

这两种模式对攻击有不同的安全特性。显式模式看起来有更多漏洞。而隐式模式受益于入站过滤,可以降低攻击者在一个正在进行的连接中添加任意地址的可能性。然而,入站过滤并没有得到广泛部署,故将它作为 MPTCP 安全的基础并不合适。

在删除掉一个对 MPTCP 连接再也不可用的地址时,入站过滤和隐式模式信令之间的交互则需要更深入的考虑——这是因为当一个使用隐式模式的主机连接到部署了入站过滤的网络时,它没有能力从正在进行的 MPTCP 连接中删除一个不再使用的地址。

在接下来的分析中,假设 MPTCP 会使用所有可以用于发送数据包的地址对,并且能够基于不同路径的拥塞程度来分配数据包以平衡负载。

7.2　MPTCP 协议相关攻击总述

针对 MPTCP 的安全攻击总括来讲分为两大类（RFC 6181）——劫持攻击和泛洪攻击。劫持攻击主要是通过某种手段截获报文消息，并且伪造和修改消息而通过安全认证从而窃取机密内容，分为普通的劫持攻击和时移劫持攻击。泛洪攻击主要是通过伪造或者截获消息并重放，使得消息总量或者连接总量超过 MPTCP 本身能够负荷或者处理的上限，从而使得传输效率降低，甚至导致目标主机瘫痪。

7.2.1　基本 MPTCP 协议的劫持攻击（Hijacking attack）

劫持攻击本质上是攻击者利用 MPTCP 地址的灵活性来劫持连接。这意味着当攻击者劫持成功时，受害者认为它在与一个合法的通信对端进行会话，而事实上是在与攻击者交换数据包。在一定意义上，这可以认为是双重泛洪攻击（受害者认为自己在跟攻击者交换数据包，但事实上把数据包发送给了目标）。

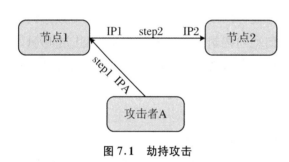

图 7.1　劫持攻击

如图 7.1 所示，节点 1 和节点 2 之间建立一个 MPTCP 连接。这个连接的每个端点都只使用了一个地址，IP1 和 IP2。攻击者通过添加 IPA 作为节点 1 的新地址发起劫持攻击。这在显式和隐式地址管理中没有大的区别，因为在两种情况中，攻击者 A 都可以通过简单地发送一个控制数据包来添加地址 IPA，作为控制数据或控制数据包的源地址。为了能够劫持连接，攻击者需要知道标志连接的四元组。假设攻击者很容易知道源和目的地址及端口号，但是得到客户端的端口号（也就是连接的发起者）可能有些困难。攻击者可能需要去猜测端口号或是通过拦截数据包获取。假设攻击者可以集合四元组发出报文，并将 IPA 添加为 MPTCP 连接可用的地址，那么攻击者 A 就有能力参与通信，具体如下：

节点 2 向攻击者发送数据包：节点 2 是否会使用 IPA 发送数据主要取决于 MPTCP 对地址使用的定义。通常情况下，为了达到"获得多路径传输能力"的目的，除非 MPTCP 连接中已经使用了很多 IP 地址对，可以假设节点 2 会为了获得更多网络路径而使用 IPA 发送数据。这意味着通信中的部分数据会被发送给攻击者，虽然攻击者 A 可能无法获得全部的数据，但这部分数据已经能够对节点 1 造成影响，因为节点 1 无法接收到来自节点 2 的全部数据。更进一步地说，从应用程序的角度来看，这会导致拒绝服务攻击（DoS），因为字节流会停下来等待丢失的数据（即发送给攻击者的这部分数据）。然而这样并不是完全的劫持攻击，因为依然有一部分数据发送给了节点 1。为了让攻击者接收到 MPTCP 发送端发送的所有数据，攻击者必须将 IP1 从连接的可用地址集中删除。在隐式地址管理中，这个操作可以是发送一个 IP1 的数据包，而该操作的可行性取决于是否部署了入站过滤和攻击者的地理位置。如果使用显式地址管理，攻击者可以发送一个包含 IP1 的去除地址控制数据包。一旦 IP1 被删除，节点 2 发送的所有数据就会全部发送给攻击者，所有业务全部被劫持。

攻击者向节点 2 发送数据包：一旦节点 2 接受 IPA 作为 MPTCP 连接地址集的一部分，攻击者就可以使用 IPA 发送数据包，而且这些数据包会被节点 2 看做 MPTCP 连接的一部分。这意味着攻击者可以在 MPTCP 连接中注入数据，从这个角度看，攻击者劫持了一部分发出的数据。然而，节点 1 作为 MPTCP 连接的一部分，依然可以发送数据给节点 2，并且节点 2 可以收到。这意味着有两个数据源，节点 1 和攻击者，但此时攻击者仍无法做到对发包业务的全部劫持。为了做到完全劫持，攻击者需要从可用地址集中去除 IP1。这可以使用上段描述的方法做到。

使用相同技术可以完成的一个相关的攻击是中间人攻击。

如图 7.2 所示，节点 1 和节点 2 之间已经建立了连接。攻击者 A 利用 MPTCP 地址灵活性，在节点 1 和节点 2 两边都把 IPA 添加为 MPTCP 连接的新地址，把自己当做一个中间人。事实上这种攻击方法与之前描述的技术是一样的，只不过对通信两端都执行了相应的

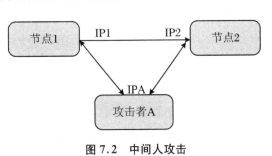

图 7.2　中间人攻击

操作。在这种情况下主要的不同点是，攻击者可以简单地获取经过它的内容，然后它自己再把这些数据转发给另一个通信对端。结果是攻击者可以把自己放在通信的中间位置，不引人注意地获取部分业务。如果攻击者想看到全部的业务，就要把通信对端真实的地址删除。

7.2.2　时移劫持攻击

为控制报文提供安全性是一个简单的阻止路径外攻击者发起劫持攻击的方法。在这种方法中，MPTCP 连接涉及的通信端在连接建立中通过明文交换的 cookie 达成共识。攻击者只有掌握了 cookie，才可以发起劫持攻击。这说明路径外攻击者无法进行劫持攻击，只有路径中的攻击者可以。如果使用基于 cookie 的方法为 MPTCP 提供安全

性,那么得到的安全性将与当前 TCP 相似。

然而,MPTCP 通过 cookie 得到的安全性与当前 TCP 仍存在差异,其不同点主要是时移攻击。前面提到过,时移攻击是攻击者在路径中逗留一段时间后离开,但是在攻击者离开很久后,攻击的影响依然存在。如果 MPTCP 的安全性是通过使用 cookie 实现的,那么攻击者只需要在路径中逗留一段时间,并在获得 cookie 后离开,此时攻击者在离开后依然可以发起劫持攻击。

对劫持攻击的保护有很多种方法,但是对一些特定类型的时移攻击,这些方法是很脆弱的。下面给出几种保护方法。

1. 基于 cookie 的方法

防止路径外攻击者发起劫持攻击的一种简单方法是通过使用 cookie 为添加和删除地址的控制消息提供安全性。基于 cookie 的方法是在每个 MPTCP 控制报文中使用明文发送的 cookie,这些报文用于在已存在的连接中添加新地址,即在为任何对等方添加或删除地址的每个控制包中都需要呈现该 cookie。这种解决方案遗留的问题是,任何一个可以嗅探到控制报文的攻击者都会得到 cookie,而且可以在连接的生存期内为任一给定点添加新地址。并且由于攻击者已经获取到了原始 cookie,端点不会检测到攻击。综上,这种类型的攻击能够影响到所有流的建立和交互过程,而且不会被端点检测。

2. 使用明文进行秘密共享交互

比方法 1 要安全一些的选择是在第一个子流建立的过程中使用明文交换密钥,通过使用由共享密钥加密的哈希报文认证编码(Hashed Message Authentication Code,HMAC)署名来验证后面的子流。但这种解决方案很容易受到攻击者的攻击。如果攻击者能够嗅探到第一个子流建立时交换的报文,这种方法就会很脆弱。更糟糕的是,为了与 NAT 兼容,这种方法所使用的 HMAC 署名不会覆盖要添加的 IP 地址。这意味着即使攻击者不能通过嗅探后续的子流建立过程来得到共享密钥,攻击者也可以修改子流建立消息来更改原本准备添加的地址。因此,共享密钥泄露的威胁主要存在于第一个子流的建立过程中,但是对完整性攻击的漏洞依然存在于所有新子流建立时的交互过程中。这些攻击依然不能被端点探测。SCTP 安全就属于这一类。

3. 强加密锚交换

该方法是在建立第一个子流时交互一些强的加密锚,比如公用密钥或哈希链锚,通过使用与锚关联的加密内容来保护后续的子流。在这种情况下,攻击者需要在连接建立阶段更改交换的加密内容才能实现对连接的劫持。这样一来,伪造加密锚这一攻击漏洞就仅存在于初始连接建立交互的过程中。与前一种情况相似,鉴于对 NAT 遍历的考虑,该方法对于完整攻击的漏洞仍存在于所有新子流建立交互的过程中。与前面两种方法不同的是,因为攻击者需要改变加密锚,如果两个端点直接进行通信,就能检测到攻击。

7.2.3　泛洪攻击(Flooding attack)

泛洪攻击通过产生大量的数据包,直到数据量超过 MPTCP 子流可承载的限度,超过限度的无用数据使得链路处于拥塞状态,导致有用数据包的丢失,致使子流进入拥塞避免状态而减少拥塞窗口和发送窗口,从而大大降低 MPTCP 的传输效率。

第一种因为地址灵活性导致的攻击被称为泛洪或是爆炸式攻击。我们以图 7.3 为例,在这个攻击中,S 会产生大量的数据包并发送给 T。攻击分为两步:第一步,A 建立一个到 S 的 MPTCP 连接,并且下载大量的数据。最初的连接中,每个端点只涉及一对 IP 地址:IPA 和 IPS。第二步,攻击者 A 将 IPT 添加为通信可用的地址,这个新地址的添加方式取决于 MPTCP 地址管理模式。在显式地址管理中,攻击者 A 只需要发送一个承载着地址 IPT 的信令数据包即可添加地址。在隐式模式中,攻击者 A 可能需要发送一个以 IPT 作为源地址的数据包。同时,攻击者能否发送这样的数据包,取决于是否部署了入站过滤以及攻击者的地理位置,若条件允许,攻击者就能够发送这样的数据包以发起攻击。在这一阶段中,MPTCP 连接依然对源 S 有一个单独的地址,也就是 IPS。但是对攻击者 A 有两个地址,IPA 和 IPT。这时攻击者希望让源 S 将正在进行的下载业务的流量全部发送到目标 T 的 IP 地址,即 IPT。

其中一种方法是攻击者假装 IPA 和 IPT 之间的路径发生拥塞,而 IPS 和 IPT 之间的路径并不拥挤。这时它需要为流经 IPS 和 IPT 之间路径的数据发送 ACK,同时对于已发送给 IPA 的数据则不再发送 ACK。这里攻击者需要确认流经不

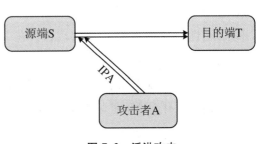

图 7.3　泛洪攻击

同路径的数据。一种可能性是,使用给定地址对发送的数据的 ACK 应该在包含相同地址对的数据包中出现。如果是这样,攻击者就需要发送以 IPT 作为源地址的 ACK 来保持攻击流。攻击者能否发送这样的数据包,同样取决于是否部署了入站过滤和攻击者的地理位置。此外,攻击者也需要猜测发送给目标 T 的数据包的序列号。一旦攻击者做到了这些,则能够成功攻击目标 T。在这种攻击方式中,源 S 依然认为自己在给攻击者 A 发送数据包,但事实上,S 在向目标 T 发送大量无意义的数据包。

当来自源 S 的数据流涌向目标 T 时,目标 T 会有所反应。由于数据包属于一个不存在的 TCP 连接,所以目标 T 会发出 RST 数据包。这里,很有必要理解 MPTCP 会对收到的 RST 数据包如何响应。接收到 RST 数据包的 MPTCP 至少应该终止与特定地址对对应的数据包交换(可能不是完整的 MPTCP 连接,但是至少应该不再往 RST 数据包所涉及的地址对上发送更多的数据包)。如果攻击者在重定向数据流之前,将窗口值增大到

一个可观的大小,那么到达 T 的数据量就会足够大,以致能够对目标节点进行攻击。为了传输大数据量并进行攻击,攻击者需要执行一些操作:① 攻击者需要将窗口值增大到足够大的值,以使发送的在途数据包数量足够多;② 攻击者要有能力在 IPS 到 IPA 的路径中制造拥塞的假象,要求不需要大量减少窗口值就能把数据流重定向到另外的路径中。这在很大程度上取决于不同路径中的窗口是怎么耦合工作的,尤其是窗口如何增长。与拥塞控制窗口相关的设计可以使这种攻击变得无效。如果 MPTCP 需要在每个子流上进行慢启动,那么泛洪攻击的效果就会被慢启动的初始窗口大小所限制。

之前的协议,比如 MIPv6 RO 和 SCTP,会在给新地址发送数据前,添加一个可达检验来处理攻击问题。其他协议中采用的方法是,源 S 会明确询问新地址内的主机(即 IPT 内的目标主机 T)是否接收来自由四元组(IPA,port A,IPS,port S)标志的 MPTCP 连接的数据包。由于这不是目标 T 已经创建的连接的一部分,所以 T 不会接受请求,故源 S 不会在此 MPTCP 连接中使用 IPT 来发送数据包。请求报文通常应该包含一个随机数,这样攻击者 A 就不能轻易地伪造对此请求的应答。在 SCTP 下,一般会发送一个有 64 bit随机数的报文。

一种实现这种可达性测试的方法是为每对将在 MPTCP 连接中使用的每个新地址对都执行一次三次握手。虽然这样做还有其他原因(比如 NAT 遍历),但这种方法也可以用做可达性测试,并且防止泛洪攻击。在 MPTCP 中可能发生的另一种泛洪攻击是,攻击者与通信对端发起通信,并且显式地包含一系列可选的地址清单(通常很长)。如果通信对端决定与所有可用的地址建立子流,那么攻击者就达到了放大攻击的效果,因为一旦发送包含所有选项地址的数据包,就会触发通信对端生成数据包给所有的目的地。

7.3　MPTCP 协议具体攻击过程及应对策略

上面对 MPTCP 可能存在的攻击进行了大的分类,并对每一种攻击方式进行了大致的解释,下面针对 MPTCP 协议运行过程中可能存在的攻击进行具体介绍,并对每一种攻击方式介绍相应的抵御攻击的策略(RFC 7430)。

7.3.1　增加地址攻击(ADD-ADDR attack)

为了获得聚合带宽的能力,MPTCP 会建立多条路径,主子流及其他子流的建立过程在之前的章节中有所介绍。在增加地址攻击中,攻击者利用 RFC 6824 中定义的 ADD_ADDR 选项劫持正在进行的 MPTCP 会话,并使得自己能够在 MPTCP 会话上执行中间人攻击。按照攻击分类方式,其属于路径外主动攻击,是截获攻击的一种。

1. 攻击过程

攻击方案如图 7.4 所示。攻击者 A 的地址为 IPA，服务器 S 的地址为 IPS，所用端口为 PortS，目标机器地址为 IPT，所用端口为 PortT，两端口所使用的 MPTCP 会话的令牌分别为 TokenS 和 TokenT。

首先攻击者 A 伪造源地址为 IPS、源端口为 PortS、目的地址为 IPT 的数据包，并且设置了 ACK 标志，对应的 TCP 分段序列号为 i，ACK 序列号为 j。假设所有这些数据有效，数据包包含 ADD_ADDR 选项，并且将 IPA 作为该连接的可选地址，地址的对应端口为 PortA。当

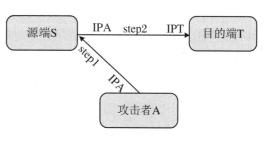

图 7.4 增加地址攻击

目的端接收到含有 ADD_ADDR 的数据包时，会回复一个源地址为 IPT、源端口为 PortT′、目的地址为 IPA、目的端口为 PortA′ 的 TCP SYN 数据包（不需要 PortT = PortT′ 或 PortA = PortA′），该包的序列号是子流的初始化序列号，同时该包会携带 MP_JOIN 选项和令牌 TokenT，以及由目的端 T 产生的随机数 RandomT；攻击者收到含有 SYN 和 MP_JOIN 的数据包时，对其进行如下更改：将源地址变为 IPA，目的地址变为 IPS，模仿目的端 T，将修改后的数据包发给源端 S；当源端 S 收到含有 SYN/ACK 和 MP_JOIN 的信息及对应源地址 IPS、目的地址 IPA 与所需序列号的包后，源端 S 产生一个有效的哈希认证码（HMAC）加入 MP_JOIN 选项中回复给攻击者；攻击者收到含有认证码的 MP_JOIN 包之后，修改源地址为 IPC，目的地址为 IPT，发送给目的主机 T；攻击者收到包之后验证认证码，发现其合法，则认为源端合法且是自己想要通信的对象，因此产生相应的哈希认证码（HMAC）加入 MP_JOIN 选项中，发回给攻击者；攻击者和之前操作一样，将源地址改为自己的地址 IPA，目的地址改为 IPS 发送给源端；源端 S 验证认证码认为合法，则经过几次数据修改，中间人成功获得了两边通信的认证消息，这样攻击者成功成为 MPTCP 会话周期中源端和目的端的中间人，但是源端和目的端的连接在攻击者存在时是不能够持续通信的，因此攻击者并不能截获 MPTCP 会话周期内的所有数据包，若攻击者想要截获所有数据包还需要进一步操作。首先攻击者需要给源端和目的端分别发送 TCP RST 消息，发送给源端 S 的消息源地址改为 IPT 的源端口 PortT，目的地址 IPS 目的端口 PortS；给目的端的消息源地址为 IPS 源端口为 PortS，目的地址 IPT 目的端口 PortT。攻击者需要额外在消息中包含有效的序列号和 ACK 值，若存在多条子流，则需要获得每条子流的序列号和相应的 ACK 值，只有这样攻击者才能截获 MPTCP 整个生命周期中的数据包。

2. 应对策略

由上面的分析可以看到,想要执行此攻击,攻击者必须知道定义目标 TCP 连接的四元组(源 IP、源端口、目的地址、目的端口)、有效的子流序列号和 ACK 序列号以及被有效定义的自身地址。要成功修改地址,攻击者必须不被入口过滤器或者源地址效验策略所发现,因此攻击者不能够在线,但因为入口过滤策略并没有被广泛应用,因此目前该策略并不能缓解这种攻击。我们考虑从协议本身增强安全性。方法一:可以在 ADD_ADDR 选项中加入 32 位随机数代表连接本身的令牌信息,这样攻击者除四元组之外还需要获得令牌信息才能进行消息的伪造,而随机的 32 位数字并不容易猜测。虽然攻击者在窃听到 ADD_ADDR 选项后仍能进行该攻击,但其依然在 TCP 三次握手的进程中提升了攻击的难度。方法二:在 ADD_ADDR 选项中增加地址的完整效验信息,这样攻击者在修改地址之后则不能通过安全验证,攻击者除了截获消息之外,更重要的是需要得到源端和目的端进行完整性效验 HMAC 对应的密钥,而这个相比截获消息和 IP 地址而言,只能从密钥的交换或者产生阶段进行攻击,难度进一步增加。由于这个解决方案依赖于 MPTCP 会话中使用的密钥,如果为 MPTCP 定义了新的密钥生成方法,那么这个解决方案的保护能力就能够进一步增强。方法三:将目标地址的 SYN 信息加入完整效验信息中,即在 MP_JOIN 消息的 HMAC 中包含 SYN 包的目标地址。这样当攻击者修改了地址之后,便不能再通过完整效验,但这样也会导致 NAT 的消息不能通过验证,因此综合来看方法二是一个较优的方案,其安全级别更高且具有 NAT 兼容性。

7.3.2 MP_JOIN 拒绝服务攻击(DoS attack on MP_JOIN)

对 MP_JOIN 的拒绝服务攻击是一种通过伪造连接来耗尽 MPTCP 会话可允许的半开连接的数目,从而使得真正源端向目的端请求的 MP_JOIN 信息无法建立连接的攻击方法。该方法按照本章介绍的攻击分类方法属于路径外主动攻击,是泛洪攻击的一种。

1. 攻击过程

根据之前章节 MPTCP 子流建立过程我们知道,新增子流需要发送 MP_JOIN 信息,并通过三次握手信息建立新连接,在 SYN 和 MP_JOIN 消息中包含 32 bit 的令牌信息,使得接收端能够识别 MPTCP 会话,并且通过 32 bit 的随机数及 HMAC 消息来确定子流的正确性及完整性。但是该信息在三次握手的第三个 ACK 的时候并不会重新发送,主机在接收到 SYN 和 MP_JOIN 信息之后按照规则必须创建新状态。假设源地址和端口分别为 IPS、PortS,目的端地址和端口分别为 IPT、PortT,它们分别有令牌 TokenS、TokenT,攻击者发送含有 TokenT 的 SYN 和 MP_JOIN 信息,会使得目的端创建新状态,对于每个 MPTCP 会话而言,这种半开连接的数目是有一定限制的,因此攻击者可以通过发送不同五元组(四元组加令牌)信息的 SYN 和 MP_JOIN 来耗尽可允许的连接上限。这些用于攻击的数据包所包含的源地址实际是未被使用的,而直到目的端发送的 SYN/ACK 消息在相应端口触发 RST,该半开连接才会被解除。

2. 应对策略

若想要实现该攻击,必须知道目的端的令牌 TokenT,可以通过半路径中攻击来截获源端和目的端建立新子流的三次握手消息,如果是路径外攻击者则只能猜测 32 bit 的令牌信息,这就使得攻击成功的可能性大大降低。如上一小节攻击过程介绍,该攻击之所以能进行是因为三次握手的最后一次握手消息不需要重新发送令牌信息及随机数。因此,为了解决这一漏洞,可以要求在第三次握手的消息中也包含令牌及随机数的 SYN 和 MP_JOIN 信息,目的端可以设置自己的随机数生产策略,这样只有满足规则的随机数才能通过验证,并且要求目的端回复 SYN 及 MP_JOIN 信息但是不建立半开的子流连接,直到其验证了消息完整性及随机数正确性之后再建立新状态。

7.3.3 SYN 泛洪攻击

SYN 泛洪攻击在 RFC 4987(Eddy,2007)中提出,是一种利用发送大量的 SYN 信息耗尽服务器资源,妨碍新 TCP 连接建立的攻击方式,是路径外主动攻击,属于泛洪攻击的一种。

1. 攻击过程

在 MPTCP 中,初始 SYN 是可以通过之前的 SYN cookies 在无状态情况下进行传输的,但是对于 SYN 和 MP_JOIN 信息,由上面的介绍可以知道,此消息不能在无状态情况下进行传输,这就产生了新的攻击方向。攻击者可以开启一个 MPTCP 会话,以正常的方式发送 SYN 消息,在此之后,攻击者发送足够多包含不同的源地址及源端口组合的 SYN 和 MP_JOIN 信息给服务器端,服务器端必须对收到的大量 SYN 和 MP_JOIN 信息都进行完整性及安全性验证,这样服务器就会在重复的错误检测中大量消耗自身资源,从而导致其无法给合用户提供正常服务。

2. 应对策略

上一小节提到的针对 MP_JOIN 的拒绝服务攻击的应对方式,在此处也是有效的,除此之外,也可以通过降低可允许的半开(half-open)子流的连接数目,来减缓此攻击。

7.3.4 初始握手的劫持攻击

MPTCP 初次握手时会协商和交换密钥,因此如果截获了初始握手信息,在之后就可以对 MPTCP 会话的任意阶段进行攻击,此攻击属于半路径中截获攻击。

1. 攻击过程

在此攻击中,攻击者出现在初始子流建立的三次握手的整个过程中,因此可以获得

MPTCP 会话使用的会话密钥,这使得攻击者即使离开了 MPTCP 会话监督,在之后的某时刻依然可以对该会话进行攻击,此攻击方式在 MPTCP 设计时,RFC 6181(Bagnulo,2011)中就被提及,但是该攻击被认为是可接受的,因为后续采用安全路径传输可以防止该攻击。

2. 应对策略

针对这一攻击有多种应对策略,可以使用哈希链、SSL 密钥(Paasch et al.,2012)、TCP 加密(Bittau et al.,2014),或者采用 RFC 3972(Aura,2005)中定义的 CGAs,此方法已在 Shim6 中有相关应用。有关内容较多,文章末尾给出了相关参考文献,感兴趣的读者可以自行查阅,这里不做具体分析。

7.4 关于 NAT

为了能在当前网络中广泛部署,MPTCP 必须能够支持 NAT。从安全角度来看,NAT 是很值得关注的。对于 MPTCP,NAT 设备的行为本质上像是一个中间人攻击者。MPTCP 的安全目标是阻止任何攻击者在给定 MPTCP 连接的有效地址中插入自己的地址,但是 NAT 的作用正是要修改地址。所以,如果 MPTCP 要通过 NAT 来工作,那么MPTCP 就必须能够接受 NAT 重写后的地址并将其作为给定会话的有效地址。而这就直接导致了 MPTCP 以隐式模式添加地址的报文不能很好地防御完整性攻击。这排除了那些依赖于提供完整的保护来阻止攻击者在子流建立交互时改变地址的解决方法,因此需要设计其他有效的机制来保护 MPTCP 在增加新地址时不受到完整性攻击。

在显式模式下,该方案可以保护 MPTCP 选项中的地址。现在的问题是,MPTCP 选项中的哪个地址携带了地址信息。如果携带地址信息的地址是配置在主机接口上的地址,并且这个接口在 NAT 后面,那么这个地址信息就是无用的。因为对其他的端点而言,这个地址事实上是不可达的,所以去携带、保护它是没有意义的。在这个情况下可以使用 NAT 遍历技术,比如通过 NAT 的 STUN(Session Traversal Utilities for NAT)来得到 NAT 已经分配的地址和端口,并安全地传递这个信息。虽然这样的操作是可用的,但是这依赖于 NAT 遍历技术并且需要用特定的手段以安全的方式传递地址和端口。正如我们前面所指出的,保护 MP_JOIN 消息与支持 NAT 难以兼容,因此这个问题的解决方案很可能涉及数据本身的保护。

分析表明,对于一个安全解决方案,我们需要在它的复杂度和遗留威胁之间进行权衡。MPTCP WG 评估了不同方面后,得出了下面的结论:

(1) 为了防止泛洪攻击,MPTCP 应该在给正在进行的通信添加新地址时,使用随机

数(就像 TCP 的三次握手中使用的那样)来部署一些可行性检查;

(2) MPTCP 默认的安全机制应该是在第一个子流建立时,在明文中交换一个密钥,然后使用一个加密的 HMAC 来确保后面添加地址的安全性;

(3) MPTCP 安全机制应该支持使用在加密的 HMAC 中预共享的密钥,以提供更高的保护级别;

(4) 应该提供一种机制来防止使用报文进行重放攻击,比如使用 HMAC 保护序列号;

(5) MPTCP 应该实现可扩展,而且它应该具有适应多种安全问题的能力,在需要时使用更多的安全机制。

7.5　MPTCP 协议流量转移攻击

Munir 等人在论文(Munir et al.,2017)中报告了由于 MPTCP 子流之间的交叉路径交互而产生的 MPTCP 新漏洞。作者指出:首先,当成功窃听某一个 MPTCP 子流时,攻击者可以推断出他们无权访问的另一个 MPTCP 子流的吞吐量并发起攻击;其次,攻击者可以注入伪造的 MPTCP 数据包来更改任何 MPTCP 子流的优先级。作者提出了两种利用这些漏洞的攻击。第一个是连接劫持攻击:在连接劫持攻击中,攻击者通过改变子流的优先级来挂起他无法访问的子流,以此完全控制 MPTCP 连接。第二个是定向流量分流攻击,在这种攻击中,攻击者将流量从一条路径转移到另一条路径,其目标是损害特定路径上的子流或特定网络中的子流的性能,并能同时确保用户的体验质量不受影响。作者提出了针对相应漏洞的修复意见以及对 MPTCP 规范的更改,这些修复和更改为 MPTCP 至少能拥有与 TCP 和原始 MPTCP 一样的安全性提供了保证。

7.5.1　威胁模型

如图 7.5 所示,一条 MPTCP 连接中存在两条子流,分别运行在不同的网络路径上,攻击者位于其中一条路径上。在更一般的情况下,如果存在 m 条路径(具有 m 个子流),则攻击者可能在这些路径的子集中。作者提出的威胁模型假设攻击者可以在路径上窃听或注入流量。这种威胁模型通常发生在用户使用开放的 Wi-Fi 接入点,在这种情况下,连接到同一接入点的攻击者可以在通过该接入点建立的子流上进行窃听或注入流量。此外,该威胁模型假定攻击者不可以修改现有流量。

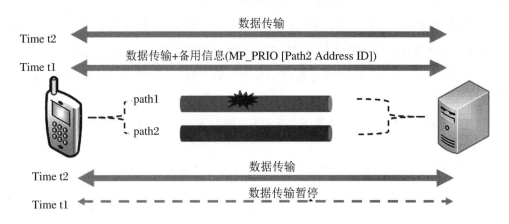

图 7.5　威胁模型

7.5.2　备用(Backup)标志漏洞

MPTCP 支持将子流标记为备用,备用的子流仅在没有其他子流可用时才被用来发送数据。具体来说,MPTCP 主机可以通过使用 MPTCP MP_PRIO 选项将请求发送到另一个主机,从而将任何子流设置为备用。值得注意的是,支持 MPTCP 的主机可以通过任何 MPTCP 子流发送此请求。而在收到此类控制数据包后,发送方将停止向设置的备用子流发送数据,而相应子流的吞吐量将降至零。然而这种控制包不需要任何规范的认证,这也就意味着攻击者仅控制一条路径就能将任何子流设置为备用,如图 7.5 所示,对使用两条网络路径的 MPTCP 连接,路径 1 上的攻击者可以伪造地址 ID(ADDRESS ID)为路径 2 的 MP_PRIO 数据包,以将路径 2 上的子流设置为备用子流。备用标志漏洞使攻击者可以在 MPTCP 子流之间转移流量。攻击者可以通过使用 MP_PRIO 选项发送伪造的数据包来将当前窃听的子流设置为备用,从而将流量从窃听的子流转移到其他 MPTCP 子流。反之,攻击者还可以将除当前窃听的子流外的所有其他子流都设置为备用,从而将非窃听子流的流量全部加载到窃听子流,造成类似劫持攻击的效果。

7.5.3　吞吐量推断漏洞

常规 TCP 中不可能发生跨路径攻击,虽然路径上的攻击者可以窃听并启动会话劫持或中间人攻击,但攻击者无法直接推断路径外的 TCP 连接的任何属性。攻击者通过窃听 MPTCP 连接中的某些子流,可以一定程度地了解其他子流的吞吐量。此种攻击还允许恶意的服务提供商推断出竞争对手的敏感和专有信息(例如拥塞程度、吞吐量、包丢失、往返时间)。其原因是,MPTCP 连接的子流看似独立,但实际上是耦合的,因为它们承载相同 MPTCP 连接的数据。以具有两个子流的 MPTCP 连接为例,由于两个子流在同一 MPTCP 连接中承载数据包,因此目标主机需要将来自两个子流的数据包重新组装,使其在上层看来是一条 MPTCP 连接而非两条独立的子流。因此,子流中的每个数据包都需要具有两个序列号:第一个序列号用于保证在该子流上可靠有序传输,它与 TCP 序列字段中编码的传统子流序列号相同;另外一个序列号是连接层面的,从两个子流中组装数据包的全局序列号。通过窃听其中一个子流,攻击者可以根据子流序列号计算窃听的子流的吞吐量,并根据全局序列号计算整个 MPTCP 连接的吞吐量。这个例子可以很容易地推广到 MPTCP 连接拥有 m 个子流的情况,如果攻击者能够窃听 $m-1$ 个子流,则它可以算出未窃听的第 m 个子流的吞吐量。需要注意的是,根据文献介绍的方法,如果只有不到 $m-1$ 条子流能被窃听,攻击者是无法计算出未经窃听的路径上特定子流的吞吐量的。推断吞吐量的能力可以帮助攻击者验证连接劫持攻击和流量转移攻击的成功。例如,攻击者在进行连接劫持攻击后,如果窃听的子流上全局序列号(Data Sequence Number,DSN)是连续的,则攻击者可以确保攻击成功。

7.5.4　连接劫持攻击

在连接劫持攻击中,攻击者的动机可能是获得 MPTCP 连接中的所有数据以进行监视,或者作为一个恶意的互联网服务提供商(Internet Service Provider,ISP)向用户收取额外的数据费。MPTCP 主机可以使用 MP_PRIO 选项向另一台主机发送将任何子流设置为备用的请求,此请求也可以通过任何 MPTCP 子流发送。在接收到这样的控制包之后,发送方将停止向该子流上发送数据,相应子流的吞吐量将下降到零。为了完全控制 MPTCP 连接,攻击者可以将无法窃听的子流设置为备用,并暂停未窃听的子流上的数据流量。

要发动连接劫持攻击,攻击者利用备用标记漏洞将流量转移到自己的路径上,并使用跨路径吞吐量推断来验证劫持攻击的成功。考虑图 7.6 所示的场景,其中 MPTCP 连接的两个子流分别通过路径 p_1 和 p_2。攻击者可以通过动态更改子流的优先级并将其声明为备用子流来劫持 p_2 上未窃听的子流,使它的流量转移到 p_1 上面来。发起此攻击的要求并不复杂,攻击者只需要知道主机的地址标识符。主机的地址标识符可以通过窃听其他路径来获得,也可以轻易猜出,因为它们在当前的 Linux MPTCP 实现中是递增的。并且由于标识符只有 8 位,即使随机化分配地址标识符,也很容易被暴力破解,攻击者仍然可以快速发起此攻击。要将非窃听的子流设置为主机 A 和主机 B 之间的备用子流,攻击者可以通过向主机 B 发送具有主机 A 的地址标识符的 MPTCP MP_PRIO 选项来请求更改子流优先级。由于设计的差异,与 MP_JOIN 不同,这样的控制包没有规范任何身份验证,故 MP_PRIO 消息可以在任何子流上被发送,也就是说窃听者只要成功窃听任何一条能够发送这种伪造消息的路径便可以使其他任何路径暂停传输,即可以将任何子流设置为备用。值得注意的是,备用的 MPTCP 子流并不被永久废弃,它们以后仍可以用于数据传输。实际上,这种攻击会将 MPTCP 连接降级为常规 TCP 连接,因为所有流量都将通过攻击者控制的路径进行转发。但是针对这种攻击,MPTCP 规范不包含任何有关 MP_PRIO 消息的身份验证机制。

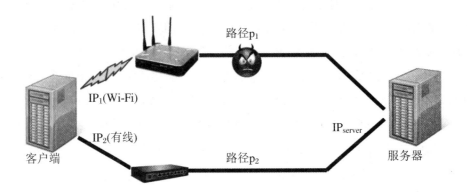

图 7.6 实验拓扑

同理,攻击者也可以通过使用 MP-PRIO 选项发送伪造的数据包,将被窃听的子流设置为备用,从而将流量从被窃听的子流卸载到其他 MPTCP 子流。

7.5.5 定向流量转移攻击

流量转移既有恶意动机也有良性动机。就恶意的动机而言,窃听 MPTCP 子流的恶意攻击者可以发起有针对性的流量转移攻击,以获取更多带宽。即将流量转移到其他路径,以便可以使用该路径携带自己的更多流量,这将提高攻击者的网络性能,但是会损害流量转移目标网络中用户的性能。同样,恶意 ISP 可以发起流量转移攻击,以通过将流量转移到其他 ISP 来减轻其负载。这使得恶意 ISP 可以承载更多自己用户的流量,并降低其他网络中用户的性能。就善意的动机而言,通过流量转移,蜂窝 ISP 可以通过将流量转移到 Wi-Fi 链路来减少 3G/4G 链路上用户的数据使用量。这不仅有助于用户控制其蜂窝数据的使用并避免超额收费,还能帮助蜂窝 ISP 在高峰时段卸载流量。在流量转移攻击中,攻击者可以确保最终用户的体验质量不受影响:通过转移有限的流量,以使 MPTCP 连接的总吞吐量保持不变,就可以做到这一点。攻击者可以使用吞吐量推断漏洞,从全局序列号监视总体连接吞吐量。

要发起定向流量转移或流量转移攻击,攻击者需要确定目标路径。为了将数据定向卸载到特定路径,攻击者可以限制路径的流量(例如引入数据包丢失),或使用 MPTCP 中的 MP_PRIO 选项来将这些路径的子流设置为备用。为了加载流量,攻击者可以将目标路径设置为备用,以将流量定向到自己的路径。要决定从哪个路径进行加载或卸载,攻击者可以从 MP_JOIN 和 ADD_ADDR 选项中收集 IP 地址和地址 ID 之间的映射。这两个选项都包含 IP 地址和相应的地址 ID,并通过现有连接以纯文本格式发送。因此,窃听某一条子流的攻击者可能会看到此信息,并找到 IP 地址及其对应的地址 ID 之间的映射以发起有针对性的流量转移攻击。

7.5.6 应对策略

如前所述,备用标志攻击的根本原因是缺少对 MP_PRIO 消息的身份验证。可以对 MP_PRIO 消息的生成和处理方式进行更安全的更改。

1. 删除地址标识符(ID)

MP_PRIO 消息使用地址标识符(ID)指定需要更改优先级的目标子流。防止这种攻击的一种简单解决方案是简单地从 MP_PRIO 选项中删除地址 ID,即 MP_PRIO 选项必须在与其应用的子流相同的子流中发送。这意味着攻击者必须在目标子流的路径上才能将其设置为备用子流。这种防御方式很容易实现,但是,如 RFC 6824 中所建议的那样,考虑到存在必须将 MP_PRIO 消息通过其他路径发送的极端拥塞的路径(例如,无线电覆盖问题),地址 ID 应是可选的。RFC 6824 已采纳了该建议。

2. 拒绝无效的地址标识符(ID)

MP_PRIO 消息使用地址标识符(ID)指定需要更改优先级的目标子流。在 MPTCP 的实现中,可以通过拒绝发送无效地址 ID 的子流发送的消息来抵抗攻击。但是,尚不清楚这是否会导致错误警报(特别是在动态性很高的场景中,例如,新的子流加入而旧的子流离开)。

3. 地址 ID 随机化

当前,在 MPTCP Linux 实现中,地址 ID 是递增分配的,这使攻击者更容易猜测到未被窃听路径上子流的地址 ID。例如,如果为第一个地址分配的地址 ID 为 1,则为同一连接的下一个地址分配的地址 ID 为 2。而此行为并未在 MPTCP 规范中规定,而是由当前的 Linux MPTCP 实现导致的。因此,可以通过随机分配 MPTCP 连接中的地址 ID 来改善此缺陷。尽管这种方法无法完全消除威胁,但至少会使攻击者猜测目标子流的正确地址 ID 的难度加大。但是,由于当前地址 ID 字段只有 8 位,攻击者仍然可以快速发起攻击。

4. 添加静态身份验证

更好的解决方案是要求为与 MP_PRIO 数据包一起发送的子流级别添加身份验证标志,以确保仅控制一个子流的攻击者无法伪造数据包。此标志可以类似于在子流建立时在MP_JOIN消息中计算的 HMAC。

5. 添加动态身份验证

该身份验证必须满足以下两个条件：① 身份验证需要具有抗重放性；② 身份验证的生成不应仅依赖于特定子流（例如第一条子流）上共享的密钥。Munir 等人在论文（Munir et al.，2017）中提出了一种简单的策略：重用 MP_JOIN 中交换的 nonce 作为密钥。每个子流一旦都交换了一对独立密钥，就可以通过组合两个子流（发送 MP_PRIO 的子流 + 要设置为备用的子流）的密钥来计算新的 Authentication Badge。这样即使攻击者窃听了第一个子流，只要它没有窃听到其他子流，就不可能计算出有效的 Badge 来将任何其他子流设置为备用。但这一策略需要 bookkeeping 维护每个子流的附加密钥对，直到子流终止。

7.6 MPTCP 协议的交叉路径推断攻击

MPTCP 允许在两个端点之间同时使用多条路径，因此在提高应用程序性能方面具有很大的前景。然而，正如 7.5.3 小节中介绍的那样，与传统 TCP 不同，MPTCP 中可能发生跨路径攻击。该攻击源于 MPTCP 连接中的多个子流之间的相互依赖性。从 MPTCP 设计的三个约束条件（提高吞吐量、无害与平衡拥塞）中可知，MPTCP 的多条子流通常都是相互耦合的，这也产生了可用于推断交叉路径特性的潜在侧信道，为实现跨路径的推断攻击（inference attack）引入了一种有效途径。通过监控 MPTCP 连接所使用的一条或多条路径，ISP 可以推断有关竞争对手的敏感和专有信息。由于侧信道问题是由 MPTCP 连接中的子流之间的耦合所产生的，而这种耦合又直接来自于 MPTCP 拥塞控制算法设计的约束条件，因此规避这种攻击并不是一件容易的事。本节主要介绍文献（Shafiq et al.，2013）中提到的 MPTCP 的交叉路径推断攻击，可用于指导未来对 MPTCP 和其他类似多路径扩展的与安全相关的研究。

7.6.1 攻击模型

交叉路径攻击使一方能够监视 MPTCP 子流使用的一条（或多条）路径，以推断其他路径的属性。此类攻击可使 ISP 推断出竞争对手的敏感和专有信息（例如拥塞程度、吞吐量、丢包、往返时间等）。对于如图 7.7 所示的场景，MPTCP 子流 1 和子流 2 之间的耦合可以使 ISPX 推断 ISPY 的跨路径网络性能指标（即单路径 TCP 流穿越 ISPY 的属性），反之亦然。在普通 TCP 中不可能发生跨路径攻击：虽然路径上的攻击者可以窃听并发起会话劫持或中间人攻击，但是攻击者无法直接推断其他 TCP 连接的任何属性。但是对于 MPTCP，攻击者可以推断在其他网络中的 TCP 获得的单路径吞吐量，对于具有有线、Wi-Fi 和蜂窝网络特征的链路,在小于 8 分钟、3 分钟和 8 分钟的测量间隔内,准确率均高达 90%。接下来我们介绍攻击的具体思路。

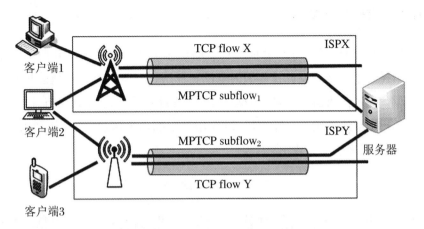

图 7.7　单路径 TCP 和 MPTCP 竞争的场景

为了简化表示,我们假设图 7.7 中的场景,其中 MPTCP 连接仅由两条子流组成。设 T, T_1, T_2 分别表示 MPTCP 连接的总吞吐量、MPTCP 子流通过 ISP X 的吞吐量、MPTCP 子流通过 ISP Y 的吞吐量。设 T_x 和 T_y 分别表示单路 TCP 连接通过 ISP X 和 ISP Y 的吞吐量。我们分别从提高吞吐量和无害两个方面分析它们对 MPTCP 连接及其子功能的影响:

(1) 提高吞吐量:MPTCP 吞吐量至少应与最佳可用路径上的单路径 TCP 连接的吞吐量一样高,即 $T \geqslant \max(T_x, T_y)$。

(2) 无害:MPTCP 在其不同的路径上所占用的容量不应超过仅使用其中一条路径的单路径 TCP 连接。这是为了确保 MPTCP 不会在共享瓶颈链路上降低使用单路径 TCP 的应用程序的性能,即 $T \leqslant \max(T_x, T_y)$,$T_1 \leqslant T_x$,$T_2 \leqslant T_y$。

由上面的关系我们得出 $T = \max(T_x, T_y)$。此外,ISP X 中的攻击者可以直接观察 T 和 T_x。T 可以通过 MPTCP DSN 和 MPTCP Data ACKs 导出,这些数据 ACKs 包含在 subflow$_1$ 中。通过单路径 TCP flow X 的 TCP 序列号和 TCP ack 可以观察到 T_x。因此,我们区分了两种情况:

(1) $T > T_x$:我们得到 $T_y^* = T$,其中 T_y^* 表示 T_y 的估计量。因此根据 MPTCP 吞吐量 T_y^* 可以推断出 T_y。换句话说,ISP X 可以被动地推断不同 ISP 中的单路径 TCP 的吞吐量。

(2) $T \leqslant T_x$:我们可得到 $T_2 \leqslant T_y \leqslant T_x$,攻击者可以根据 $T = T_1 + T_2$ 估计 T_2。通过观察 T 和 T_1,即 MPTCP 连接和 MPTCP 子流 1 的吞吐量,可以得出子流 2 吞吐量的估计值:$T_2^* = T - T_1$。攻击者可以由此推断 T_y^* 的上界 T_x 和下界 T_2^*。因此,通过限制

T_x,攻击者可以逐渐收紧边界。当 $T > T_x$ 时,回到前一种情况,攻击者便可以直接推断 T_y。

7.6.2 潜在对策

因为文章提出的跨路径吞吐量推断攻击的产生根源在于 MPTCP 拥塞控制算法的设计目标。因此,违反这些设计目标的拥塞控制算法(例如,具有成本或能量意识的拥塞控制器)可能会绕过此攻击。但是,违反这些设计目标(不一定会造成伤害)又可能会降低单路径 TCP 流量的性能。此外,也可以使用基于加密的解决方案,如利用 IPsec 或其他端到端加密方案来规避此攻击。

7.7 MPTCP 协议对当前和未来网络安全的辅助影响

一个协议本身可能是安全的,他自身不会受到攻击,但当它与其他系统交互时可能会带来问题。例如 MPTCP 就打破了已有网络设备所作的一般假设,对安全性有着重大的影响,而这些影响也有好有坏。这种额外的影响围绕 MPTCP 的安全含义展开讨论,而与 MPTCP 本身的安全性没有直接关系,这些影响可分为两大类:一类是在过渡时期,只有部分基础设施了解 MPTCP 的影响;另一类是在 MPTCP 完全部署且所有基础设施都了解 MPTCP 的影响。因此,本节将结合文献(Pearce,Zeadally,2015)介绍并简要讨论 MPTCP 网络安全管理的影响,并特别地讨论入侵检测系统(IDS)、流量监控和流量过滤对关键项目的影响。

7.7.1 MPTCP 相比 TCP 重要的不同点

为了讨论 MPTCP 对当前及未来网络的影响,我们首先需要了解 MPTCP 相比于通用的 TCP 协议到底有何不同。其不同主要体现在以下三个方面:

1. 连接方式不同

在通用 TCP 中,普遍使用网络地址和端口元组进行连接,而 MPTCP 提供连接的方式则独立于其子流所使用的网络元组。当网络监控设备无法重新组装 MPTCP 通信数据,但仍然需要关联通信并标志相关的终端主机时,就会产生问题。但这一问题本身并不构成重大挑战,因为当网络监控系统可以处理 MPTCP 时,它会得到缓解。此外,MPTCP 为端点提供了在连接期间添加、删除和更改网络地址的能力,而无须像 TCP 那样删除和重新建立连接。因此,MPTCP 的各条子流必须通过它们的连接标识符进行关联,而不应通过它们的网络地址进行关联,因为在整个连接期间任何子流都不一定是持续存在的,即使是 MPTCP 连接的初始子流。此属性也可能会导致网络监视设备出现无法正确处理 MPTCP 的问题,直到网络监视系统可以处理 MPTCP 并使用 MPTCP 元数据连接到特定的终端系统时,相关问题才会部分缓解。

2. 数据分布不同

MPTCP 会同时通过多条路径来传输数据,这就导致网络监控设备只能看到部分流量的情况。这与传统的多宿主网络配置没有太大区别,只是 MPTCP 允许将单个逻辑通信流分段到不同的网络路径上。这主要分两种情况:TCP 端口碎片(数据流量被分割到具有不同端点-端口组合的不同 TCP 连接中)和 TCP 地址分段(从具有不同网络地址的设备发送数据,并可能通过不同的网络)。当只能看到部分内容时,网络监控设备行为的正确性在很大程度上是未知的,即使它们能够处理 MPTCP,这一问题也仍然难以缓解。

3. 中断方式不同

MPTCP 的设计内置了通信冗余;如果检测到某个路径(通过 MPTCP 级别的校验和或某一路径上的子流经常性失败)有问题,则可以在不中断整个 MPTCP 连接的情况下规避该路径。一些网络入侵防御系统(NIPS)通过重新设置恶意的或未经授权的 TCP 流来工作。然而,现有的网络入侵防御设备并不是为处理 MPTCP 而设计的。除非 IPS 能够终止整个 MPTCP 连接,否则需要同时停止每条子流才能终止一条 MPTCP 连接。如果仍有任何有效的 MPTCP 子流存活,则中断失败,那么通信继续,并且可以建立额外的子流,重新开始该过程。

7.7.2 MPTCP 对当前网络安全的影响

MPTCP 为现有网络中的安全机制带来了影响,其中一些只是过渡阶段存在的问题(即并非所有设备都支持 MPTCP),但有一些更为基础的问题,需要从网络安全实现的角度来重新考虑。MPTCP 运行在现有的基于 IP 的网络上,而它正处于一种过渡状态,在过渡状态下,MPTCP 仅得到部分支持;而这种过渡状态是当前大多数网络的状态。MPTCP 使得数据流不再依附于某个单独的 TCP 来进行传输,实现了数据流的分裂且提供连接的弹性。而这种转变也带来了一些独特的安全挑战,这种挑战也将长时间持续,直到有绝大多数人支持或否决 MPTCP 为止。尤其是当网络运营商不具有 MPTCP 能力,而他们网络中的设备具备时,MPTCP 带来了巨大的风险。

随着官方 IETF 标准化的进行,MPTCP 可以在大多数现有的基础设施上透明地运行,然而,MPTCP 从根本上改变了 TCP 通信的实际工作方式。MPTCP 与网络中的 TCP 看起来是一样的,但在许多关键方面又与 TCP 不同。它改变了数据流的处理方式、连接的含义以及数据如何在连接双方之间传输。当网络提供商运行的基础设施并不理解 MPTCP 时,在当前 MPTCP 的过渡阶段中,依赖全流量可见性和流量检查的常见网络安全方法将会变得非常困难。因为使用 MPTCP 的端点可以避开（或无意中绕过）安全监视和分析工具，如图 7.8 所示。具体影响分析如下：

1. 破坏相关性

MPTCP 提供的连接方式会将它与网络地址和端口对解耦。如果监控或入侵检测设备无法正确重新组装 MPTCP，但仍然需要关联通信并识别相关的终端主机，则它将错过事件。这使得 MPTCP 能够被用来进行跨路径碎片攻击，以逃避网络检测设备的检测，即使它们能够完全看到子流的流量，如图 7.8 所示。

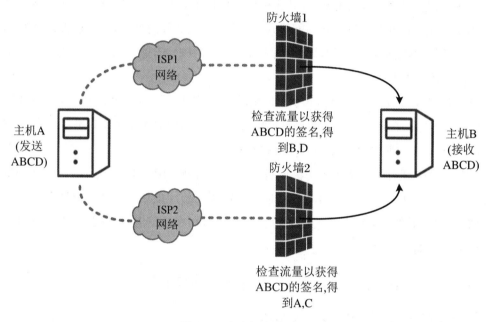

图 7.8 跨路径碎片攻击

2. 移动目标

MPTCP 设备可以随心所欲地移动 MPTCP 连接中使用的网络地址和端口，网络安全设备不仅必须具备能够重新组合来自不同子流的流量的能力，还必须能够在整个连接期间实现对相关流量的跟踪，其中包括跨不同网络添加和删除子流或网络地址时的情况。

3. 主动控制规避

MPTCP 添加了另一个级别的流量修改检查（MPTCP 校验和），以检测不理解 MPTCP 的网络设备对通信的更改。如果在一条路径上检测到更改，则在将来规避该路径。一些安全设备，如某些类型的透明代理和应用程序感知入侵防御系统（如 Web 应用程序防火墙）会修改应用程序数据。如果这些中间设备不能确保 MPTCP 元数据（metadata）的正确性，那么在 MPTCP 堆栈检测到这些中间设备的操作时，就会在后续数据传输过程中忽略相应路径,而使用替代路径。

4. 终止网络连接时遇到困难

如前所述,MPTCP 绕过故障路由的能力也会导致 MPTCP 连接相比目前的 TCP 连接更难以被网络运营商和安全设备终止。如果没有正确的 MPTCP 元数据,MPTCP 连接将一直保持打开状态,直到所有子流都被杀死。此外,备用子流很容易被监视设备忽略,因为这些流可能不会主动创建流量。如果这些备用子流逃过了监视,那么终止整个 MPTCP 连接的操作也会失败,它们将无缝地继续 MPTCP 连接。

5. 连接方向错误

MPTCP 打破了先前的思路,即 TCP SYN 包的发送者是连接中的客户端,而在 MPTCP 下,TCP SYN 包并不一定表示新的连接,它可以只是最初在另一个方向上建立的 MPTCP 连接上的一条新的子流。虽然我们还没有找到实现反向连接的方法,但是规范允许这样做。如果实现了这一点,那么许多区分"入站(inbound)"和"出站(outbound)"连接的现有防火墙规则将做出错误的决定,即可能导致传统防火墙同时接受被误认为是出站的入站流量和被误认为是入站的出站流量。

7.7.3 MPTCP 对网络安全的长期影响

如果 MPTCP 被广泛部署,那么网络安全就会发生一些变化,即使所有的网络设备都需要支持 MPTCP,也仍然需要对网络安全方法进行一些更改。在 IPv6 的世界中,随着地址和网络数量的大幅增加,可用地址空间的规模也大幅增加,这使得跟踪 MPTCP 流量变得更加困难。当一个主机在一天内可能使用数百个地址时,我们如何处理流量?然而,网络安全必须适应多径技术带来的挑战。以下将介绍一些挑战,这些挑战很少有系统性的讨论,并且仍缺少可验证的解决方案。

1. 流量碎片化

MPTCP 会导致流量碎片化,并且它通常会在由不同组织所管理的网络中碎片化,除非网络安全工具能够终止会话,否则它们将需要在只有部分内容可见的情况下对通信量做出决策。这就需要一些能够试探性地处理格式错误或碎片化的内容的网络安全工具。网络安全和监控节点不再能够通过分析它们在本地观察到的流量来确定流量内容。MPTCP 使得监控系统必须配备更多的跟踪功能,并且可能需要在不同网段,甚至不同组织的网络设备之间进行的细粒度协调(这在以前是不必要甚至不可能的)。

2. 移动目标

虽然主机在漫游过程中更改网络地址并不是 MPTCP 特有的问题,但在通信过程中更改网络地址的能力却是 MPTCP 特有的,这也会带来一些问题。这种地址灵活性意味着开始通信的地址不一定是在通信结束时或在通信过程中的任何时候使用的地址。这不仅意味着必须监视每条路径,还意味着必须监视每条可能的路径。而跟踪移动的主机可能是非常耗费资源的。

3. 拒绝服务攻击

MPTCP 旨在提供聚合所有跨网络接口的能力,这也有助于为每个连接提供更大的可用带宽。DDOS 防御方法则需要适应这一特点,因为新的多路径攻击可能会使来自主机的流量比以往任何时候都要大,而且应对起来也更加困难。由于 MPTCP 更为复杂的状态管理和相关的处理开销,客户端可能会在接收端产生大量请求、大量 TCP SYN 请求或向连接中添加大量地址,从而造成严重的负载。MPTCP 还可能会遭受跳转攻击(Bounce Attacks),即主机被告知它应该连接到新地址,但该地址是由攻击者发布的非法地址,而也很难通过这种流量追踪到原始攻击者。这种攻击并不是新出现的,MPTCP 对此也有一定的缓解措施,它要求在发送数据之前验证连接。

4. 修改检测与时序分析

通过定时分析用户流量的完整性来对抗潜在的审查和篡改是可取的,但在当前网络中,强大的篡改检测和加密技术并不普遍。未来很可能通过交叉路径定时分析来检测对未受保护流量的篡改。具体来说,主动攻击者的存在是可以被检测到的,因为他们的行为会带来额外的时间延迟。如果攻击者正在两条路径上执行主动拦截,则该攻击者在发送数据之前必须先在两条路径之间同步数据。如果攻击者控制了目标通信路径中的两个站点,但这两个点之间的延迟为 100 ms,攻击者就必须首先组合数据并通过该 100 ms 的链路发送数据,否则就不能实现对内容的篡改并重新传输,但这也会增加传输所需的总时间并引入潜在的可检测延迟。

7.8　本章小结

MPTCP 基于传统 TCP,可能会受到与 TCP 相同的安全威胁,此外,MPTCP 可以动态添加或删除子流连接,虽然 MPTCP 提供基于令牌验证的子流管理机制用于验证子流有效性,但其安全保护级别较低,易导致新的安全威胁。然而,MPTCP 已有的相关研究仍然将重心放在如何更充分地发挥 MPTCP 的传输性能上,而针对 MPTCP 安全性的研究并不充分,甚至还比较初步,仅包括对 SYN Flooding 等典型攻击的预防。然而随着 MPTCP 受到的关注越来越多、应用更加普及,对其安全性的考量也逐渐被各研究机构认为是一个重要的研究方向。因此,本章从 MPTCP 中的安全机制、面临的威胁以及对网络安全的影响这三个方面对 MPTCP 的安全问题进行了阐述。通过对攻击者和攻击行为的分类,本章具体介绍了 MPTCP 中存在的拒绝服务攻击、泛洪攻击、劫持攻击和流量转移攻击等,并针对每种攻击给出了可能的解决方案,以及分析了方案存在的不足之处。

其中,泛洪攻击指的是攻击者通过与服务器建立初始的 MPTCP 连接,然后欺骗服务器与攻击目标主机建立多个子流,触发其发送大量的数据流给攻击目标主机,从而耗费其资源。而在劫持攻击中,首先由攻击者劫持合法通信两端的 MPTCP 连接,然后添加其地址用于和其中一端建立新的子流,或者作为中间人分别与合法通信的两端建立子流,而实际的通信双方还以为自己是与合法对端建立了子流,通过这样的方式,攻击者就可以非法获得通信数据。对上述攻击,RFC 6181 总结了三类可行的解决方案:基于 cookie 的方法、使用明文进行秘密交互、强加密锚交换。前两个方案的缺陷是需要使用明文进行初始交换,无法避免路径中攻击者对明文交换信息的获取,但新增加的开销较小;第三个方案的安全性更高。

RFC 7430 对这些攻击和建议解决方案进行了进一步的细化(包括初始握手过程的窃听、SYN/JOIN 消息的中断和篡改攻击、ADD ADDR 攻击等)。此外,还针对信令交互过程的不合规操作以及可能产生的安全攻击做了阐述,同时也给出了可行的方案。这些攻击包括基于 MP_JOIN 的 DoS 攻击和 SYN Flooding 攻击放大。针对这两个安全威胁,给出的建议方案是将 MPTCP 的握手过程从有状态变成无状态,由消息重复携带必需的信息以及限制 half-open 子流的数量。

MPTCP 也可能对现有网络安全机制产生破坏性的影响。通过利用 MPTCP,为实施跨路径的分片攻击带来了便利,并且攻击也更容易绕过(bypass)安全检测和过滤系统,移动目标防御(moving target defense)的实现手段也有待进一步研究,也为数据监测带来了更大的难度。而随着 MPTCP 的进一步实施与发展,MPTCP 协议在后续的制定中也一定会产生这些问题,其势必会在未来网络安全的研究中取得新的进展。

参考文献

Abbasloo S，Xu Y，Chao H J，2019. C2TCP：A flexible cellular TCP to meet stringent delay requirements[J]. IEEE Journal on Selected Areas in Communications，37(4)：918-932.

Ahlswede R，Cai N，2000. Network information flow[J]. IEEE Transactions on Information Theory，46(4)：1204-1216.

Al A A E，Saadawi T N，Lee M J，2004. LS-SCTP：A bandwidth aggregation technique for stream control transmission protocol[J]. Computer Communications，27(10)：1012-1024.

Alizadeh M，Greenberg A，Maltz D A，et al.，2010. Data center TCP (DCTCP)[J]. ACM SIGCOMM Computer Communication Review，40(4)：63-74.

Al-Fares M，Loukissas A，Vahdat A，2008. A scalable，commodity data center network architecture [J].ACM. SIGCOMM Computer communication Review，38(4)：63-74.

Alizadeh M，Yang S，Sharif M，et al.，2013. pFabric：Minimal near-optimal datacenter transport[J]. ACM SIGCOMM Computer Communication Review，43(4)：435-446.

Amer P，2013. Load sharing for the stream control transmission protocol (SCTP)[S]. Internet-Draft，IETF ID：draft-tuexen-tsvwg-sctp-multipath-07.

Aura T，2005. RFC3972：Cryptographically generated addresses (CGA)[S]. Internet Engineering Task Force.

Ayanoglu E，Paul S，Laporta T F，et al.，1995. AIRMAIL：A link-layer protocol for wireless networks[J]. Wireless Networks，1(1)：47-60.

Ayar T，Rathke B，Budzisz L，et al.，2012. A transparent performance enhancing proxy architecture to enable TCP over multiple paths for single-homed hosts[S]. Internet-Draft，IETF ID：draft-ayar-transparent-sca-proxy-00.

Bagnulo M，2011. RFC6181：Threat analysis for TCP extensions for multipath operation with multiple addresses[S]. Internet Engineering Task Force.

Bagnulo M，Nordmark E，2009. RFC 5533：Shim6：Level 3 Multihoming Shim Protocol for IPv6[S]. Internet Engineering Task Force.

Bagnulo M，Paasch C，Gont F，et al.，2015. RFC7430：Analysis of residual threats and possible fixes for multipath TCP (MPTCP)[S]. Internet Engineering Task Force.

Balakrishnan H，Rahul H，Seshan S，1999. An integrated congestion management architecture for internet hosts[J]. ACM SIGCOMM Computer Communication Review, 29(4): 175-187.

Balakrishnan H, Seshan S, Katz R H, 1995. Improving reliable transport and handoff performance in cellular wireless networks[J]. Wireless Networks, 1(4): 469-481.

Bao W, Shah-Mansouri V, Wong V W S, et al., 2012. TCP VON: Joint congestion control and online network coding for wireless networks[C]//Global Communications Conference, 2012 IEEE: 125-130.

Barik R, Welzl M, Ferlin S, et al., 2016. LISA: A linked slow-start algorithm for MPTCP [C]// Proceedings of the 2016 IEEE International Conference on Communications: 1-7.

Barré S, 2011. Implementation and assessment of modern host-based multipath solutions[D]. Ottignies-Louvain la-Neuve: Universite catholique de Louvain.

Barré S, Paasch C, Bonaventure O, 2011. MultiPath TCP: From theory to practice[C]//Proceedings of the IFIP Networking: 444-457.

Biaz S, Vaidya N H, 1999. Discriminating congestion losses from wireless losses using inter-arrival times at the receiver[C]//Proceedings of the ASSET: 10-17.

Bittau A, Hamburg M, Handley M J, et al., 2014. Simple opportunistic encryption[C]//Proceedings of the W3C/IAB Workshop on Strengthening the Internet Against Pervasive Monitoring.

Bonald T, 1998. Comparison of TCP Reno and TCP Vegas via fluid approximation[D]. INRIA.

Bonald T, 1999. Comparison of TCP Reno and TCP Vegas: Efficiency and fairness[J]. Performance Evaluation, 36: 307-332.

Bonaventure O, Christoph P, Gregory D, 2017. RFC8041: Use cases and operational experience with multipath TCP[S]. Internet Engineering Task Force.

Botta A, Dainotti A, Pescape A, 2012. A tool for the generation of realistic network workload for emerging networking scenarios[J]. Computer Networks, 56(15): 3531-3547.

Brakmo L S, O'Malley S W, Peterson L L, 1994. TCP Vegas: New techniques for congestion detection and avoidance[J]. ACM SIGCOMM Computer Communication Review, 24(4): 24-35.

Brakmo L S, Peterson L L, 1995. TCP Vegas: End to end congestion avoidance on a global internet [J]. Selected Areas in Communications, 13(8): 1465-1480.

Cao Y, Xu M, Fu X, 2012. Delay-based congestion control for multipath TCP[C]//Proceedings of the ICNP: 1-10.

Cardwell N, Cheng Y, Gunn C S, et al., 2017. BBR: Congestion-based congestion control[J]. Communications of the ACM, 60(2): 58-66.

Casetti C, Gaiotto W, 2004. Westwood SCTP: Load balancing over multipaths using bandwidth-aware source scheduling[C]//Proceedings of the VTC: 3025-3029.

Cen S, Cosman P C, Voelker G M, 2003. End-to-end differentiation of congestion and wireless losses [J]. IEEE/ACM Transactions on Networking, 11(5): 703-717.

Chandran K, Raghunathan S, Venkatesan S, et al., 2001. Feedback-based scheme for improving TCP performance in ad hoc wireless networks[J]. IEEE Personal Communications, 8(1): 34-39.

Chang S W, Cha J, Lee S S, 2012. Adaptive EDCA mechanism for vehicular ad-hoc network[C]// Proceedings of the ICOIN: 379-383.

Chebrolu K, Rao R, 2002. Communication using multiple wireless interfaces[C]//Proceedings of the WCNC: 327-331.

Chen B L, Chen Z, Pappas N, et al., 2017. Modeling and analysis of MPTCP proxy-based LTE-WLAN path aggregation[C]//Proceedings of the GLOBECOM: 1-7.

Chen C, Dong C, Hai W, et al., 2013. ANC: Adaptive unsegmented network coding for applicability [C]//Proceedings of IEEE International Conference on Communications (ICC). IEEE: 3552-3556.

Chen J, Tan W, Liu L, et al., 2009. Towards zero loss for TCP in wireless networks[C]//Proceedings of the IPCCC: 65-70.

Chen S Y, Yuan Z H, Muntean G M, 2013a. A traffic burstiness-based offload scheme for energy efficiency deliveries in heterogeneous wireless networks[C]//Proceedings of the GLOBECOM: 538-543.

Chen S Y, Yuan Z H, Muntean G M, 2013b. An energy-aware multipath-TCP-based content delivery scheme in heterogeneous wireless networks[C]//Proceedings of the WCNC: 1291-1296.

Chen Y C, Lim Y, Gibbens R J, et al., 2013. A measurement-based study of multipath TCP performance over wireless networks[C]//Proceedings of the IMC: 455-468.

Chen Y, Wu X, Yang X W, 2011. MAPS: Adaptive path selection for multipath transport protocols in the Internet[S]. Duke University.

Chu J, Dukkipati N, Cheng Y, et al., 2013. RFC6928: Increasing TCP's initial window[S]. Internet Engineering Task Force.

Chung S, Moon S, Kim S, 2017. The virtualized MPTCP proxy performance in cellular network[C]// Proceedings of the ICUFN: 703-707.

Cloud J, du Pin Calmon F, Zeng W, et al., 2013. Multi-path TCP with network coding for mobile devices in heterogeneous networks[C]//Proceedings of the VTC: 1-5.

Clowwindy, 2020. Shadowsocks: A secure socks5 proxy[J/OL]. https://shadowsocks.org/.

Cui Y, Wang L, Wang X, et al., 2015. FMTCP: A fountain code-based multipath transmission control protocol[J]. IEEE/ACM Transactions on Networking, 23(2): 465-478.

Deng L, Liu D, Sun T, et al., 2014. Use-cases and requirements for MPTCP proxy in ISP networks [S]. Internet-Draft, IETF ID: draft-deng-mptcp-proxy-00.

Deng S, Netravali R, Sivaraman A, et al., 2014. Wifi, LTE, or both? Measuring multi-homed wireless internet performance[C]//Proceedings of the IMC: 181-194.

Detal G, Paasch C, Bonaventure O, 2013. Multipath in the middle(box)[C]//Proceedings of the CoNEXT Workshop on Hot Topics in Middleboxes and Network Function Virtualization: 1-6.

Diop C, Dugué G, Chassot C, et al., 2011. QoS-aware multipath-TCP extensions for mobile and multimedia applications[C]//Proceedings of the MoMM: 139-146.

Diop C, Dugué G, Chassot C, et al., 2012. QoS-aware and autonomic-oriented multi-path TCP extensions for mobile and multimedia applications [J]. International Journal of Pervasive Computing and Communications, 8(4): 306-328.

Dong P P, Yang W J, Tang W S, et al., 2018. Reducing transport latency for short flows with multipath TCP[J]. Journal of Network and Computer Applications, 108: 20-36.

Dongkyun K, Toh C K, Choi Y, 2013. TCP-BuS: Improving TCP performance in wireless ad hoc networks[J]. Journal of Communications & Networks, 3(2): 1-12.

Dyer T D, Boppana R V, 2001. A comparison of TCP performance over three routing protocols for mobile ad hoc networks[C]//Proceedings of the MobiHoc: 56-66.

Eddy W, 2007. RFC4987: TCP SYN flooding attacks and common mitigations [S]. Internet Engineering Task Force.

Eggert L, Heidemann J, Touch J, 2000. Effects of ensemble-TCP[J]. ACM SIGCOMM Computer Communication Review, 30(1): 15-29.

Elliott E O, 1963. Estimates of error rates for codes on burst-noise channels[J]. Bell System Technical Journal, 42(5): 1977-1997.

Ferlin S, Alay Ö, Dreibholz T, et al., 2016. Revisiting congestion control for multipath TCP with shared bottleneck detection[C]//Proceedings of the INFOCOM: 1-9.

Floyd S, Henderson T, 1999. RFC2582: The new reno modification to TCP's fast recovery algorithm [S]. Internet Engineering Task Force.

Floyd S, Mahdavi J, Mathis M, et al., 2000. RFC2883: An extension to the selective acknowledgement (SACK) option for TCP[S]. Internet Engineering Task Force.

Ford A, 2013. RFC6824: TCP extensions for multipath operation with multiple addresses[S]. Internet Engineering Task Force.

Ford A, Raiciu C, Handley M, et al., 2011. RFC6182: Architectural guidelines for Multipath TCP development[S]. Internet Engineering Task Force.

Ford A, Raiciu C, Handley M, et al., 2013. RFC6824: TCP extensions for multipath operation with multiple addresses[S]. Internet Engineering Task Force.

Frömmgen A, Erbshauser T, Buchmann A, et al., 2016. ReMP TCP: Low latency multipath TCP [C]//Proceedings of the ICC: 1-7.

Frömmgen A, Sadasivam S, Müller S, et al., 2015. Poster: Use your senses: A smooth multipath TCP WiFi/mobile handover[C]//Proceedings of the MobiCom: 248-250.

Fu C D, Liew S C, 2006. TCP veno: TCP enhancement for transmission over wireless access networks [J]. Journal on Selected Areas in Communications, 21(2): 216-228.

Fu Z H, Greenstein B, Meng X Q, et al., 2002. Design and implementation of a TCP-friendly transport protocol for ad hoc wireless networks[C]//Proceedings of the ICNP: 216-225.

Gajjar S, Gupta H M, 2008. Improving performance of ad hoc TCP in mobile ad hoc networks[C]// Proceedings of the INDICON: 144-147.

García-Martínez A, Bagnulo M, Beijnum I V, 2010. The Shim6 Architecture for IPv6 Multihoming [J]. IEEE Communications Magazine, 48(9): 152-157.

Greenberg A, Hamilton J R, Jain N, et al., 2009. VL2: A scalable and flexible data center network [J]. Communication of the ACM, 39(4): 51-62.

Gundavelli S, Leung K, Devarapalli V, et al., 2008. RFC 4960: Proxy mobile IPv6[S]. Internet Engineering Task Force.

Ha S, Rhee I, Xu L, 2008. CUBIC: A new TCP-friendly high-speed TCP variant[J]. ACM Sigops Operating Systems Review, 42(5): 64-74.

Hampel G, Klein T, 2012. MPTCP proxies and anchors[S]. Internet-Draft. IETF ID: draft-hampel-mptcp-proxies-anchors-00.

Hampel G, Rana A, Klein T, 2013. Seamless TCP mobility using lightweight MPTCP proxy[C]// Proceedings of the MOBIWAC: 139-146.

Han H, Shakkottai S, Hollot C V, et al., 2004. Overlay TCP for multi-path routing and congestion control[C]//Proceedings of the IMA workshop on Measurements and Modeling of the Internet.

Han H, Shakkottai S, Hollot C V, et al., 2006. Multi-Path TCP: A joint congestion control and routing scheme to exploit path diversity in the internet [J]. IEEE/ACM Transactions on Networking, 14: 1260-1271.

Han J P, Xing Y T, Xue K P, et al., 2019. Measurement and redesign of BBR-based MPTCP[C]// Proceedings of the SIGCOMM, Posters and Demos ACM: 75-77

Han J P, Xue K P, Yue H, et al., 2017. Receive buffer pre-division based flow control for MPTCP [C]//Proceedings of the MSN, Springer: 19-31.

Handley M, Floyd S, Padhye J, et al., 2003. RFC3448: TCP friendly rate control (TFRC): Protocol specification[S]. Internet Engineering Task Force.

Hasegawa Y, Yamaguchi I, Hama T, et al., 2005. Improved data distribution for multipath TCP communication[C]//Proceedings of the GLOBECOM.

Hassayoun S, Iyengar J, Ros D, 2011. Dynamic window coupling for multipath congestion control [C]//Proceedings of the ICNP: 341-352.

Hayes D A, Ferlin S, Welzl M, 2014. Practical passive shared bottleneck detection using shape summary statistics[C]//Proceedings of the LCN: 150-158.

Hock M, Bless R, Zitterbart M, 2017. Experimental evaluation of BBR congestion control[C]// Proceedings of the ICNP: 1-10.

Holland G, Vaidya N, 2002. Analysis of TCP performance over mobile Ad Hoc networks[J]. Wireless Networks, 8(2): 275-288.

Honda M, Nishida Y, Eggert L, et al., 2009. Multipath congestion control for shared bottleneck [C]//Proceedings of the 7th International Workshop on Protocols for Future, Large-Scale and Diverse Network Transports.

Hong C Y, Caesar M, Godfrey P B, 2012. Finishing flows quickly with preemptive scheduling[C]// Proceedings of the SIGCOMM: 127-138.

Huitema C, 1995. Multi-homed TCP[S]. Internet-Draft. IETF ID: draft-huitema-multi-homed-01.

Hunger A, Klein P A, 2016. Equalizing latency peaks using a redundant multipath-TCP scheme[C]// Proceedings of the ICOIN: 184-189.

Hwang J, Yoo J, 2015. Packet scheduling for Multipath TCP[C]//Proceedings of the ICUFN: 177-179.

Iyengar J R, Amer P D, Stewart R, 2006. Concurrent multipath transfer using SCTP multihoming over independent end-to-end paths[J]. IEEE/ACM Transactions on networking, 14(5): 951-964.

Jacobson V, 1988. Congestion avoidance and control[J]. ACM SIGCOMM Computer Communication Review, 18(4): 314-329.

Jeyakumar V, Alizadeh M, Geng Y, et al., 2014. Millions of little minions: Using packets for low latency network programming and visibility (extended version) [J]. ACM SIGCOMM Computer Communication Review, 44(4): 3-14.

Kaspar D, Evensen K, Engelstad P, et al., 2010. Using HTTP pipelining to improve progressive download over multiple heterogeneous interfaces[C]//Proceedings of the ICC: 1-5.

Katabi D, Bazzi I, Yang X W, 2001. A passive approach for detecting shared bottlenecks[C]// Proceedings of the ICCCN: 174-181.

Katti S, Rahul H, Hu W, et al., 2006. XORs in the air: Practical wireless network coding[C]. Proceedings of the 2006 Conference on Applications, Technologies, Architectures, and Protocols for Computer Communications, ACM: 243-254.

Kelly F, Voice T, 2005. Stability of end-to-end algorithms for joint routing and rate control[J]. ACM SIGCOMM Computer Communication Review, 35(2): 5-12.

Khalili R, Gast N, Popovic M, et al., 2012. MPTCP is not Pareto-optimal: performance issues and a possible solution[C]//Proceedings of the CoNEXT: 1-12.

Khalili R, Gast N, Popovic M, et al., 2013. MPTCP is not pareto-optimal: performance issues and a possible solution[J]. IEEE/ACM Transactions on Networking (TON), 21(5): 1651-1665.

Kheirkhah M, Wakeman I, Parisis G, 2015. MultiPath-TCP in ns-3 [C]//Proceedings of the Workshop on ns-3.

Kim D, Toh C K, Choi Y, 2001. TCP-BuS: Improving TCP performance in wireless ad hoc networks [J]. Journal of Communications and Networks, 3(2): 1-12.

Kim J O, Ueda T, Obana S, 2008. MAC-level measurement based traffic distribution over IEEE 802. 11 multi-radio networks[J]. IEEE Transactions on Consumer Electronics, 54(3): 1185-1191.

Kim M J，Cloud J，ParandehGheibi A，et al.，2014. Congestion control for coded transport layers [C]//Proceedings of the ICC：1228-1234.

Kim M J，Médard M，Barros J，2011. Modeling network coded TCP throughput：A simple model and its validation[C]//Proceedings of the VALUETOOLS：131-140.

Kleinrock L，1979. Power and deterministic rules of thumb for probabilistic problems in computer communications[C]//Proceedings of the ICC：1-43.

Kliazovich D，Redana S，Granelli F，2012. Cross-layer error recovery in wireless access networks：The ARQ proxy approach[J]. International Journal of Communication Systems，25(4)：461-477.

Koudouridis G P，Agüero R，Alexandri E，et al.，2005. Generic link layer functionality for multi-radio access networks[C]//Proceedings of the IST Mobile and Wireless Communications Summit：1-5.

Le T A，Bui L X，2015. Forward delay-based packet scheduling algorithm for multipath TCP[J]. arXiv preprint arXiv：1501.03196.

Le T A，Hong C S，Razzaque M A，et al.，2011. ecMTCP：An energy-aware congestion control algorithm for multipath TCP[J]. IEEE Communications Letter，16(2)：275-277.

Leech M，Ganis M，Lee Y，et al.，1996. RFC 1928：SOCKS protocol version 5[S]. Internet Engineering Task Force.

Li L，Xu K，Li T，et al.，2018. A measurement study on multi-path TCP with multiple cellular carriers on high speed rails[C]//Proceedings of the SIGCOMM，ACM：161-175.

Li M，Lukyanenko A，Cui Y，2012. Network coding based multipath TCP[C]//Proceedings of the IEEE INFOCOM Workshops：25-30.

Li M，Lukyanenko A，Tarkoma S，et al.，2014a. MPTCP incast in data center networks[J]. China Communications，11(4)：25-37.

Li M，Lukyanenko A，Tarkoma S，et al.，2014b. Tolerating path heterogeneity in multipath TCP with bounded receive buffers[J]. Computer Networks，64：1-14.

Lim Y，Chen Y C，Nahum E M，et al.，2014a. Cross-layer path management in multi-path transport protocol for mobile devices[C]//Proceedings of the INFOCOM，IEEE：1815-1823.

Lim Y，Chen Y C，Nahum E M，et al.，2014b. How green is multipath TCP for mobile devices? [C]//Proceedings of the the 4th Workshop on All Things Cellular：Operations，Applications，& Challenges，ACM：3-8.

Liu J M，Zou H X，Dou J X，et al.，2008. Reducing receive buffer blocking in concurrent multipath transfer[C]//Proceedings of the ICCSC：367-371.

Liu J，Singh S，2001. ATCP：TCP for mobile ad hoc networks[J]. IEEE Journal on Selected Areas in Communications，19(7)：1300-1315.

Liu Q F，Xu K，Wang H Y，et al.，2015. Modeling multi-path TCP throughput with coupled congestion control and flow control[C]//Proceedings of the. MSWIM，ACM：99-106.

Mamouni T，Gijon J A T，Olaszi P，et al.，2015. Universal AAA for hybrid accesses[C]//Proceedings of the EuCNC: 403-407.

Mathis M, Semke J, Mahdavi J, et al., 1997. The macroscopic behavior of the TCP congestion avoidance algorithm[J]. ACM SIGCOMM Computer Communication Review, 27(3): 67-82.

Minear L, Zhang E, 2014. Impact of energy consumption on multipath TCP enabled mobiles[J]. arXiv preprint arXiv:1412.7912.

Ming L I, Lukyanenko A, Tarkoma S, et al., 2014. MPTCP incast in data center networks[J]. China Communications, 11(4): 25-37.

Mirani F H, Boukhatem N, Tran M A, 2010. A data-scheduling mechanism for multi-homed mobile terminals with disparate link latencies[C]//Proceedings of the VTC, IEEE: 1-5.

Mo J, La R J, Anantharam V, et al., 1999. Analysis and comparison of TCP reno and vegas[C]//Proceedings of the INFOCOM: 1556-1563.

Mohamed N, Al-Jaroodi J, Jiang H, et al., 2002. A User-level socket layer over multiple physical network interfaces[C]//Proceedings of the IASTED PDCS: 804-810.

Munir A, Baig G, Irteza S M, et al., 2017. PASE: Synthesizing existing transport strategies for near-optimal data center transport[J]. IEEE/ACM Transactions on Networking, 25(1): 320-334.

Munir A, Qazi I A, Uzmi Z A, et al., 2013. Minimizing flow completion times in data centers[C]//Proceedings of the INFOCOM: 2157-2165.

Murray D, Koziniec T, Zander S, et al., 2017. An analysis of changing enterprise network traffic characteristics[C]//Proceedings of the APCC, IEEE: 1-6.

Nagle J, 1984. Congestion control in IP/TCP internetworks [J]. ACM SIGCOMM Computer Communication Review, 14(4): 11-17.

Nguyen S C, Nguyen T M T, Pujolle G, et al., 2012. Strategic evaluation of performance-cost trade-offs in a multipath TCP multihoming context[C]//Proceedings of the ICC, IEEE: 1443-1447.

Ni D, Xue K P, Hong P L, et al., 2014. Fine-grained forward prediction based dynamic packet scheduling mechanism for multipath TCP in lossy networks[C]//Proceedings of the ICCCN, IEEE: 1-7.

Ni D, Xue K P, Hong P L, et al., 2015. OCPS: Offset compensation based packet scheduling mechanism for multipath TCP[C]//Proceedings of the ICC, IEEE: 6187-6192.

Nicutar C, Niculescu D, Raiciu C, 2014. Using cooperation for low power low latency cellular connectivity[C]//Proceedings of the CoNEXT, ACM: 337-348.

Nika A, Zhu Y, Ding N, et al., 2015. Energy and performance of smartphone radio bundling in outdoor environments[C]//Proceedings of the WWW: 809-819.

Oh B H, Lee J, 2015. Constraint-based proactive scheduling for MPTCP in wireless networks[J]. Computer Networks, 91: 548-563.

Okada Y, Shimamura M, Iida K, 2015. System investigation of a gateway implementing subflow control policies using a multipath TCP proxy[C]//Proceedings of the PACRIM, IEEE: 292-297.

Paasch C, 2014. Improving multipath TCP[D]. Louvain-la-Neuve: Universit'e catholique de Louvain (UCL).

Paasch C, Detal G, Duchene F, et al., 2012. Exploring mobile/WiFi handover with multipath TCP [C]//Proceedings of the SIGCOMM Workshop on Cellular Networks, ACM: 31-36.

Paasch C, Ferlin S, Alay O, et al., 2014. Experimental evaluation of multipath TCP schedulers[C]// Proceedings of the SIGCOMM Workshop on Capacity Sharing Workshop, ACM: 27-32.

Padhye J, Firoiu V, Towsley D F, et al., 1998. Modeling TCP throughput: A simple model and its empirical validation[J]. ACM SIGCOMM Computer Communication Review, 28(4): 303-314.

Padhye J, Firoiu V, Towsley D F, et al., 2000. Modeling TCP reno performance: A simple model and its empirical validation[J]. IEEE/ACM Transactions on Networking, 8(2): 133-145.

Palomar D P, Chiang M, 2006. A tutorial on decomposition methods for network utility maximization [J]. IEEE Journal on Selected Areas in Communications, 24(8): 1439-1451.

Pearce C, Zeadally S, 2015. Ancillary impacts of multipath TCP on current and future network security [J]. IEEE Internet Computing, 19(5): 58-65.

Peng Q Y, Walid A, Hwang J, et al., 2016. Multipath TCP: Analysis, design, and implementation [J]. IEEE/ACM Transactions on Networking, 24(1): 596-609.

Peng Q Y, Walid A, Low S H, 2013. Multipath TCP algorithms: Theory and design[J]. ACM SIGMETRICS Performance Evaluation Review, 41(1): 305-316.

Peng Q, Chen M, Walid A, et al., 2014. Energy efficient multipath TCP for mobile devices[C]// Proceedings of the MobiHoc, ACM: 257-266.

Phanishayee A, Krevat E, Vasudevan V, et al., 2008. Measurement and analysis of TCP throughput collapse in cluster-based storage systems[C]//Proceedings of the FAST: 1-14.

Pluntke C, Eggert L, Kiukkonen N, 2011. Saving mobile device energy with multipath TCP[C]// Proceedings of the Workshop on MobiArch, ACM: 1-6.

Raiciu C, Barré S, Pluntke C, et al., 2011. Improving datacenter performance and robustness with multipath TCP[J]. ACM SIGCOMM Computer Communication Review, 41(4): 266-277.

Raiciu C, Handley M, Wischik D, 2011. RFC6356: Coupled congestion control for multipath transport protocols[S]. Internet Engineering Task Force.

Raiciu C, Niculescu D, Bagnulo M, et al., 2011. Opportunistic mobility with multipath TCP[C]// Proceedings of the Workshop on MobiArch, ACM: 7-12.

Raiciu C, Paasch C, Barré S, et al., 2012. How hard can it be? Designing and implementing a deployable multipath TCP[C]//Proceedings of the NSDI, USENIX: 29.

Raiciu C, Pluntke C, Barré S, et al., 2010. Data center networking with multipath TCP[C]// Proceedings of the SIGCOMM Workshop on Hot Topics in Networks, ACM: 10.

Raiciu C, Wischik D, Handley M, 2009. Practical congestion control for multipath transport protocols [R]. London: University College London.

Ramakrishnan K, Floyd S, Black D, 2001. RFC3168: The addition of explicit congestion notification (ECN) to IP[S]. Internet Engineering Task Force.

Ro S, Van D N, 2016. Performance evaluation of MPTCP over a shared bottleneck link[J]. International Journal of Computer and Communication Engineering, 5(3): 176-185.

Ruiz H M, Kieffer M, Pesquet-Popescu B, 2015. TCP and network coding: Equilibrium and dynamic properties[J]. IEEE/ACM Transactions on Networking, 24(4): 1935-1947.

Sachs J, 2003. A generic link layer for future generation wireless networking[C]//Proceedings of the ICC IEEE: 834-838.

Samaraweera N K G, 1999. Non-congestion packet loss detection for TCP error recovery using wireless links[J]. IEE Proceedings-Communications, 1999, 146(4): 222-230.

Shafiq M Z, Le F, Srivatsa M, et al., 2013. Cross-path inference attacks on multipath TCP[C]//Proceedings of the Workshop on HotNets-XII, ACM: 1-7.

Sharma V, Kalyanaraman S, Kar K, et al., 2008. MPLOT: A transport protocol exploiting multipath diversity using erasure codes[C]//Proceedings of the INFOCOM, IEEE: 121-125.

Sikdar B, Kalyanaraman S, Vastola K S, 2001. Analytic models and comparative study of the latency and steady-state throughput of TCP tahoe, reno and SACK[C]//Proceedings of the GLOBECOM, IEEE: 1781-1787.

Singh A, Xiang M A. Konsgen, et al., 2013. Performance and fairness comparison of extensions to dynamic window coupling for multipath TCP[C]//Proceedings of the IWCMC, IEEE: 947-952.

Singh M, Pradhan P, Francis P, 2004. MPAT: Aggregate TCP congestion management as a building block for Internet QoS[C]//Proceedings of the ICNP, IEEE: 129-138.

Singh V, Ahsan S, Ott J, 2013. MPRTP: Multipath considerations for real-time media[C]//Proceedings of the MMSys, ACM: 190-201.

Sivakumar H, Bailey S, Grossman R L, 2000. PSockets: The case for application-level network striping for data intensive applications using high speed wide area networks[C]//Proceedings of the SC IEEE: 38.

Stewart R, 2007. RFC4960: Stream Control Transmission Protocol[S]. Internet Engineering Task Force.

Sundararajan J K, Shah D, Médard M, et al., 2009. Network coding meets TCP[C]//Proceedings of the INFOCOM, IEEE: 280-288.

Sundararajan J K, Shah D, Médard M, et al., 2011. Network coding meets TCP: Theory and implementation[J]. Proceedings of the IEEE, 99(3): 490-512.

Tang K, Gerla M, 1999. Fair sharing of MAC under TCP in wireless ad hoc networks[C]//Viglieri E, Fratta L, Jabbari B. multiaccess, mobility and teletraffic in wireless communications: Volume 4. Springer: 231-240.

Tsai M F, Chilamkurti N, Park J H, et al., 2010. Multi-path transmission control scheme combining bandwidth aggregation and packet scheduling for real-time streaming in multi-path environment [J]. IET Communications, 4(8): 937-945.

Ubenstein D, Kurose J, Towsley D, 2002. Detecting shared congestion of flows via end-to-end measurement[J]. IEEE/ACM Transactions on Networking, 10(3): 381-395.

Van V T, Boukhatem N, Nguyen T M T, et al., 2013. Adaptive redundancy control with network coding in multi-hop wireless networks[C]//Proceedings of the WCNC, IEEE: 1510-1515.

Vasudevan V, Phanishayee A, Shah H, et al., 2009. Safe and effective fine-grained TCP retransmissions for datacenter communication[J]. ACM SIGCOMM Computer Communication Review, 39(4): 303-314.

Wang F, Zhang Y, 2002. Improving TCP performance over mobile ad-hoc networks with out-of-order detection and response[C]//Proceedings of the MobiHoc, ACM.

Wang Y S, Xue K P, Yue H, et al., 2017. Coupled slow-start: Improving the efficiency and friendliness of MPTCP's Slow-Start[C]//Proceedings of the GLOBECOM, IEEE: 1-6.

Wei D X, Jin C, Low S H, et al., 2006. FAST TCP: Motivation, architecture, algorithms, performance[J]. IEEE/ACM Transactions on Networking, 14(6): 1246-1259.

Wei W J, Wang Y S, Xue K D, et al., 2018. Shared bottleneck detection based on congestion interval variance measurement[J]. IEEE Communications Letters, 22(12): 2467-2470.

Wei W J, Xue K P, Han J P, et al., 2020. Shared bottleneck-based congestion control and packet scheduling for multipath TCP[J]. IEEE/ACM Transactions on Networking, 28(2): 653-666.

Wei W J, Xue K P, Han J P, et al., 2021, BBR-based congestion control and packet scheduling for bottleneck fairness considered multipath TCP in heterogeneous wireless networks[J/OL]. IEEE Transactions on Vehicular Technology, 71(1): 914-927, 2021.

Winstein K, Balakrishnan H, 2013. TCP ex machina: Computer-generated congestion control[J]. Computer Communication Review, 43(4):123-134.

Winter R, Faath M, Ripke A, 2016. Draft-wr-mptcp-single-homed-07: Multipath TCP support for single-homed end-systems[S]. Internet Engineering Task Force.

Wischik D, Raiciu C, Greenhalgh A, et al., 2011. Design, implementation and evaluation of congestion control for multipath TCP[C]//Proceedings of the NSDI, USENIX: 99-112.

Wu H T, Feng Z Q, Guo C X, et al., 2013. ICTCP: Incast congestion control for TCP in data-center networks[J]. IEEE/ACM Transactions on Networking, 21(2): 345-358.

Xing Y T, Han J P, Xue K P, et al., 2020. MPTCP meets big data: Customizing transmission strategy for various data flows[J]. IEEE Network, 34(4):35-41.

Xu C Q, Liu T J, Guan J F, et al., 2013. CMT-QA: Quality-aware adaptive concurrent multipath data transfer in heterogeneous wireless networks[J]. IEEE Transactions on Mobile Computing, 12 (11):2193-2205.

Xu K X, Gerla M, Qi L T, et al., 2005. TCP unfairness in ad hoc wireless networks and a neighborhood RED solution[J]. Wireless Networks，11(4)：383-399.

Xu K，Bae S，Lee S，et al.，2002. TCP behavior across multihop wireless networks and the wired internet［C］. Proceedings of the ACM International Workshop on Wireless Mobile Multimedia，ACM.

Xu L S，Harfoush K，Rhee I，2004. Binary increase congestion control（BIC）for fast long-distance networks[J]. Proceedings of the INFOCOM，IEEE：2514-2524.

Xu S G，Saadawi T，2002. Revealing the problems with 802.11 medium access control protocol in multi-hop wireless ad hoc networks[J]. Computer Networks，38(4)：531-548.

Xu S，Saadawi T，2001. Does the IEEE 802.11 MAC protocol work well in multihop wireless ad hoc networks?［J］. IEEE Communications Magazine，39(6)：130-137.

Xue K P，Han J P，Zhang H，et al.，2017. Migrating unfairness among subflows in MPTCP with network coding for wired-wireless networks[J]. IEEE Transactions on Vehicular Technology，66 (1)：798-809.

Xue K P，Zhu L，Hong P L，et al.，2013. TMPP for both two MPTCP-unaware hosts[S]. Internet-Draft，IETF ID：draft-xue-mptcp-tmpp-unware-hosts-02.

Yajnik M，Moon S，Kurose J，et al.，1999. Measurement and modelling of the temporal dependence in packet loss[C]//Proceedings of the INFOCOM，IEEE：345-352.

Yousaf M M，Welzl M，2013. On the accurate identification of network paths having a common bottleneck[J]. The Scientific World Journal，890578：1-16.

Zee O，Hedberg T，Vikberg J，2020. Methods and arrangements for multipath traffic aggregation[P]：U.S. Patent 10，587，498.

Zhang H Y，Yu W R，Wu C Q，et al.，2013. Self-adaptive scheme to adjust redundancy for network coding with TCP[C]//Communications in Computer and Information Science. Springer：81-91.

Zhang H，Xue K P，Hong P L，et al.，2014. Congestion exposure enabled TCP with network coding for hybrid wired-wireless network[C]//Proceedings of the ICCCN，IEEE：1-8.

Zhang M，Lai J W，Krishnamurthy A，et al.，2004. A transport layer approach for improving end-to-end performance and robustness using redundant paths[C]//Proceedings of the ATC，USENIX：99-112.

Zhang X，Liu S，Jia X，2018. An efficient scheduling scheme for XMP and DCTCP mixed flows in commodity datacenters[J]. IEEE Communications Letters，22(9)：1770-1773.

Zhou K Y，Yeung K L，Li V O K，2005. On bursty packet loss model for tcp performance analysis ［C］//Proceedings of the Workshop on HPSR，IEEE：292-296.

曹宇，徐明伟，2012. 一种按需分配的多路径传输分组调度算法[J]. 软件学报，23(7)：1924-1934.

陈白杨，2018. 基于云服务的 MPTCP 代理设计与实现[D].合肥：中国科学技术大学.

陈珂，2016. 基于 MPTCP 的多径传输性能优化技术研究[D].合肥：中国科学技术大学.

郭璟，2013. 基于 MPTCP 的网络传输技术研究[D].合肥：中国科学技术大学.

江卓,吴茜,李贺武,等,2019. 互联网端到端多路径传输跨层优化研究综述[J]. 软件学报,30(2):
302-322.

刘杰民,2012.下一代互联网多宿端到端传输机制[M].北京:清华大学出版社.

刘佩,2012. 多路径 TCP 拥塞控制算法研究[J]. 通信学报,33(2):1-6.

马翔宇,2014. 基于多路径 TCP 拥塞控制的研究[D].西安:西安电子科技大学.

穆冰森,2012. 一种基于多路径的传输调度方法设计与实现[D].北京:北京邮电大学.

倪丹,2015. 基于 MPTCP 的多路径传输优化技术研究[D].合肥:中国科学技术大学.

欧阳婷婷,2009. 多路径传输控制协议研究与设计[D].南京:南京大学.

权伟,崔恩放,张宏科,2018. 多源协作的传输控制机制[J]. 电子学报,46(10):225-231.

王焱森,2018. MPTCP 下的公平性机制研究[D].合肥:中国科学技术大学.

王竹,袁青云,郝凡凡,等,2020. 基于链路容量的多路径拥塞控制算法[J]. 通信学报,41(5):59-71.

魏文佳,2020. 基于 MPTCP 的多路径传输中的耦合拥塞控制和数据调度机制研究[D].合肥:中国科学
技术大学.

徐永士,王新华,2015. 大数据时代下的通信需求:TCP 传输原理与优化[M].北京:电子工业出版社.

许长桥,2019. 移动互联网多路径传输技术[M].北京:人民邮电出版社.

薛开平,陈珂,倪丹,等,2016. 基于 MPTCP 的多路径传输优化技术综述[J]. 计算机研究与发展,53
(11):2512-2529.

阳旺,李贺武,吴茜,等,2012. Survey of end-to-end multipath transport protocol[J]. 计算机研究与发
展,49(2):261-269.

张晗,2019. 基于强化学习的多路径传输控制协议优化[D].南京:南京大学.

张泓,2015. TCP 网络编码拥塞控制机制研究[D].合肥:中国科学技术大学.

张志超,2012. 基于主机标识的多路径 TCP 设计与实现[D].北京:清华大学.